"十二五"普通高等教育本科国家级规划教材
住房和城乡建设部"十四五"规划教材
教育部高等学校建筑环境与能源应用工程专业教学指导分委员会规划推荐教材

流体力学

（第四版）

龙天渝　蔡增基　翟　俊　编著
刘　京　主审

中国建筑工业出版社

图书在版编目(CIP)数据

流体力学 / 龙天渝，蔡增基，翟俊编著. — 4 版
. — 北京 ：中国建筑工业出版社，2024.1
“十二五”普通高等教育本科国家级规划教材 住房和城乡建设部“十四五”规划教材 教育部高等学校建筑环境与能源应用工程专业教学指导分委员会规划推荐教材
ISBN 978-7-112-29360-5

Ⅰ. ①流… Ⅱ. ①龙… ②蔡… ③翟… Ⅲ. ①流体力学—高等学校—教材 Ⅳ. ①O35

中国国家版本馆 CIP 数据核字（2023）第 225893 号

本书阐述了流体力学的基本概念、基本原理和处理流体力学问题的基本方法。全书共 11 章：绪论，流体静力学，一元流体动力学基础，流动阻力和能量损失，孔口管嘴管路流动，气体射流，不可压缩流体动力学基础，流体运动基本方程的求解，一元气体动力学基础，明渠流动与渗流，以及相似性原理和因次分析。

本书可供高等学校建筑环境与能源应用工程专业、给排水科学与工程以及能源动力类专业使用。

为了更好地支持相应课程的教学，我们向采用本书作为教材的教师提供课件，有需要者可与出版社联系。

建工书院：http：//edu. cabplink. com
邮箱：jckj@cabp. com. cn 电话：(010)58337285

责任编辑：齐庆梅
责任校对：芦欣甜
校对整理：张惠雯

“十二五”普通高等教育本科国家级规划教材
住房和城乡建设部“十四五”规划教材
教育部高等学校建筑环境与能源应用工程专业教学指导分委员会规划推荐教材

流　体　力　学

(第四版)

龙天渝　蔡增基　翟　俊　编著
刘　京　　　　　主审

*

中国建筑工业出版社出版、发行(北京海淀三里河路 9 号)
各地新华书店、建筑书店经销
北京红光制版公司制版
北京云浩印刷有限责任公司印刷

*

开本：787 毫米×1092 毫米　1/16　印张：19　字数：471 千字
2024 年 1 月第四版　　2024 年 1 月第一次印刷
定价：**59.00** 元(赠教师课件)
ISBN 978-7-112-29360-5
(42001)

出版说明

党和国家高度重视教材建设。2016 年，中办国办印发了《关于加强和改进新形势下大中小学教材建设的意见》，提出要健全国家教材制度。2019 年 12 月，教育部牵头制定了《普通高等学校教材管理办法》和《职业院校教材管理办法》，旨在全面加强党的领导，切实提高教材建设的科学化水平，打造精品教材。住房和城乡建设部历来重视土建类学科专业教材建设，从“九五”开始组织部级规划教材立项工作，经过近 30 年的不断建设，规划教材提升了住房和城乡建设行业教材质量和认可度，出版了一系列精品教材，有效促进了行业部门引导专业教育，推动了行业高质量发展。

为进一步加强高等教育、职业教育住房和城乡建设领域学科专业教材建设工作，提高住房和城乡建设行业人才培养质量，2020 年 12 月，住房和城乡建设部办公厅印发《关于申报高等教育职业教育住房和城乡建设领域学科专业“十四五”规划教材的通知》（建办人函〔2020〕656 号），开展了住房和城乡建设部“十四五”规划教材选题的申报工作。经过专家评审和部人事司审核，512 项选题列入住房和城乡建设领域学科专业“十四五”规划教材（简称规划教材）。2021 年 9 月，住房和城乡建设部印发了《高等教育职业教育住房和城乡建设领域学科专业“十四五”规划教材选题的通知》（建人函〔2021〕36 号）（简称《通知》）。为做好“十四五”规划教材的编写、审核、出版等工作，《通知》要求：（1）规划教材的编著者应依据《住房和城乡建设领域学科专业“十四五”规划教材申请书》（简称《申请书》）中的立项目标、申报依据、工作安排及进度，按时编写出高质量的教材；（2）规划教材编著者所在单位应履行《申请书》中的学校保证计划实施的主要条件，支持编著者按计划完成书稿编写工作；（3）高等学校土建类专业课程教材与教学资源专家委员会、全国住房和城乡建设职业教育教学指导委员会、住房和城乡建设部中等职业教育专业指导委员会应做好规划教材的指导、协调和审稿等工作，保证编写质量；（4）规划教材出版单位应积极配合，做好编辑、出版、发行等工作；（5）规划教材封面和书脊应标注“住房和城乡建设部‘十四五’规划教材”字样和统一标识；（6）规划教材应在“十四五”期间完成出版，逾期不能完成的，不再作为《住房和城乡建设领域学科专业“十四五”规划教材》。

住房和城乡建设领域学科专业“十四五”规划教材的特点，一是重点以修订教育部、住房和城乡建设部“十二五”“十三五”规划教材为主；二是严格按照专业标准规范要求编写，体现新发展理念；三是系列教材具有明显特点，满足不同层次和类型的学校专业教学要求；四是配备了数字资源，适应现代化教学的要求。规划教材的出版凝聚了作者、主审及编辑的心血，得到了有关院校、出版单位的大力支持，教材建设管理过程有严格保障。希望广大院校及各专业师生在选用、使用过程中，对规划教材的编写、出版质量进行反馈，以促进规划教材建设质量不断提高。

住房和城乡建设部“十四五”规划教材办公室

2021 年 11 月

第四版前言

本书是为普通高等学校建筑环境与能源应用工程专业“流体力学”课程编写的教材，也可作为土木、环境、动力等专业流体力学课程的教材或教学参考书。本书是住房和城乡建设部“十四五”规划教材以及高等学校建筑环境与能源应用工程专业教学指导分委员会规划推荐教材，自2004年第一版出版以来，被全国设有建筑环境与能源应用工程专业的高校广泛选用，获得好评。本书的第二版入选“十二五”普通高等教育本科国家级规划教材。

本书阐述了流体力学的基本概念、基本原理和处理流体力学问题的基本方法。全书共11章：绪论，流体静力学，一元流体动力学基础，流动阻力和能量损失，孔口管嘴管路流动，气体射流，不可压缩流体动力学基础，流体运动基本方程的求解，一元气体动力学基础，明渠流动与渗流，以及相似性原理和因次分析。全书内容涵盖了《高等学校建筑环境与能源应用工程本科专业指南》（简称《专业指南》）中的全部内容，满足《专业指南》对流体力学课程的基本要求，在修订过程中不断强化对学生能力的培养，特别是对实际流动问题的建模能力、分析与计算能力、实验能力和自学能力的培养。

新时代对高等教育人才培养提出了更高的要求，为适应新时代人才培养的要求，进一步提升教材的质量，作者团队对2019年出版的本书第三版进行了修订。这次修订保持了原书采用从一元流动到三元流动的体系，由浅入深，循序渐进，注重加强理论与实际的联系，特别是专业实际，注重能力培养，力求全书保持思路清晰、物理概念明确、内容通俗易懂等特色。

本次修订的主要内容有：（1）对经典内容的阐述做了进一步推敲，使之更加清晰、易于理解；（2）对书中一些难点，增加了相应的演示视频，希望通过这种直观的方式使其易于被理解；（3）在第10章“明渠流动与渗流”中增加“堰流”的内容，进一步拓宽本书的内容，以适应“宽基础”的要求；（4）在部分章节后增加了与本章内容相关的三峡永久船闸、都江堰等水利工程的介绍，以及著名的科学家钱学森先生、周培源先生在流体力学方面的贡献等，希望有助于提升学生探索未知、追求真理、勇攀科学高峰的责任感和使命感，激发学生科技报国的家国情怀和使命担当；（5）对习题做了进一步的完善，删除或添加了部分习题。

本次修订由龙天渝、翟俊完成。本书由哈尔滨工业大学刘京教授主审，在此表示衷心的感谢。

本书所附二维码对应的演示视频由北京建筑大学王文海教授设计制作。书中二维码的浏览方法详见封底说明。

由于作者水平有限，不妥之处恳请广大读者批评指正，以便今后不断完善。

第三版前言

本书是为全国普通高等学校建筑环境与能源应用工程专业“流体力学”课程编写的教材，适用于80～100学时的教学安排。本书也可作为土木、环境、动力等有关专业本科生流体力学课程的教材或教学参考书。

本书是对“十二五”普通高等教育本科国家级规划教材《流体力学》（第二版）的修订，以适应新形势下高等教育人才培养模式和教育教学改革的需要。

在对国内外著名的流体力学教材进行分析研究并汲取有关专家意见的基础上，本次修订除保持原教材从一元流动推进到三元流动，由浅入深、循序渐进的体系外，力求有所改进和提高。主要修订的内容有：(1) 对第二版中的第7章“不可压缩流体动力学基础”和第8章“绕流运动”进行较大幅度调整和增删。第7章主要阐述不可压缩流体动力学的基本方程和定解条件，而第8章针对第7章中的基本方程，对其求解方法进行阐述。第8章包括解析求解方法；在无法解析求解的情况下，如何针对特定的条件对方程作相应的简化，简化后进行解析求解的方法，如对于无旋流动、边界层流动等的求解；以及数值求解方法等内容。考虑到数值模拟技术的快速发展和广泛应用，在第8章中增加数值求解方法的内容。(2) 针对“宽基础”的教学要求，增加第10章“明渠流动与渗流”。此外，对全书进行全面修订和校核。

本书阐述流体力学的基本概念、基本原理和处理流体力学问题的基本方法。全书共11章：绪论，流体静力学，一元流体动力学基础，流动阻力和能量损失，孔口管嘴管路流动，气体射流，不可压缩流体动力学基础，流体运动基本方程的求解，一元气体动力学基础，明渠流动与渗流以及相似性原理和因次分析。全书内容符合建筑环境与能源应用工程专业规范对流体力学课程的基本要求，注重对学生实际流动问题的建模能力、分析与计算能力、实验能力和自学能力等能力的培养。

本次修订全部由龙天渝完成，感谢苏州科技大学的张维佳教授对新增的第10章“明渠流动与渗流”的编写所给予的帮助。

为方便教学，本书制作了配套的电子课件，可在中国建筑工业出版社官网下载。

由于作者水平有限，不妥之处恳请读者和专家批评指正，以便今后不断完善。

编者

2019年1月

第二版前言

本书是为全国普通高等学校建筑环境与设备工程专业流体力学课程编写的教材，适用于80～100学时的教学安排。本书也可作为土木、环境、动力等专业流体力学课程的教材或教学参考书。

本书是2004年出版的《流体力学》教材的修订版。本教材精选教学内容、力求体系完整并使之符合学生的认知规律。教材采用一元流动到三元流动的体系，由浅入深、循序渐进。在编写过程中，注意加强理论联系实际，特别是专业实际，注重能力培养，力求思路清晰、物理概念明确、内容通俗易懂。

本书阐述流体力学的基本概念、基本原理和基本方法。全书共10章：绪论，流体静力学，一元流体动力学基础，流动阻力和能量损失，孔口管嘴管路流动，气体射流，不可压缩流体动力学基础，绕流运动，一元气体动力学基础以及相似性原理和因次分析。全书内容符合建筑环境与设备工程专业新制定的专业规范对流体力学课程的基本要求。

本次修订对原书中内容的阐述方面做了进一步的推敲并对部分内容进行了修改，每章增加“要点提示”和“本章小结”，对个别例题和习题进行了删除或替换。本次修订由原编者重庆大学龙天渝修订第2、3、7、8章；重庆大学蔡增基修订第1、4、10章；西安建筑科技大学陈郁文修订第5、6、9章。龙天渝、蔡增基担任主编。

由于编者的学识及水平所限，难免有不妥之处，恳请读者批评指正。

编者

2013年1月

第一版前言

本书是为全国普通高等学校建筑环境与设备工程专业流体力学课程（80～100学时）编写的教材，是普通高等教育土建学科专业“十五”规划教材。本书也可作为土木、环境、动力等专业相应课程的教材或教学参考书。

本书是在原教材《流体力学泵与风机》（第四版）（蔡增基、龙天渝主编）上篇“流体力学”的基础上修订而成。《流体力学泵与风机》自1979年首版至今已二十多年，在建筑环境与设备工程专业（原供热通风空调工程和燃气工程专业）以及纺织、交通、冶金、陶瓷等专业中广泛使用，对各专业的发展起了积极的作用，为适应目前建筑环境与设备工程专业课程体系的调整，特编写本教材。

本书根据专业的需要，介绍了工程流体力学的基本概念、基本原理、基本方法。书中采用一元流动到三元流动的体系，由浅入深，循序渐进。在编写过程中，作者注意加强基础理论和能力的培养，力求体系完整，思路清晰，通俗易懂，物理概念明确，物理意义透彻。

本书主要采用国际单位制，主要物理量的符号使用国标《量和单位》GB 3100～3102—93给出的符号。

由于各院校的学时数不同，要求不完全一样，因此，任课教师可根据具体情况，对某些章节进行取舍。

本书由重庆大学龙天渝、蔡增基主编。编写分工：龙天渝教授编写2、3、7、8章，蔡增基教授编写1、4、10章，西安建筑科技大学陈郁文教授编写5、6、9章。

由于作者水平所限，不妥之处恳请读者及专家批评指正。

编者

2004年5月

目　录

第1章　绪　　论

【要点提示】本章是流体力学的开篇，主要阐述作用在流体上的力，流体的主要力学性质，连续介质模型和无黏性流体以及不可压缩流体的概念。这些基本知识是学习流体力学理论的基础。

液体和气体，统称为流体。

流体力学是力学的一个分支，它研究流体静止和运动的力学规律，及其在工程技术中的应用。

在建筑环境与能源应用工程中广泛涉及流体。热的供应、空气的调节、燃气的输配、排毒排湿、除尘降温等，都是以流体作为工作介质，通过流体的各种物理作用，对流体的流动有效地加以组织来实现的。学好流体力学，才能对专业范围内的流体力学现象作出合乎实际的定性判断，进行足够精确的定量估计，正确解决专业范围内的流体力学的问题。

流体作为自然界中物质的一种形态，其宏观运动遵循物质运动的普遍规律，如质量守恒定律、动量守恒定律和能量守恒定律等。流体力学的基本定理实质上都是普遍规律在流体运动中的具体体现。学习流体力学，要注意基本理论、基本概念、基本方法的理解和掌握，要学会理论联系实际地分析和解决工程中的各种流体力学问题。

本书主要采用国际单位制（SI）单位，基本单位是：长度用米，符号为 m；时间用秒，符号为 s；质量用千克，符号为 kg；力为导出单位，采用牛顿，符号为 N。$1N=1kg \cdot m/s^2$。

1.1　作用在流体上的力

研究流体运动规律，首先必须分析作用于流体上的力，力是使流体运动状态发生变化的外因。根据力作用方式的不同，可以分为质量力和表面力两类。

1.1.1　质量力

质量力是作用在流体的每一个质点上的力。

设在流体中 M 点附近取质量为 Δm 的微团，其体积为 ΔV，作用于该微团的总质量力为 $\Delta \overrightarrow{F}_B$，则称极限

$$\lim_{\Delta V \to 0} \frac{\Delta \overrightarrow{F}_B}{\Delta m} = \overrightarrow{f}$$

为作用于 M 点的单位质量的质量力，简称为单位质量力，用 $\overrightarrow{f}$ 或（X，Y，Z）表示。设 $\Delta \overrightarrow{F}_B$ 在 x、y、z 坐标轴上的分量分别为 ΔF_{Bx}、ΔF_{By}、ΔF_{Bz}，则单位质量力的轴向分量可表示为

$$\left.\begin{aligned} X &= \lim_{\Delta V \to 0} \frac{\Delta F_{Bx}}{\Delta m} \\ Y &= \lim_{\Delta V \to 0} \frac{\Delta F_{By}}{\Delta m} \\ Z &= \lim_{\Delta V \to 0} \frac{\Delta F_{Bz}}{\Delta m} \end{aligned}\right\} \tag{1-1}$$

在国际单位制中，质量力的单位是牛顿，N。单位质量力的单位是 N/kg 或 m/s^2，其单位与加速度相同。

流体力学中碰到的通常情况是流体所受的质量力只有重力。由于重力$\vec{G}$的大小与流体的质量 m 成正比，$G=mg$，所以流体所受的单位质量力的大小等于重力加速度的值，$G/m=g$ 。当采用常用的直角坐标系时，若 z 轴铅垂向上为正，重力在各向的分量为 G_x、G_y、G_z，则单位质量重力的轴向分量为

$$\left.\begin{aligned} X &= G_x/m = 0 \\ Y &= G_y/m = 0 \\ Z &= G_z/m = -g \end{aligned}\right\} \tag{1-2}$$

即 $(X,Y,Z)=(0,0,-g)$。

在研究流体的相对平衡时，例如盛装液体的容器做直线加速运动或旋转运动等，也将流体运动的惯性力看成是作用在流体上的质量力。

1.1.2 表面力

在流体中取出一块由封闭表面所包围的一部分流体，称为分离体或隔离体。表面力是作用在所考虑的流体即分离体表面上的力。尽管流体内部任一对相互接触的表面上，这部分和那部分流体之间的表面力是大小相等，方向相反，相互抵消，但在流体力学里分析问题时，常常从流体内部取出一个分离体，研究其受力状态，这时与分离体相接触的周围流体对分离体作用的内力又变成了作用在分离体表面上的外力。总之，表面力针对所研究的流体系统而言，它可能是周围同种流体对分离体的作用，也可能是另一种相邻流体对其作用，或是相邻固壁的作用。例如，敞开容器内的液体，如把整个液体作为研究系统，则它仅受到自由面上的大气和相接触的容器壁面的作用；若把和固壁接触的自由面附近的部分液体取作分离体，则上述三种表面力都存在。

流体力学在研究流体的运动时，正确地分析作用在所考虑的流体系统上的表面力极其重要。

在流体力学中，质量力常用单位质量力来表示，类似地，表面力常采用单位面积的表面力、即应力来表示。

设在流体分离体的表面上，围绕任意点 A 取一面积 ΔA，设 ΔA 的外法线方向为$\vec{n}$。一般地，可将作用在该面上的表面力 $\Delta\vec{F_S}$ 分解为表面法线方向的分力和切线方向的分力。由于流体几乎不能承受拉力，所以，表面法线方向的力沿内法线方向。设 $\Delta\vec{F_S}$ 在内法线方向和切线方向的分量为 ΔP 和 ΔT，则

$$\left.\begin{aligned}\bar{p}&=\frac{\Delta P}{\Delta A}\\ \bar{\tau}&=\frac{\Delta T}{\Delta A}\end{aligned}\right\}\tag{1-3}$$

$\bar{p}$ 称为面积 ΔA 上的平均正应力或平均压强，$\bar{\tau}$ 称为面积 ΔA 上的平均切应力。如果令面积 ΔA 无限缩小至 A 点，则

$$\left.\begin{aligned}p&=\lim_{\Delta A\to 0}\frac{\Delta P}{\Delta A}\\ \tau&=\lim_{\Delta A\to 0}\frac{\Delta T}{\Delta A}\end{aligned}\right\}\tag{1-4}$$

p 称为 A 点上以 $\vec{n}$ 为作用面的法线的压强或法向应力或正应力，τ 称为 A 点的切应力。在国际单位制中，应力的单位是帕斯卡，以 Pa 表示。$1\text{Pa}=1\text{N/m}^2$。

单位质量力 $\vec{f}$ 是空间坐标 x，y，z 和时间 t 的函数，即

$$\vec{f}=\vec{f}(x,y,z,t)$$

而压强 p 和切应力 τ 不仅有赖于空间位置和时间，同时也与作用面的方位有关，也就是与作用面的法线方向 $\vec{n}$ 有关，即同一点上各个方向的 p 和 τ 不相等。

1.2 流体的主要力学性质

本节阐述与流体运动有关的流体的主要力学性质。

1.2.1 流动性

在生产和生活中，有许多流体流动现象，如水在河中流动，风从门窗流入，燃气从喷孔喷出等。这些现象表明了流体不同于固体的基本特征，也就是它的流动性。

从力学上讲，流体与固体的主要区别在于它们对外力的抵抗能力不同。和固体比较，固体存在着抗拉、抗压和抗剪切三方面的能力。如果要将某一固体拉裂、压碎或切断，或使其产生很大变形，必须加以足够的外力，否则拉不裂、压不碎、切不断。但是，流体则不相同，如要分裂、切断水体，几乎不需什么气力。流体的抗拉能力极弱，抗剪切能力也很微小，静止时不能承受剪切力，只要受到剪切力作用，不管此剪切力怎样微小，流体都要发生连续不断变形，各质点间发生不断的相对运动。流体的这种性质，称为流动性，这是它便于用管道、渠道进行输送，适宜作供热、供冷等工作介质的主要原因。流体的抗压能力较强，这个特性和流动性相结合，使我们能够利用水压推动水力发电机，利用蒸汽压力推动汽轮发电机，利用液压、气压传动各种机械。

1.2.2 惯性

惯性是物体维持原有运动状态的能力的性质。表征某一流体的惯性大小可用该流体的密度。对于均质流体，单位体积的质量称为密度，以 ρ 表示：

$$\rho=m/V\tag{1-5}$$

式中 ρ——流体的密度，kg/m^3；

m——流体的质量，kg；

V——该质量流体的体积，m^3。

各点密度不完全相同的流体，称为非均质流体。非均质流体中某点的密度为

$$\rho = \lim_{\Delta V \to 0} \frac{\Delta m}{\Delta V} \tag{1-6}$$

式中　ρ——某点流体的密度；

Δm——微小体积 ΔV 内的流体质量；

ΔV——包含该点在内的流体体积。

在计算中常用的流体密度如下：

水的密度　　　　　　　　$\rho = 1000\text{kg/m}^3$

汞的密度　　　　　　　$\rho_{\text{Hg}} = 13595\text{kg/m}^3$

干空气在温度为 290K，压强为 760mmHg 时的密度 $\rho_a = 1.2\text{kg/m}^3$

1.2.3　黏性

流体具有流动性，静止时不能承受剪切力以抵抗剪切变形，但在运动状态下，流体具有抵抗剪切变形的能力。流体内部质点间或流层间因相对运动而产生内摩擦力以抵抗相对运动或剪切变形的性质，叫作黏性。此内摩擦力称为黏滞力或黏性力。

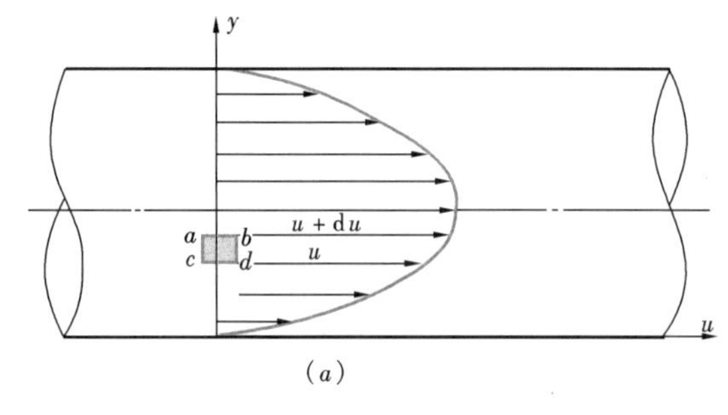

演示视频1. 流动性和黏性
（浏览方式详见封底说明）

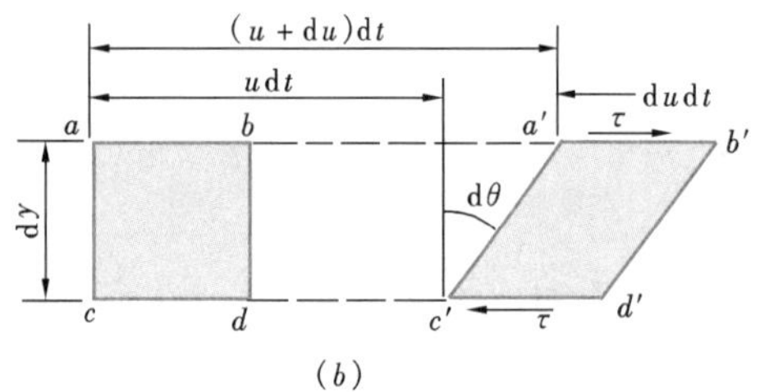

图 1-1　管中流体的流动

为了说明流体的黏性，现以流体在管中流动为例，如图 1-1 所示。当流体在管中流动时，紧贴管壁的流体质点，粘附在管壁上，流速为零。位于管轴上的流体质点，离管壁的距离最远，受管壁的影响最小，因而流速最大。介于管壁和管轴之间的流体质点，将以不同的速度向右移动，它们的速度将从管壁至管轴线，由零增加至最大。图 1-1（a）是流体在管中缓慢流动时，流速 u 随垂直于流速方向 y 而变化的函数关系图，即 $u = f(y)$ 的函数关系曲线，称为流速分布图。由于各流层的速度不相同，因而各质点间便产生了相对运动，从而产生内摩擦力以抗拒相对运动。在流体做层流（层流和紊流的概念，将在第 4 章讲述）剪切流动时，内摩擦力（或切力）T 的大小，经过无数的试验证明：

（1）与两流层间的速度差（即相对速度）$\mathrm{d}u$ 成正比，和流层间距离 $\mathrm{d}y$ 成反比；

（2）与流层的接触面积 A 的大小成正比；

（3）与流体的种类有关；

（4）与流体的压力大小无关。

内摩擦力的数学表达形式可写成

$$T \propto A \frac{\mathrm{d}u}{\mathrm{d}y}$$

或
$$T=\mu A\frac{\mathrm{d}u}{\mathrm{d}y} \tag{1-7}$$
这就是牛顿内摩擦定律。若以 τ 代表单位面积上的内摩擦力，即切应力，则
$$\tau=\frac{T}{A}=\mu\frac{\mathrm{d}u}{\mathrm{d}y} \tag{1-8}$$
式（1-8）就是常用的黏滞力的计算公式。现对各项阐述如下：

（1）$\frac{\mathrm{d}u}{\mathrm{d}y}$——速度梯度。表示速度沿垂直于速度方向 y 的变化率，单位为 s^{-1}。为了理解速度梯度的意义，可在图 1-1（a）中垂直于速度方向的 y 轴上，任取一边长为 $\mathrm{d}y$ 的矩形流体微元 $abcd$。为清楚起见，将它放大成图 1-1（b）。由于微元下表面的速度 u 小于上表面的速度（$u+\mathrm{d}u$），经过 $\mathrm{d}t$ 时间后，下表面所移动的距离 $u\mathrm{d}t$，小于上表面所移动的距离（$u+\mathrm{d}u$)$\mathrm{d}t$，因而矩形微元 $abcd$ 变形为 $a'b'c'd'$。也就是说，两流层间的垂直连接线 ac 及 bd，在 $\mathrm{d}t$ 时间中变化了角度 $\mathrm{d}\theta$。由于 $\mathrm{d}t$ 很小，因此，$\mathrm{d}\theta$ 也很小。所以
$$\mathrm{d}\theta\approx\tan(\mathrm{d}\theta)=\frac{\mathrm{d}u\mathrm{d}t}{\mathrm{d}y}$$
故
$$\frac{\mathrm{d}u}{\mathrm{d}y}=\frac{\mathrm{d}\theta}{\mathrm{d}t} \tag{1-9}$$
可见，速度梯度就是直角变形速度。这个直角变形速度是在切应力的作用下发生的，所以，也称剪切变形速度。由于流体的基本特征是流动性，在切应力的作用下，只要有充分的时间让它变形，它就有无限变形的可能性，因而只能用变形速度来描述它的剪切变形的快慢。所以，牛顿内摩擦定律也可以理解为切应力与剪切变形速度成正比。

（2）τ——切应力，常用的单位为 Pa。切应力 τ 不仅有大小，还有方向。现以图 1-1（b）矩形微元变形后的 $a'b'c'd'$ 来说明它的方向的确定：上表面 $a'b'$ 上面的流层运动较快，有带动较慢的 $c'd'$ 流层前进的趋势，故作用于 $a'b'$ 面上的切应力 τ 的方向与运动方向相同；下表面 $c'd'$ 下面的流层运动较慢，有阻碍较快的 $a'b'$ 流层前进的趋势，故作用于 $c'd'$ 面上的切应力 τ 的方向与运动方向相反。对于相接触的两个流层来讲，作用在不同流层上的切应力，必然是大小相等，方向相反。需要注意的是：内摩擦力的产生虽是流体抗拒相对运动的性质，但它不能从根本上制止流动的发生。因此，流体的流动性，不因有内摩擦力的存在而消失。当然，在流体质点间没有相对运动（在静止或相对静止状态）时，也就没有内摩擦力。

（3）μ——动力黏度，简称黏度，单位为 $\mathrm{N\cdot s/m^2}$，以符号 $\mathrm{Pa\cdot s}$ 表示。不同流体有不同的 μ 值，同一流体的 μ 值愈大，黏性愈强。μ 的物理意义可以这样来理解：当取$\frac{\mathrm{d}u}{\mathrm{d}y}=1$ 时，则 $\tau=\mu$，即 μ 表征单位速度梯度作用下的切应力，因此，它反映了黏性的动力性质。

在流体力学中，经常出现 μ/ρ 的比值，用 ν 表示，即
$$\nu=\mu/\rho \tag{1-10}$$
式中，ν 的单位为 $\mathrm{m^2/s}$。如果考虑密度就是单位体积质量，则 ν 的物理意义，也可以这样来理解：ν 是单位速度梯度作用下的切应力对单位体积质量作用产生的阻力加速度，故称 ν 为运动黏度。流体流动性是运动学的概念，所以，衡量流体流动性应用 ν 而不用 μ。

在表1-1中，列举了在不同温度时水的黏度。在表1-2中，列举了压强为98kPa（一个大气压）时不同温度下空气的黏度。

水 的 黏 度 表1-1

t (℃)	μ (10^{-3}Pa·s)	ν (10^{-6}m²/s)	t (℃)	μ (10^{-3}Pa·s)	ν (10^{-6}m²/s)
0	1.792	1.792	40	0.656	0.661
5	1.519	1.519	45	0.599	0.605
10	1.308	1.308	50	0.549	0.556
15	1.140	1.140	60	0.469	0.477
20	1.005	1.007	70	0.406	0.415
25	0.894	0.897	80	0.357	0.367
30	0.801	0.804	90	0.317	0.328
35	0.723	0.727	100	0.284	0.296

压强为98kPa（一个大气压）时的空气的黏度 表1-2

t (℃)	μ (10^{-3}Pa·s)	ν (10^{-6}m²/s)	t (℃)	μ (10^{-3}Pa·s)	ν (10^{-6}m²/s)
0	0.0172	13.7	90	0.0216	22.9
10	0.0178	14.7	100	0.0218	23.6
20	0.0183	15.7	120	0.0228	26.2
30	0.0187	16.6	140	0.0236	28.5
40	0.0192	17.6	160	0.0242	30.6
50	0.0196	18.6	180	0.0251	33.2
60	0.0201	19.6	200	0.0259	35.8
70	0.0204	20.5	250	0.0280	42.8
80	0.0210	21.7	300	0.0298	49.9

从表1-1及表1-2中可看出：水和空气的黏度随温度变化的规律不同，水的黏度随温度升高而减小，空气的黏度随温度升高而增大。这是因为黏度是分子间的吸引力和分子不规则的热运动产生动量交换的结果。温度升高，分子间吸引力降低，动量增大；反之，温度降低，分子间吸引力增大，动量减小。对于液体，分子间的吸引力是决定性因素，所以液体的黏度随温度升高而减小；对于气体，分子间的热运动产生动量交换是决定性的因素，所以气体的黏度随温度升高而增大。

通常的压强对流体的黏度影响不大，可以认为，流体的动力黏度μ只随温度而变化。例如，气体在小于几个大气压的压强作用下，就可以认为它们的动力黏度μ与压强无关。但是，在高压作用下，气体和液体的动力黏度都将随压强的升高而增大。

牛顿内摩擦定律只适用于一般流体，它对某些特殊流体不适用。为此，将在做纯剪切流动时满足牛顿内摩擦定律的流体称为牛顿流体。如水和空气等，均为牛顿流体。而将不满足该定律的称为非牛顿流体。如泥浆、污水、油漆和高分子溶液等。本书仅限于研究牛顿流体。对非牛顿流体，可参阅相关的著作。

还需指出，如果流体的流动是非纯剪切流动，那么，即使是牛顿流体，一般地也不满足式（1-7）或式（1-8）。对于在一般的三元流动情况下，是否为牛顿流体的判别式则是广义牛顿公式，将在7.2节中讲述。

【例1-1】在图1-2（a）中气缸内壁的直径D=12cm、活塞的直径d=11.96cm，活塞的长度l=14cm，活塞往复运动的速度为1m/s，润滑油液的μ=0.1Pa·s，试问作用在活塞上的黏滞力为多少？

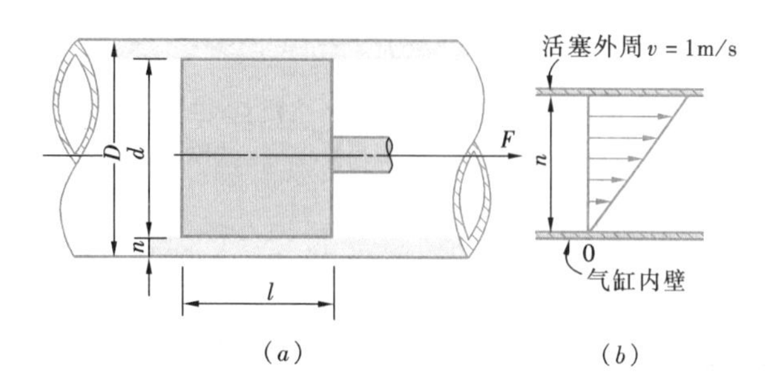

图1-2 活塞运动的黏性阻力

【解】因黏性作用，粘附在气缸内壁的润滑油层速度为零，粘附在活塞外沿的润滑油层与活塞速度相同，即v=1m/s。因此，润滑油层的速度由零增至1m/s，油层间因相对运动产生切应力，用$\tau=\mu\frac{du}{dy}$计算。该切应力乘以活塞面积，就是作用于活塞上的黏滞力T。

将间隙n放大，绘出该间隙中的速度分布图1-2（b）。由于活塞与气缸的间隙n很小，速度分布近似认为是线性分布。故

$$\frac{du}{dy}=\frac{v}{n}=\frac{1\text{m/s}}{\frac{1}{2}\times(0.12-0.1196)\text{m}}=5\times10^{3}\ 1/\text{s}$$

由牛顿内摩擦定律，有

$$\tau=\mu\frac{du}{dy}=0.1\text{Pa}\cdot\text{s}\times5\times10^{3}\ 1/\text{s}=5\times10^{2}\ \text{N/m}^{2}$$

接触面积 $A=\pi dl=\pi\times0.1196\text{m}\times0.14\text{m}=0.053\text{m}^{2}$

所以 $T=A\tau=0.053\text{m}^{2}\times(5\times10^{2})\text{Pa}=26.5\text{N}$

1.2.4 压缩性和热胀性

流体受压，体积缩小，密度增大的性质，称为流体的压缩性。流体受热，体积膨胀，密度减小的性质，称为流体的热胀性。

（1）液体的压缩性和热胀性

液体的压缩性，一般用体积压缩系数α_p来表示。设某一体积V的流体，密度为ρ，当压强增加dp时，体积减小，密度增大dρ，密度增加率为dρ/ρ，则dρ/ρ与dp的比值，称为流体的体积压缩系数。即

$$\alpha_p=\frac{d\rho/\rho}{dp} \tag{1-11}$$

α_p值愈大，则流体的压缩性也愈大。α_p的单位为Pa^{-1}。

流体被压缩时，其质量并不改变，即

$$dm=d(\rho V)=\rho dV+Vd\rho=0$$

所以
$$d\rho/\rho=-dV/V$$

故体积压缩系数又可以表示为

$$\alpha_p=-\frac{dV}{V}\Big/dp \tag{1-12}$$

压缩系数 α_p 的倒数称为流体的弹性模量，以 E 表示。即

$$E=\frac{1}{\alpha_p}=\frac{dp}{d\rho/\rho}=\rho\frac{dp}{d\rho} \tag{1-13}$$

式中，E 的单位为 Pa。

表 1-3 列举了水在温度为 0℃时，不同压强下的体积压缩系数。

水的体积压缩系数（0℃时）（m^2/N）　　**表 1-3**

压强 (kPa)	490	980	1960	3920	7840
α_p	0.538×10^{-9}	0.536×10^{-9}	0.531×10^{-9}	0.528×10^{-9}	0.515×10^{-9}

液体的热胀性，一般用体积膨胀系数 α_V 来表示，当温度增加 dT 时，液体的密度减小率为 $-d\rho/\rho$，则体积膨胀系数为

$$\alpha_V=-\frac{d\rho/\rho}{dT} \tag{1-14}$$

α_V 值愈大，则液体的热胀性也愈大。α_V 的单位为 T^{-1}。

同理，体积膨胀系数亦可表示为

$$\alpha_V=\frac{dV/V}{dT} \tag{1-15}$$

表 1-4 列举了水在压强为 98kPa（一个大气压）时，不同温度时的密度。

压强为 98kPa（一个大气压）时水的密度　　**表 1-4**

温　度 (℃)	**密　度 (kg/m^3)**	**温　度 (℃)**	**密　度 (kg/m^3)**	**温　度 (℃)**	**密　度 (kg/m^3)**
0	999.9	15	999.1	60	983.2
1	999.9	20	998.2	65	980.6
2	1000.0	25	997.1	70	977.8
3	1000.0	30	995.7	75	974.9
4	1000.0	35	994.1	80	971.8
5	1000.0	40	992.2	85	968.7
6	1000.0	45	990.2	90	965.3
8	999.9	50	988.1	95	961.9
10	999.7	55	985.7	100	958.4

从表 1-3 及表 1-4 看出：压强每升高 98kPa（一个大气压），水的密度约增加 0.00005。在温度较低时（10～20℃），温度每增加 1℃，水的密度减小约为 0.00015；在温度较高时（90～100℃），水的密度减小也只有 0.0007，这说明水的热胀性和压缩性很小，一般情况下可忽略不计。只有在某些特殊情况下，例如水击、热水供暖等，因密度变

化产生的作用重要不可忽略，才需要考虑水的压缩性及热胀性。

（2）气体的压缩性及热胀性

气体与液体不同，具有显著的压缩性和热胀性。温度与压强的变化对气体密度的影响很大。在温度不过低，压强不过高时，气体密度、压强和温度三者之间的关系，服从完全气体状态方程式。即

$$\frac{p}{\rho}=RT \tag{1-16}$$

式中 p——气体的绝对压强，Pa；

T——气体的热力学温度，K；

ρ——气体的密度，kg/m^3；

R——气体常数，J/（kg・K）。对于空气，$R=287$；对于其他气体，在标准状态下，$R=8314/n$，式中 n 为气体的分子量。

在温度不变的等温情况下，$T=C_1$（常数），所以 $RT=$常数。因此，状态方程简化为 $p/\rho=$常数。写成常用形式

$$\frac{p}{\rho}=\frac{p_1}{\rho_1} \tag{1-17}$$

式中，p_1、ρ_1 为某特定状态的压强及密度；p、ρ 是其他某一状态下的压强及密度。式（1-17）表示在等温情况下压强与密度成正比。也就是说，压强增加，体积缩小，密度增大。根据这个关系，如果把一定量的气体压缩到它的密度增大一倍时，则压强也要增加一倍；相反，如果密度减小一半，则压强也要减小一半。这一关系与实际气体的压强和密度的变化关系几乎一致。但是，如果把气体压缩，压强增加到极大时，气体的密度则应该变得很大，并且根据公式的关系，似乎可以计算出在某个压强下，气体可以达到水、汞等的密度。这是不可能的，因为气体有一个极限密度，对应的压强称极限压强。若压强超过这个极限压强时，不管这压强有多大，气体的密度再不能压缩得比这个极限密度更大。所以只有当密度远小于极限密度时，式（1-17）与实际气体的情况才一致。

在压强不变的定压情况下，$p=C_2$（常数），所以 $\frac{p}{R}=$常数。因此，状态方程简化为 $\rho T=$常数。写成常用的形式

$$\rho_0 T_0=\rho T \tag{1-18}$$

式中，ρ_0 是热力学温度 $T_0=273.16K\approx273K$ 时的密度；ρ、T 是其他某一状态下的密度和温度。式（1-18）表示在定压情况下，温度与密度成反比。即温度增加，体积增大，密度减小；反之，温度降低，体积缩小，密度增大。这一规律对各种不同温度下的一切气体都适用，特别是在中等压强范围内，对于空气及其他不易液化的气体相当准确。只有在温度降低到气体液化的程度，才有比较明显的误差。

表 1-5 中，列举了在压强为 101.325kPa（标准大气压——海平面上 0℃时的大气压强，即等于 760mmHg）下，不同温度时的空气密度。

压强为101.325kPa（标准大气压）下空气的密度　　表1-5

温度 (℃)	密度 (kg/m^3)	温度 (℃)	密度 (kg/m^3)	温度 (℃)	密度 (kg/m^3)
0	1.293	25	1.185	60	1.060
5	1.270	30	1.165	70	1.029
10	1.248	35	1.146	80	1.000
15	1.226	40	1.128	90	0.973
20	1.205	50	1.093	100	0.947

【例1-2】已知压强为98.07kPa，0℃时的烟气密度为$1.34kg/m^3$，求200℃时的烟气密度。

【解】因压强不变，故为定压情况。用$\rho T=\rho_0 T_0$计算密度。

气体热力学温度与摄氏温度的关系为

$$T = T_0 + t = 273\text{K} + t$$

$$\rho = \frac{\rho_0 T_0}{T} = \frac{1.34\text{kg/m}^3 \times 273\text{K}}{(273+200)\text{K}} = 0.77\text{kg/m}^3$$

可见，温度变化很大时，气体的密度有很大的变化。

气体虽然可以压缩和热胀，但是，具体问题也要具体分析。在分析任何一个具体流动中，主要关心的问题是压缩性是否起显著的作用。对于气体速度较低（远小于声速）的情况，在流动过程中压强和温度的变化较小，密度仍然可以看作常数，这种气体称为不可压缩气体。反之，对于气体速度较高（接近或超过声速）的情况，在流动过程中其密度的变化很大，密度已经不能视为常数的气体，称为可压缩气体。

在供热通风和燃气工程中，所遇到的大多数气体流动，速度远小于声速，其密度变化不大（当速度等于68m/s时，密度变化为1%；当速度等于150m/s时，密度的变化也只有10%），可当作不可压缩流体看待。也就是说，将空气认为和水一样是不可压缩流体。就是在供热系统中蒸汽输送的情况下，对整个系统来说，密度变化很大，但对系统内各管段来讲，密度变化并不显著，因此对每一管段仍可按不可压缩气体计算，只不过这时不同管段的密度不同罢了。

在实际工程中，有些情况需要考虑气体的压缩性，例如燃气的远距离输送等。所以，本书第9章研究讨论可压缩气体在管中的流动。

1.2.5 表面张力特性

由于分子间的吸引力，液体具有尽量缩小其表面的趋势，在液体的表面上能够承受极其微小的张力，这种张力称表面张力。表面张力不仅在液体与气体接触的界面上发生，而且会在液体与固体（如汞和玻璃等），或一种液体与另一种液体（如汞和水等）相接触的界面上发生。

气体不存在表面张力。因为气体分子的扩散作用，不存在自由表面，所以表面张力是液体的特有性质。即对液体来讲，表面张力在平面上并不产生附加压力，因为在平面上力处于平衡状态，它只有在曲面上才产生附加压力，以维持平衡。

因此，在工程问题中，只要有液体的曲面就会有表面张力产生的附加压力作用。例如，液体中的气泡、气体中的液滴、液体的自由射流、液体表面和固体壁面相接触处等，所有这些情况，都会出现曲面，都会引起表面张力产生附加压力。不过在一般情况下，附加压力产生的影响比较微弱。

由于表面张力的作用，如果把两端开口的玻璃细管竖立在液体中，液体就会在细管中上升或下降 h 高度，如图 1-3 及图 1-4 所示，这种现象称为毛细管现象。上升或下降取决于液体和固体的性质。表面张力的大小，可用表面张力系数 σ 表示，单位为 N/m。

由于重力与表面张力产生的附加压力的竖向分力相平衡，所以

$$\pi r^2 h\rho g = 2\pi r\sigma\cos\alpha$$

故

$$h = \frac{2\sigma}{r\rho g}\cos\alpha \tag{1-19}$$

式中，ρ 为液体密度；r 为玻璃管内径；σ 为液体的表面张力系数，它随液体种类和温度而异；α 为接触角，表示曲面和管壁交接处，曲面的切线与管壁的夹角。

如果把玻璃细管竖立在水中，见图 1-3。当水温为 20℃时，则水在管中的上升高度

$$h = \frac{15}{r} \tag{1-20}$$

如果把玻璃细管竖立在水银中，如图 1-4 所示。当水银温度为 20℃时，则水银在管中的下降高度

$$h = 5.07/r \tag{1-21}$$

式（1-20）及式（1-21）中，h 及 r 均以 mm 计。可见，当管径很小时，h 就可能很大。所以，用来测定压强的玻璃细管直径不能太小，否则就会产生很大的误差。

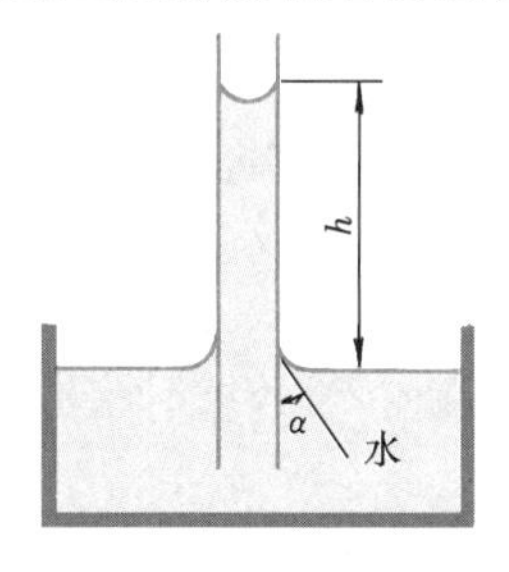

图 1-3　毛细管现象

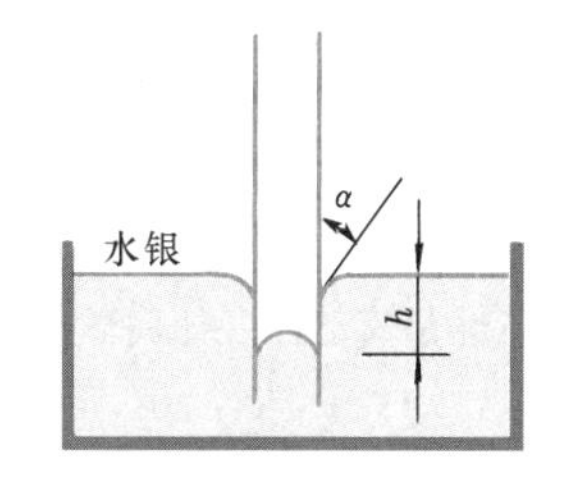

图 1-4　水银的毛细管现象

表面张力的影响在一般工程实际中可以忽略。但在水滴和气泡的形成，液体的雾化，气液两相流的传热与传质的研究中，将是重要的不可忽略的因素。

1.3　流体的力学模型

客观上存在的实际流体，物质结构和物理性质非常复杂，如果全面考虑它的所有因

素，将很难提出它的力学关系式。为此，在分析流体力学问题时，采用抓主要矛盾的方法，通过对流体加以科学的抽象，简化流体的物质结构和物理性质，建立力学模型，以便于定量研究流体运动规律。这种研究问题的方法，在固体力学中也常采用，例如刚体、弹性体等力学模型。所以，力学模型的概念具有普遍意义。下面介绍几个主要的流体力学模型。

首先，将流体视为“连续介质”。我们知道，不论是液体或气体，总是由无数的分子所组成，分子之间有一定的间隙，也就是说，流体实质上是不连续的。由于流体力学是研究宏观的机械运动（无数分子总体的力学效果），而不是研究微观的分子运动，因此，可将流体认为是充满其所占据空间无任何空隙的质点所组成的连续体。这种“连续介质”的模型，是对流体物质结构的简化，使我们在分析问题时得到两大方便：第一，可以不考虑复杂的微观分子运动，只考虑在外力作用下的宏观机械运动；第二，能运用数学分析的连续函数工具。因此，本书均采用“连续介质”这个模型。

其次是无黏性流体。一切流体都具有黏性，提出无黏性流体，是对流体物理性质的简化。因为在某些问题中，黏性不起作用或不起主要作用。这种不考虑黏性作用的流体，称为无黏性流体（或理想流体）。如果在某些问题中，黏性影响较大，不能忽略时，我们也可用“两步走”的办法，先当作无黏性流体分析，得出主要结论，然后采用试验的方法考虑黏性的影响，加以补充或修正。这种考虑黏性影响的流体，称为黏性流体。

最后是不可压缩流体。这是不计压缩性和热胀性而对流体物理性质的简化。液体的压缩性和热胀性均很小，密度可视为常数，通常用不可压缩流体模型。气体在大多数情况下，也可采用不可压缩流体模型，只有在某些情况下，例如速度接近或超过声速时，在流动过程中其密度变化很大时，才必须用可压缩流体模型。本书主要讨论不可压缩流体，也有一定内容讨论可压缩流体在管中的流动。

以上是流体力学的主要力学模型，以后在具体分析问题时，还要提出一些模型。

本 章 小 结

本章主要阐述作用在流体上的力，流体的主要力学性质，连续介质模型和无黏性流体以及不可压缩流体的概念。

1. 作用在流体上的力归为两类，即表面力和质量力。单位质量力是指单位质量的质量力，其单位与加速度相同。单位面积上的表面力称为应力。任意点的压强和切应力的定义为式（1-4），它们的国际单位为 Pa。

2. 流体的基本特性是流动性。任何微小的剪切力作用，都使流体产生连续不断的变形，这就是流动性的力学解释。

3. 黏性是流体内部质点或流层间因相对运动而产生内摩擦力以抵抗相对运动或剪切变形的性质。牛顿内摩擦定律揭示了切应力与速度梯度或剪切变形速度之间的内在关系。

4. 无黏性（理想）流体 $\mu=0$；不可压缩均质流体 $\rho=$常数，两者都是对流体的力学性质的简化。

习 题

1-1 已知水的密度 $\rho=1000\text{kg/m}^3$，若有这样的密度的水 1L，它的质量和重力各为多少？

1-2 什么是流体的黏性？它对流体流动有什么作用？动力黏度 μ 和运动黏度 ν 有何区别及联系？

1-3 水的密度 $\rho=1000\text{kg/m}^3$，动力黏度 $\mu=0.599\times10^{-3}\text{Pa}\cdot\text{s}$，求它的运动黏度 ν。

1-4 空气密度 $\rho=1.17\text{kg/m}^3$，运动黏度 $\nu=0.157\text{cm}^2/\text{s}$，求它的动力黏度 μ。

1-5　当空气温度从 0℃增加至 20℃时，ν 值增加 15%，密度减少 10%，问此时 μ 值增加多少？

1-6　如图所示为一水平方向运动的木板，其速度为 1m/s。平板浮在油面上，$\delta=10\text{mm}$，油的 $\mu=0.09807\text{Pa}\cdot\text{s}$。求作用于平板单位面积上的阻力。

1-7　温度为 20℃的空气，在直径为 2.5cm 的管中流动，距管壁上 1mm 处的空气速度为 3cm/s。求作用于单位长度管壁上的黏滞力为多少？

1-8　如图所示，一底面积为 40cm×45cm，高为 1cm 的木块，质量为 5kg，沿着涂有润滑油的斜面等速向下运动。已知 $v=1\text{m/s}$，$\delta=1\text{mm}$，求润滑油的动力黏度。

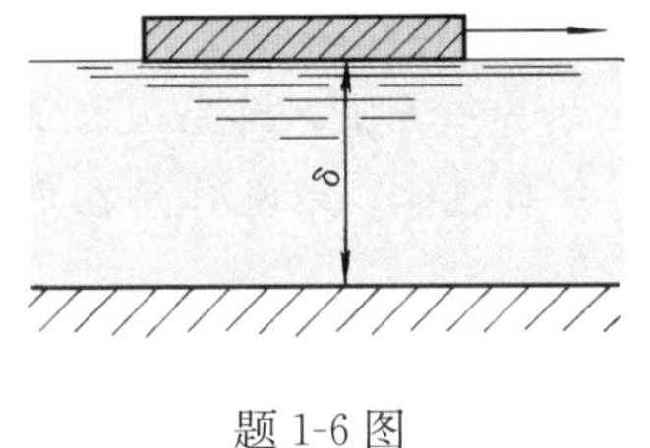

题 1-6 图

题 1-8 图

1-9　如图所示，上下两平行圆盘，直径均为 d，间隙厚度为 δ，间隙中液体的动力黏度为 μ。若上盘以角速度 ω 转动，下盘固定不动，求：(1) 上圆盘上的切应力分布；(2) 转动圆盘所需力矩。

1-10　什么是流体的压缩性及热胀性？它们对流体的密度有何影响？

1-11　水在常温下，压强由 490kPa 增加到 980kPa 时，密度改变多少？

1-12　体积为 5m^3 的水，在温度不变的情况下，当压强从 98kPa 增加到 490kPa 时，体积减小 1L，求水的体积压缩系数及弹性模量。

1-13　如图所示为一供暖系统图。由于水温升高引起水的体积膨胀，为了防止管道及散热器胀裂，特在系统顶部设置一膨胀水箱，使水的体积有自由膨胀的余地。若系统内水的总体积 $V=8\text{m}^3$，加热后温度升高 50K，水的体积膨胀系数为 0.0005K^{-1}，求膨胀水箱的最小容积。

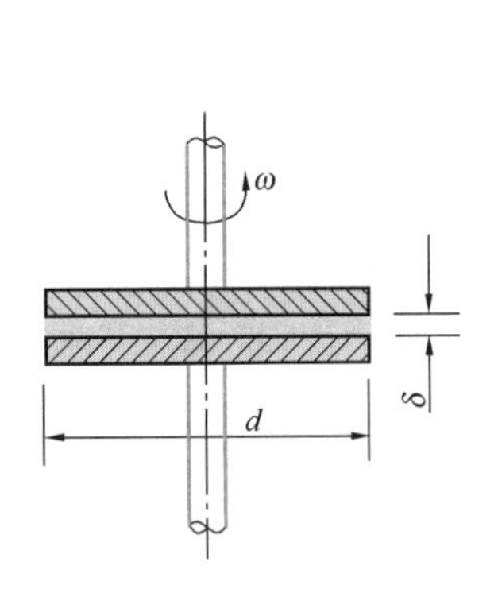

题 1-9 图

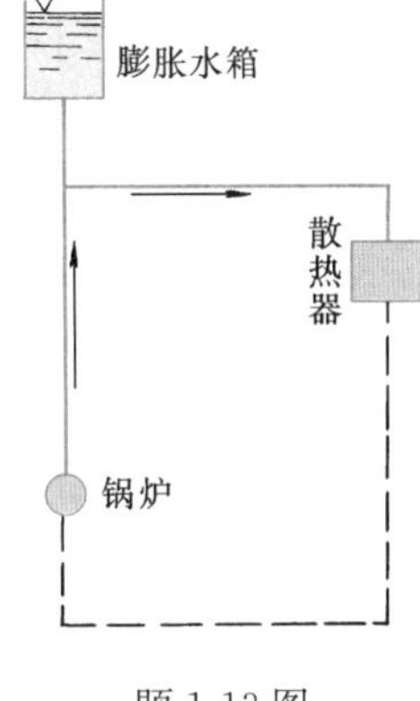

题 1-13 图

1-14　在压强为 98kPa 的作用下，空气温度为 180℃时的密度为多少？

1-15　什么是流体的力学模型？常用的流体力学模型有哪些？

部分习题答案
（浏览方法详见封底说明）

第2章 流体静力学

【要点提示】本章研究流体在静止状态下的力学规律及其在工程中的应用。由于静止状态下，表面力垂直指向作用面，流体中只存在压应力——压强，因此，本章以静压强为中心，主要阐述静压强的特性、基本方程、静压强的分布规律，以及作用在平面和曲面上液体总压力的计算方法。

流体静力学是研究流体运动规律的基础。流体静力学研究流体在静止状态下的受力平衡规律及其在工程中的应用。

静止是指流体质点间没有相对运动。在静止状态下，作用在流体上的切向力为零，表面力只有沿内法线方向的压力。

静止流体中的压强称为静压强。

2.1 流体静压强及其特性

2.1.1 流体静压强的定义

从静止状态的流体中，任取一体积为 V 的分离体，四周流体对该分离体的作用力，以箭头表示，如图2-1所示。设用一平面 $ABCD$，将此体积分为Ⅰ、Ⅱ两部分。假定将Ⅰ部分移去，并以等效的力代替它对Ⅱ部分的作用，使Ⅱ部分不失原有的平衡。

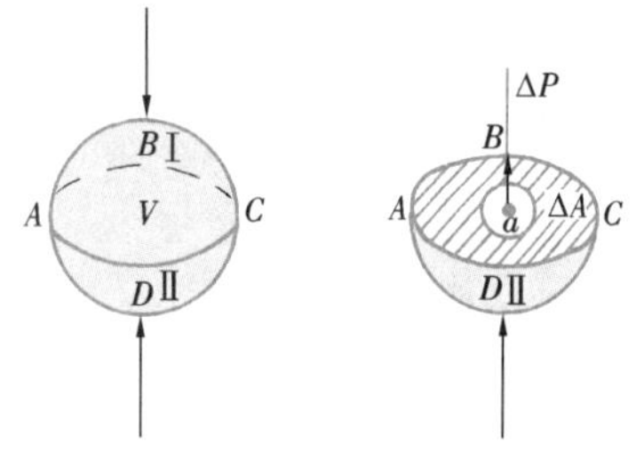

图 2-1 静止流体相互作用

从平面 $ABCD$ 上任取一面积 ΔA，a 点是该面积的中心。令力 ΔP 为移去部分作用在面积 ΔA 上的总压力，力 ΔP 为面积 ΔA 上的流体静压力，ΔA 为流体静压力 ΔP 的作用面积。它们的比值，称为面积 ΔA 上的平均流体静压强，以 $\bar{p}$ 表示。即

$$\bar{p}=\frac{\Delta P}{\Delta A} \tag{2-1}$$

当面积 ΔA 无限缩小到 a 点时，比值趋近于某一个极限值，此极限值称为 a 点的流体静压强，以 p 表示。即

$$p=\lim_{\Delta A\to 0}\frac{\Delta P}{\Delta A} \tag{2-2}$$

流体静压强在国际单位制中常用单位为帕，以 Pa 表示，$1\text{Pa}=1\ \text{N/m}^2$；更大的单位用 kPa、MPa 表示，$1\text{kPa}=10^3\text{Pa}$，$1\text{MPa}=10^3\text{kPa}$。

2.1.2 流体静压强的特性

我们要提出这样一个问题：在静止流体内部，通过 a 点可以做无数个方向不同的微小

面积 ΔA，按照点压强的定义式（2-2），在同一点上，有不同作用面方向下对应的静压强，因此，作用于 a 点的流体静压强，是否会因方向不同而改变大小呢？我们通过图 2-2 来进一步说明该问题。图 2-2(a) 表示静止液体中有一垂直于地面的平板 AB，设平板上 C 点的静压强为 p_c，p_c垂直指向受压面 AB。假设 C 点位置固定不动，平板 AB 绕C 点转动一个方位，变成图 2-2(b) 的情况。AB 改变方位前后，C 点静压强的大小会不会改变？

为了回答这个问题，我们在静止的流体中，取出一个包括 o 点在内的微元四面体 $oABC$，如图 2-3 所示，并将 o 点设为坐标原点，取正交的三个边长分别为 $\mathrm{d}x$、$\mathrm{d}y$、$\mathrm{d}z$ 并与 x、y、z 坐标轴重合。设垂直于 x、y、z 三个坐标轴的面及倾斜面 ABC 上平均压强分别为 p_x、p_y、p_z 及 p_n，为了研究这些平均压强间的相互关系，我们建立作用于微小四面体 $oABC$ 上各力的平衡关系。

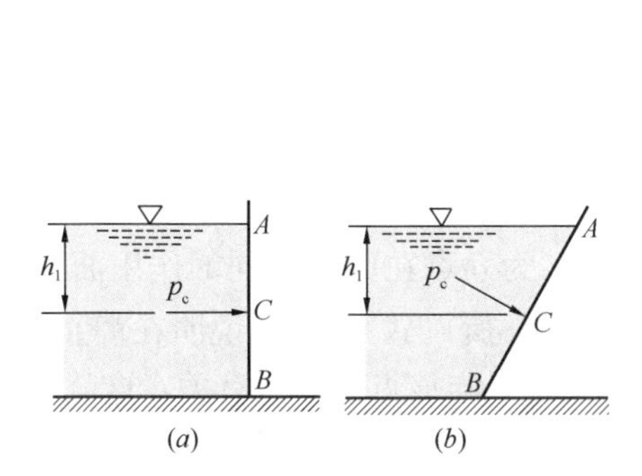

图 2-2 流体静压强方向

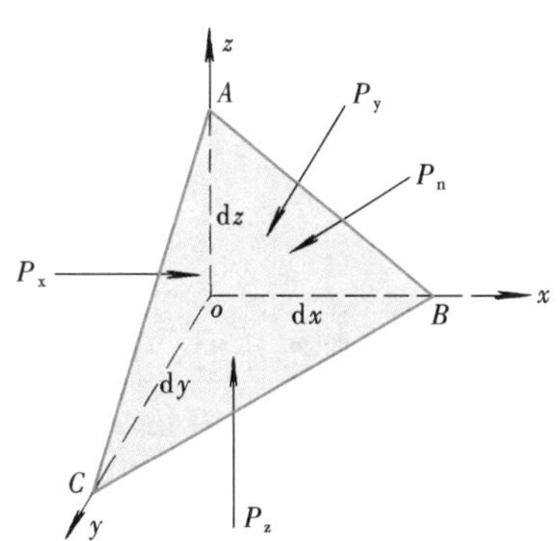

图 2-3 微元四面体平衡

作用于微小四面体 $oABC$ 上的表面力，由于静止流体不存在拉力和剪切力，因此，表面力只有压力。用 P_x、P_y、P_z、P_n 分别表示垂直于 x、y、z 轴的平面及倾斜面上的流体静压力，其大小等于作用面积和作用在该面上平均流体静压强的乘积，即

$$P_x = p_x \cdot \frac{1}{2}\mathrm{d}y\mathrm{d}z$$

$$P_y = p_y \cdot \frac{1}{2}\mathrm{d}z\mathrm{d}x$$

$$P_z = p_z \cdot \frac{1}{2}\mathrm{d}x\mathrm{d}y$$

$$P_n = p_n \cdot \mathrm{d}A（\mathrm{d}A \text{ 为 } ABC \text{ 倾斜面的面积}）$$

作用在微小四面体上的质量力在各轴向的分力等于单位质量力在各轴向的分力与流体质量的乘积，而流体质量又等于流体密度与微小四面体的体积$\frac{1}{6}\mathrm{d}x\mathrm{d}y\mathrm{d}z$ 的乘积。设单位质量力在 x、y、z 轴方向的分量分别为 X、Y、Z，则质量力在各轴向的分量为

$$F_{Bx} = \rho \cdot \frac{1}{6}\mathrm{d}x\mathrm{d}y\mathrm{d}z \cdot X$$

$$F_{By} = \rho \cdot \frac{1}{6}\mathrm{d}x\mathrm{d}y\mathrm{d}z \cdot Y$$

$$F_{Bz} = \rho \cdot \frac{1}{6}\mathrm{d}x\mathrm{d}y\mathrm{d}z \cdot Z$$

微小四面体在上述两类力的作用下处于静止状态，其外力的轴向平衡关系式可以写成

$$P_x - P_n\cos(\vec{n},x) + F_{Bx} = 0 \tag{1}$$

$$P_y - P_n\cos(\vec{n},y) + F_{By} = 0 \tag{2}$$

$$P_z - P_n\cos(\vec{n},z) + F_{Bz} = 0 \tag{3}$$

式中，$(\vec{n}, x)$、$(\vec{n}, y)$、$(\vec{n}, z)$ 分别表示倾斜面外法线方向 $\vec{n}$ 与 x、y、z 轴方向的夹角。

上面第（1）式可以写为

$$p_x \cdot \frac{1}{2}\mathrm{d}y\mathrm{d}z - p_n\mathrm{d}A\cos(\vec{n},x) + \frac{1}{6}\rho \cdot \mathrm{d}x\mathrm{d}y\mathrm{d}z \cdot X = 0$$

将 $\mathrm{d}A\cos(\vec{n}, x) = \frac{1}{2}\mathrm{d}y\mathrm{d}z$ 代入上式后可知，当 $\mathrm{d}x$、$\mathrm{d}y$、$\mathrm{d}z$ 趋于零，四面体向 o 点无限缩小时，上式左侧第 3 项为高阶微量，可以略去。因而得

$$p_x = p_n$$

同理，从第（2）、第（3）式可得

$$p_y = p_n$$

$$p_z = p_n$$

由此可得

$$p_x = p_y = p_z = p_n \tag{2-3}$$

四面体向 o 点无限缩小时，p_x、p_y、p_z 和 p_n 为 o 点在四个不同的作用面方位下所对应的静压强，由于倾斜面的方位 $\vec{n}$ 是任意选取的，所以式（2-3）说明在静止的流体中，任一点的流体静压强的大小与作用面的方向无关，只与该点的位置有关，这就是流体静压强的特性。这个特性说明：各点的位置不同，压强可能不同；位置一定，则不论取哪个方向，压强的大小完全相等，因此，流体静压强只是空间位置的函数。这样，研究流体静压强的根本问题即研究流体静压强的分布规律问题，即

$$p = f(x,y,z)$$

的问题。应当指出，流体静压强 p 实质上是一个标量，在对静压强方向的讨论中提到的“压强的方向”应当理解为作用面上流体压强产生的压力（矢量）的方向。

2.2　流体静压强的分布规律

本节在静止流体质量力只有重力的情况下，研究静止流体压强分布规律。

2.2.1　液体静压强的基本方程式

在静止液体中，任意取出一倾斜放置的微小圆柱体，微小圆柱体长为 Δl，断面积为 $\mathrm{d}A$，并垂直于柱轴线，如图 2-4 所示。现在，我们研究倾斜微小圆柱体在质量力和表面力共同作用下的轴向平衡问题。

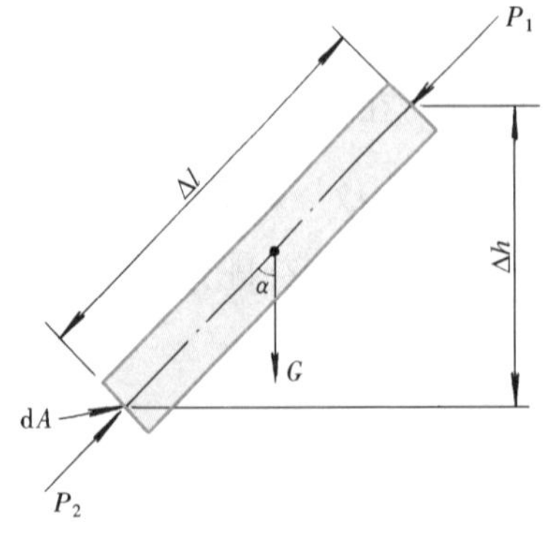

图 2-4　液体内微小圆柱的平衡

周围的静止液体对圆柱体作用的表面力有侧面压力及两端面的压力。根据流体静压强沿作用面内法线方向的特性，侧面压力与轴向正交，沿轴向没有分力；柱的两端面沿轴向作用的压力为 P_1 和 P_2。

作用在静止液体上的质量力只有重力，而重力的方

向铅直向下，它与轴线的夹角为 α，可以分解为平行于轴向的 $G\cos\alpha$ 和垂直于轴向的 $G\sin\alpha$ 两个分力。

因此，倾斜微小圆柱体轴向力的平衡，就是两端压力 P_1、P_2 及重力的轴向分力 $G\cos\alpha$ 三个力作用下的平衡，即

$$P_2 - P_1 - G \cdot \cos\alpha = 0$$

由于微小圆柱体断面积 $\mathrm{d}A$ 极小，断面上各点压强的变化可以忽略不计，即可以认为断面上各点压强相等。设圆柱上端面的压强 p_1，下端面的压强 p_2，则两端面的压力为 $P_1 = p_1\mathrm{d}A$，及 $P_2 = p_2\mathrm{d}A$，而圆柱体受的重力 $G = \rho g \cdot \Delta l \cdot \mathrm{d}A$。代入上式得

$$p_2\mathrm{d}A - p_1\mathrm{d}A - \rho g\Delta l\mathrm{d}A\cos\alpha = 0$$

消去 $\mathrm{d}A$，并由于 $\Delta l \cdot \cos\alpha = \Delta h$，经过整理得

$$p_2 - p_1 = \rho g\Delta h \tag{2-4}$$

或写成

$$\Delta p = \rho g\Delta h$$

从式（2-4）的推导中可以看出，倾斜微小圆柱体的端面是任意选取的，因此，可以得出普遍关系式：即静止液体中任意两点的压强差等于两点间的深度差乘以密度和重力加速度。将上式压差关系改写成压强关系式，则为

$$p_2 = p_1 + \rho g\Delta h \tag{2-5}$$

式（2-5）表示压强随深度不断增加，而深度增加的方向就是静止液体的质量力——重力作用的方向，所以，压强增加的方向就是质量力的作用方向。

现在，把压强关系式应用于求静止液体内某一点的压强。如图2-5，设液面压强为 p_0，液体密度为 ρ，该点在液面下深度为 h，则根据式（2-5）得

$$p = p_0 + \rho gh \tag{2-6}$$

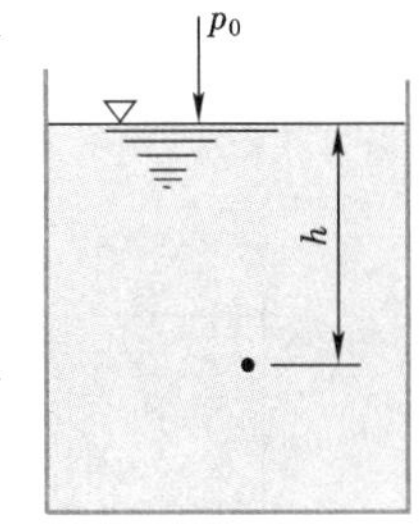

图 2-5 开敞水箱

式中 p——液体内某点的压强，Pa；

p_0——液面气体压强，Pa；

ρ——液体的密度，$\mathrm{kg/m^3}$；

h——某点在液面下的深度，m。

式（2-6）就是液体静力学的基本方程式。它表示静止液体中，压强随深度线性变化。静止液体中任一点的压强是由液面压强和该点在液面下的深度与密度和重力加速度的乘积两个部分所组成。从这两个部分可以看出，压强的大小与容器的形状无关。因此，不论盛液容器的形状怎么复杂，只要知道液面压强 p_0 和该点在液面下的深度 h，就可用此式求出该点的压强。

从式（2-6）可以看出，深度相同的各点，压强也相同，这些深度相同的点所组成的面是一个水平面，可见水平面是压强处处相等的面。因此得出结论：水平面是等压面。

从式（2-6）也可看出，液面压强 p_0 有所增减（$\pm\Delta p_0$），则内部压强 p 亦相应地有所增减（$\pm\Delta p$），但

$$p = p_0 + \rho gh$$

则

$$p \pm \Delta p = p_0 \pm \Delta p_0 + \rho gh$$

两式相减得

$$\Delta p = \Delta p_0$$

可见，静止液体任一边界面上压强的变化，将等值地传到其他各点（只要静止不被破坏），这就是液体静压强等值传递的帕斯卡定律。该定律在水压机，液压传动，气动阀门，水力闸门等水力机械中得到广泛应用。

【例 2-1】水池中盛水如图 2-6 所示。已知液面压强 $p_0=98.07\text{kPa}$，求水中 C 点以及池壁 A、B 点和池底 D 点所受的水静压强。

【解】A、B、C 三点在同一水平面上，水深 h 均为 1m，所以压强相等。即 $p_A=p_B=p_C=p$。故 $p=p_0+\rho gh=98.07\text{kPa}+1000\text{kg/m}^3\times 9.8\text{m/s}^2\times 1\text{m}=107.87\times 10^3\text{Pa}=107.87\text{kPa}$。$D$ 点的水深是 1.6m，故

$$p_D = 98.07\text{kPa} + 1000\text{kg/m}^3 \times 9.8\text{m/s}^2 \times 1.6\text{m} = 113.75\text{kPa}$$

关于压强的作用方向，应根据受力面的方位和承受压力的物质系统而定。例如 A、B、D 三点在固壁上，若考虑液体对固壁的作用，则方向如图中所示。总之，静压强的作用方向垂直于作用面的切平面且指向受力物质（流体或固体）系统表面的内法向。

液体静力学基本方程式 (2-6)，还可以表示为另一种形式，如图 2-7 所示。设水箱水面的压强为 p_0，水中 1、2 点到任选水平基准面 0-0 的高度为 Z_1 及 Z_2，压强为 p_1 及 p_2，将式中的深度改为高度差后得

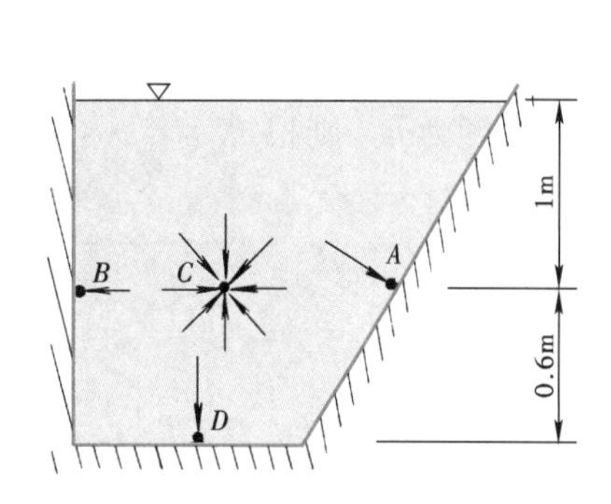

图 2-6　池壁和水体的点压强

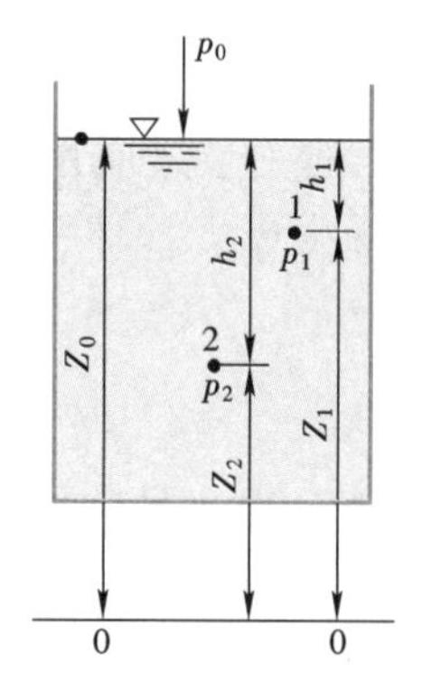

图 2-7　液体静力学方程推证

$$p_1 = p_0 + \rho g(Z_0 - Z_1)$$

$$p_2 = p_0 + \rho g(Z_0 - Z_2)$$

上式除以 ρg，并整理后得

$$Z_1 + \frac{p_1}{\rho g} = Z_0 + \frac{p_0}{\rho g}$$

$$Z_2 + \frac{p_2}{\rho g} = Z_0 + \frac{p_0}{\rho g}$$

两式联立得

$$Z_1 + \frac{p_1}{\rho g} = Z_2 + \frac{p_2}{\rho g} = Z_0 + \frac{p_0}{\rho g}$$

水中 1、2 点是任选的，故可将上述关系式推广到整个液体，得出具有普遍意义的规律。

即

$$Z+\frac{p}{\rho g}=C(\text{常数}) \tag{2-7}$$

这就是液体静力学基本方程式的另一种形式，也是我们常用的液体静压强分布规律的一种形式。它表示在同一种静止液体中，不论哪一点的 $\left(Z+\frac{p}{\rho g}\right)$ 总是一个常数。式中 Z 为该点的位置相对于水平基准面的高度，称位置水头。$\frac{p}{\rho g}$ 是该点在压强作用下沿测压管所能上升的高度，称压强水头。所谓测压管是一端和大气相通，另一端和液体中某一点相接的管子，如图 2-8 所示。两水头相加 $\left(Z+\frac{p}{\rho g}\right)$ 称测压管水头，它表示测压管水面相对于基准面的高度。两水头相加等于常数 $\left(Z+\frac{p}{\rho g}=C\right)$，表示同一容器的静止液体中，所有各点的测压管水头均相等。即使各点的位置水头 Z 和压强水头 $\frac{p}{\rho g}$ 互不相同，但各点的测压管水头必然相等。因此，在同一容器的静止液体中，所有各点的测压管水面必然在同一水平面上。测压管水头中的压强 p 必须采用相对压强表示，相对压强的概念在下节讲述。

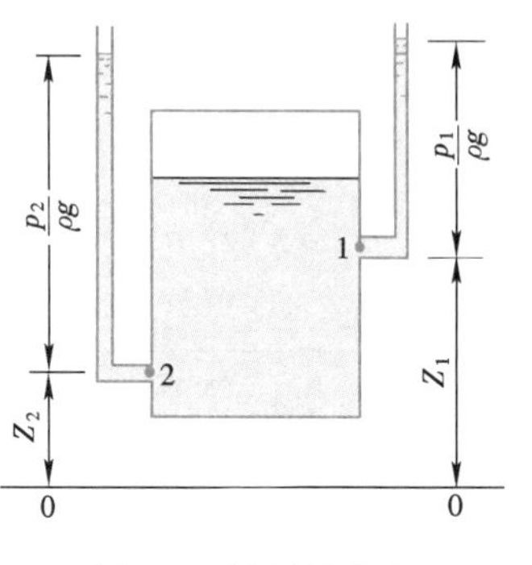

图 2-8　测压管水头

2.2.2　分界面和自由面是水平面

两种密度不同互不混合的液体，在同一容器中处于静止状态，一般是重的在下，轻的在上，两种液体之间形成分界面。这种分界面既是水平面又是等压面。现在，我们从反面证明如下：

图 2-9 盛有 $\rho_2>\rho_1$ 的两种不同液体，设分界面不是水平面而是倾斜面，我们在分界面上任选 1、2 两点，其深度差为 Δh，根据压差关系式，从分界面上、下两方分别求压差为

$$\Delta p=\rho_1 g\Delta h$$

$$\Delta p=\rho_2 g\Delta h$$

两式相减，得

$$(\rho_2-\rho_1)\Delta h=0$$

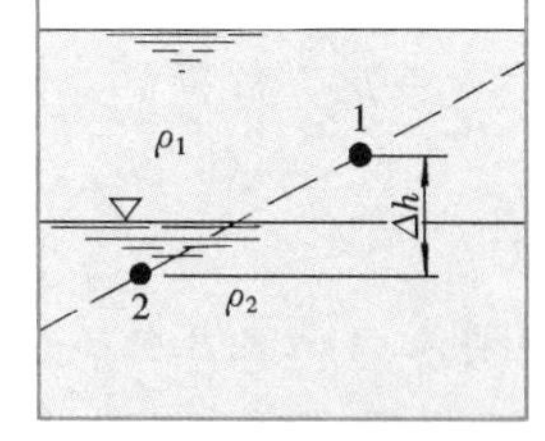

图 2-9　分界面是水平面的推证

由于液体密度不等于零，且 $\rho_2>\rho_1$，上式关系的满足必然是 $\Delta h=0$，即分界面是水平面，不可能是倾斜面。将 $\Delta h=0$ 代入压差关系式，得 $\Delta p=0$。这就证明分界面是等压面，所以，分界面既是水平面又是等压面。

静止的液体和气体接触的自由面，受到相同的气体压强，所以，自由面是分界面的一种特殊形式。它既是等压面，也是水平面。事实上，水平面这个概念就是从静止的水面、湖面、池面等具体形式抽象出来的。

这里需要指出：上述规律是在同种液体处于静止、连续的条件下推导出来的。因此，液体静压强分布规律只适用于静止、同种、连续（连通）液体，如不能同时满足这三个条

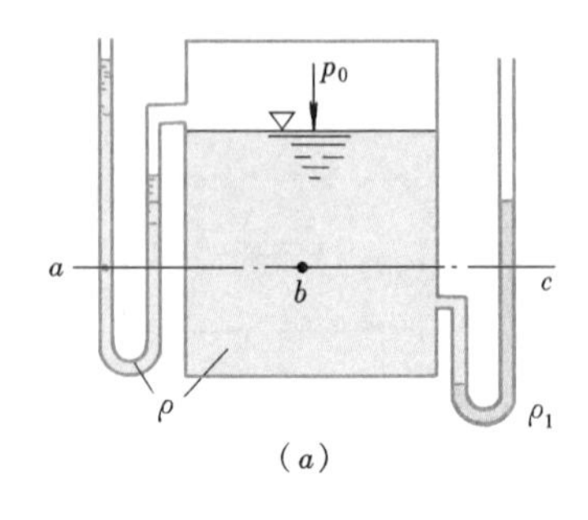

（a）

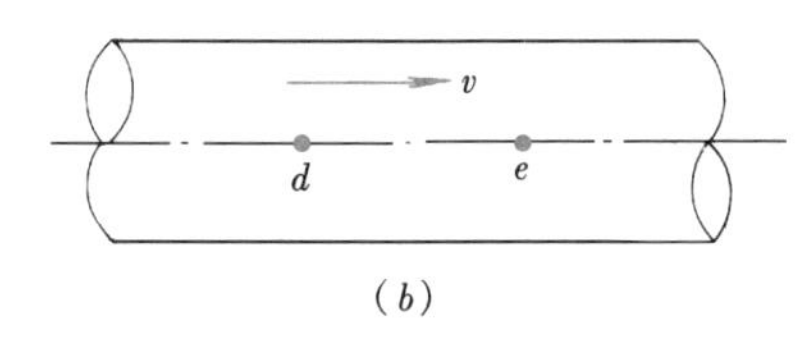

（b）

图2-10　等压面条件

件，就不能应用上述规律。例如，不能同时满足这三个条件的水平面就不一定是等压面。如图2-10（a）中a和b两点，虽属静止、同种，但不连续，中间被气体隔开，所以，同在一个水平面上的a、b两点压强不相等。又如同图中b、c两点，虽属静止、连续，但不同种，所以，同在一个水平面上的b、c两点压强也不相等。又如图2-10（b）中的d、e两点，虽属同种、连续，但不静止，管中是流动的液体，所以，同在一个水平面上的d、e两点压强也不相等。

最后，还应指出，如果同一容器或同一连通器盛有多种不同密度的液体，要从某一种液体中某一点的已知压强，求另一种液体中另一点的未知压强时，必须先求出两种液体间的分界面的压强，或直接以通过分界面的等压面为联系面，进而求出未知的压强。多种液体在同一容器或连通管的条件下求压强或压差，也必须注意把分界面作为压强关联的联系面。举例如下。

【例2-2】 密度为 ρ_a 和 ρ_b 的两种液体，装在容器中，各液面深度如图2-11所示。若 $\rho_b=1000\text{kg/m}^3$，大气压强 $p_a=98\text{kPa}$，求 ρ_a 及 p_A。

【解】 先求 ρ_a，由于自由面的压强均等于大气压强，所以，$p_1=p_4=p_a=98\text{kPa}$

根据静止、连续、同种液体的水平面为等压面的规律，$p_2=p_3$。从式（2-6）得

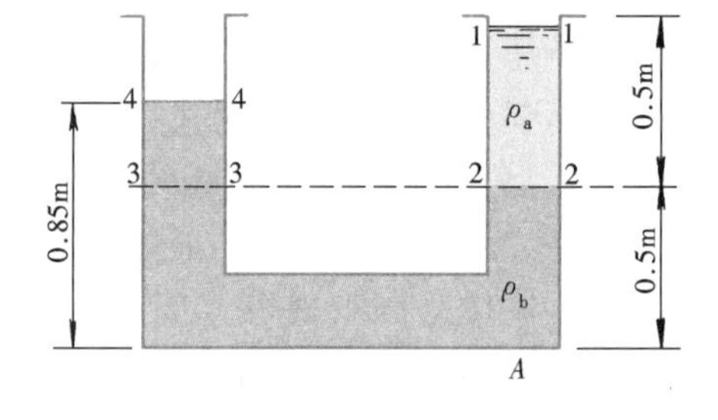

图2-11　多种液体

$$p_2=p_a+\rho_a g\times0.5\text{m}$$

$$p_3=p_a+\rho_b g(0.85-0.5)\text{m}$$

由于 $p_2=p_3$，故得

$$0.5\rho_a=(0.85-0.5)\rho_b=0.35\rho_b$$

所以
$$\rho_a=0.7\rho_b=0.7\times1000\text{kg/m}^3=700\text{kg/m}^3$$

再求A点的压强 p_A。先求出分界面上的压强，然后，应用分界面是多种液体压强关系的联系面，再求出分界面以下A点的压强 p_A。

分界面2-2是等压面，面上各点压强相等，即

$$p_2=p_a+0.5\text{m}\times\rho_a g=98\text{kPa}+0.5\text{m}\times700\text{kg/m}^3\times9.8\text{m/s}^2$$
$$=101.5\text{kPa}$$

再根据分界面上的压强 p_2，求A点的压强 p_A 为

$$p_A=p_2+0.5\text{m}\times\rho_b g=101.5\text{kPa}+0.5\text{m}\times1000\text{kg/m}^3\times9.8\text{m/s}^2$$
$$=106.4\text{kPa}$$

实际上，求A点的压强，可以不先求出分界面上的压强，就直接以分界面为压强关系的联系面，一次就可求出A点的压强。即

$$p_A = p_a + \rho_a g \times 0.5\text{m} + \rho_b g \times 0.5\text{m}$$
$$= 106.4\text{kPa}$$

另外，我们也可以根据容器底面水平的特点，利用水平面是等压面的规律，从容器左端一次求出 A 点压强。即

$$p_A = p_a + \rho_b g \times 0.85\text{m} = 106.4\text{kPa}$$

2.2.3 气体压强计算

以上规律，虽然针对的是液体，但对于不可压缩气体也仍然适用。

由于气体具有密度很小的特点，在高差不大的情况下，气柱产生的压强值很小，因而可以忽略 ρgh 的影响，则式（2-6）简化为

$$p = p_0$$

表示空间各点气体压强相等，例如液体容器、测压管、锅炉等上部的气体空间，我们就认为各点的压强相等。

2.2.4 等密面是水平面

前面论证了静止均质流体的水平面是等压面，现在提出一个问题，它是否也适用于静止非均质流体呢？为了回答这个问题，我们在静止非均质流体中，取轴线水平的微小圆柱体如图 2-12 所示，分析轴向受力平衡。

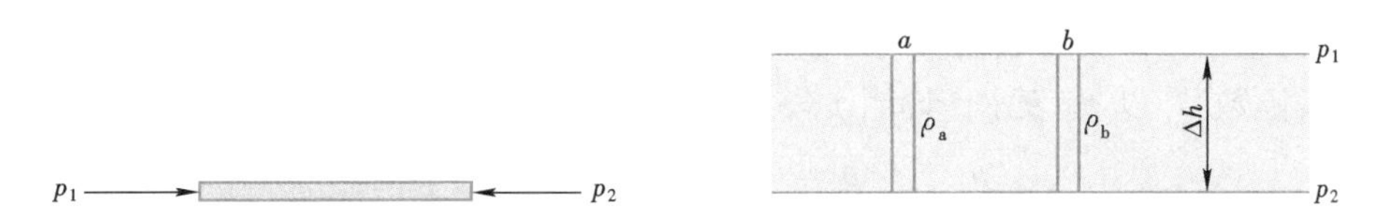

图 2-12　水平面上压强分布　　　图 2-13　水平面上密度分布

我们知道，当作用在静止流体上的质量力只有重力时，重力作用铅直向下，侧面压力垂直于轴线，所以，这两种力沿轴向均无分力。沿轴向外力的平衡，表现为两端面压力相等。又由于两端面的面积相等，则压强也必然相等。即

$$p_1 = p_2$$

圆柱体轴线在水平面上的位置是任意选取的，两点压强相等，说明水平面上各点压强相等。即静止非均质流体的水平面仍然是等压面。

现在进一步问，水平面上的密度是否变化呢？为回答这个问题，我们仍然在静止非均质流体内部，选取相距为 Δh 的两个水平面，并在它们之间任选 a、b 两个铅直微小柱体，如图 2-13 所示。分别计算它们的压强差为

$$\Delta p = \rho_a g \Delta h \qquad \Delta p = \rho_b g \Delta h$$

式中，ρ_a 和 ρ_b 为柱体 a 和 b 的平均密度。由于两水平面是等压面，所以，两柱体的压强差相等，因而 ρ_a 必等于 ρ_b。否则，流体就不会静止，而要流动。当两等压面无限接近，即 $\Delta h \to 0$ 时，ρ_a 和 ρ_b 就变成同一等压面上两点的密度，此两点密度相等，说明水平面不仅是等压面、而且是等密度面。根据状态方程，压强、密度相等，温度也必然相等。所以，静止非均质流体的水平面是等压面、等密面和等温面。这个结论有实际意义，在自然界中，大气和静止水体，室内空气，它们均按密度和温度分层，是很重要的自然现象。

2.3　压强的计算基准和量度单位

在工程技术上，量度流体中某一点或某一空间点的压强，可以用不同的基准和量度单位。

2.3.1　压强的两种计算基准

压强有两种计算基准：绝对压强和相对压强。

以毫无一点气体存在的绝对真空为零点起算的压强，称为绝对压强，以 p' 表示。当问题涉及流体的热力学性质，例如采用气体状态方程进行压强计算时，必须采用绝对压强。

以当地同高程的大气压强 p_a 为零点起算的压强，称为相对压强，以 p 表示。

采用相对压强基准，则大气压强的相对压强为零。即

$$p_a = 0$$

相对压强、绝对压强和大气压强的相互关系是

$$p = p' - p_a \tag{2-8}$$

某一点的绝对压强只能是正值或零，不可能出现负值。但是，某一点的绝对压强可能大于大气压强，也可能小于大气压强，因此，相对压强可正可负。当相对压强为正值时，称该压强为正压（即压力表读数），为负值时，称为负压。负压的绝对值又称为真空度（即真空表读数），以 p_v 表示。即当 $p<0$ 时，有

$$p_v = -p = -(p' - p_a) = p_a - p' \tag{2-9}$$

为了区别以上几种压强，现以 A 点（$p'_A > p_a$）和 B 点（$p'_B < p_a$）为例，将它们的关系表示在图 2-14 上。

为了理解相对压强的实际意义，现以图 2-15 的气体容器中的几种情况来说明：

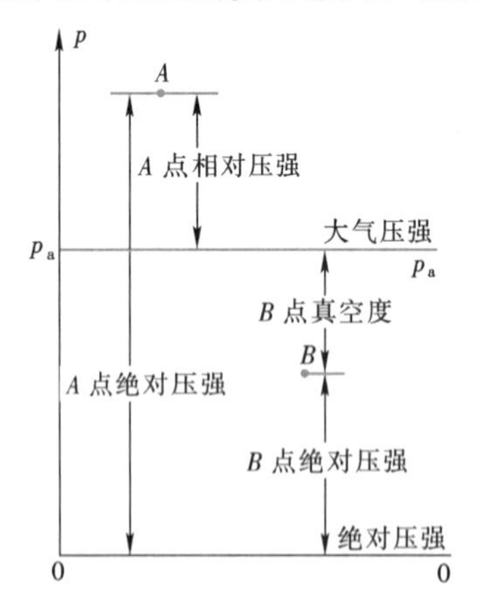

图 2-14　压强的图示

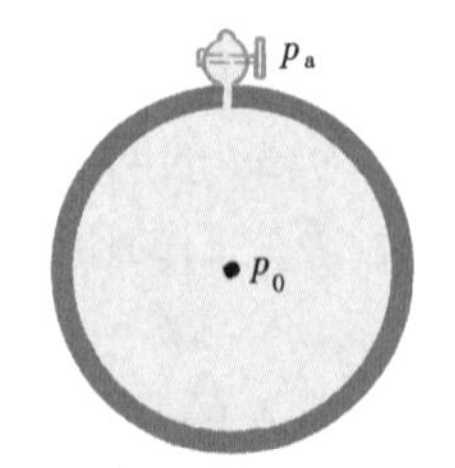

图 2-15　相对压强的力学作用

（1）假定容器的活塞打开，容器内外气体压强一致，$p_0 = p_a$，相对压强为零。容器内（或外）壁所承受的气体压强为大气压强，约等于 98kPa。但是，器壁两边同时作用着大小相等方向相反的力，力学效应相互抵消，等于没有受力。

（2）假定容器的压强 $p_0>0$，这个超过大气压强的部分，对器壁产生的力学效应，使器壁向外扩张。如果打开活塞，气流向外流出，而且流出的速度与相对压强的大小有关。

（3）假定容器压强 $p_0<0$，同样，也正是这个低于大气压强的部分，才对器壁产生力学效应，使容器向内压缩。如果打开活塞，空气一定会吸入，吸入的速度也和负的相对压强大小有关。

上例说明，引起固体和流体力学效应的只是相对压强，而不是绝对压强。

此外，绝大部分测量压强的仪表，都是与大气相通的或者是处于大气压的环境中，因此工程技术中广泛采用相对压强。以后讨论所提压强，如未说明，均指相对压强。

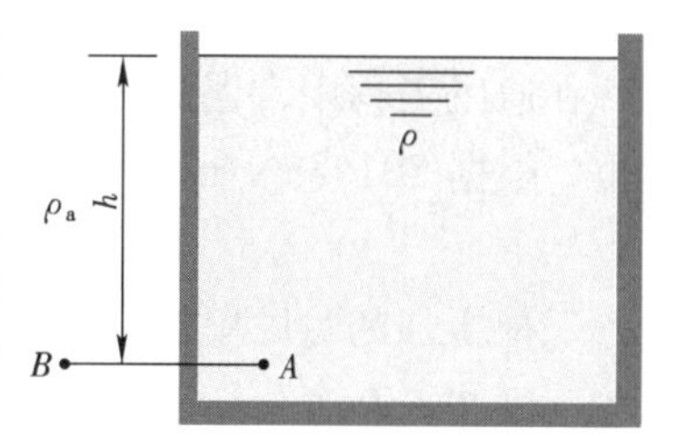

图 2-16　A 点相对压强

现以图 2-16 开敞容器中静止流体中的 A 点为例，说明相对压强的计算。设容器外与 A 点同高程的 B 点的大气压为 0，应用流体静止压强基本方程式，利用分界面是等压面，则 A 点的相对压强为

$$p_A = p_0 + \rho gh = (0 - \rho_a gh) + \rho gh = (\rho - \rho_a)gh \tag{2-10}$$

如果容器中的流体为液体，我们知道，液体的密度远大于大气密度 ρ_a，在工程计算中可以忽略空气柱产生的压强变化，则 A 点的相对压强简化为

$$p_A = \rho gh \tag{2-11}$$

这说明，计算液体相对压强可以将同高程的大气压强简化成液面大气压强为 0。这就是实际工程中最常用的计算方法。

容器中流体为气体的情况，将在第 3 章 3.11 节全面阐述。

2.3.2　压强的量度单位

第一种单位是从压强的基本定义出发，用单位面积上的力表示，即力/面积。国际单位为 N/m^2，以符号 Pa 表示。

第二种单位是用大气压的倍数来表示。国际上规定标准大气压用符号 atm 表示，温度为 0℃时海平面上的压强，即 760mmHg，为 101.325kPa，即 1atm＝101.325kPa。工程单位中规定大气压用符号 at 表示（相当于海拔 200m 处正常大气压），即 1at＝98kPa，称为工程大气压。例如，某点绝对压强为 303.975kPa，则称绝对压强为三个标准大气压，或称相对压强为两个标准大气压。

第三种单位是用液柱高度来表示，常用水柱高度或汞柱高度，其单位为 mH_2O、mmH_2O 或 mmHg，这种单位可从式（2-11）$p=\rho gh$ 改写成

$$h = \frac{p}{\rho g}$$

只要知道液柱密度 ρ、h 和 p 的关系就可以通过上式计算。因此，液柱高度也可以表示压强，例如一个标准大气压相应的水柱高度为

$$h = \frac{101325\text{N/m}^2}{1000\text{kg/m}^3 \times 9.8\text{m/s}^2} = 10.33\text{m}$$

相应的汞柱高度为

$$h' = \frac{101325\text{N/m}^2}{13595\text{kg/m}^3 \times 9.8\text{m/s}^2} = 0.76\text{m} = 760\text{mm}$$

又如一个工程大气压相应的水柱高度为

$$h = \frac{98000\text{N/m}^2}{1000\text{kg/m}^3 \times 9.8\text{m/s}^2} = 10\text{m}$$

相应的汞柱高度为

$$h' = \frac{98000\text{N/m}^2}{13595\text{kg/m}^3 \times 9.8\text{m/s}^2} = 0.736\text{m} = 736\text{mm}$$

在通风工程中常遇到较小的压强，对于较小的压强可用 mmH_2O 来表示。对于国际单位，根据 $101325\text{N/m}^2 = 10.33\text{mH}_2\text{O}$ 的关系换算为

$$1\text{mmH}_2\text{O} = 9.8\text{N/m}^2 = 9.8\text{Pa}$$

三种压强的量度单位的换算见表 2-1。

压强量度单位的换算关系　　**表 2-1**

压强单位	Pa	mmH_2O	at	atm	mmHg
换算关系	9.8	1	10^{-4}	9.67×10^{-5}	0.736
	98000	10^4	1	0.967	736
	101325	1033.9	1.033	1	760
	133.33	13.6	1.36×10^{-3}	13.16×10^{-3}	1

需要指出的是，在以上三种压强的量度单位中，液柱高度单位和大气压单位都不是 SI 单位，是目前尚在使用的习用非法定计量单位。按国际单位制一个量一个 SI 单位的原则，它们正逐渐被 SI 单位所取代。

【例 2-3】封闭水箱如图 2-17 所示。自由面的绝对压强 $p_0 = 122.6\text{kPa}$，水箱内水深 $h = 3\text{m}$，当地大气压 $p_a = 88.26\text{kPa}$。求(1)水箱内绝对压强和相对压强的最大值。(2)如果 $p_0 = 78.46\text{kPa}$，求自由面上的相对压强、真空度或负压。

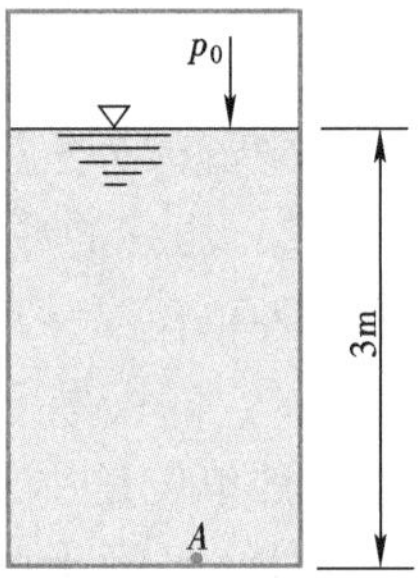

图 2-17　封闭水箱

【解】 从压强随水深的线性变化可知，水最深的地方压强最大，所以，水箱底面压强最大。

(1) 求压强最大值 p_A 的绝对压强最大值：以单位面积上的力表示

$$p'_A = p_0 + \rho gh = 122.6\text{kN/m}^2 + 1000\text{kg/m}^3 \times 9.8\text{m/s}^2 \times 3\text{m} = 152\text{kN/m}^2 = 152\text{kPa}$$

以水柱高度表示　$h = \frac{p'_A}{\rho g} = \frac{152\text{kN/m}^2}{1000\text{kg/m}^3 \times 9.8\text{m/s}^2} = 15.5\text{m}$

以标准大气压表示

$$\frac{152\text{kN/m}^2 \times 1\text{atm}}{101.325\text{kN/m}^2} = 1.5\text{atm}$$

相对压强最大值

$$p_A = p'_A - p_a = 152\text{kN/m}^2 - 88.26\text{kN/m}^2 = 63.74\text{kN/m}^2 = 63.74\text{kPa}$$

或是 0.63atm，或是 $6.5\text{mH}_2\text{O}$。

(2) 当液面压强 $p_0 = 78.46\text{kN/m}^2$ 时，自由面上的相对压强为

$$p = p_0 - p_a = 78.46\text{kN/m}^2 - 88.26\text{kN/m}^2 = -9.8\text{kN/m}^2 = -0.097\text{atm} = -1\text{mH}_2\text{O}$$

真空度 $p_v = p_a - p_0 = 88.26\text{kN/m}^2 - 78.46\text{kN/m}^2 = 9.8\text{kN/m}^2 = 0.097\text{atm} = 1\text{mH}_2\text{O}$

2.4 液柱测压计

测量流体的压强是工程上极其普遍的要求，如锅炉、压缩机、水泵、风机、鼓风机等均装有压力计及真空计。常用的有弹簧金属式、电测式和液柱式三种。由于液柱式测压计直观、方便和经济，因而在工程上得到广泛的应用。下面介绍几种常用的液柱式测压计。

2.4.1 测压管

测压管是一根玻璃直管或U形管，一端连接在需要测定的器壁孔口上，另一端开口，直接和大气相通，如图2-18所示。由于相对压强的作用，水在管中上升或下降，与大气相接触的液面相对压强为零，这就可以根据管中水面到所测点的高度直接读出水柱高度。

图2-18（a）中，测压管水面高于A点，p_A为正值。即

$$p_A = \rho g h_A$$

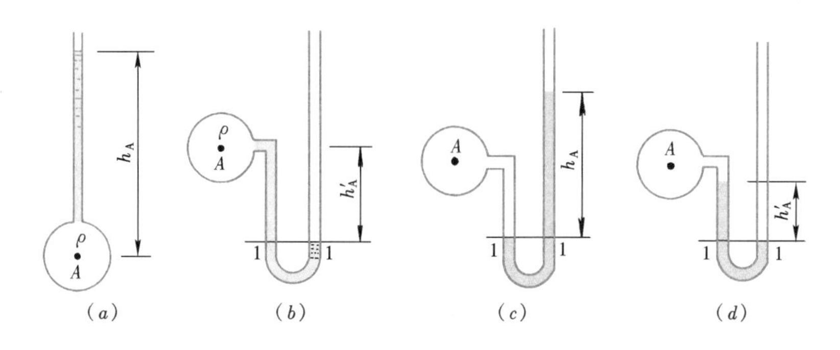

图2-18 测压管

图2-18（b）中，测压管水面低于A点，以1-1为等压面，则

$$p_A + \rho g h'_A = 0$$

故A点的负压或真空度为

$$p_A = -\rho g h'_A \text{ 或 } p_v = \rho g h'_A$$

如果需要测定气体压强，可以采用U形管盛水，如图2-18（c）所示。因为空气密度远小于水，一般容器中的气体高度又不十分大，因此，可以忽略气柱高度所产生的压强，认为静止气体充满的空间各点压强相等。现仍以1-1为等压面，则

$$p_A = \rho g h_A$$

可见，右端测压管水面高于左端时，液柱高度就是容器气体压强的正压。

图2-18(d)中，测压管水面低于A点，现仍以1-1为等压面，则

$$p_A + \rho g h'_A = 0$$

故容器内气体压强的负压或真空度为

$$p_A = -\rho g h'_A \text{ 或 } p_v = \rho g h'_A$$

如果测压管中液体的压强较大，测压水柱过高，观测不便，可在U形管中装入水银，如图2-19所示。根据等压面规律，U形管1、2两点的压强相等，即$p_1 = p_2$。所以

$$p_A + \rho g a = \rho' g h_m$$

故得 $$p_A = \rho' g h_m - \rho g a$$

或 $$\frac{p_A}{\rho g} = \frac{\rho'}{\rho} h_m - a$$

还应指出，在观测精度要求高，或所用管径较小时，需要考虑毛细管作用对液柱高度读数产生的影响。

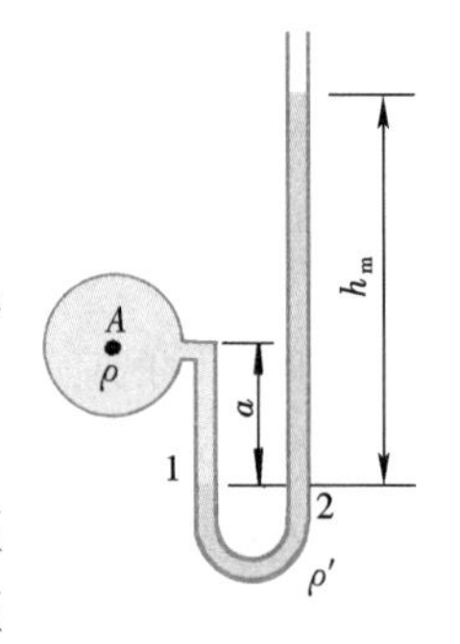

图 2-19　水银测压

2.4.2　压差计

压差计是测定两点间压强差的仪器，常用 U 形管制成。根据压差的大小，U 形管中采用空气或各种不同密度的液体，仍然应用等压面规律进行压差计算。

图 2-20（a）为测定 A、B 两处液体压强差的空气压差计，由于气柱高度不大，可以认为两液面为等压面，故得

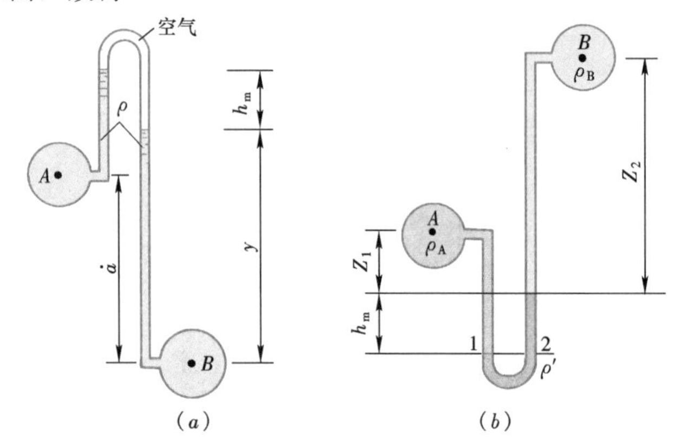

图 2-20　压差计

$$p_A - \rho g(y + h_m - a) = p_B - \rho g y$$

故 $$p_A - p_B = \rho g(h_m - a) \tag{2-12}$$

当需要测定的压差较大时，采用图 2-20(b) 所示的水银压差计。根据 1-2 为等压面得

$$p_A + \rho_A g(Z_1 + h_m) = p_B + \rho_B g Z_2 + \rho' g h_m$$

故 $$p_A - p_B = (\rho' - \rho_A) g h_m + \rho_B g Z_2 - \rho_A g Z_1$$

如 A、B 两处为同种液体，即 $\rho_A = \rho_B = \rho$，则

$$p_A - p_B = (\rho' - \rho) g h_m + \rho g(Z_2 - Z_1) \tag{2-13}$$

如 A、B 两处为同种液体，且在同一高程，即 $Z_1 = Z_2$，则

$$p_A - p_B = (\rho' - \rho) g h_m \tag{2-14}$$

如果，A、B 两处为同一气体，则

$$p_A - p_B = \rho' g h_m \tag{2-15}$$

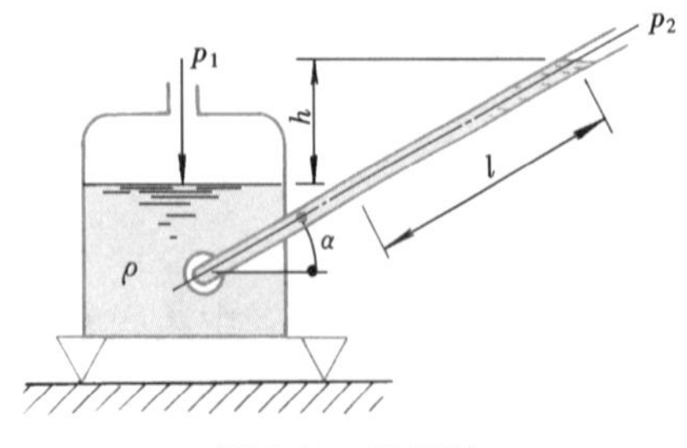

图 2-21　微压计

2.4.3　微压计

在测定微小压强（或压差）时，为了提高量测的精度，可以采用微压计。微压计一般用于测定气体压强，它的测压管倾斜放置，其倾角为 α，如图 2-21所示。壶中液面与测压管中液面高差 h 对应的读数为 l，而 $h = l \cdot \sin\alpha$，则

$$p_1 - p_2 = \rho g l \cdot \sin\alpha \tag{2-16}$$

测定时 α 为定值，只需测得倾斜长度 l，就可得出压差。由于 $l=h/\sin\alpha$，当 $\sin\alpha=0.5$ 时，$l=2h$；当 $\sin\alpha=0.2$ 时，$l=5h$。说明倾斜角度越小，l 比 h 放大的倍数就越大，量测的精度就更高。由式 (2-16) 还可知，ρ 越小，读数 l 就越大。因此，工程上常用密度比水更小的液体，例如酒精（纯度95%的酒精，$\rho=810\text{kg/m}^3$）以提高精度。

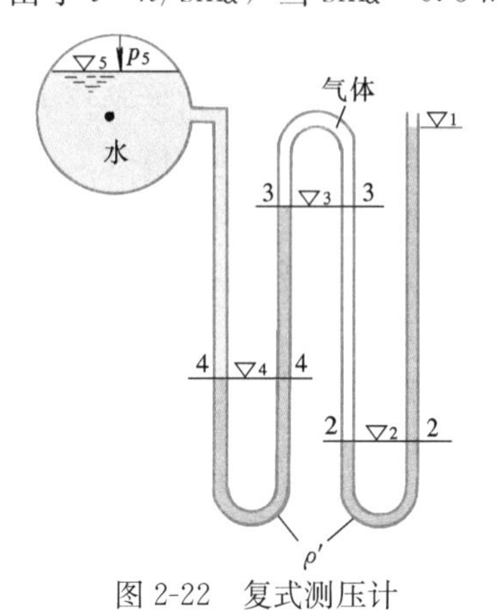

图 2-22 复式测压计

【例 2-4】 对于压强较高的密封容器，可以采用复式水银测压计，如图 2-22 所示。测压管中各液面高程为 $\nabla_1=1.5\text{m}$，$\nabla_2=0.2\text{m}$，$\nabla_3=1.2\text{m}$，$\nabla_4=0.4\text{m}$，$\nabla_5=2.1\text{m}$。求液面压强 p_5。

【解】 根据等压面的规律，2-2、3-3 及 4-4 都分别为等压面，则

$$p_2 = \rho' g(\nabla_1 - \nabla_2)$$

由于气体密度远小于液体密度，因此，2-2 及 3-3 间气柱所产生的压强可以忽略不计，即认为 $p_2 = p_3$。于是

$$\begin{aligned} p_4 &= p_3 + \rho' g(\nabla_3 - \nabla_4) = p_2 + \rho' g(\nabla_3 - \nabla_4) \\ &= \rho' g(\nabla_1 - \nabla_2) + \rho' g(\nabla_3 - \nabla_4) \\ &= \rho' g(\nabla_1 - \nabla_2 + \nabla_3 - \nabla_4) \\ p_5 &= p_4 - \rho g(\nabla_5 - \nabla_4) = \rho' g(\nabla_1 - \nabla_2 + \nabla_3 - \nabla_4) - \rho g(\nabla_5 - \nabla_4) \\ &= 13595\text{kg/m}^3 \times 9.8\text{m/s}^2 \times (1.5 - 0.2 + 1.2 - 0.4)\text{m} \\ &\quad - 1000\text{kg/m}^3 \times 9.8\text{m/s}^2 \times (2.1 - 0.4)\text{m} \\ &= 263.1\text{kPa} \end{aligned}$$

2.5 作用于平面的液体压力

在工程实践中，不仅需要掌握静止流体压强分布规律及任一点处压强的计算，而且，有时需要解决作用在结构物表面上的流体静压力问题。例如气罐、锅炉、水池等盛装流体的结构物，在进行结构设计的时候，需要计算作用于结构物表面上的流体静压力。结构物表面，可以是平面或曲面，本节研究作用在平面上的液体静压力，也就是研究它的大小、方向和作用点。而研究的方法可分为解析法和图解法两种，现分述于后。

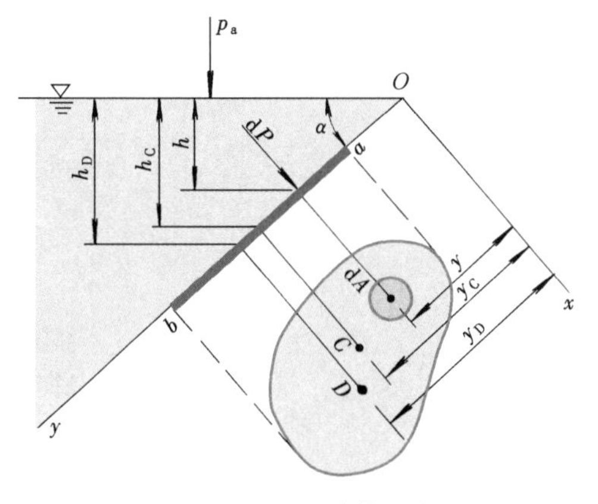

图 2-23 平面液体压力

2.5.1 解析法

关于液体静压力大小的确定：设有一与水平面成夹角 α 的倾斜平面 ab，如图 2-23 所示，其左侧受液体压力，液面大气压

强为 p_a，我们把平面绕 Oy 轴转 90°，受压平面就在 xy 面上清楚地表现出来，而受压面的延长面与液面的交线，即为 x 轴，现在 xy 坐标下分析受力问题。

由于流体静压强的方向沿着作用面的内法线方向，所以，作用在平面上各点的静压强的方向相同，其合力可按平行力系求和的原理解决。设在受压平面上任取一微小面积 dA，其中心点在液面下的深度为 h，由于 dA 左右两侧都受大气压强的作用，且大小相等方向相反，相互抵消，因此，只需考虑相对压强的作用，采用相对压强计算，dA 上的相对压强 $p = \rho gh$，则作用在微小面积上的静压力为

$$dP = p dA = \rho gh dA$$

整个受压面作用着一系列的同向平行力，根据平行力系求和原理，将各微小压力 dP 沿受压面进行积分，则作用在受压平面上的液体静压力为

$$P = \int dP = \int_A p dA = \int_A \rho gh dA = \rho g \cdot \sin\alpha \int_A y dA$$

式中，$\int_A y dA$ 为受压面积 A 对 x 轴的静面矩，由理论力学知，它等于受压面积 A 与其形心坐标 y_c 的乘积。因此

$$P = \rho g \sin\alpha y_c A$$

但

$$h_c = \sin\alpha y_c$$

故

$$P = \rho g h_c A = p_c A \tag{2-17}$$

式中　h_c——受压面形心在液面下的淹没深度；

p_c——受压面形心的静压强；

A——受压面积。

从式（2-17）知，作用在任意位置、任意形状平面上的液体静压力的大小等于受压面面积与其形心点所受液体静压强的乘积。

关于液体静压力的方向，它是沿着受压面的内法线方向。

关于液体静压力的作用点（也称压力中心），由于压强与液面下的深度呈线性变化，深度较大的地方压强较大，所以，压力中心 D 在 y 轴上的位置必然低于形心 C。D 点的位置可以利用各微小面积 dA 上的静压力 dP 对 x 轴的力矩之总和等于整个受压面上的静压力 P 对 x 轴的力矩这一原理求得。

微小压力 dP 对 x 轴的力矩为

$$dPy = \rho gh dAy = \rho g y^2 \sin\alpha dA$$

各微小力矩的总和为

$$\int_A \rho g y^2 \sin\alpha dA = \rho g \sin\alpha \int_A y^2 dA = \rho g \cdot \sin\alpha \cdot I_x$$

式中，$I_x = \int_A y^2 dA$ 为受压面的面积 A 对 x 轴的惯性矩。

静压力 P 对 x 轴的力矩为

$$Py_D = \rho g h_c A y_D = \rho g y_c \sin\alpha A y_D$$

由于合力对某轴之矩等于各分力对同轴力矩之和。因此

$$\rho g y_c \cdot \sin\alpha \cdot A y_D = \rho g \sin\alpha \cdot I_x$$

由惯性矩的平行移轴定理 $I_x = I_c + y_c^2 A$，代入上式化简得

$$y_D = \frac{I_x}{y_c A} = \frac{I_c + y_c^2 A}{y_c A} = y_c + \frac{I_c}{y_c A} \tag{2-18}$$

或

$$y_e = y_D - y_c = \frac{I_c}{y_c A} \tag{2-19}$$

式（2-18）或式（2-19）是求压力中心的基本公式。

式中　y_e——压力中心沿 y 轴方向至受压面形心的距离；

y_D——压力中心沿 y 轴方向至液面交线的距离；

y_c——受压面形心沿 y 轴方向至液面交线的距离；

I_c——受压面对通过形心且平行于 Ox 轴的惯性矩；

A——受压面积。

由于 $I_c/(y_c A)$ 总是正值，故 $y_D > y_c$，说明压力中心 D 点总是低于形心 C。

同理，对 y 轴取力矩，可求得压力中心的 x 坐标。在实际工程中，受压面常对称于 y 轴，则压力中心 D 点在平面的对称轴上，无须进行计算。

利用上述公式只能求出液面压强为大气压强时，作用于平面的液体静压力及其压力中心。如果容器封闭，液面压强 p_0 大于或小于大气压强 p_a 时，则应以相对压强为零的虚设液面作为计算液面求解静压力及压力中心。这个假设液面和容器的实际液面的距离为 $|p_0 - p_a|/\rho g$，当 $p_0 > p_a$ 时，虚设液面在实际液面上方，反之，在下方。这就是说，求解静压力用 $P = \rho g h_c A$ 时，h_c 取平面形心至虚设液面的距离；而为求压力中心计算 $y_e = I_c/y_c A$ 时，y_c 取平面形心沿 y 轴方向至虚设液面的距离。这种方法，实质上是将厚为 $(p_0 - p_a)/\rho g$ 的液层，想象地加在实际液面上，而平面上各点所受实际压强没有任何改变。

从式（2-17）$P = \rho g h_c A$ 知，作用于受压平面上的液体静压力，只与受压面积 A、液体密度 ρ 及形心的淹没深度 h_c 有关，而与容器的形状无关。对于底面积水平的盛液容器，如图 2-24 所示，各个容器的液体相同，液体深度相同，底面积大小也相等，而且形心的淹没深度 h_c 就等于液体深度。所以，不论容器的形状如何，作用在底面积上静压力的大小都一样，它与容器中液体的多少无关。

2.5.2　图解法

求解矩形平面上的液体静压力，采用图解法不仅能直接反映力的实际分布，而且有利于对受压结构物进行结构计算。使用图解法，需先绘出静压强分布图，然后根据它来计算静压力。

静压强分布图是根据基本方程 $p = p_0 + \rho g h$，直接绘在受压面上表示各点压强大小及方向的图形。现以图 2-25 中铅直面 AB 左侧为例绘制静压强分布图。

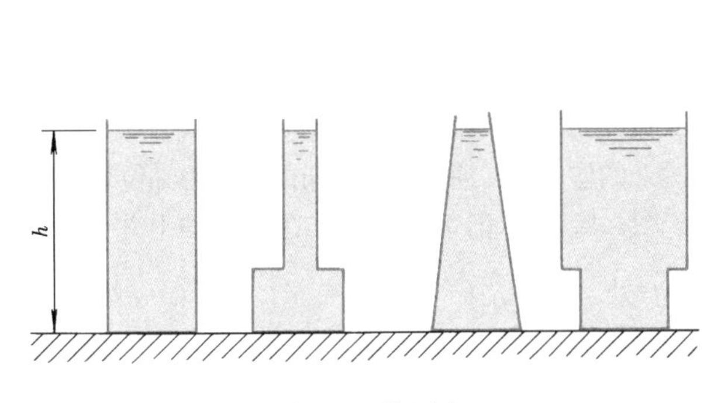

图 2-24　静压力

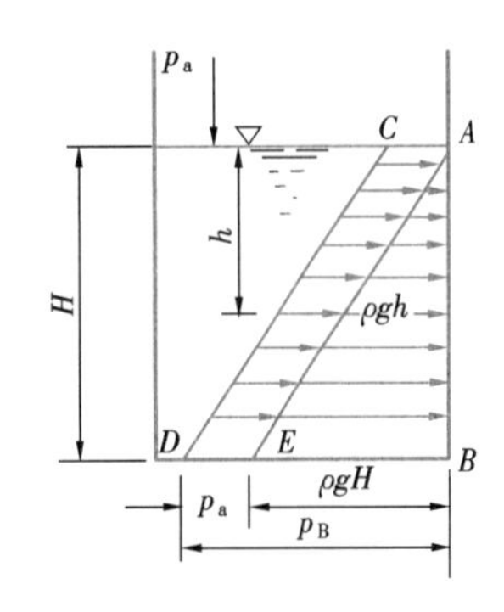

图 2-25　静压强分布图

设横坐标为 p，纵坐标为 h，坐标原点与液面 A 点重合。根据压强与液体深度呈线性变化的规律，只要定出 AB 面上两端点的压强，并用线段表示在相应点上，然后用直线连接两线段的端点，即得静压强分布图。例如在液面上的 A 点，$h_A=0$，$p_A=p_a$；在容器底部的 B 点，$h_B=H$，$p_B=p_a+\rho gH$，取线段 $AC=p_A$，及 $BD=p_B$，分别标在 A 点及 B 点上，接连两端点 C、D，梯形 $ABCD$ 就是 AB 部分的静压强分布图形。

现在把静压强分布图形分成 p_a 及 ρgh 作用的两部分，过 A 点作 $AE /\!/ CD$，平行四边形 $AEDC$ 就是液面大气压强 p_a 的作用，三角形 ABE 就是液体深度造成的压强 ρgh 的作用。实际上，大气压强 p_a 不仅对受压面左侧有作用，而且对右侧也同样有作用，两侧压强大小相等方向相反，正好相互抵消，对受压面不产生力学效应。因此，实际工程计算中，只考虑相对压强的作用，即液体深度造成的 ρgh 的作用，也就是不考虑静压强分布图中的平行四边形 $AEDC$，只考虑静压强分布图中的三角形 ABE。

图2-26是根据式（2-11）和静压强垂直于作用面的特性，绘出斜面、折面及铅直面上的静压强分布图。

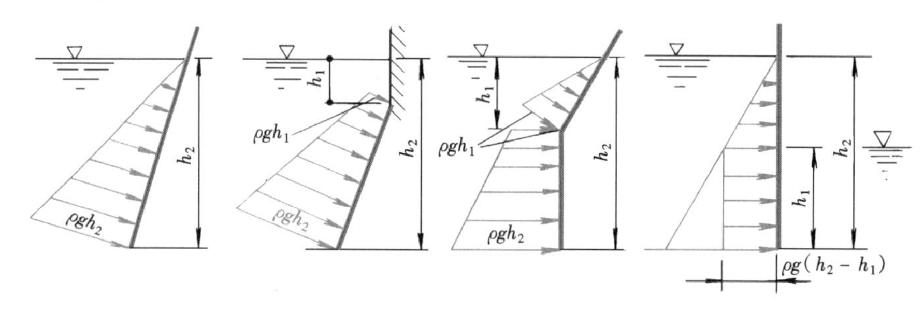

图2-26　斜面、折面及铅直面的液体静压强分布图

现在，根据作用于平面液体静压力公式（2-17），对高为 h，宽为 b，顶边恰在液面的铅直矩形平面 $AA'B'B$（图2-27），应用静压强分布图计算静压力。则

$$P=p_cA=\rho gh_cbh=\rho g\frac{h}{2}bh=\frac{1}{2}\rho gh^2b \tag{2-20}$$

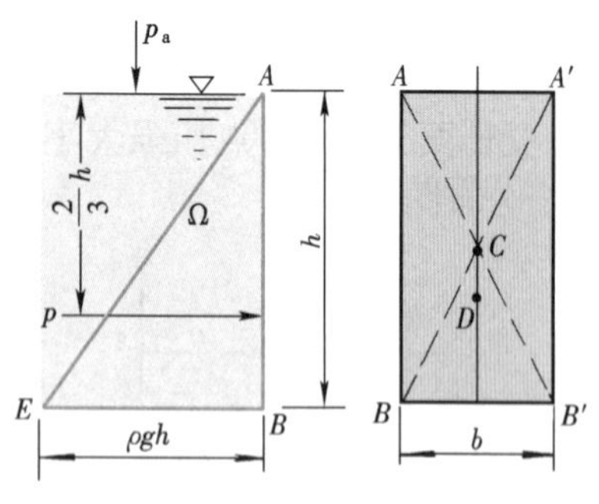

图2-27　作用于铅直平面的液体静压力

式中，$\frac{1}{2}\rho gh^2$ 恰为静压强分布图 ABE 三角形的面积，用 S 表示，故上式可写成

$$P=Sb=V \tag{2-21}$$

式（2-21）指出，作用于平面的液体静压力等于压强分布图形的体积。这个体积是以压强分布图形面积为底、以矩形宽度 b 为高所组成。

P 的作用点，通过压强分布图的形心并位于对称轴上。对于图2-27所示的情形，D 点在对称轴上并位于液面下的 $\frac{2}{3}h$ 处。

【例2-5】一铅直矩形闸门，如图2-28所示，顶边水平，所在水深 $h_1=1\text{m}$，闸门高 $h=2\text{m}$，宽 $b=1.5\text{m}$，试用解析法及图解法求水静压力 P 的大小及作用点。

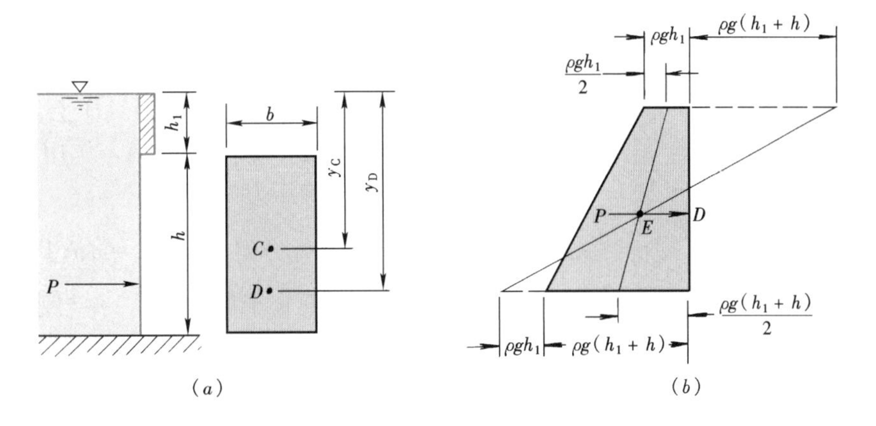

图 2-28 作用于铅直平面闸门的压力

【解】 先用解析法求 P。

引用式 $P=\rho g h_C A$ 。其中：水的密度 $\rho=1000\text{kg/m}^3$，$h_C=h_1+h/2=1\text{m}+\frac{2}{2}\text{m}=2\text{m}$，$A=bh=1.5\text{m}\times2\text{m}=3\text{m}^2$，代入式中得

$$P=1000\text{kg/m}^3\times9.8\text{m/s}^2\times2\text{m}\times3\text{m}^2=58.8\text{kN}$$

压力中心用 $y_D=y_C+I_C/y_CA$。其中：$y_C=h_C=2\text{m}$，$I_C=\frac{1}{12}bh^3=\frac{1}{12}\times1.5\text{m}\times(2\text{m})^3=1\text{m}^4$，代入式中得

$$y_D=2\text{m}+\frac{1\text{m}^4}{2\text{m}\times1.5\text{m}\times2\text{m}}=2.17\text{m}$$

各计算数值的符号标在图 2-28（a）上。

再用图解法求 P。

先绘水静压强分布图，如图 2-28（b）所示，压强分布图为梯形，然后引用式 $P=Sb$。其中：$S=\frac{1}{2}[\rho g h_1+\rho g(h_1+h)]h=\frac{1}{2}\rho g h(2h_1+h)=\frac{1}{2}\times1000\text{kg/m}^3\times9.8\text{m/s}^2\times2\text{m}\times(2\times1+2)\text{m}=39.2\text{kN/m}$，$b=1.5\text{m}$，代入式中得

$$P=39.2\text{kN/m}\times1.5\text{m}=58.8\text{kN}$$

压力中心过水静压强分布图梯形的形心。可用作图法决定，如图 2-28（b）所示。也可将梯形划分为已知形心位置的三角形和矩形，利用总面积对某轴之矩等于各部分面积对同轴矩之和求得。通过 E 点作垂直于受压面的向量 P，得交点 D，这便是压力中心。

2.6 作用于曲面的液体压力

作用于曲面任意点的流体静压强都沿其作用面的内法线方向垂直于作用面，但曲面各处的内法线方向不同，彼此互不平行，也不一定交于一点，因此，求曲面上的液体静压力时，一般将其分为水平方向和铅直方向的分力分别进行计算。本节主要研究工程中常见的柱体曲面，然后将结论推广到空间一般曲面。

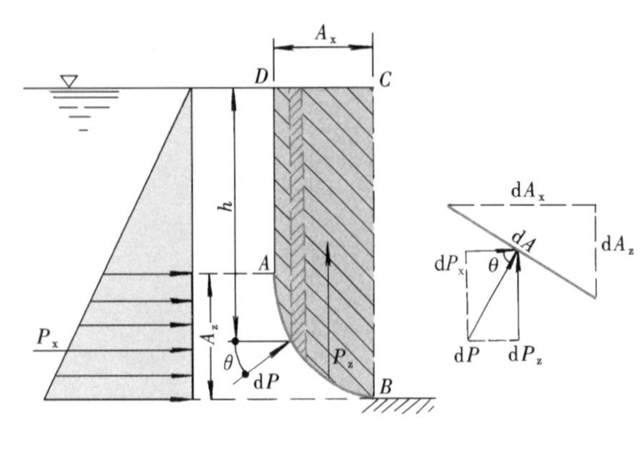

图 2-29　作用于柱体曲面的压力

图 2-29 为垂直于纸面的柱面，其长度为 l，受压曲面为 AB，其左侧承受液体静压力。设在曲面 AB 上，液体深度 h 处取一微小面积 dA，作用在 dA 上的液体静压力为

$$dP = p dA = \rho g h dA$$

该力垂直于面积 dA，并与水平面成夹角 θ，此力可分解为水平和铅直的两个分力。

水平分力为

$$dP_x = dP\cos\theta = \rho g h dA\cos\theta$$

铅直分力为

$$dP_z = dP\sin\theta = \rho g h dA\sin\theta$$

因为 $dA\cos\theta$ 和 $dA\sin\theta$ 分别等于微小面积 dA 在铅直面上和水平面上的投影。令 $dA_z = dA\cos\theta$，$dA_x = dA\sin\theta$，所以

$$dP_x = \rho g h dA_z$$
$$dP_z = \rho g h dA_x$$

演示视频2.
压力体

上式分别积分得

$$P_x = \int dP_x = \int_{A_z} \rho g h dA_z = \rho g \int_{A_z} h dA_z \tag{2-22}$$

$$P_z = \int dP_z = \int_{A_x} \rho g h dA_x = \rho g \int_{A_x} h dA_x \tag{2-23}$$

式（2-22）右边的积分等于曲面 AB 在铅直平面上的投影面积 A_z 对位于液面上的水平轴 y 的静面矩。设 h_c 为 A_z 的形心在液面下的淹没深度，则 $\int_{A_z} h dA_z = h_c A_z$。因此

$$P_x = \rho g h_c A_z \tag{2-24}$$

可见，作用于曲面上的液体静压力 P 的水平分力 P_x 等于该曲面的铅直投影面上的液体静压力。因此，可以引用平面液体静压力的方法求解曲面上液体静压力的水平分力。

式（2-23）右边的 $h dA_x$，是以 dA_x 为底面积，液体深度 h 为高的柱体体积，所以，$\int_{A_x} h dA_x$ 即为受压曲面 AB 与其在自由面上的投影面积 CD 这两个面之间的柱体 $ABCD$ 的体积，称为压力体，其体积以 V 表示。所以

$$P_z = \rho g \int_{A_x} h dA_x = \rho g V \tag{2-25}$$

这就是说，作用于曲面上的液体静压力 P 的铅直分力 P_z 等于其压力体内的液体所受的重力。压力体确定方法是，底面是受压曲面，顶面是受压曲面边界线封闭的面积在自由面或者其延长面上的投影面，中间是通过受压曲面边界线所作的铅直投射面。对自由面压强 p_0 非大气压的情况，求压力体时，应将受压曲面 AB 投影至虚设自由面，虚设自由面（液面）的位置求法见上节。值得注意的是，压力体只是作为计算曲面上铅直分力的一个

数值当量，压力体内不一定存在实际液体。

P_z 的方向取决于受压曲面和液体的相对位置和曲面所受相对压强的正负，可根据具体情况容易地加以判断。但是，不论 P_z 的方向如何，它的大小都等于压力体内的液体所受的重力，其作用线均通过压力体形心。当曲面为凹凸相间的复杂柱面时，可在曲面与铅垂面相切处将曲面分开，分别绘出各部分的压力体，并定出各部分铅直分力的方向。如图2-30所示，向上和向下作用的力所对应的压力体相互抵消一部分后，最后的压力体如阴影线部分所示。

在求出 P_x 和 P_z 后，如需要求出合力 P，则

$$P=\sqrt{P_x^2+P_z^2} \tag{2-26}$$

合力 P 的作用线与水平线的夹角 α 为

$$\alpha=\arctan\frac{P_z}{P_x} \tag{2-27}$$

柱体曲面液体静压力的推导方法，也可用于任意空间曲面，所不同的是还有另一个水平分力 P_y，求法完全与 P_x 一样。

【例2-6】 贮水容器上有三个半球形盖，如图2-31所示，已知 $H=2.5\text{m}$，$h=1.5\text{m}$，$R=0.5\text{m}$，求作用于三个半球形盖的水静压力。

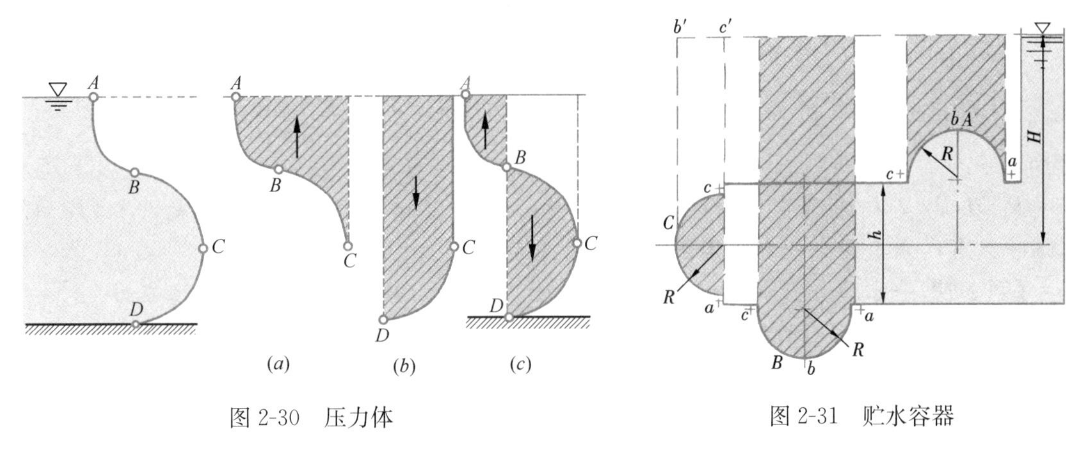

图2-30 压力体　　图2-31 贮水容器

【解】 本题是曲面受压问题，受压曲面的边界线都是圆周，在图上仅表现为受压曲面的两个端点 a、c。

（1）先求各半球盖所受的水平分力

半球盖 A、B 左半部分与右半部分所受的水平分力大小相等，方向相反，所以

$$P_{A_x}=0$$
$$P_{B_x}=0$$

半球形盖 C 在铅直面的投影面积，就是圆面积，即 $A_{C_z}=\frac{1}{4}\pi d^2$，形心点的水深 H，故

$$P_{C_x}=p_c\cdot A_{C_z}=\rho gH\,\frac{1}{4}\pi d^2=1000\text{kg/m}^3\times9.8\text{m/s}^2\times2.5\text{m}\times\frac{\pi}{4}\times1^2\text{m}^2=19\text{kN}$$

方向向左。

（2）再求各半球形盖受的铅直分力

半球形盖 A、B 的压力体，底面为受压曲面；顶面为受压曲面在相对压强为零的液面

延长面上的投影面积；中间是受压曲面边界线圆周，向上作铅直投射柱面。这三种面所封闭的体积就是压力体。图中阴影部分为压力体的剖面图，现分别计算如下。

$$P_{A_z} = \rho g V_A = \rho g \left[\left(H - \frac{h}{2} \right) \times \frac{1}{4}\pi d^2 - \frac{\pi}{12}d^3 \right]$$

$$= 1000\text{kg/m}^3 \times 9.8\text{m/s}^2 \times \left[\left(2.5 - \frac{1.5}{2} \right) \times \frac{\pi}{4} \times 1^2 - \frac{\pi}{12} \times 1^3 \right]\text{m}^3$$

$$= 10.89\text{kN}$$

液体在受压面之下，故方向向上。

$$P_{B_z} = \rho g V_B = \rho g \left[\left(H + \frac{h}{2} \right) \times \frac{\pi}{4} d^2 + \frac{\pi}{12}d^3 \right]$$

$$= 1000\text{kg/m}^3 \times 9.8\text{m/s}^2 \times \left[\left(2.5 + \frac{1.5}{2} \right) \times \frac{\pi}{4} \times 1^2 + \frac{\pi}{12} \times 1^3 \right]\text{m}^3$$

$$= 27.56\text{kN}$$

液体在受压曲面之上，故方向向下。

半球盖 C 的压力体，可按前述凹凸曲面压力体的确定方法（图 2-30）将其分成上半部分与下半部分，分别绘出各部分的压力体，向上和向下作用的压力体相互抵消一部分后，最后的压力体为半球体。图中阴影部分为压力体的剖面图。故

$$P_{C_z} = \rho g V_C = \rho g \cdot \frac{\pi}{12}d^3 = 1000\text{kg/m}^3 \times 9.8\text{m/s}^2 \times \frac{\pi}{12} \times 1^3\text{m}^3 = 1.589\text{kN}$$

方向向下。

P_{C_x} 及 P_{A_z}、P_{B_z} 为连接螺栓的拉力所承受，P_{C_z} 为连接螺栓的剪力所承受，A、B、C 三盖中只有 C 盖有两个分力，其合力请读者自行计算。

【例 2-7】 一水管的压强为 4903.5kPa，管内径 $D=1$m，管材的允许拉应力 $[\sigma]=147.1$MPa，求管壁应有的厚度。

【解】 设取管长 $l=1$m，并从直径方向将管子分成两半，取一半来分析受力情况，如图 2-32 所示。

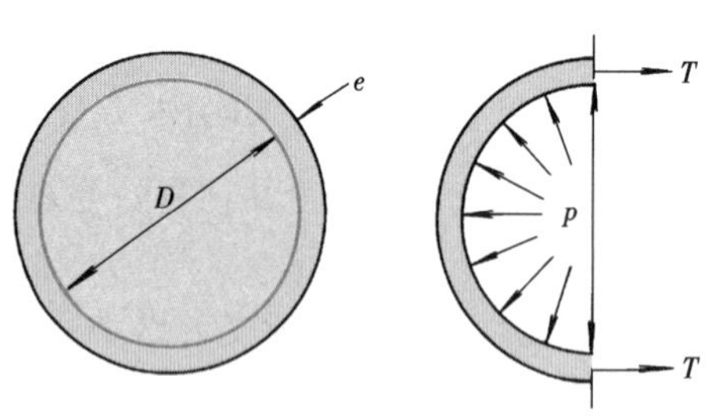

图 2-32　管壁受力

本题管内压强高达 4903.5kPa，在这压强很高的情况下，重力的影响可以忽略不计，并认为管内压强和气体压强一样均匀分布。因此，作用在半环内表面上的铅直分力为零，水平分力等于半环的铅直投影面积 $A=D\times 1$ 乘以压强 p，即

$$P_x = pA = pD$$

这一压力与半环管壁承受的拉力平衡。设 T 为 1m 长管段上的管壁拉力，则

$$2T = P_x$$

故

$$T = \frac{1}{2}P_x = \frac{1}{2}pD$$

设 T 在管壁厚度 e 内是均匀分布的，根据安全的要求，管壁承受的拉应力等于允许拉应力。则

$$[\sigma]=\frac{T}{e\times 1}=\frac{1}{2e}pD$$

在已知管壁允许拉应力的情况下，可用上式求得管壁的厚度为

$$e=pD/2[\sigma]$$

代入 $p=4903.5\text{kPa}$，$D=1\text{m}$，$[\sigma]=147.1\text{MPa}$，得

$$e=\frac{1\text{m}\times 4903500\text{Pa}}{2\times 147100000\text{Pa}}=0.0166\text{m}=1.7\text{cm}$$

考虑加工、铆接和锈蚀等对管壁受力的影响，还应附加一安全厚度。

作用于如图 2-33 所示的潜体或浮体（物体全部或部分浸入水中）的压力计算问题，是曲面压力的特例。

先讨论水平分压力 $P_x=\rho g h_c A_z$。

将潜体或浮体分为左半部分与右半部分。两部分在铅直面上的投影面积一样，位置相同。作用在两部分的水平分压力大小相等，方向相反，相互抵消。因此，无论是潜体或浮体，水平分压力均为零。

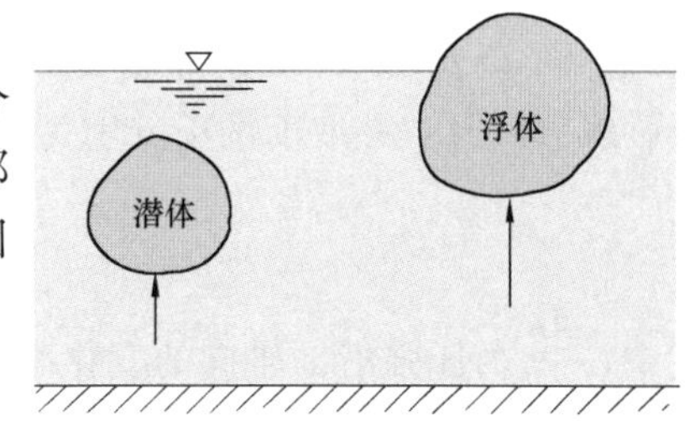

图 2-33　潜体和浮体的平衡

再讨论铅直分压力 $P_z=\rho g V$。

只要求出压力体，P_z 的大小可用式（2-25）算出。潜体的压力体是物体表面的封闭曲面所包围的体积。而浮体的压力体，是以受压曲面为底，物体与液面的交面为顶面之间的体积，即物体浸入液体部分的体积。因此，无论潜体或浮体的压力体均为物体浸入液体的体积，也就是物体排开液体的体积。所以，$P_z=\rho g V$，就是物体排开液体所受的重力。这就是阿基米德原理。

由此可见，作用于潜体或浮体的液体压力，只有铅直向上的压力，称浮力。浮力作用点称浮心，浮心就是排开液体的质心。对于均质液体而言，浮心就是排开液体体积的形心。

潜体或浮体在重力 G 和浮力 P 的作用下，可能有下列三种情况：

（1）重力大于浮力，即 $G>P$，则物体下沉至底。

（2）重力等于浮力，即 $G=P$，则物体可在任一水深处维持平衡。

（3）重力小于浮力，即 $G<P$，则物体浮出液体表面，直至液面下部分所排开的液体所受重力等于物体所受重力为止。这种浮在液体上的物体称浮体，船就是浮体的一个例子。

2.7　流体平衡微分方程

以上讨论了质量力仅为重力作用时流体静压强分布规律及压力计算问题。现在，进一

步讨论质量力除重力外，还有其他质量力作用时应该如何计算流体静压强的分布呢？本节将讨论流体受任意质量力作用时的流体平衡问题。讨论的方法是首先建立平衡微分方程式，然后求解方程式解决其压强分布规律及压力计算问题。

2.7.1　流体平衡微分方程式及其积分

设平衡流体中，任取一点 $o'(x,y,z)$，其压强为 p，并以 o' 点为中心取一微元正六面体，各边分别与相应的直角坐标轴平行，其边长为 dx、dy、dz，如图 2-34 所示。通过对六面体建立外力平衡关系式，便可以得出流体平衡微分方程式。

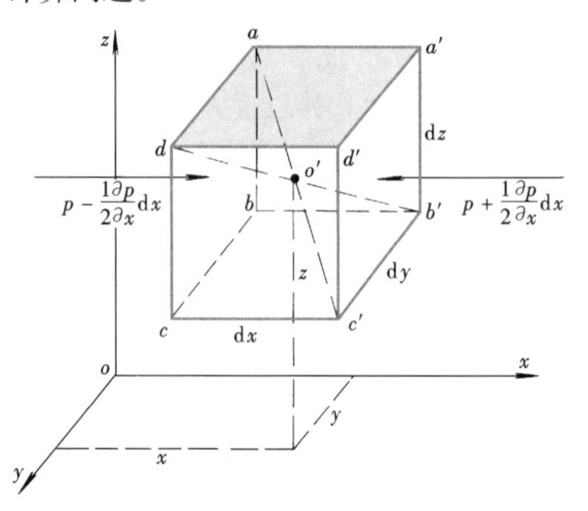

图 2-34　微元正六面体

为了建立外力平衡关系式，首先分析作用于正六面体上的外力——质量力和表面力。

（1）作用于六面体上的表面力，由于流体静压强是空间坐标的连续函数，沿 x 轴向作用于边界面 $abcd$ 和 $a'b'c'd'$ 中心处的压强，根据泰勒级数展开，并取前两项分别为

$$\left(p-\frac{1}{2}\frac{\partial p}{\partial x}dx\right) 和 \left(p+\frac{1}{2}\frac{\partial p}{\partial x}dx\right)$$

式中，$\frac{\partial p}{\partial x}$ 为压强沿 x 轴向的变化率；$\frac{1}{2}\frac{\partial p}{\partial x}dx$ 为由于 x 轴向的位置变化而引起的压强差。假定各微元面上压强均匀分布，根据中心处的压强，便可以得出边界面 $abcd$ 和 $a'b'c'd'$ 的压力为

$$\left(p-\frac{1}{2}\frac{\partial p}{\partial x}dx\right)dydz 和 \left(p+\frac{1}{2}\frac{\partial p}{\partial x}dx\right)dydz$$

（2）作用于六面体的质量力，设作用于六面体的单位质量力在 x 轴向的分量为 X，则作用于六面体的质量力在 x 轴向的分量为

$$X\rho dxdydz$$

处于平衡状态的流体，以上两种力必须互相平衡，对于 x 轴向的平衡可以写为

$$\left(p-\frac{1}{2}\frac{\partial p}{\partial x}dx\right)dydz-\left(p+\frac{1}{2}\frac{\partial p}{\partial x}dx\right)dydz+X\rho dxdydz=0$$

用 $dxdydz$ 除以上式，并化简得

同理，对 y、z 轴方向可得

$$\left.\begin{aligned}\rho X-\frac{\partial p}{\partial x}=0\\ \rho Y-\frac{\partial p}{\partial y}=0\\ \rho Z-\frac{\partial p}{\partial z}=0\end{aligned}\right\} \tag{2-28a}$$

这就是流体平衡微分方程式，也称欧拉平衡方程。它指出流体处于平衡状态时，作用于流体上的质量力与压强递增率之间的关系。它表示单位体积质量力在某一轴的分量，与压强沿该轴的递增率相平衡。如果，单位体积的质量力在某两个轴向分量为零，则压强在该平

面就无递增率，则该平面为等压面；如果质量力在各轴向的分量均为零，就表示无质量力作用，则静止流体空间各点压强相等。

将式（2-28a）除以 ρ，分别移项得

$$\left.\begin{aligned} X &= \frac{1}{\rho}\frac{\partial p}{\partial x} \\ Y &= \frac{1}{\rho}\frac{\partial p}{\partial y} \\ Z &= \frac{1}{\rho}\frac{\partial p}{\partial z} \end{aligned}\right\} \tag{2-28b}$$

可以看出，单位质量力在各轴向的分量和压强递增率的符号相同。这说明质量力作用的方向就是压强递增率的方向。例如，重力作用下的静止液体，压强递增的方向就是重力作用的铅直向下的方向。

方程式（2-28a），还可以有另一种形式。现将式（2-28a）依次乘以 $\mathrm{d}x$、$\mathrm{d}y$、$\mathrm{d}z$，并相加得

$$\frac{\partial p}{\partial x}\mathrm{d}x+\frac{\partial p}{\partial y}\mathrm{d}y+\frac{\partial p}{\partial z}\mathrm{d}z=\rho(X\mathrm{d}x+Y\mathrm{d}y+Z\mathrm{d}z)$$

公式左边是平衡流体压强 p 的全微分。这样

$$\mathrm{d}p=\rho(X\mathrm{d}x+Y\mathrm{d}y+Z\mathrm{d}z) \tag{2-29}$$

如果流体是不可压缩的，即 ρ 为常数。因此，上式右边的括号内的数值必然是某一函数 $W(x,y,z)$ 的全微分，即

$$\mathrm{d}W=X\mathrm{d}x+Y\mathrm{d}y+Z\mathrm{d}x \tag{2-30}$$

而

$$\mathrm{d}W=\frac{\partial W}{\partial x}\mathrm{d}x+\frac{\partial W}{\partial y}\mathrm{d}y+\frac{\partial W}{\partial z}\mathrm{d}z$$

因此

$$\frac{\partial W}{\partial x}=X,\frac{\partial W}{\partial y}=Y,\frac{\partial W}{\partial z}=Z \tag{2-31}$$

满足式（2-29）的函数 $W(x,y,z)$ 称为势函数。具有这样势函数的质量力称为有势的力。例如重力，某些牵连惯性力都是有势的力。因此，可以得出结论：流体只有在有势的质量力的作用下才能平衡。

将式（2-30）代入式（2-29）得

$$\mathrm{d}p=\rho\mathrm{d}W \tag{2-32}$$

积分得

$$p=\rho W+C \tag{2-33}$$

式中，C 为积分常数，当已知流体内某一点的势函数 W_0 和压强 p_0 时，代入上式得 $C=p_0-\rho W_0$。于是，式（2-33）为

$$p=p_0+\rho(W-W_0) \tag{2-34}$$

这就是不可压缩流体平衡微分方程式积分后的普遍关系式。

当质量力仅为重力时，作用于液体的重力为

$$\vec{G}=-mg\vec{k}$$

式中，负号是因为重力的方向与 z 轴的负向一致的缘故。而重力的单位质量力在各轴向的分量为

$$X=0$$

$$Y=0$$
$$Z=-g$$

将以上各力代入式（2-29）得

$$dp=-\rho g\,dz$$

积分上式得

$$p=-\rho gZ+C$$

或者

$$Z+\frac{p}{\rho g}=C$$

这就是前面已证明的流体静力学的基本方程式。

2.7.2　等压面及其特性

现在，进一步讨论等压面及其特性。我们已经知道，等压面上 p=常数，将 p=常数代入式（2-32）得

$$dp=\rho dW=0$$

式中，$\rho\neq 0$，故必然 $dW=0$，即

$$W=\text{常数}$$

可见，等压面就是等势面。因此，从式（2-30）可得等压面方程为

$$Xdx+Ydy+Zdz=0 \tag{2-35}$$

式中，dx、dy、dz 可设想为流体质点在等压面上的任一微小位移 ds 在相应坐标轴上的投影。因此，式（2-35）表示：当流体质点沿等压面移动距离 ds 时，质量力所做的微功为零。而质量力和位移 ds 都不为零，所以，必然是等压面和质量力正交，这就是等压面的重要特性。抓住这个特性，只要知道质量力的方向，便可立刻知道它的垂直方向线所构成的面就是等压面，反之亦然。例如前已讨论的静止液体，它的质量力只有重力，而重力又是铅直方向的，所以，垂直于铅直方向的水平面就是等压面。

2.8　液体的相对平衡

现在，我们以流体的平衡微分方程式为基础，讨论质量力除重力外，还有牵连惯性力同时作用下的液体平衡规律，在这种情况下，液体相对于地球虽是运动的，但是，液体质点之间，及质点与器壁之间都没有相对运动，这种运动称为相对平衡。现讨论以下两种相对平衡。

2.8.1　等加速直线运动中液体的平衡

一开敞的容器盛有液体，以等加速度 $\vec{a}$ 向前做直线运动，液体的自由面将由原来静止时的水平面变成倾斜面，如图 2-35 所示。假如，观察者随容器而运动，他将看到容器和液体都没有运动，如凝固的整体一样。这种平衡就是相对平衡。这时，作用在每一个质点的质量力除重力外，还有牵连惯性力。设自由液面的中心为坐标原点，x 轴正向和运动方向相同，z 轴向上为正，现分析任一质点所受的单位质量力。

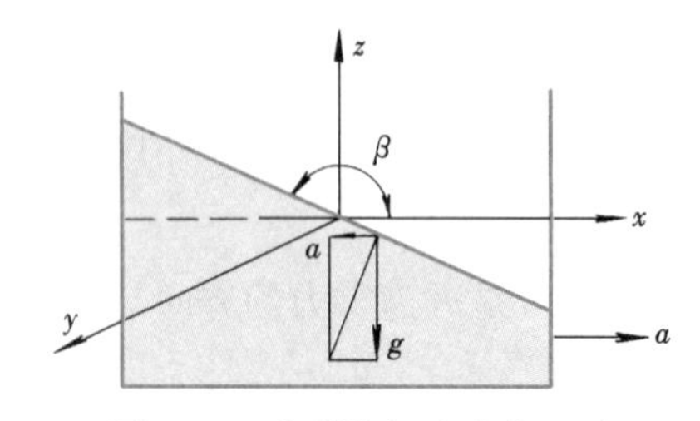

图 2-35　容器等加速直线运动

单位质量的重力在各轴向的分量为

$$X_1 = 0,\quad Y_1 = 0,\quad Z_1 = -g$$

由于质点受牵连而随容器做等加速直线运动，则作用在质点上的牵连惯性力为

$$\vec{F} = -m\vec{a}$$

式中 m——质点的质量；

$\vec{a}$——等加速度；负号表示牵连惯性力的方向与 x 轴负向一致。

单位质量的牵连惯性力在各轴向的分量为

$$X_2 = -a,\quad Y_2 = 0,\quad Z_2 = 0$$

因此，单位质量力在各轴向的分量为

$$X = X_1 + X_2 = -a$$
$$Y = Y_1 + Y_2 = 0$$
$$Z = Z_1 + Z_2 = -g$$

所以，流体平衡微分方程式（2-29）可写为

$$\mathrm{d}p = \rho(-a\mathrm{d}x - g\mathrm{d}z)$$

积分上式得

$$p = \rho(-ax - gz) + C \tag{2-36}$$

式中，C 为积分常数，由已知边界条件确定。这就是做等加速直线运动容器中，液体相对平衡时压强分布规律的一般表达式。设在坐标原点处，$x=z=0$，$p=p_a$，代入上式得 $C=p_a$。以此再代入原式（2-36），则得液面下任一点处的绝对压强为

$$p = p_a + \rho(-ax - gz) \tag{2-37}$$

其相对压强为

$$p = \rho(-ax - gz) \tag{2-38}$$

对于自由液面，$p=0$，则上式为

$$z = -\frac{a}{g}x \tag{2-39}$$

此即等加速直线运动液体的自由面方程。从方程可知，自由面是通过坐标原点的一个倾斜面，它与水平面的夹角为 β，$\tan\beta = -\dfrac{a}{g}$。在这种运动情况下，各质点所受的牵连惯性力和重力，不仅大小相等而且方向相同，它们的合力也不变。根据质量力和等压面正交的特性，所以，等压面是倾斜平面。

自由面确定后，可以根据自由面求任一点的压强。其方法是求出该点沿铅直线在液面下的深度 $h$$\left(\text{当然也可用 } h = -\dfrac{a}{g}x - z \text{ 计算出该点在自由面下的深度，代入式（2-37）进行计算，不过这样较复杂}\right)$，然后用水静力学方程进行计算，即

$$p = p_a + \rho g h$$

为什么这种运动也可以用水静力学方程求压强呢？我们对比两者的平衡微分方程式来

说明：

静止液体	等加速直线运动液体
$\frac{1}{\rho}\frac{\partial p}{\partial x}=0$	$\frac{1}{\rho}\frac{\partial p}{\partial x}=-a$
$\frac{1}{\rho}\frac{\partial p}{\partial y}=0$	$\frac{1}{\rho}\frac{\partial p}{\partial y}=0$
$\frac{1}{\rho}\frac{\partial p}{\partial z}=-g$	$\frac{1}{\rho}\frac{\partial p}{\partial z}=-g$

可见，两者所受的单位质量力在铅直轴向的分力是完全一致的。也就是说，它们在铅直轴向的压强递增率相同，都服从于同一形式的水静力学方程。但是，我们也看到 x 轴向的压强递增率不同，所以，等加速直线运动液体的等压面，不再像静止液体那样是水平面，而是倾斜平面。

2.8.2　容器等角速旋转运动时液体的平衡

一直立圆筒形容器盛有液体，绕其中心轴做等角速旋转运动，如图 2-36 所示。由于液体的黏性作用，液体在器壁的带动下，也以同一角速度旋转运动，液体的自由面将由原来静止时的水平面变成绕中心轴的旋转抛物面，这种平衡也是相对平衡。这时，作用在每一个质点上的质量力除重力外，还有牵连惯性力。

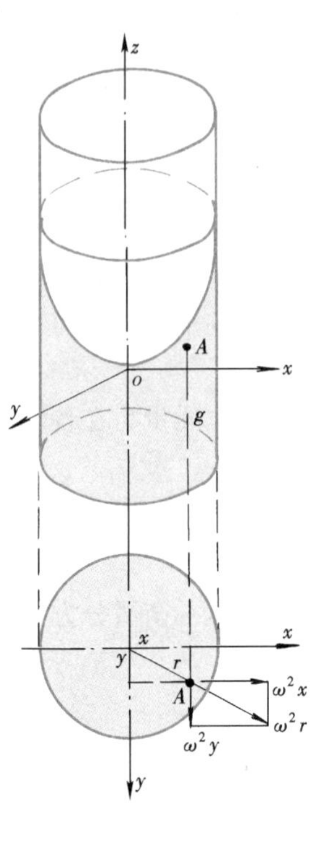

图 2-36　容器等角速旋转运动

将坐标设在旋转圆筒上，z 轴位于中心轴上，并使原点与旋转抛物面顶点重合，z 轴铅直向上为正，如图所示。分析距 z 轴半径为 r 处的任一质点 A 所受的单位质量力。

单位质量的重力在各轴向的分量为

$$X_1=0,\quad Y_1=0,\quad Z_1=-g$$

由于质点 A 受牵连而随容器做等角速旋转运动，则作用在质点上的牵连惯性力为

$$\vec{F}=m\frac{u^2}{r}\vec{e}_r=m\frac{(\omega r)^2}{r}\vec{e}_r=m\omega^2 r\vec{e}_r$$

式中　m——质点的质量；

ω——旋转角速度；

r——A 点距 z 轴的距离，即 $r=\sqrt{x^2+y^2}$；

$\vec{e}_r$——r 方向的单位向量。

此牵连惯性力在各轴向的分量为

$$F_x=m\omega^2 x,\quad F_y=m\omega^2 y,\quad F_z=0$$

而单位质量的惯性力在各轴向的分量为

$$X_2=\omega^2 x,\quad Y_2=\omega^2 y,\quad Z_2=0$$

因此，单位质量力在各轴向的分量为

$$X=X_1+X_2=\omega^2 x$$

$$Y=Y_1+Y_2=\omega^2 y$$

$$Z=Z_1+Z_2=-g$$

所以，流体平衡微分方程式（2-29）可写成

$$dp = \rho(\omega^2 x dx + \omega^2 y dy - g dz)$$

上式积分后得

$$p = \rho\left(\frac{1}{2}\omega^2 x^2 + \frac{1}{2}\omega^2 y^2 - gz\right) + C = \rho\left(\frac{1}{2}\omega^2 r^2 - gz\right) + C \tag{2-40}$$

式中，C 为积分常数，由已知的边界条件确定。这就是绕铅直轴做等角速度旋转的容器中，液体平衡时压强分布规律的一般表达式。设在坐标原点处，$x=y=z=0$，$p=p_a$，将其代入上式，则得 $C=p_a$。再代回原式（2-40），得液面下任一点处的绝对压强为

$$p = p_a + \rho\left(\frac{1}{2}\omega^2 r^2 - gz\right) \tag{2-41}$$

其相对压强为

$$p = \rho\left(\frac{1}{2}\omega^2 r^2 - gz\right) = \rho\left(\frac{u^2}{2} - gz\right) \tag{2-42}$$

取 p 为常数，就可得等压面方程为

$$\frac{\omega^2 r^2}{2g} - z = 常数 \quad 或 \quad \frac{u^2}{2g} - z = 常数$$

可见，等压面是绕铅直轴旋转的抛物面簇。对于自由面，$p=0$。则从式（2-42）得自由面方程为

$$z_1 = \frac{\omega^2 r^2}{2g} \tag{2-43}$$

从式（2-43）知，轴心处（$r=0$），$z_1=0$；半径为 r 处，$z_1 = \frac{\omega^2 r^2}{2g}$，表示 r 处水面高于旋转轴处的水面高度。也就是说，同一水平面上，旋转中心的压强最低，外缘的压强最高。

自由面确定后，也可以根据自由面求任一点的压强，其方法也是求出该点在液面下的深度 h（这时也可用 $h = \frac{\omega^2 r^2}{2g} - z$ 计算该点在自由面下的水深，代入式（2-41）进行计算），然后，用水静力学方程计算。即

$$p = p_a + \rho g h$$

为什么绕铅直轴做等角速度旋转运动的液体，也可用水静力学方程求压强呢？我们仍然把两者的平衡微分方程进行对比说明。

静止液体	绕铅直轴等角速度旋转液体
$\frac{1}{\rho}\frac{\partial p}{\partial x} = 0$	$\frac{1}{\rho}\frac{\partial p}{\partial x} = \omega^2 x$
$\frac{1}{\rho}\frac{\partial p}{\partial y} = 0$	$\frac{1}{\rho}\frac{\partial p}{\partial y} = \omega^2 y$
$\frac{1}{\rho}\frac{\partial p}{\partial z} = -g$	$\frac{1}{\rho}\frac{\partial p}{\partial z} = -g$

可见，两者所受的单位质量力在铅直轴向的分力是完全一致的，即它们在铅直方向的压强递增率相同，所以，都服从于同一形式的水静力学方程。但是，我们也同样看到，它们在垂直于 z 轴的水平面内有显著的区别：即静止液体在水平面内压强递增率为零，其水平面为等压面；而绕铅直轴做等角速旋转运动的液体，在水平面内压强递增率不为零，其

水平面不是等压面。由于水平面内各质点所受的牵连惯性力是随半径 r 变化的，因而各质点所受质量力的大小及方向都在不断改变，这时，它的等压面不是倾斜面，而是一个旋转抛物面。在同一水平面上的轴心压强最低，边缘的压强最高，这就是等角速旋转运动液体的一个显著特点。在工程技术中的许多设备，都是依据这一特点而进行工作的。

注意，式（2-41）～式（2-43）是在液面敞开和坐标系原点建立在液面中心导得的，尽管它是常见的情况，但没有普遍性。坐标原点可取在液体内转轴上的任一点，通常另一种取法是选择容器底面与转轴的交点等。如果液面封闭或坐标原点不取在液面中心，那么液体内压强分布应根据式（2-42）由具体的定解条件确定积分常数 C。因此在求解此类问题时，首先应选择好坐标系，包括坐标原点的选择。

此外，当容器内有两种互不相混的液体时，式（2-42）在旋转容器内的同种液体内才成立，包括坐标原点也必须在同种液体内。这涉及式（2-32）积分时的积分线路及式（2-42）中的密度 ρ 的取值。

现举以下几个例子来进一步说明式（2-40）或式（2-42）的应用。

（1）盛满水的圆柱形容器，盖板中心开一小孔，如图2-37所示。容器以旋转角速度 ω 绕铅直轴转动，等压面由静止时的水平面变成旋转抛物面，因为盖板封闭，迫使水面不能上升，盖板各点承受的压强为

$$p=\rho g z_1=\rho\frac{\omega^2 r^2}{2} \tag{2-44}$$

相对压强为零的面如图中虚线所示。可见，轴心（$r=0$）压强最低，边缘（$r=R$）压强最高。而压强与 ω^2 成正比，ω 增大，边缘压强也越大。离心铸造机就是利用这个原理。

（2）盛满水的圆柱形容器，盖板边缘开一个孔，如图2-38所示。容器以某一角速度 ω 绕铅直轴转动，容器旋转后，液体虽未流出，但压强分布发生了改变，相对压强为零的面如图中虚线所示。液体中各点压强分布为

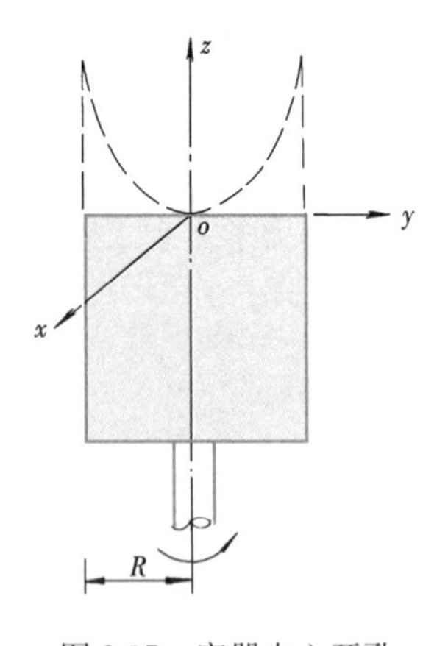

图2-37　容器中心开孔

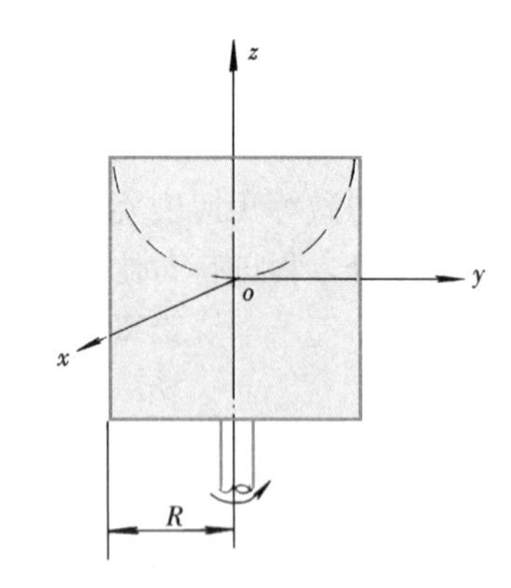

图2-38　容器边缘开孔

$$p=\rho\left(\frac{\omega^2 r^2}{2}-gz\right)$$

可导出盖板各点承受的压强为

$$p=-\rho\left(\frac{\omega^2 R^2}{2}-\frac{\omega^2 r^2}{2}\right) \tag{2-45}$$

或者真空压强为

$$p_v = \rho\left(\frac{\omega^2 R^2}{2} - \frac{\omega^2 r^2}{2}\right) \tag{2-46}$$

若将坐标原点取在盖板与转轴的交点，同样可导得式（2-45），但压强分布的函数形式不同。在轴心处（$r=0$），$p_v = \rho\frac{\omega^2 R^2}{2}$，说明轴心真空最大；在边缘处（$r=R$），$p_v=0$，说明边缘真空为零。离心泵和风机就是利用这个原理，使流体不断从叶轮中心吸入。

（3）开敞容器中流体混有杂质，容器以 ω 绕铅直轴转动，如图 2-39 所示。设某一杂质的质量为 m_1，与该杂质同体积的流体质量为 m，现分析旋转后，该杂质的受力情况。

铅直方向受力为重力 ΔG 与浮力 Δp_1 之差，以 Δp_z 表示，有

$$\Delta p_z = \Delta G - \Delta p_1 = m_1 g - mg = (m_1 - m)g$$

水平方向受力为离心力 ΔF_r 与压力差 Δp_2 之差，以 Δp_x 表示，有

$$\Delta p_x = \Delta F_r - \Delta p_2 = m_1\omega^2 r - m\omega^2 r = (m_1 - m)\omega^2 r$$

而合力用向量 $\Delta\vec{p}$ 表示为

$$\Delta\vec{p} = \Delta\vec{p}_z + \Delta\vec{p}_x = (m_1 - m)\vec{g} + (m_1 - m)\omega^2\vec{r} \tag{2-47}$$

当 $m_1 = m$ 时，则合力 $\Delta\vec{p}=0$。该杂质混合在流体中不能用这个原理清除。

当 $m_1 > m$ 时，则合力 $\Delta\vec{p}$ 向右下方倾斜，该杂质在 $\Delta\vec{p}$ 的作用下，下沉于底部。离心除尘器就是利用这个原理，除去空气中的粉尘。

当 $m_1 < m$ 时，则合力 $\Delta\vec{p}$ 向左上方倾斜，该杂质在 $\Delta\vec{p}$ 的作用下，上浮于流体表面。油脂分离器就是利用这个原理，回收水中的汽油或油脂。

【例 2-8】一半径为 $R=30\text{cm}$ 的圆柱形容器中盛满水，然后用螺栓连接的盖板封闭，盖板中心开有一圆形小孔，如图 2-40 所示。当容器以 $n=300\text{r/min}$ 的转速旋转，求作用于盖板螺栓上的拉力。

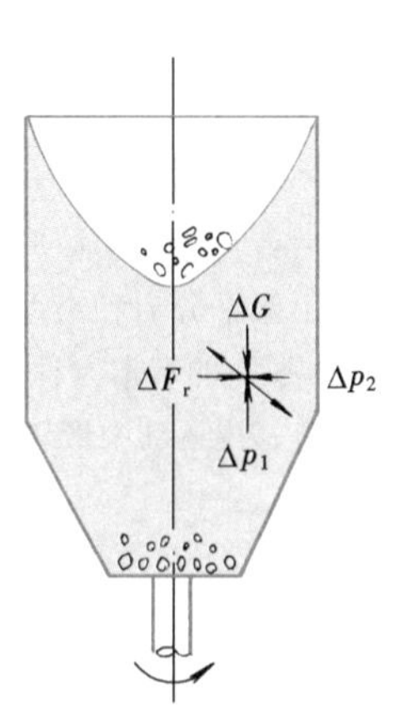

图 2-39 清除杂质

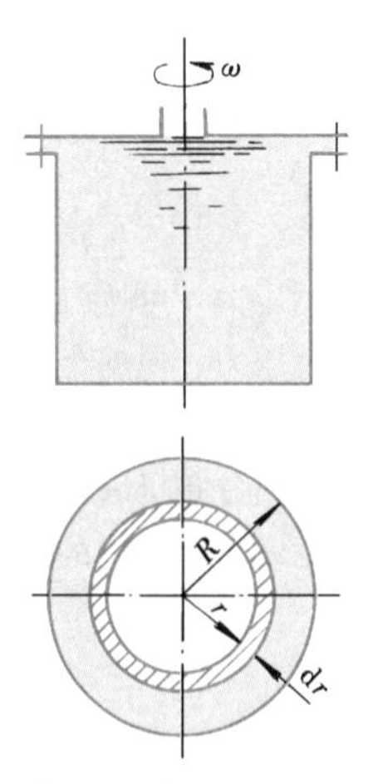

图 2-40 等角速旋转容器的盖板压力

【解】螺栓所承受的拉力，恰好与容器顶盖的水静压力平衡。而水静压力的求得，必

须先知道旋转容器顶盖的压强分布规律。本题水面与盖板接触，容器静止时，盖板各点所受的相对压强为零。容器绕铅直轴旋转后，等压面由水平面变成旋转抛物面。因盖板中心有小孔，液面直接和大气相通，相对压强为零。盖板各点承受的压强为

$$p=\rho\frac{\omega^2r^2}{2}$$

这就是盖板各点的压强分布规律。由此可见，不同半径的各点，压强不相等；半径相同的各点，压强相等。因此，作用在盖板上任一微小环形面积的压力 $\mathrm{d}P$ 等于微小环形面积 $\mathrm{d}A=2\pi r\mathrm{d}r$ 与压强 p 的乘积。即

$$\mathrm{d}P=p\mathrm{d}A=\rho\frac{\omega^2r^2}{2}2\pi r\mathrm{d}r$$

由于作用在盖板上的各微小压力 $\mathrm{d}P$ 都是铅直向上的，故可积分上式求得作用于盖板上的水静压力。即

$$P=\int_A\mathrm{d}P=\int_A p\mathrm{d}A=\int_0^R\rho\frac{\omega^2r^2}{2}2\pi r\mathrm{d}r=\frac{2\pi\rho\omega^2}{2}\int_0^R r^3\mathrm{d}r=\frac{\rho\pi\omega^2}{4}R^4$$

以 $\rho=1000\mathrm{kg/m^3}$，$\omega=2\pi\times n/60=31.4\mathrm{s^{-1}}$，$R=0.3\mathrm{m}$，代入上式得

$$P=6.257\mathrm{kN}$$

此力即为螺栓承受的拉力。

本　章　小　结

本章研究流体在静止状态下的力学规律及其在工程中的应用。

1. 静止的流体中，表面力垂直指向作用面，只存在压应力——压强，静压强的大小与作用面的方向无关，是空间坐标的连续函数，即 $p=p(x,y,z)$。

2. 重力作用下静压强的分布规律有两种表达形式，即：$p=p_0+\rho gh$，或 $Z+\dfrac{p}{\rho g}=C$，两式均为液体静力学基本方程式。$Z+\dfrac{p}{\rho g}=C$ 表示静止连续的液体中各点的测压管水头相等。

3. 压强因起算基准的不同，有绝对压强和相对压强。当相对压强为负值时，其绝对值称为真空度。它们的换算关系为：

$$p=p'-p_a$$
$$p_v=p_a-p'=-p$$

4. 作用在平面上的静水总压力，可按解析法或图解法计算，后者只适用于矩形平面。

5. 作用在曲面上的静水总压力，根据合力投影定理，分别求出水平分力和铅垂分力，然后求合力。

6. 流体平衡微分方程式（2-28）及其全微分式（2-29）是流体平衡的基本方程。

7. 相对平衡的液体内的压强分布仍满足 $p=p_0+\rho gh$。等加速直线运动中液体内的压强分布的表达式为式（2-36）；等角速旋转运动中液体内的压强分布的表达式为式（2-40）。

习　　题

2-1　试求图（a）、（b）、（c）中，A、B、C 各点相对压强，图中 p_0 是绝对压强，大气压强 $p_a=1\mathrm{atm}$。

2-2　在封闭管端完全真空的情况下，水银柱差 $Z_2=50\mathrm{mm}$，求盛水容器液面绝对压强 p_1 和水面高度 Z_1。

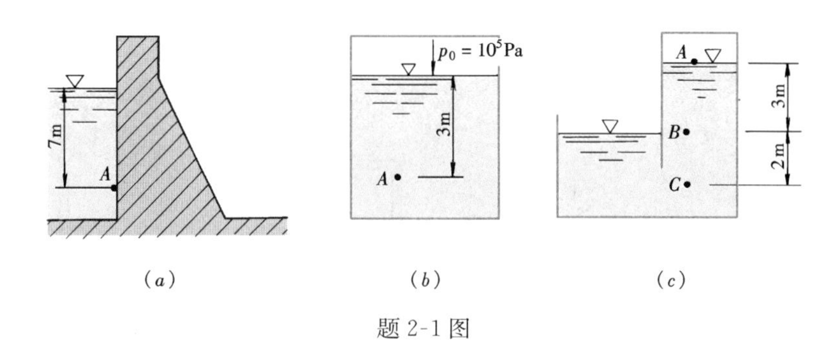

题 2-1 图

2-3　开敞容器盛有$\rho_2>\rho_1$的两种液体，问 1、2 两测压管中的液面哪个高些？哪个和容器的液面同高？

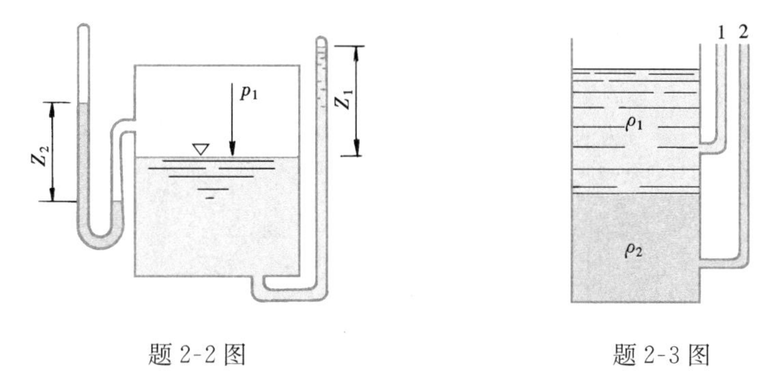

题 2-2 图　　　　题 2-3 图

2-4　某地大气压强为 98.07kPa，求（1）绝对压强为 117.7kPa 时的相对压强及其水柱高度；（2）相对压强为 $7mH_2O$ 时的绝对压强；（3）绝对压强为 68.5kPa 时的真空压强。

2-5　在封闭水箱中，水深 $h=1.5$m 的 A 点上安装一压力表，其中心距 A 点 $Z=0.5$m，压力表读数为 4.9kPa，求水面相对压强及其真空度。

2-6　封闭容器的水面的绝对压强 $p_0=107.7$kPa，当地大气压强 $p_a=98.07$kPa。试求（1）水深 $h_1=0.8$m 时，A 点的绝对压强和相对压强。（2）若 A 点距基准面的高度 $Z=5$m，求 A 点的测压管高度及测压管水头，并图示容器内液体各点的测压管水头线。（3）压力表 M 和酒精（$\rho=810\text{kg/m}^3$）测压计 h 的读数为何值？

2-7　测压管中水银柱差 $\Delta h=100$mm，在水深 $h=2.5$m 处安装一测压表 M，试求 M 的读数，并在图中标出测压管水头线的位置。

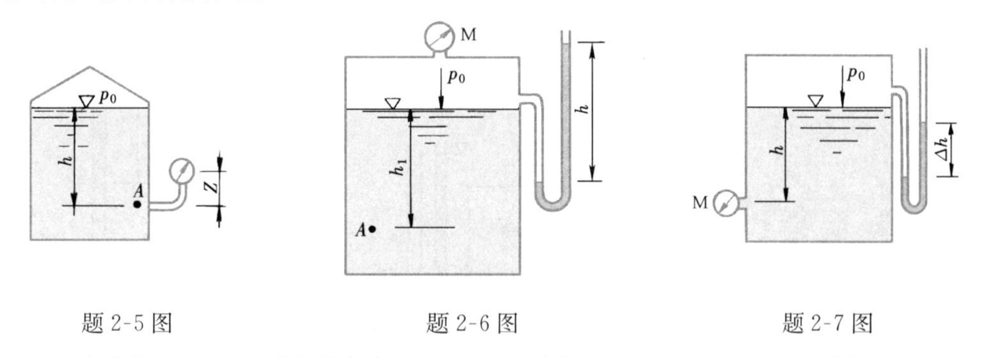

题 2-5 图　　　　题 2-6 图　　　　题 2-7 图

2-8　已知水深 $h=1.2$m，水银柱高度 $h_p=240$mm，大气压强 $p_a=730$mmHg，连接橡皮软管中全部是空气。求封闭水箱水面的绝对压强值及真空度。

2-9　已知图中 $Z=1$m，$h=2$m，求 A 点的相对压强及测压管中液面气体压强的真空度。

2-10　测定管路压强的 U 形测压管中，已知油柱高 $h=1.22\text{m}$，$\rho_{油}=920\text{kg/m}^3$，水银柱差 $\Delta h=203\text{mm}$，求真空表读数及管内空气压强 p。

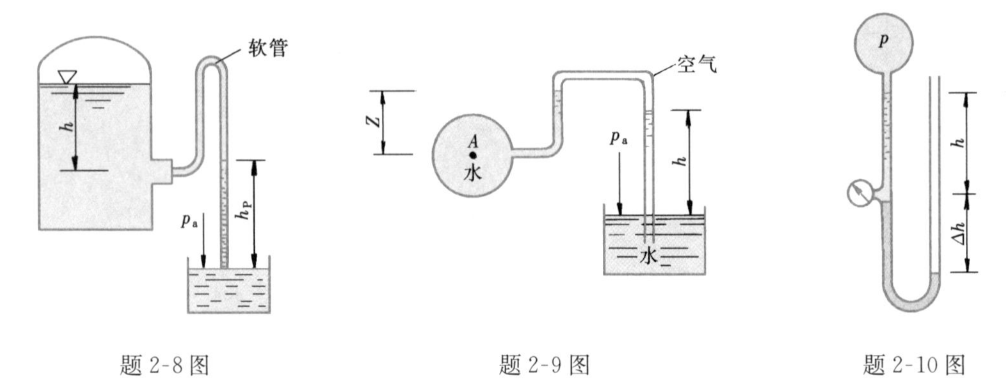

题 2-8 图　　　　题 2-9 图　　　　题 2-10 图

2-11　管路上安装一 U 形测压管，测得 $h_1=30\text{cm}$，$h_2=60\text{cm}$，假设三种情况：(1) ρ 为油（$\rho_{油}=850\text{kg/m}^3$），$\rho_1$ 为水银；(2) ρ 为油，ρ_1 为水；(3) ρ 为气体，ρ_1 为水，求 A 点压强水柱高度。

2-12　水管上安装一复式水银测压计，如图所示。问 p_1、p_2、p_3、p_4 哪个最大？哪个最小？哪些相等？

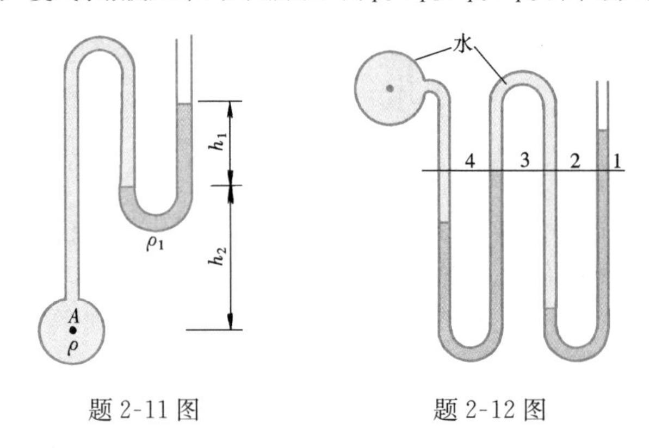

题 2-11 图　　　　题 2-12 图

2-13　一封闭容器盛有 ρ_2（水银）$>\rho_1$（水）的两种不同液体，试问同一水平线上的 1、2、3、4、5 各点的压强哪点最大？哪点最小？哪些点相等？

2-14　封闭水箱各测压管的液面高程为：$\nabla_1=100\text{cm}$，$\nabla_2=20\text{cm}$，$\nabla_4=60\text{cm}$，问 ∇_3 为多少？

2-15　两高度差 $Z=20\text{cm}$ 的水管，当 ρ_1 为空气或油（$\rho_{油}=920\text{kg/m}^3$）时，$h$ 均为 10cm，试分别求两管的压差。

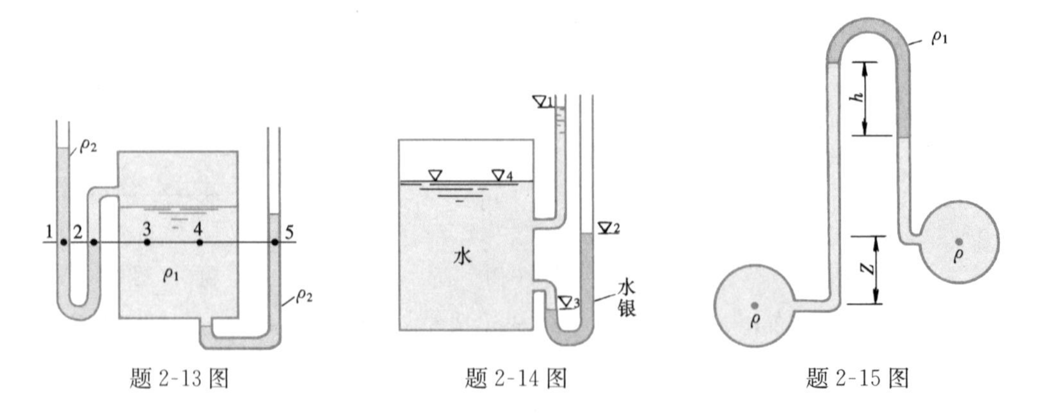

题 2-13 图　　　　题 2-14 图　　　　题 2-15 图

2-16　已知水箱真空表 M 的读数为 0.98kPa，水箱与油箱的液面差 $H=1.5\text{m}$，水银柱差 $h_2=0.2\text{m}$，$\rho_{油}=800\text{kg/m}^3$，求 h_1 为多少米？

2-17　封闭水箱中的水面高程与筒 1，管 3、4 中的水面同高，筒 1 可以升降，借以调节箱中水面压强。如将（1）筒 1 下降一定高度；（2）筒 1 上升一定高度。试分别说明各液面高程哪些最高？哪些最低？哪些同高？

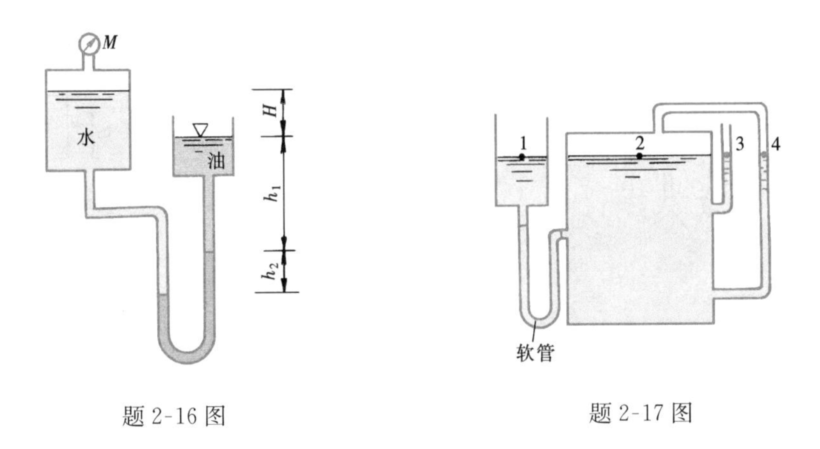

题 2-16 图　　　　题 2-17 图

2-18　盛液容器绕铅直轴作等角速度旋转，设液体为非均质，试证：等压面也是等密面和等温面。

2-19　在水泵的吸入管 1 和压出管 2 中安装水银压差计，测得 $h=120\text{mm}$，问水经过水泵后压强增加多少？若为风管，则水泵换为风机，压强增加为多少（mmH_2O）？

2-20　图为倾斜水管上测定压差的装置，测得 $Z=200\text{mm}$，$h=120\text{mm}$，当（1）$\rho_1=920\text{kg/m}^3$ 为油时；（2）ρ_1 为空气时，分别求 A、B 两点的压差。

2-21　A、B 两管的轴心在同一水平线上，用水银压差计测定压差。测得 $\Delta h=13\text{cm}$，当 A、B 两管通过（1）为水时；（2）为燃气时，试分别求压差。

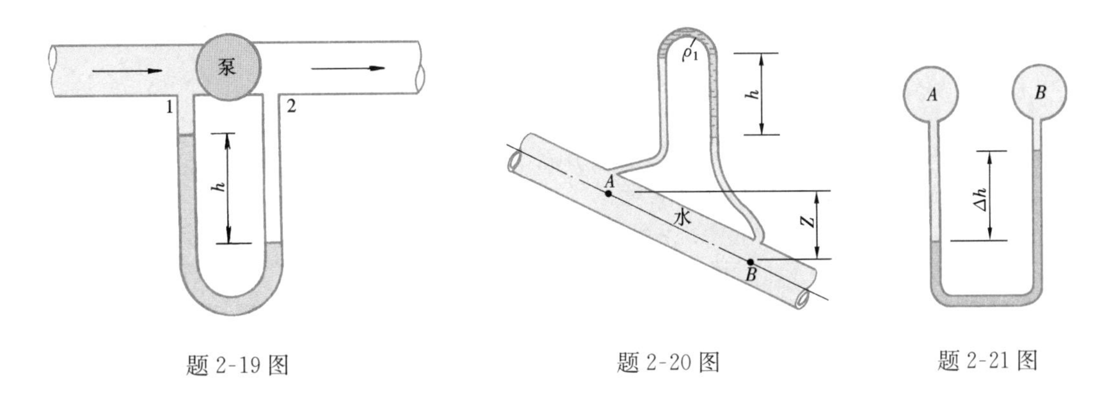

题 2-19 图　　　　题 2-20 图　　　　题 2-21 图

2-22　复式测压计中各液面高程为：$\nabla_1=3.0\text{m}$，$\nabla_2=0.6\text{m}$，$\nabla_3=2.5\text{m}$，$\nabla_4=1.0\text{m}$，$\nabla_5=3.5\text{m}$，求 p_5。

2-23　一直立燃气管，在底部测压管中测得水柱差 $h_1=100\text{mm}$，在 $H=20\text{m}$ 高处的测压管中测得水柱差 $h_2=115\text{mm}$，管外空气密度 $\rho_{气}=1.29\text{kg/m}^3$，求管中静止燃气的密度。

2-24　已知倾斜微压计的倾角 $\alpha=20°$，测得 $l=100\text{mm}$，微压计中液体为酒精，$\rho_{酒}=810\text{kg/m}^3$，求测定空气管段的压差。

2-25　为了精确测定密度为 ρ 的液体中 A、B 两点的微小压差，特设计图示微压计。测定时的各液面差如图示。试求 ρ 与 ρ' 的关系及同一高程上 A、B 两点的压差。

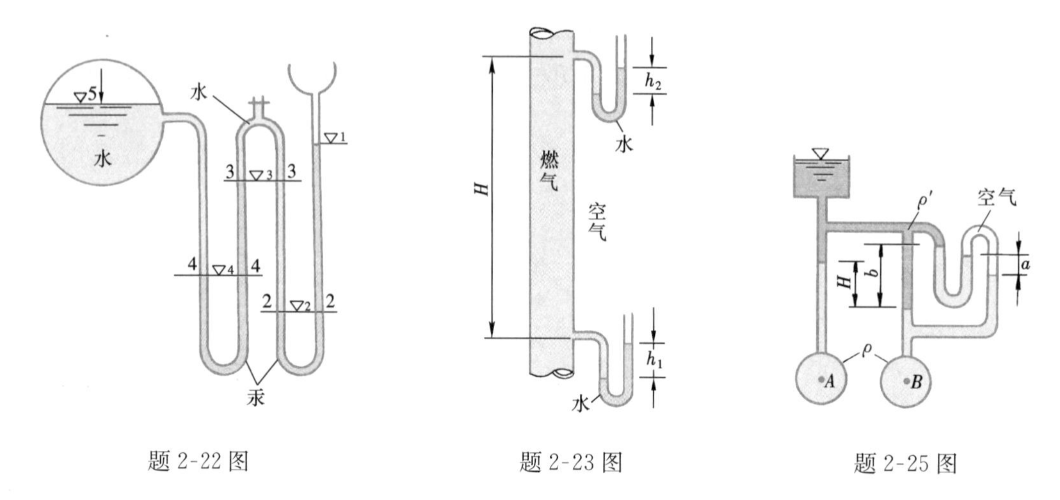

题 2-22 图　　题 2-23 图　　题 2-25 图

2-26　有一水压机，小活塞面积 $A_1=10\text{cm}^2$，大活塞面积 $A_2=1000\text{cm}^2$。（1）若小活塞上施力 98.1N，问大活塞上受力多少？（2）若小活塞上再增加力 19.6N，问大活塞上再增加力多少？

2-27　有一矩形底孔闸门，高 $h=3\text{m}$，宽 $b=2\text{m}$，上游水深 $h_1=6\text{m}$，下游水深 $h_2=5\text{m}$。试用图解法及解析法求作用于闸门上的水静压力及作用点。

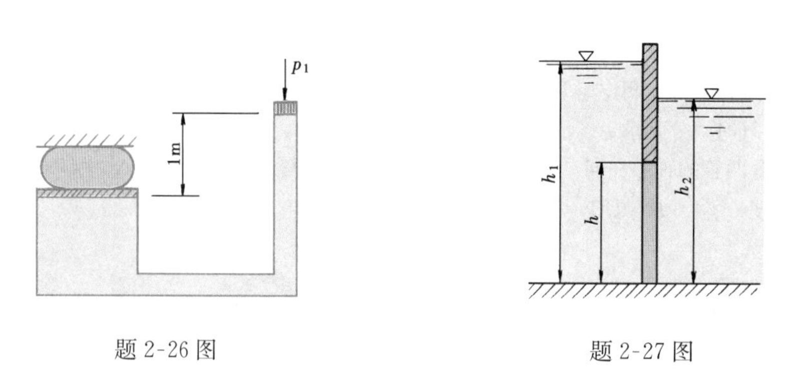

题 2-26 图　　题 2-27 图

2-28　宽为 1m，长为 AB 的矩形闸门，倾角为 45°，左侧水深 $h_1=3\text{m}$，右侧水深 $h_2=2\text{m}$。试用图解法求作用于闸门上的水静压力及其作用点。

2-29　倾角 $\alpha=60°$ 的矩形闸门 AB，上部油深 $h=1\text{m}$，下部水深 $h_1=2\text{m}$，$\rho_{油}=800\text{kg/m}^3$，求作用在闸门上每米宽度的水静压力及其作用点。

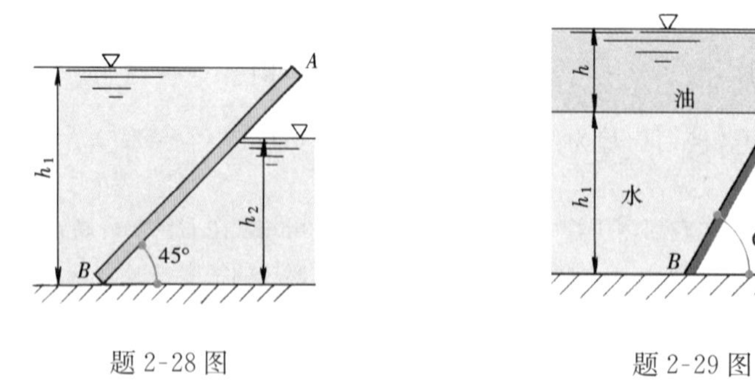

题 2-28 图　　题 2-29 图

2-30　密封方形柱体容器中盛水，底部侧面开 0.5m×0.6m 的矩形孔，水面绝对压强 $p_0=117.7\text{kPa}$，当地大气压强 $p_a=98.07\text{kPa}$，求作用于闸门的水静压力及作用点。

2-31　坝的圆形泄水孔，装一直径 $d=1\text{m}$ 的平板闸门，中心水深 $h=3\text{m}$，闸门所在斜面 $\alpha=60°$，闸门 A 端设有铰链，B 端钢索可将闸门拉开。当开启闸门时，闸门可绕 A 向上转动。在不计摩擦力及钢索、闸门重力时，求开启闸门所需之力 F $\left(注：圆形 I_c=\frac{\pi}{64}D^4\right)$。

2-32　AB 为一矩形闸门，A 为闸门的转轴，闸门宽 $b=2\text{m}$，闸门质量 $m=2000\text{kg}$，$h_1=1\text{m}$，$h_2=2\text{m}$。问 B 端所施的铅直力 F 为何值时，才能将闸门打开？

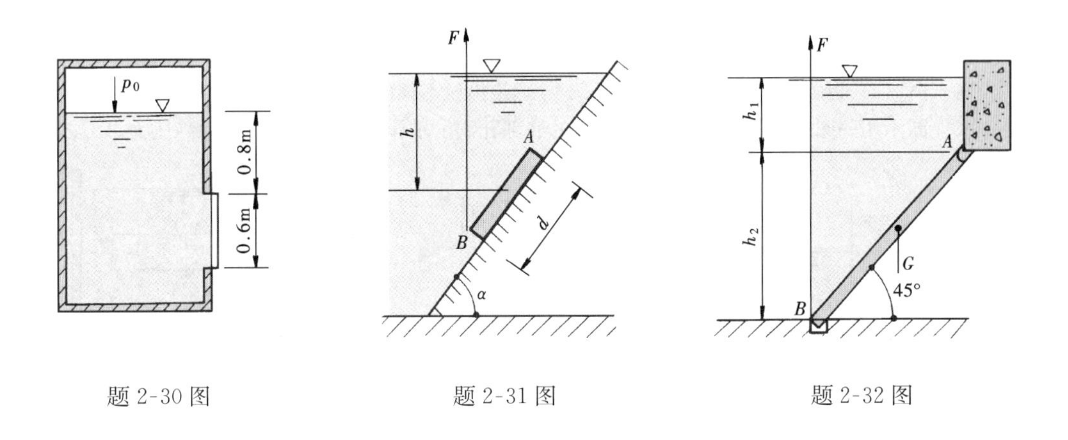

题 2-30 图　　题 2-31 图　　题 2-32 图

2-33　某处设置安全闸门如图所示，闸门宽 $b=0.6\text{m}$，高 $h_1=1\text{m}$，铰链 C 装置于距底 $h_2=0.4\text{m}$ 处，闸门可绕 C 点转动。求闸门自动打开的水深 h 为多少米？

2-34　封闭容器水面的绝对压强 $p_0=137.37\text{kPa}$，容器左侧开 2m×2m 的方形孔，覆以盖板 AB，当大气压 $p_a=98.07\text{kPa}$ 时，求作用于此盖板的水静压力及作用点。

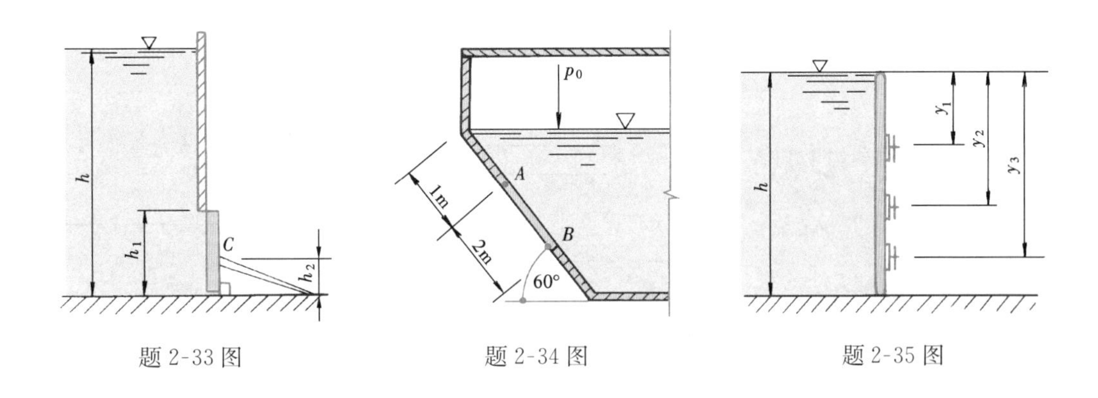

题 2-33 图　　题 2-34 图　　题 2-35 图

2-35　有一直立的金属平面矩形闸门，背水面用三根相同的工字梁作支撑，闸门与水深 $h=3\text{m}$ 同高，求各横梁均匀受力时的位置。

2-36　有一圆滚门，长度 $l=10\text{m}$，直径 $D=4\text{m}$，上游水深 $H_1=4\text{m}$，下游水深 $H_2=2\text{m}$，求作用于圆滚门上的水平和铅直分压力。

2-37　某圆柱体的直径 $d=2\text{m}$，长 $l=5\text{m}$，放置于 60°的斜面上，求水作用于圆柱体上的水平和铅直分压力及其方向。

2-38　一球形容器盛水，容器由两个半球面用螺栓连接而成，水深 $H=2\text{m}$，$D=4\text{m}$，求作用于螺栓上的拉力。

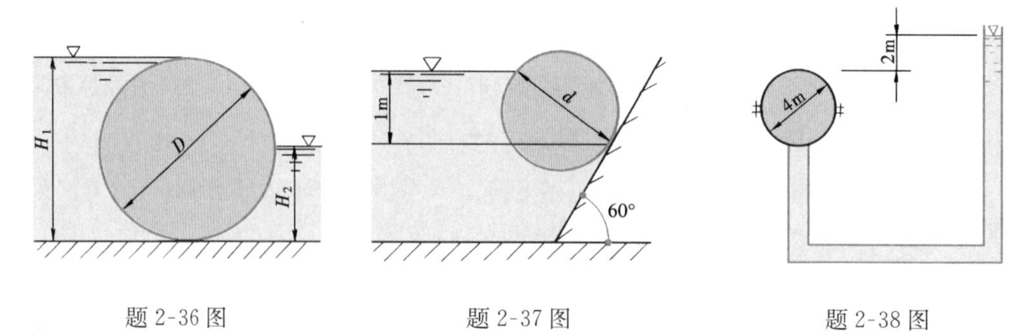

题 2-36 图　　题 2-37 图　　题 2-38 图

2-39　图（a）为圆筒，图（b）为圆球。试分别绘出压力体图并标出铅直分力的方向。

2-40　图示用一圆锥形体堵塞直径 $d=1\text{m}$ 的底部孔洞。求作用于此锥形体的水静压力。

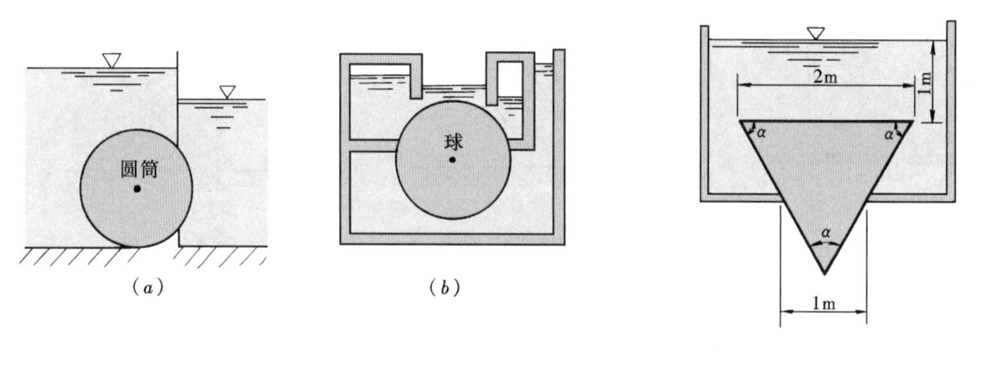

题 2-39 图　　题 2-40 图

2-41　一弧形闸门 AB，宽 $b=4\text{m}$，圆心角 $\varphi=45°$，半径 $r=2\text{m}$，闸门转轴恰与水面齐平，求作用于闸门的水静压力及作用点。

2-42　为了测定运动物体的加速度，在运动物体上装一直径为 d 的 U 形管，测得管中液面差 $h=0.05\text{m}$，两管的水平距离 $L=0.3\text{m}$，求加速度 a。

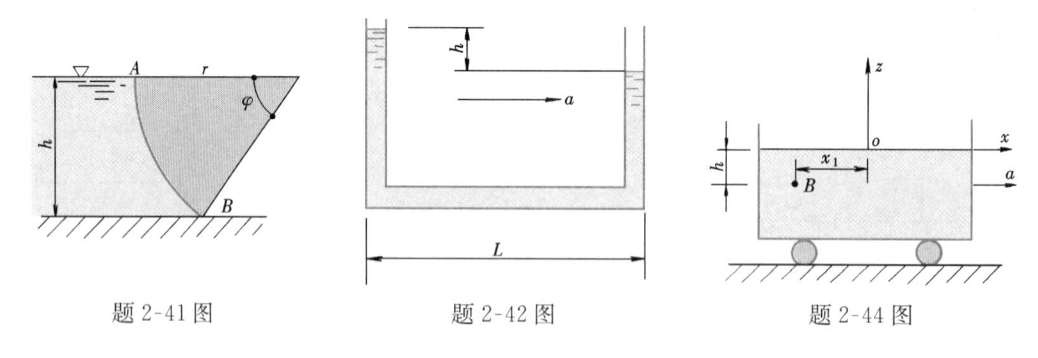

题 2-41 图　　题 2-42 图　　题 2-44 图

2-43　一封闭容器内盛水，水面压强 p_0，求容器自由下落时，水静压强分布规律。

2-44　一洒水车以等加速度 $a=0.98\text{m/s}^2$ 在平地行驶，水车静止时，B 点位置为 $x_1=1.5\text{m}$，水深 $h=1\text{m}$，求运动后该点的水静压强。

2-45　油罐车内装着 $\rho=1000\text{kg/m}^3$ 的液体，以水平直线速度 $u=10\text{m/s}$ 行驶。油罐车的尺寸为直径 $D=2\text{m}$，$h=0.3\text{m}$，$L=4\text{m}$。在某一时刻开始减速运动，经 100m 距离后完全停下。若考虑为均匀制动，求作用在侧面 A 上的作用力。

2-46　一圆柱形容器，直径 $D=1.2\text{m}$，完全充满水，顶盖上在 $r_0=0.43\text{m}$ 处开一小孔，敞口测压管中的水位 $a=0.5\text{m}$。问此容器绕其立轴旋转的转速 n 多大时，顶盖所受的静水总压力为零？

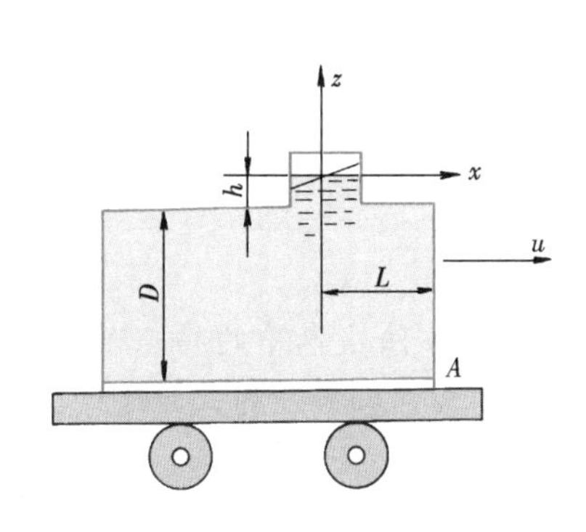

题 2-45 图

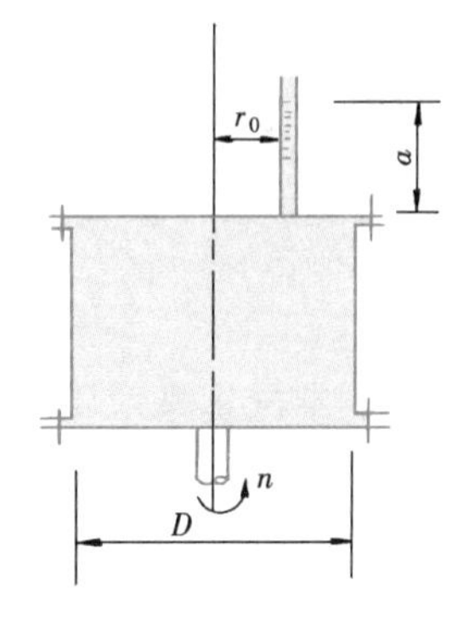

题 2-46 图

2-47　在 $D=30\text{cm}$，高度 $H=50\text{cm}$ 的圆柱形容器中盛水深至 $h=30\text{cm}$，当容器绕中心轴等角速旋转时，求使水恰好上升到 H 时的转速。

2-48　直径 $D=600\text{mm}$，高度 $H=500\text{mm}$ 的圆柱形容器，盛水深至 $h=0.4\text{m}$，剩余部分装以密度为 800kg/m^3 的油，封闭容器上部盖板中心有一小孔。假定容器绕中心轴等角速旋转时，容器转轴和分界面的交点下降 0.4m，直至容器底部。求必须的旋转角速度及盖板、器底上最大和最小压强。

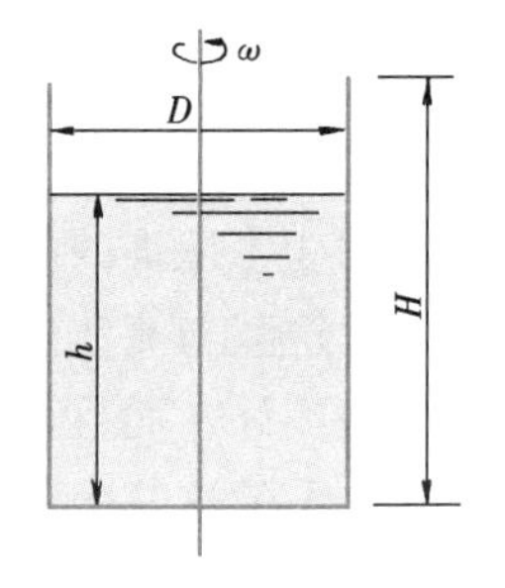

题 2-47 图

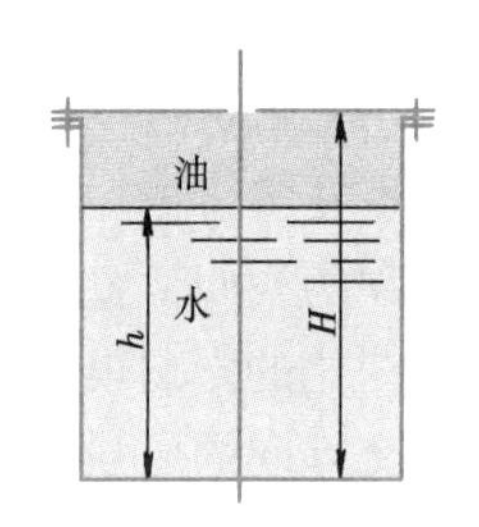

题 2-48 图

第2章扩展阅读：
三峡永久船闸

部分习题答案

第 3 章　一元流体动力学基础

【要点提示】本章主要阐述研究流体运动的基本观点和方法。本章的要点是流体运动的描述，欧拉法中有关流场的一些基本概念，总流运动的三个基本方程，即连续性方程、能量方程和动量方程及其应用。

无论在自然界或工程实际中，流体的静止总是相对的，运动才是绝对的。流体最基本的特征就是它的流动性。因此，进一步研究流体的运动规律便具有更重要，更普遍的意义。

流体动力学研究的主要问题是流速和压强在空间的分布。两者之中，流速又更加重要。这不仅因为流速是流动情况的数学描述，还因为流体流动时，在破坏压力和质量力平衡的同时，出现了与流速密切相关的惯性力和黏性力。其中，惯性力是由质点本身流速变化所产生，而黏性力是由于流层与流层之间，质点与质点间存在着流速差异所引起，这样，流体由静到动所产生的两种力，是由流速在空间的分布和随时间的变化所决定。因此，流体动力学的基本问题是流速问题。有关流动的一系列概念和分类，也都围绕着流速而提出。

流体从静止到运动，质点获得流速，由于黏滞力的作用，改变了压强的静力特性。任一点的压强，不仅与该点所在的空间位置有关，也与方向有关，这就与流体静压强有所区别。但黏滞力对压强随方向变化的影响很小，在工程上可以忽略不计。而且，理论推导还可证明，任何一点在三个正交方向的压强的平均值是一个常数，不随这三个正交方向的选取而变化（见第 7 章）。这个平均值就作为点的压强值。从本章起，流体流动时的压强和流体静压强，一般在概念和命名上不予区别，一律称为压强。

3.1　描述流体运动的两种方法

演示视频3. 拉格朗日法与欧拉法

流体运动一般是在固体壁面所限制的空间内、外进行。例如，空气在室内流动，水在管内流动，风绕建筑物流动。这些流动，都是在房间墙壁，水管管壁，建筑物外墙等固体壁面所限定的空间内、外进行。我们把流体流动占据的空间称为流场，流体力学的主要任务，就是研究流场中的流动。

研究流动，存在着两种方法。一种是承袭固体力学的方法，把流场中的流体看作是无数连续的质点所组成的质点系，如果能对每一质点的运动进行描述，那么整个流动就被完全确定。

在这种思路的指导下，把流体质点在某一时间 t_0 时的坐标（a，b，c）作为该质点的标志，则不同的（a，b，c）就表示流动空间的不同质点。这样，流场中的全部质点，都包含在（a，b，c）变数中。

随着时间的迁移，质点将改变位置，设（x，y，z）表示时间 t 时质点（a，b，c）的

坐标，则下列函数形式

$$\left.\begin{aligned} x &= x(a,b,c,t) \\ y &= y(a,b,c,t) \\ z &= z(a,b,c,t) \end{aligned}\right\} \tag{3-1}$$

就表示全部质点随时间 t 的位置变动。如果表达式（3-1）能够写出，那么，流体流动就完全被确定。这种通过描述每一质点的运动达到了解流体运动的方法，称为拉格朗日法。表达式中的自变量（a，b，c，t），称为拉格朗日变量。

显然全部质点的速度为

$$\left.\begin{aligned} u_x &= \frac{\partial x(a,b,c,t)}{\partial t} \\ u_y &= \frac{\partial y(a,b,c,t)}{\partial t} \\ u_z &= \frac{\partial z(a,b,c,t)}{\partial t} \end{aligned}\right\} \tag{3-2}$$

式中，u_x、u_y、u_z 为质点流速在 x、y、z 方向的分量。

拉格朗日法的基本特点是追踪流体质点的运动，它的优点就是可以直接运用理论力学中早已建立的质点或质点系动力学来进行分析。但是这样的描述方法过于复杂，实际上难以实现。而绝大多数的工程问题并不要求追踪质点的来龙去脉，只是着眼于流场的各固定点、固定断面或固定空间的流动。例如，扭开龙头，水从管中流出；打开窗门，风从窗门流入；开动风机，风从工作区间抽出。我们并不追踪水的各个质点的前前后后，也不探求空气的各个质点的来龙去脉，而是要知道：水从管中以怎样的速度流出；风经过门窗，以什么流速流入；风机抽风，工作区间风速如何分布。也就是只要知道一定地点（水龙头处）、一定断面（门、窗口断面）或一定区间（工作区间）的流动状况，而不需要了解某一质点、某一流体集合的全部流动过程。

按照这个观点，我们可以用“流速场”这个概念来描述流体的运动。它表示流速在流场中的分布和随时间的变化。也就是要把流速 $\vec{u}$ 在各坐标轴上的投影 u_x、u_y、u_z 表为 x、y、z、t 四个变量的函数，即

$$\left.\begin{aligned} u_x &= u_x(x,y,z,t) \\ u_y &= u_y(x,y,z,t) \\ u_z &= u_z(x,y,z,t) \end{aligned}\right\} \tag{3-3}$$

这种通过描述物理量在空间的分布来研究流体运动的方法称为欧拉法。式中变量 x、y、z、t 称为欧拉变量。

对比拉格朗日法和欧拉法的不同变量，就可以看出两者的区别：前者以 a、b、c 为变量，是以一定质点为对象；后者以 x、y、z 为变量，是以固定空间点为对象。只要对流动的描述是以固定空间、固定断面或固定点为对象，应采用欧拉法，而不是拉格朗日法。本书以下的流动描述均采用欧拉法。

3.2 恒定流动和非恒定流动

当用欧拉法来观察流场中各固定点、固定断面或固定区间流动的全过程时，可以看

出，流速经常要经历若干阶段的变化：打开龙头，破坏了静止水体的重力和压力的平衡，在打开的过程以及打开后的短暂时间内，水从喷口流出。喷口处流速从零迅速增加，到达某一流速后，即维持不变。这样，流体从静止平衡（流体静止），通过短时间的运动不平衡（喷口处流体加速），达到新的运动平衡（喷口处流速恒定不变），出现三阶段性质不同的过程。运动不平衡的流动，在流场中各点流速随时间变化，各点压强、黏性力和惯性力也随着速度的变化而变化。这种流速等物理量的空间分布与时间有关的流动称为非恒定流动。室内空气在打开窗门和关闭窗门瞬间的流动，河流在涨水期和落水期的流动，管道在开闭时间所产生的压力波动，都是非恒定流动。流速函数

$$\left.\begin{aligned} u_x &= u_x(x,y,z,t) \\ u_y &= u_y(x,y,z,t) \\ u_z &= u_z(x,y,z,t) \end{aligned}\right\} \tag{3-4}$$

就是非恒定流下的描述。这里，不仅反映了流速在空间的分布，也反映了流速随时间的变化。

运动平衡的流动，流场中各点流速不随时间变化，由流速决定的压强、黏性力和惯性力也不随时间变化，这种流动称为恒定流动。在恒定流动中，欧拉变量不出现时间 t，式(3-4)简化为

$$\left.\begin{aligned} u_x &= u_x(x,y,z) \\ u_y &= u_y(x,y,z) \\ u_z &= u_z(x,y,z) \end{aligned}\right\} \tag{3-5}$$

这样，要描述恒定流动，只需了解流速在空间的分布即可，这比非恒定流还要考虑流速随时间变化简单得多。

以后的研究，主要是针对恒定流动。这并不是说非恒定流没有实用意义，某些专业中常见的流动现象，例如水击现象，必须用非恒定流进行计算。但工程中许多流动，流速等参数不随时间而变，或变化甚缓，用恒定流计算，就能满足实用要求。

3.3　流线和迹线

在采用欧拉法描述流体运动时，为了反映流场中的流速，分析流场中的流动，常用形象化的方法直接在流场中绘出反映流动方向的一系列线条，这就是流线，如图3-1所示。

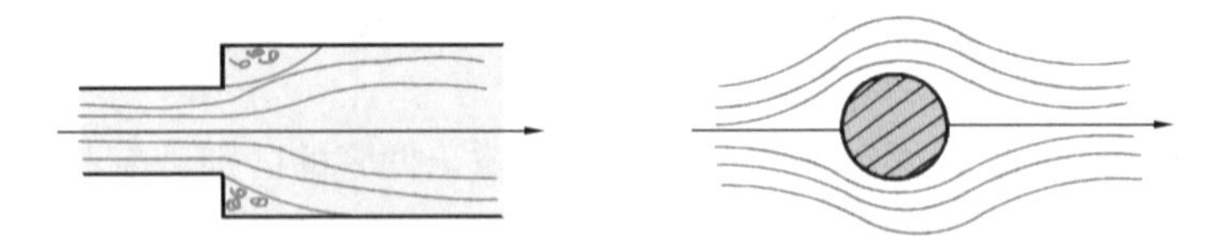

图3-1　流线

在学习流线时，要注意和迹线相区别。在某一时刻，各点的切线方向与通过该点的流体质点的流速方向重合的空间曲线称为流线。而同一质点在各不同时刻所占有的空间位置连成的空间曲线称为迹线。流线是欧拉法对流动的描绘，迹线是拉格朗日法对流动的描绘。由于流体力学中大多问题都采用欧拉法研究流体运动，因此我们将侧重于研究流线。

用几何直观的方法可以说明流线的概念。流线总是针对某一瞬时的流场。想象从流场中某一点 a 开始，在指定的时间 t，通过 a 点绘该点的流速方向线，沿此方向线距 a 点为无限小距离取 b 点，又绘出 t 时刻 b 点的流速方向线……依此类推，我们便得到一条折线 ab……当折线上各点距离趋于零时，便得到一条光滑曲线，这就是流线。如图 3-2 所示。

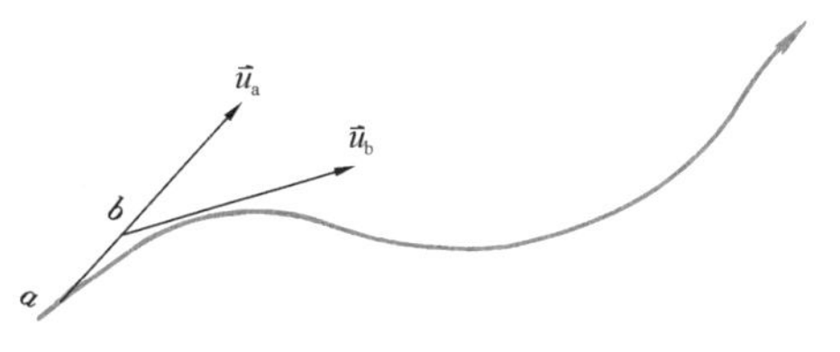

图 3-2 流线的定义

由于通过流场中的每一点都可以绘一条流线，所以，流线将布满整个流场。在流场中绘出流线簇后，流体的运动状况一目了然。某点流速的方向便是流线在该点的切线方向。流速的大小可以由流线的疏密程度反映出来，流线越密处流速越大，流线越稀疏处流速越小。

根据流线的定义，流线上任一点的速度方向和曲线在该点的切线方向重合，可以写出它的微分方程式。沿流线的方向取微元距离 $\mathrm{d}s$，由于流速向量 $\overrightarrow{u}$ 的方向和距离向量 $\overrightarrow{\mathrm{d}s}$ 的方向重合，根据矢量代数，前者的三个轴向分量 u_x、u_y、u_z 必然和后者的三个轴向分量 $\mathrm{d}x$、$\mathrm{d}y$、$\mathrm{d}z$ 成比例，即

$$\frac{\mathrm{d}x}{u_x}=\frac{\mathrm{d}y}{u_y}=\frac{\mathrm{d}z}{u_z} \tag{3-6}$$

这就是流线的微分方程式。在已知流速函数 u_x、u_y、u_z 的情况下，求解上述方程可得流线方程。

流线不能相交（速度为零的驻点和速度为无限大的奇点处除外），也不能是折线，因为流场内任一固定点在同一瞬时只能有一个速度向量。流线只能是一条光滑的曲线或直线。

可以证明，在恒定流中，流线和迹线完全重合。在非恒定流中，流线和迹线不重合，因此，只有在恒定流中才能用迹线来代替流线。

3.4 一元流动模型

用欧拉法描写流动，虽然经过恒定流假设的简化，减少了欧拉变量中的时间变量，但还存在着 x、y、z 三个变量，是三元流动。问题仍然非常复杂。因此，下面我们将发展流线的概念，把某些流动简化为一元流动。

为此，在流场内，取任意非流线的封闭曲线 l。经过此曲线上的全部点作流线，这些流线组成的管状曲面，称为流管。流管以内的流体，称为流束（图 3-3）。垂直于流束的断面，称为流束的过流断面。当流束的过流断面无限小时，这根流束就称为元流。元流的边界由流线组成，因此外部流体不能流入，内部流体也不能流出。元流断面既为无限小，断面上流速和压强就可认为是均匀分布，任一点的流速和压强代表了整个断面的相应值。如果从元流某起始断面沿流动方向取坐标 s，则元流的流速随空间坐标的变化简化为断面流速 u 随坐标 s 而变。u 是 s 的函数，求流速 u 即求 $u=f(s)$ 的问题。欧拉三个变量简化为一个变量，三元问题简化为一元问题。

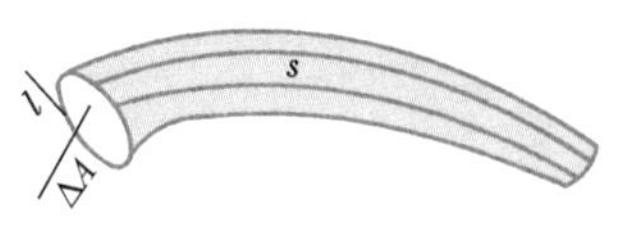

图 3-3 流束

能不能将元流这个概念推广到实际流场中去，要看流场本身的性质。在本专业实际中，用以输送流体的管道流动，由于其所占据的几何空间具有长形的几何形态，整个流动可以看作无数元流相加，这样的流动总体称为总流（图 3-4）。处处垂直于总流中全部流线的断面，是总流的过流断面。断面上的流速一般不相等，中点的流速较大，边沿流速较低。假定过流断面流速分布如图 3-5 所示，在断面上取微元面积 $\mathrm{d}A$，u 为 $\mathrm{d}A$ 上的流速，因为断面 A 为过流断面，u 方向必为 $\mathrm{d}A$ 的法向，则 $\mathrm{d}A$ 断面上全部质点单位时间的位移将为 u。流入体积为 $u\mathrm{d}A$，以 $\mathrm{d}Q_{\mathrm{V}}$ 表示，即

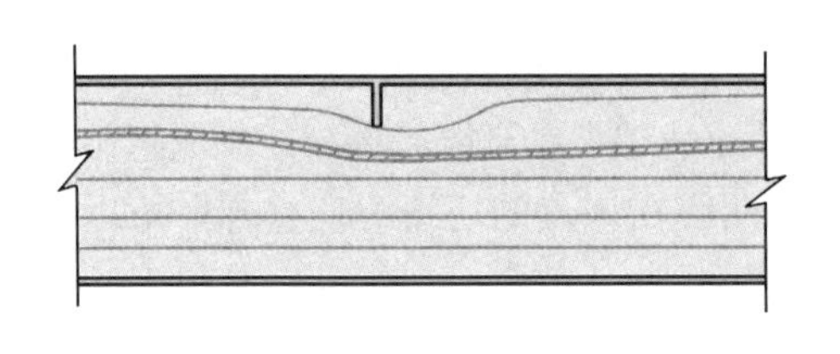

图 3-4　元流是总流的一个微元流动

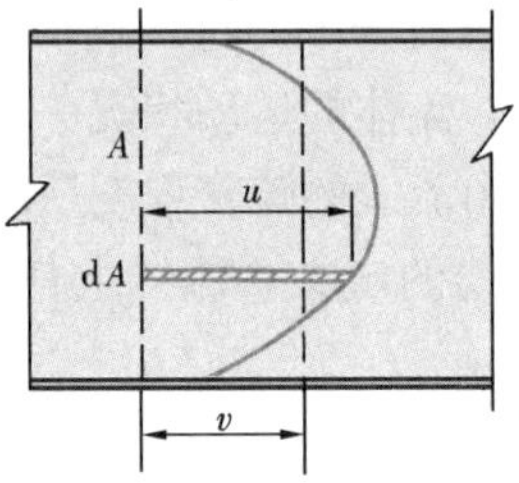

图 3-5　断面平均流速

$$\mathrm{d}Q_{\mathrm{V}} = u\mathrm{d}A$$

而单位时间流过断面 A 的流体体积 Q_{V} 是 $\mathrm{d}Q_{\mathrm{V}}$ 在断面上的积分，即

$$Q_{\mathrm{V}} = \int_A u\mathrm{d}A \tag{3-7}$$

称为该断面的体积流量，简称流量。以后如不加说明，所说断面均指过流断面。

单位时间内流过断面的流体质量，称为该断面的质量流量，用符号 Q_{m} 表示。其定义式为

$$Q_{\mathrm{m}} = \int_A \rho u\mathrm{d}A$$

对于不可压缩流体，有

$$Q_{\mathrm{m}} = \rho Q_{\mathrm{V}}$$

流量是一个重要的物理量。它具有普遍的实际意义。通风就是输送一定流量的空气到被通风的地区。供热就是输送一定流量的带热流体到需要热量的地方去。管道设计问题既是流体输送问题，也是流量问题。

因流量有实际意义，我们就从计算流量的要求出发，来定义断面平均流速：

$$v = \frac{Q_{\mathrm{V}}}{A} = \frac{\int_A u\mathrm{d}A}{A} \tag{3-8}$$

这就使流量公式可简化为

$$Q_{\mathrm{V}} = Av \tag{3-9}$$

图 3-5 绘出了实际断面流速和平均流速的对比。可以看出，用平均流速代替实际流速，就是把图中虚线的均匀流速分布，代替实线的实际流速分布。这样，流速问题就简化为断面平均流速如何沿流向变化的问题。如果仍以总流某起始断面沿流动方向取坐标 s，则断面

平均流速是 s 的函数，即 $v=f(s)$。流速问题简化为一元问题。

3.5 连续性方程

在总流中，断面平均流速究竟如何沿流向变化呢？下面从质量守恒定律出发，研究流体的质量平衡来解决这个问题。

在总流中取面积为 A_1 和 A_2 的 1、2 两断面，探讨两断面间流动空间（即两端面为 1、2 断面，中部为管壁侧面所包围的全部空间）的质量收支平衡（图 3-6）。设 A_1 的平均流速为 v_1，A_2 的平均流速为 v_2，则 $\mathrm{d}t$ 时间内流入断面 1 的流体质量为 $\rho_1 A_1 v_1 \mathrm{d}t=\rho_1 Q_{V1}\mathrm{d}t=Q_{m1}\mathrm{d}t$，流出断面 2 的流体质量为 $\rho_2 A_2 v_2 \mathrm{d}t=\rho_2 Q_{V2}\mathrm{d}t=Q_{m2}\mathrm{d}t$。在恒定流时两断面间流动空间内流体质量不变，流动连续，根据质量守恒定律流入断面 1 的流体质量必等于流出断面 2 的流体质量。

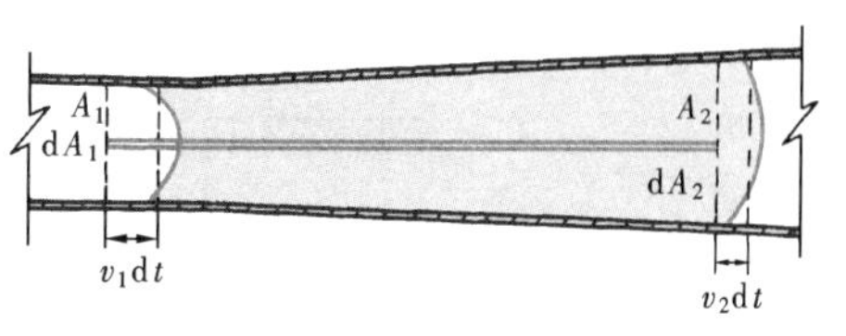

图 3-6 总流的质量平衡

$$Q_{m1}=Q_{m2}$$

$$\rho_1 Q_{V1}\mathrm{d}t=\rho_2 Q_{V2}\mathrm{d}t$$

消去 $\mathrm{d}t$，便得出不同断面上密度不相同时反映两断面间流动空间的质量平衡的连续性方程，即可压缩流体的连续性方程

$$Q_{m1}=Q_{m2}$$

$$\rho_1 Q_{V1}=\rho_2 Q_{V2} \tag{3-10}$$

或

$$\rho_1 v_1 A_1=\rho_2 v_2 A_2 \tag{3-11}$$

当流体不可压缩时，密度为常数，$\rho_1=\rho_2$。因此，不可压缩流体的连续性方程为

$$Q_{V1}=Q_{V2} \tag{3-12}$$

或

$$v_1 A_1=v_2 A_2 \tag{3-13}$$

不难证明，沿任一元流，上述各方程也成立，即

可压缩时：

$$\left.\begin{aligned}\mathrm{d}Q_{m1}&=\mathrm{d}Q_{m2}\\ \rho_1\mathrm{d}Q_{V1}&=\rho_2\mathrm{d}Q_{V2}\\ \rho_1 u_1\mathrm{d}A_1&=\rho_2 u_2\mathrm{d}A_2\end{aligned}\right\} \tag{3-14}$$

不可压缩时：

$$\left.\begin{aligned}\mathrm{d}Q_{V1}&=\mathrm{d}Q_{V2}\\ u_1\mathrm{d}A_1&=u_2\mathrm{d}A_2\end{aligned}\right\} \tag{3-15}$$

式（3-12）、式（3-13）和式（3-15）都是不可压缩流体恒定流连续性方程式的各种形式。方程式表明：在不可压缩流体一元流动中，平均流速与断面积成反比变化。

由于断面 1、2 是任意选取的，上述关系可以推广至全部流动的各个断面，即

$$\left.\begin{aligned}Q_{V1}&=Q_{V2}=\cdots=Q_V\\ v_1 A_1&=v_2 A_2=\cdots=vA\end{aligned}\right\} \tag{3-16}$$

而流速之比和断面之比有下列关系：

$$v_1:v_2:\cdots:v=\frac{1}{A_1}:\frac{1}{A_2}:\cdots:\frac{1}{A} \tag{3-17}$$

从式（3-17）可以看出，连续性方程确立了总流各断面平均流速沿流向随断面面积的变化规律。

单纯依靠连续性方程式，虽然并不能求出断面平均流速的绝对值，但它们的相对比值完全确定。所以，只要总流的流量已知，或任一断面的流速已知，则其他任何断面的流速均可算出。

【例3-1】图3-7所示的管段，$d_1=2.5\text{cm}$，$d_2=5\text{cm}$，$d_3=10\text{cm}$。(1) 当流量为4L/s时，求各管段的平均流速。(2) 旋动阀门，使流量增加至8L/s或使流量减少至2L/s时，平均流速如何变化？

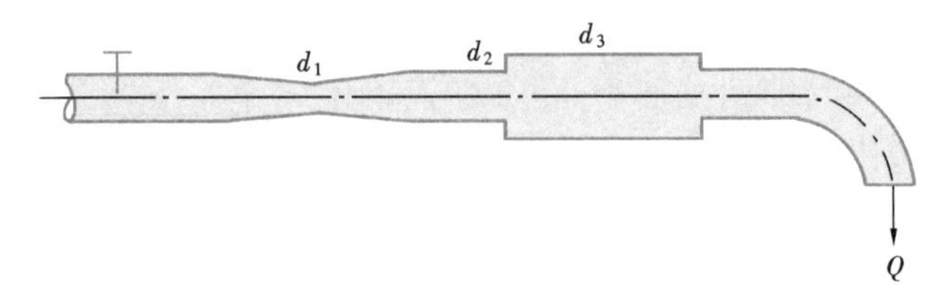

图3-7 变直径水管

【解】(1) 根据连续性方程

$$Q_V=v_1A_1=v_2A_2=v_3A_3$$

$$v_1=\frac{Q_V}{A_1}=\frac{4\times10^{-3}\text{m}^3/\text{s}}{\frac{\pi}{4}\times(2.5\times10^{-2}\text{m})^2}=8.16\text{m/s}$$

$$v_2=v_1\frac{A_1}{A_2}=v_1\left(\frac{d_1}{d_2}\right)^2=8.16\text{m/s}\times\left(\frac{2.5\times10^{-2}\text{m}}{5\times10^{-2}\text{m}}\right)^2=2.04\text{m/s}$$

$$v_3=v_1\left(\frac{d_1}{d_3}\right)^2=8.16\times\left(\frac{2.5\times10^{-2}\text{m}}{10\times10^{-2}\text{m}}\right)^2=0.51\text{m/s}$$

(2) 各断面流速比例保持不变，流量增加至8L/s时，即流量增加为2倍，则各段流速亦增加至2倍。即

$$v_1=16.32\text{m/s},v_2=4.08\text{m/s},v_3=1.02\text{m/s}$$

流量减小至2L/s时，即流量减小至1/2，各流速亦为原值的1/2。即

$$v_1=4.08\text{m/s},v_2=1.02\text{m/s},v_3=0.255\text{m/s}$$

以上所列连续性方程，只反映了两断面之间的空间的质量收支平衡。应当注意，这个质量平衡的观点，还可以推广到任意空间。三通管的合流和分流，车间的自然换气，管网的总管流入和支管流出，都可以从质量平衡和流动连续观点，提出连续性方程的相应形式。例如，三通管道在分流和合流时，根据质量守恒定律，显然可推广为

分流时：

$$Q_{V1}=Q_{V2}+Q_{V3}$$

$$v_1A_1=v_2A_2+v_3A_3$$

合流时：

$$Q_{V1}+Q_{V2}=Q_{V3}$$

$$v_1A_1+v_2A_2=v_3A_3$$

【例3-2】断面为50cm×50cm的送风管，通过a、b、c、d四个40cm×40cm的送风口向室内输送空气（图3-8）。送风口气流平均速度均为5m/s，求通过送风管1-1、2-2、3-3各断面的流速和

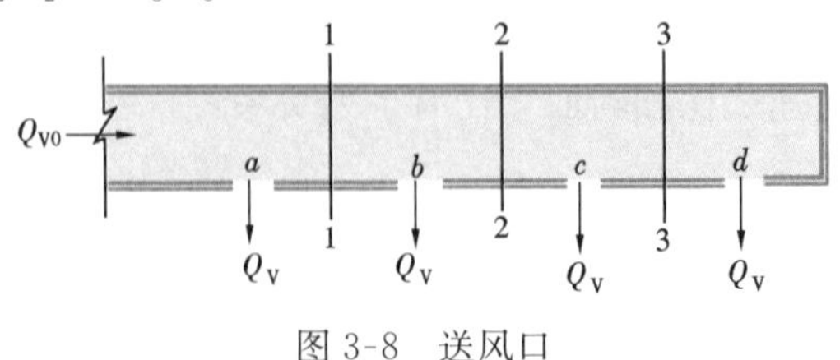

图3-8 送风口

流量。

【解】 每一送风口流量 $Q_V = 0.4\text{m} \times 0.4\text{m} \times 5\text{m/s} = 0.8\text{m}^3/\text{s}$

分别以 1-1、2-2、3-3 各断面以右的全部管段作为质量平衡收支运算的空间，写连续性方程。

$$Q_{V1} = 3Q_V = 3 \times 0.8\text{m}^3/\text{s} = 2.4\text{m}^3/\text{s}$$
$$Q_{V2} = 2Q_V = 2 \times 0.8\text{m}^3/\text{s} = 1.6\text{m}^3/\text{s}$$
$$Q_{V3} = Q_V = 1 \times 0.8\text{m}^3/\text{s} = 0.8\text{m}^3/\text{s}$$

各断面流速

$$v_1 = \frac{2.4\text{m}^3/\text{s}}{0.5\text{m} \times 0.5\text{m}} = 9.6\text{m/s}$$
$$v_2 = \frac{1.6\text{m}^3/\text{s}}{0.5\text{m} \times 0.5\text{m}} = 6.4\text{m/s}$$
$$v_3 = \frac{0.8\text{m}^3/\text{s}}{0.5\text{m} \times 0.5\text{m}} = 3.2\text{m/s}$$

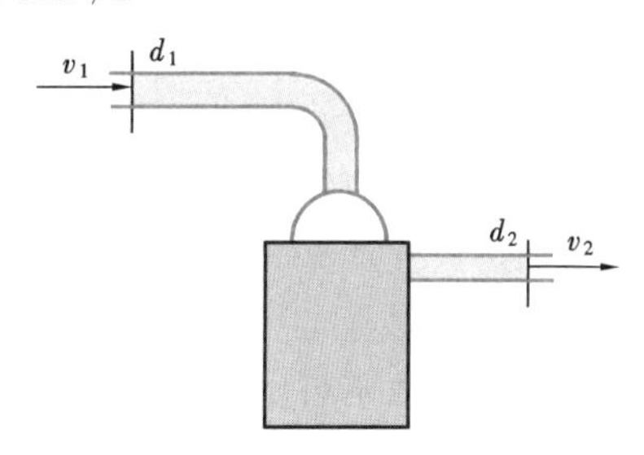

图 3-9 气流经过压缩机

【例 3-3】 图 3-9 所示的氨气压缩机用直径 $d_1 = 76.2\text{mm}$ 的管子吸入密度 $\rho_1 = 4\text{kg/m}^3$ 的氨气，经压缩后，由直径 $d_2 = 38.1\text{mm}$ 的管子以 $v_2 = 10\text{m/s}$ 的速度流出，此时密度增至 $\rho_2 = 20\text{kg/m}^3$。求（1）质量流量；（2）流入流速 v_1。

【解】（1）可压缩流体的质量流量为

$$Q_m = \rho_2 v_2 A_2 = 20\text{kg/m}^3 \times 10\text{m/s} \times \frac{\pi}{4} \times (0.0381\text{m})^2 = 0.228\text{kg/s}$$

（2）根据连续性方程

$$\rho_1 v_1 A_1 = \rho_2 v_2 A_2 = 0.228\text{kg/s}$$
$$v_1 = \frac{0.228\text{kg/s}}{4\text{kg/m}^3 \times \frac{\pi}{4}(0.0762\text{m})^2} = 12.50\text{m/s}$$

3.6 恒定元流能量方程

连续性方程是运动学方程，它只给出了沿一元流长度上，断面流速的变化规律，完全没有涉及流体的受力性质。所以它只能决定流速的相对比例，却不能给出流速的绝对数值。如果需要求出流速的绝对值，还必须从动力学着眼，考虑外力作用下，流体是按照什么规律运动的。

以下从功能原理出发，取不可压缩无黏性流体恒定流动这样的力学模型，推证元流的能量方程式。

在流场中选取元流如图 3-10 所示。在元流上沿流向取 1、2 两断面，两断面的高程和面积分别为 Z_1、Z_2 和 dA_1、dA_2，两断面的流速和压强分别为 u_1、u_2 和 p_1、p_2。

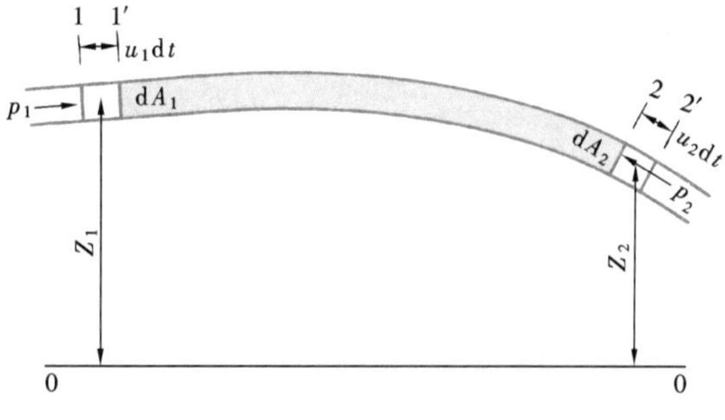

图 3-10 元流能量方程的推证

以两断面间的元流段为对象，写出 dt 时间内，该段元流外力（压力）做功等于流段机械能量增加的方程式。

dt 时间内断面 1、2 分别移动 u_1dt、u_2dt 的距离，到达断面 1′、2′。

压力做功，包括断面 1 所受压力 $p_1 dA_1$，所做的正功 $p_1 dA_1 u_1 dt$，和断面 2 所受压力 $p_2 dA_2$，所做的负功 $p_2 dA_2 u_2 dt$。做功的正或负，根据压力方向和位移方向是否相同或相反。元流侧面压力和流段正交，不产生位移，不做功。所以压力做功为

$$p_1 dA_1 u_1 dt - p_2 dA_2 u_2 dt = (p_1 - p_2) dQ_V dt \tag{3-18a}$$

流段所获得的能量，可以对比流段在 dt 时段前后所占有的空间。流段在 dt 时段前后所占有的空间虽然有变动，但 1′、2 两断面间空间则是 dt 时段前后所共有。在这段空间内的流体，不但位能不变，动能也由于流动的恒定性，各点流速也保持不变。所以，能量的增加，只应就流体占据的新位置 2-2′所增加的能量，以及流体离开原位置 1-1′所减少的能量来计算。

由于流体不可压缩，新旧位置 1-1′、2-2′所占据的体积等于 $dQ_V dt$，质量等于 $\rho dQ_V dt = \frac{\rho g dQ_V dt}{g}$。根据物理公式，动能为$\frac{1}{2}mu^2$，位能为 mgz。所以，动能增加为

$$\frac{\rho g dQ_V dt}{g}\left(\frac{u_2^2}{2} - \frac{u_1^2}{2}\right) = \rho g dQ_V dt\left(\frac{u_2^2}{2g} - \frac{u_1^2}{2g}\right) \tag{3-18b}$$

位能的增加为

$$\rho g dQ_V dt (Z_2 - Z_1) \tag{3-18c}$$

根据压力做功等于机械能量增加原理，(3-18a) ＝ (3-18b) ＋ (3-18c)，即

$$(p_1 - p_2) dQ_V dt = \rho g dQ_V dt (Z_2 - Z_1) + \rho g dQ_V dt\left(\frac{u_2^2}{2g} - \frac{u_1^2}{2g}\right)$$

各项除以 dt，并按断面分别列入等式两边，有

$$\left(p_1 + \rho g Z_1 + \rho g \frac{u_1^2}{2g}\right) dQ_V = \left(p_2 + \rho g Z_2 + \rho g \frac{u_2^2}{2g}\right) dQ_V \tag{3-18}$$

上式称为总能量方程式，表示全部流量的能量平衡方程。

将上式除以 $\rho g dQ_V$，得出受单位重力作用的流体的能量方程，或简称为单位能量方程。

$$\frac{p_1}{\rho g} + Z_1 + \frac{u_1^2}{2g} = \frac{p_2}{\rho g} + Z_2 + \frac{u_2^2}{2g} \tag{3-19}$$

这就是理想不可压缩流体恒定元流能量方程，或称为伯努利方程。在方程的推导过程中，由于两断面的选取任意，所以，很容易把这个关系推广到元流的任意断面，即对元流的任意断面

$$\frac{p}{\rho g} + Z + \frac{u^2}{2g} = 常数 \tag{3-20}$$

式中，各项值都是断面值，它的物理意义、水头名称和能量解释，分述如下：

Z 是断面对于选定基准面的高度，称为位置水头。表示受单位重力作用的流体的位置势能，称为单位位能。

$\frac{p}{\rho g}$是断面压强作用使流体沿测压管所能上升的高度，称为压强水头。表示压力做功

所能提供给受单位重力作用的流体的能量，称为单位压能。

$\frac{u^2}{2g}$是以断面流速 u 为初速的竖向上升射流所能达到的理论高度，称为流速水头。表示受单位重力作用的流体的动能，称为单位动能。

前两项相加，以 H_p 表示：

$$H_p = \frac{p}{\rho g} + Z \tag{3-21}$$

表示断面测压管水面相对于基准面的高度，称为测压管水头。表示受单位重力作用的流体具有的势能，称为单位势能。

三项相加，以 H 表示：

$$H = \frac{p}{\rho g} + Z + \frac{u^2}{2g} \tag{3-22}$$

称为总水头。表示受单位重力作用的流体具有的总机械能，称为单位总机械能。

能量方程式说明，理想不可压缩流体恒定元流中，各断面总水头相等，受单位重力作用的流体的总机械能保持不变。

元流能量方程式，确立了一元流动中，动能和势能以及流速和压强相互转换的普遍规律；提出了流速和压强的计算公式。该式在流体力学中有广泛的应用。

现在以毕托管为例说明元流能量方程的应用。

毕托管是广泛用于测量水流和气流速度的一种仪器，如图 3-11 所示。管前端开口 A 正对气流或水流。A 端内部有流体通路与上部 A'端相通。管侧有多个开口 B，它的内部也有流体通路与上部 B'端相通。当测定水流时，A'、B'两管水面差 h_v 即反映 A、B 两处压差。当测定气流时，A'、B'两端接液柱差压计，以测定 A、B 两处的压差。

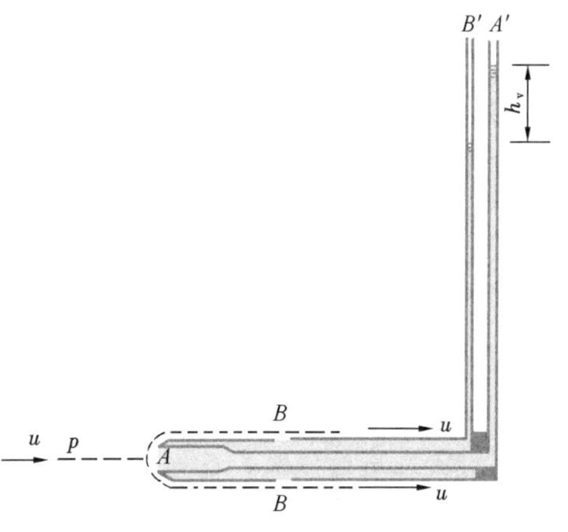

图 3-11 毕托管的原理

液体流进 A 端开口，水流最初从开口处流入，沿管上升，A 端压强受上升水柱的作用而升高，直到该处质点流速降低到零，其压强为 p_A，然后由 A 分路，流经 B 端开口，流速恢复原有速度 u，压强也降至原有压强。

沿 AB 流线写元流能量方程

$$\frac{p_A}{\rho g} + 0 = \frac{p_B}{\rho g} + \frac{u^2}{2g}$$

得出

$$u = \sqrt{2g\frac{p_A - p_B}{\rho g}} \tag{3-23}$$

由管的开口端液柱差 h_v，测定$\frac{p_A - p_B}{\rho g}$，用下式计算速度

$$u = \varphi\sqrt{2gh_v}$$

式中，φ 为经实验校正的流速系数，它的引入是考虑到实际流体为黏性流体以及毕托管对

原流场的干扰等影响，它与管的构造和加工情况有关，其值近似等于1。

如果用毕托管测定气流，则根据液体压差计所量得的压差，$p_A - p_B = \rho' g h_v$，代入式(3-23)计算气流速度

$$u = \varphi \sqrt{2g \times \frac{\rho'}{\rho} h_v} \tag{3-24}$$

式中　ρ'——液体压差计所用液体的密度；

ρ——流动气体本身的密度。

【例3-4】 用毕托管测定(1)风道中的空气流速；(2)管道中的水流速。两种情况均测得水柱 $h_v = 3\text{cm}$。空气的密度 $\rho = 1.20\text{kg/m}^3$，φ 值取1，分别求流速。

【解】(1)风道中的空气流速

$$u = \sqrt{2g \times \frac{1000\text{kg/m}^3}{1.20\text{kg/m}^3} \times 0.03\text{m}} = 22.1\text{m/s}$$

(2)水管中的水流速

$$u = \sqrt{2g \times 0.03\text{m}} = 0.766\text{m/s}$$

实际流体的流动中，元流的黏性阻力做负功，使机械能量沿流向不断衰减。以符号 h'_{l1-2} 表示元流1、2两断面间单位能量的衰减。h'_{l1-2} 称为水头损失。则单位能量方程式(3-19)将改变为

$$\frac{p_1}{\rho g} + Z_1 + \frac{u_1^2}{2g} = \frac{p_2}{\rho g} + Z_2 + \frac{u_2^2}{2g} + h'_{l1-2} \tag{3-25}$$

3.7　过流断面的压强分布

有了元流能量方程，结合连续性方程，可以算出压强沿流线的变化。为了从元流能量方程推出总流能量方程，还必须进一步研究压强在垂直于流线方向，即压强在过流断面上的分布问题。

要对压强进行分析，首先牵涉流体内部作用的其他力，这就是重力、黏性力和惯性力。压力平衡其他三力，重力不变，黏性力和惯性力则与质点流速有关，所以，首先要研究流速的变化。

流速是向量，它的变化包括大小的变化和方向的变化。一个质点，从一种直径的管子流入另一种直径的管子，流速大小要改变。从一个方向的管子转弯流入另一个方向的管子，流速方向要改变。前一种变化，出现直线惯性力，引起压强沿流向变化，这一点，元流能量方程可以说明。后一种变化，出现了离心惯性力，引起压强沿断面变化，这正是我们要研究的。事实上，总流的流速变化，总是存在着大小的变化和方向的变化，总是出现直线惯性力和离心惯性力。

从以上分析出发，我们根据流速是否随流向变化，分为均匀流动和不均匀流动。不均匀流动又按流速随流向变化的缓急，分为渐变流动和急变流动。如图3-12所示。

同一质点流速的大小和方向沿程均不变的流动叫均匀流动。均匀流的流线是相互平行的直线，因而它的过流断面是平面。在断面不变的直管中的流动，是均匀流动最常见的例子。

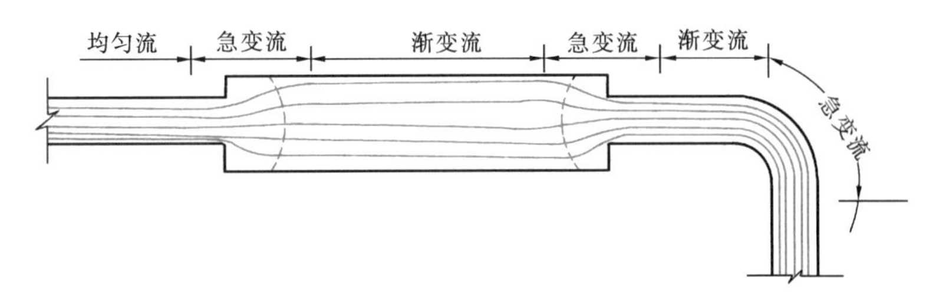

图 3-12　均匀流和不均匀流

由于均匀流中不存在惯性力，和静止流体受力对比，只多一黏滞阻力。说明这种流动是重力、压力和黏滞阻力的平衡。但是，在均匀流过流断面上，黏滞阻力对垂直于流速方向的过流断面上压强的变化不起作用，所以在过流断面上只考虑压力和重力的平衡，与静止流体所考虑的一致。

为了进一步说明，我们任取轴线 n-n 位于均匀流断面的微小柱体为隔离体（图 3-13），分析作用于隔离体上的力在 n-n 方向的分力。柱体长为 l，横断面为 ΔA，铅直方向的倾角为 α，两断面的高程为 Z_1 和 Z_2，压强为 p_1 和 p_2。

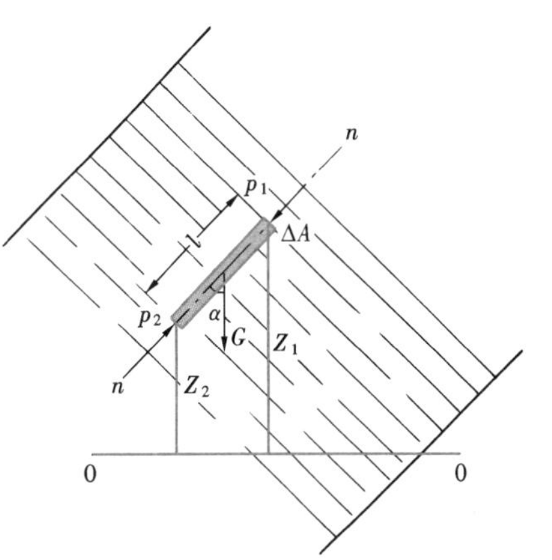

图 3-13　均匀流断面上微小柱体的受力平衡

（1）柱体重力在 n-n 方向的分量 $G\cos\alpha = \rho g l \Delta A \cos\alpha$。

（2）作用在柱体两端的压力 $p_1 \Delta A$ 和 $p_2 \Delta A$，侧表面压力垂直于 n-n 轴，在 n-n 轴上的投影为零。

（3）作用在柱体两端的切力垂直于 n-n 轴，在 n-n 轴上投影为零；由于小柱体端面积无限小，在小柱体任一横断面的周线上关于轴线对称的两点上的切应力可认为大小相等，而方向相反，因此，柱体侧面切力在 n-n 轴上的投影之和也为零。

因此，微小柱体的受力平衡为

$$p_1 \Delta A + \rho g l \Delta A \cos\alpha = p_2 \Delta A$$

但

$$l \cos\alpha = Z_1 - Z_2$$

则

$$p_1 + \rho g (Z_1 - Z_2) = p_2$$

$$Z_1 + \frac{p_1}{\rho g} = Z_2 + \frac{p_2}{\rho g}$$

即均匀流过流断面上压强分布服从于流体静力学规律。

如图 3-14 所示的均匀流断面上，想象插上若干测压管。同一断面上测压管水面将在同一水平面上，但不同断面有不同的测压管水头（比较图中断面 1 和断面 2）。这是因为黏性阻力做负功，使下游断面的水头降低。

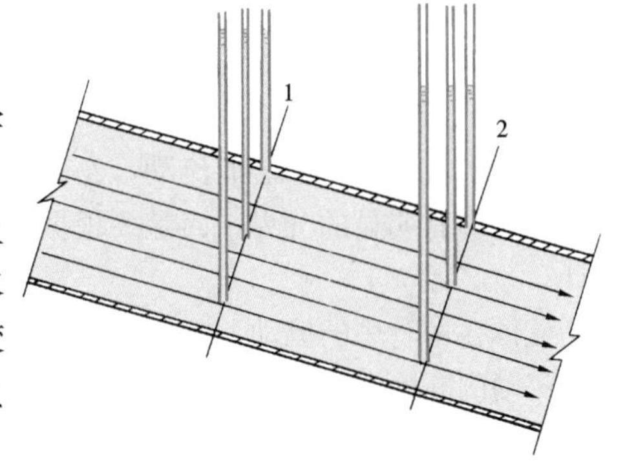

图 3-14　均匀流过流断面的压强分布

许多流动情况虽然不是严格的均匀流，但接

近于均匀流，这种流动称为渐变流动。渐变流的流线近乎平行直线，流速沿流向变化所形成的惯性力小，可忽略不计。过流断面可认为是平面，在过流断面上，压强分布也可认为服从于流体静力学规律。

【例 3-5】 水在水平长管中流动，在管壁 B 点安置测压管（图 3-15）。测压管中水面 C 相对于管中点 A 的高度是 30cm，求 A 点的压强。

【解】 在测压管内，从 C 到 B，整个水柱静止，压强服从于流体静力学规律。从 B 到 A，水虽流动，但 B、A 两点同在一渐变流过流断面，因此，A、C 两点压差，也可以用静力学公式来求，即

$$p_{\mathrm{A}} = \rho g h = 1000\mathrm{kg/m^3} \times 9.8\mathrm{m/s^2} \times 0.3\mathrm{m} = 2940\mathrm{Pa}$$

【例 3-6】 水在倾斜管中流动，用 U 形水银压力计测定 A 点压强。压力计所指示的读数如图 3-16 所示，求 A 点压强。

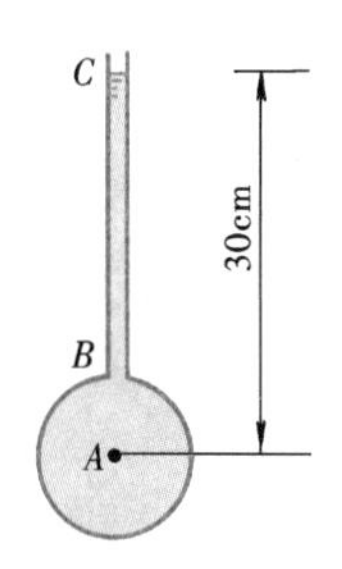

图 3-15　测压管

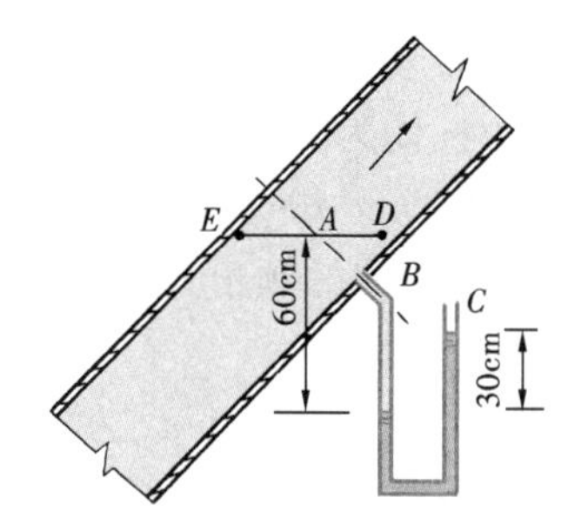

图 3-16　均匀流断面的压强测定

【解】 因 A、B 两点在均匀流同一过流断面上，其压强分布应服从流体静力学分布。U 形管中流体静止，所以从 A 点经 B 点到 C 点，压强均按流体静压强分布。因此，可以从 C 点开始直接推得 A 点压强，即有

$$0 + 0.3\mathrm{m} \times \rho' g - 0.6\mathrm{m} \times \rho g = p_{\mathrm{A}}$$

$$p_{\mathrm{A}} = 0.3\mathrm{m} \times 1000\mathrm{kg/m^3} \times 9.8\mathrm{m/s^2} \times 13.6 - 0.6\mathrm{m} \times 1000\mathrm{kg/m^3} \times 9.8\mathrm{m/s^2} = 34.104\mathrm{kPa}$$

这里要指出，在图中用流体静力学方程不能求出 E、D 两点的压强，尽管这两点和 A 点在同一水平面上，它们的压强不等于 A 点压强。因为测压管和 B 点相接，利用它只能测定和 B 点同在一过流断面上任一点的压强，而不能测定其他点的压强。也就是说，流体静力关系，只存在于每一个均匀流或渐变流断面上，而不能推广到不在同一断面的其他点。图中 D 点在 A 点的下游断面上，可得压强将低于 A 点；E 点在 A 点的上游断面，压强将高于 A 点。

流速沿流向变化显著的流动，是急变流动。急变流动是与渐变流动相对应的概念，这两者之间没有明显的分界，而是要根据具体情况，看在具体问题中，惯性力是否可以略而不计。

流体在弯管中的流动，流线呈显著的弯曲，是典型的流速方向变化的急变流问题。在这种流动的断面上，离心力沿断面作用。和流体静压强的分布相比，沿离心力方向压强增加，例如在图 3-17 所示的断面上，沿弯曲半径的方向，测压管水头增加，流速则沿离心力方向减小。

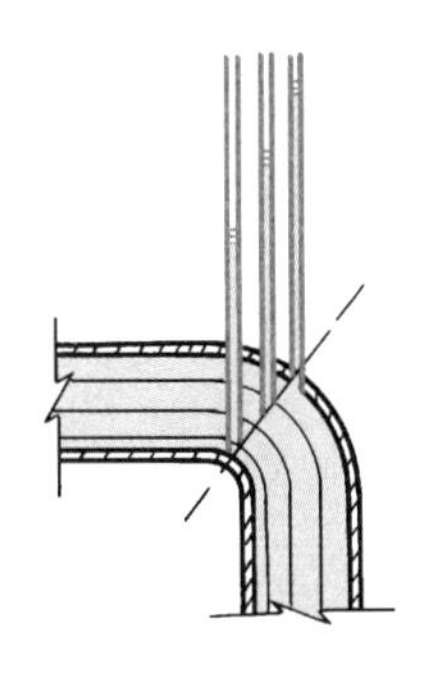

图 3-17 弯曲段断面的压强分布

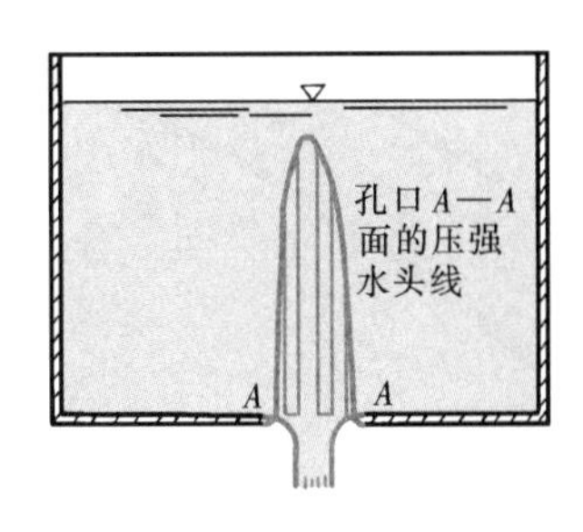

图 3-18 锐缘孔口的出流

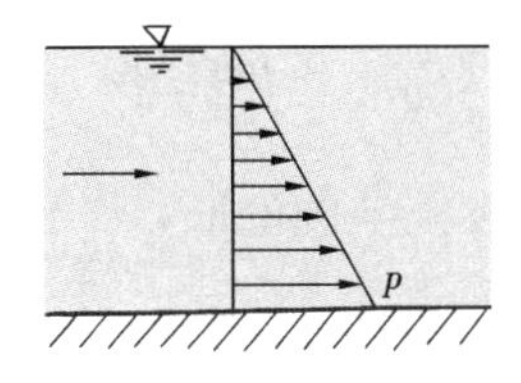

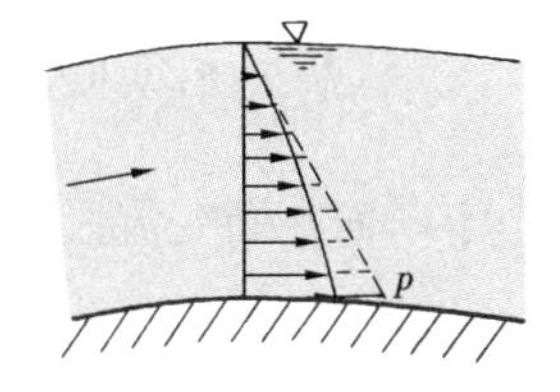

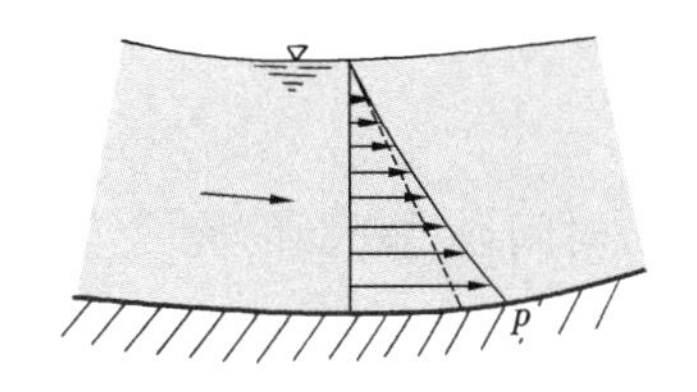

图 3-19 明渠断面的压强分布

流体通过水箱底部上的孔口的流动，如图 3-18 所示，是典型的流速大小变化的急变流动。当孔口边缘为锐缘时，流线在边沿处也呈现显著的弯曲。边缘 A 点和大气相连，压强为零；沿离心力方向，压强迅速提高，流速急剧降低；到达孔口流束中心，流速接近于零，而压强几乎达到水箱底部压强值。孔口处的压强水头分布曲线如图所示。

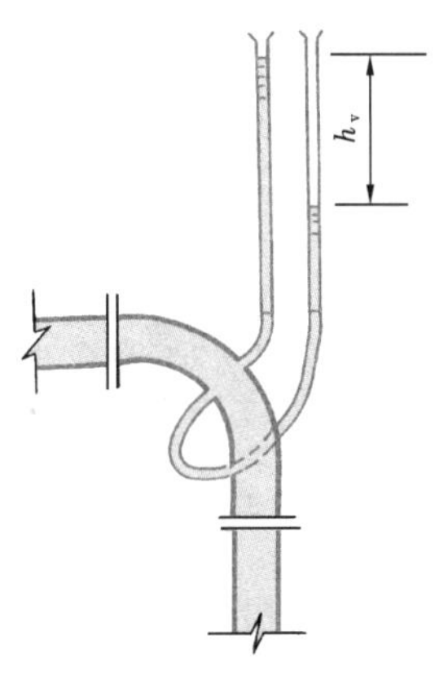

图 3-20 弯管流量计原理

在明渠中，当水流绕曲面流动时，根据流线弯曲的方向，判断出离心惯性力引起附加压强的方向，可以绘出此种急变流段的压强分布。如图 3-19 所示为水流沿向上凸曲面和向下凹曲面流动时压强分布和均匀流时压强分布（服从静压强分布）的比较。图中虚线表示静压强分布。

急变流断面压强的不均匀分布，在实际中也有应用。弯管流量计就是利用急变流断面上压强差与离心力相平衡，而离心力又与速度的平方成正比这个原理设计的。图 3-20 为弯管流量计的原理图。流量的大小，随 h_v 的大小而变化。

以上所述流速沿程变化情况的分类，不是针对流动的全体，而是指总流中某一流段。一般说来，流动的均匀和不均匀，渐变和急变，交替地出现于总流中，共同组成流动的总体。

3.8 恒定总流能量方程式

前面已经提出了元流能量方程式，现在进一步把它推广到总流，以得出在工程实际中，对平均流速和压强计算极为重要的总流能量方程式。

在图 3-21 的总流中，选取两个渐变流断面 1-1 和 2-2。总流既然可以看作无数元流

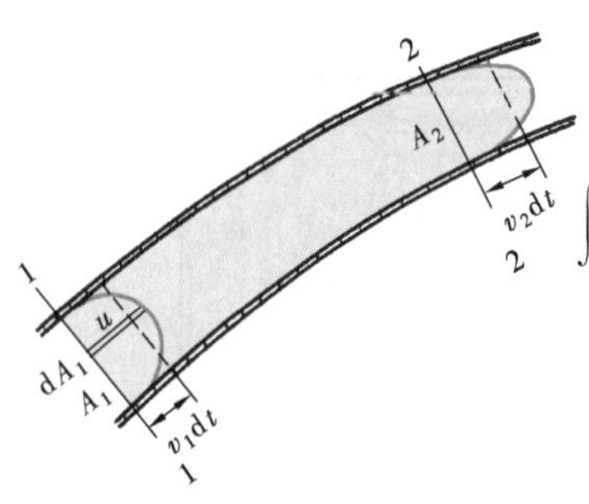

图 3-21　总流能量方程的推证

之和，总流的能量方程就应当是元流能量方程（3-25）在两断面范围内的积分，即

$$\int_{A_1}\left(p_1+\rho gZ_1+\rho g\frac{u_1^2}{2g}\right)\mathrm{d}Q_\mathrm{V}=\int_{A_2}\left(p_2+\rho gZ_2+\rho g\frac{u_2^2}{2g}\right)\mathrm{d}Q_\mathrm{V}$$

$$+\int_{Q_\mathrm{V}}\rho gh'_{l1-2}\,\mathrm{d}Q_\mathrm{V} \tag{3-26a}$$

现在将以上七项，按能量性质，分为三种类型，分别讨论各类型的积分。

（1）势能积分

$$\int(p+\rho gZ)\mathrm{d}Q_\mathrm{V}=\int\left(\frac{p}{\rho g}+Z\right)\rho g\,\mathrm{d}Q_\mathrm{V}$$

表示单位时间通过断面的流体势能。由于断面在渐变流段，根据上节的论证，$\frac{p}{\rho g}+Z$ 在断面上保持不变，可以提到积分符号以外。则两断面的势能积分可写为

$$\int(p_1+\rho gZ_1)\mathrm{d}Q_\mathrm{V}=\left(\frac{p_1}{\rho g}+Z_1\right)\int\rho g\,\mathrm{d}Q_\mathrm{V}=\left(\frac{p_1}{\rho g}+Z_1\right)\rho gQ_\mathrm{V} \tag{3-26b}$$

$$\int(p_2+\rho gZ_2)\mathrm{d}Q_\mathrm{V}=\left(\frac{p_2}{\rho g}+Z_2\right)\int\rho g\,\mathrm{d}Q_\mathrm{V}=\left(\frac{p_2}{\rho g}+Z_2\right)\rho gQ_\mathrm{V} \tag{3-26b'}$$

（2）动能积分

$$\int_{Q_\mathrm{V}}\rho g\frac{u^2}{2g}\mathrm{d}Q_\mathrm{V}=\int_A\rho g\frac{u^3}{2g}\mathrm{d}A=\frac{\rho g}{2g}\int_A u^3\mathrm{d}A$$

表示单位时间通过断面的流体动能。我们建立方程的目的，是要求出断面平均流速、压强和位置高度的沿程变化规律，因此，必须使平均流速 v 出现在方程内。为此，断面动能也应当用 v 表示，即以$\frac{\rho g}{2g}\int_A v^3\mathrm{d}A$ 来代替$\frac{\rho g}{2g}\int_A u^3\mathrm{d}A$。但实际上$\int_A v^3\mathrm{d}A$ 并不等于$\int_A u^3\mathrm{d}A$，为此，需要乘以修正系数 α。

$$\alpha=\frac{\int u^3\mathrm{d}A}{\int v^3\mathrm{d}A}=\frac{\int u^3\mathrm{d}A}{v^3A} \tag{3-26c}$$

称为动能修正系数。有了修正系数，两断面动能可写为

$$\frac{\rho g}{2g}\int u_1^3\mathrm{d}A=\frac{\rho g}{2g}\int_{A_1}\alpha_1 v_1^3\mathrm{d}A=\frac{\alpha_1 v_1^2}{2g}\rho gQ_\mathrm{V} \tag{3-26d}$$

$$\frac{\rho g}{2g}\int u_2^3\mathrm{d}A=\frac{\rho g}{2g}\int_{A_2}\alpha_2 v_2^3\mathrm{d}A=\frac{\alpha_2 v_2^2}{2g}\rho gQ_\mathrm{V} \tag{3-26d'}$$

α 值根据流速在断面上分布的均匀性来决定。流速分布均匀，$\alpha=1$；流速分布愈不均匀，α 值愈大。一般可取 $\alpha=1.05\sim1.1$。在实际工程计算中，常取 α 等于 1。

（3）能量损失积分

$$\int_{Q_\mathrm{V}}\rho gh'_{l1-2}\mathrm{d}Q_\mathrm{V}$$

表示单位时间内流过断面的流体克服1～2流段的阻力做功所损失的能量。总流中各元流能量损失也沿断面变化。为了计算方便，设h_{l1-2}为平均单位能量损失。则

$$\int_{Q_V}\rho g h'_{l1-2}\mathrm{d}Q_V = h_{l1-2}\rho g Q_V \tag{3-26e}$$

现在将以上各个积分值代入原积分式（3-26a），得

$$\left(Z_1+\frac{p_1}{\rho g}+\frac{\alpha_1 v_1^2}{2g}\right)\rho g Q_V = \left(Z_2+\frac{p_2}{\rho g}+\frac{\alpha_2 v_2^2}{2g}\right)\rho g Q_V + h_{l1-2}\rho g Q_V \tag{3-26}$$

这就是总流能量方程式。方程式表明，若以两断面之间的流段作为能量收支平衡运算的对象，则单位时间流入上游断面的能量，等于单位时间流出下游断面的能量，加上流段所损失的能量。

如用$H=Z+\dfrac{p}{\rho g}+\dfrac{\alpha v^2}{2g}$表示断面全部单位机械能量，则两断面间能量的平衡可表示为

$$H_1\rho g Q_V = H_2\rho g Q_V + h_{l1-2}\rho g Q_V \tag{3-27}$$

现将式（3-26）各项除以$\rho g Q_V$，得出受单位重力作用的流体的能量方程

$$Z_1+\frac{p_1}{\rho g}+\frac{\alpha_1 v_1^2}{2g} = Z_2+\frac{p_2}{\rho g}+\frac{\alpha_2 v_2^2}{2g}+h_{l1-2} \tag{3-28}$$

这就是极其重要的恒定总流能量方程式，或恒定总流伯努利方程式。

式中　Z_1、Z_2——选定的1、2渐变流断面上任一点相对于选定基准面的高程；

p_1、p_2——相应断面同一选定点的压强；

v_1、v_2——相应断面的平均流速；

α_1、α_2——相应断面的动能修正系数；

h_{l1-2}——1、2两断面间的平均水头损失。

p_1和p_2，对液体流动和一般情况下的气体流动，同时用相对压强时，式（3-28）的形式不变。特殊情况下的气体流动，见3.11节。

水头损失h_{l1-2}一般分为沿管长均匀发生的均匀流损失，称为沿程水头损失和局部障碍（如管道弯头、各种接头、闸阀、水表等）引起的急变流损失，称为局部水头损失。两种损失的具体计算将在第4章讨论。

恒定总流能量方程式，在应用上有很大的灵活性和适应性。

（1）方程的推导是在恒定流前提下进行的。客观上虽然并不存在绝对的恒定流，但许多流动，流速随时间变化缓慢，由此所导致的惯性力较小，方程仍然适用。

（2）方程的推导又以不可压缩流体为基础。但它不仅适用于压缩性极小的液体流动，也适用于专业上所碰到的大多数气体流动。只有压强变化较大，流速甚高，才需要考虑气体的可压缩性。

（3）方程的推导是将断面选在渐变流段。这在一般条件下需要遵守，特别是断面流速甚大时，更应严格遵守。例如，管路系统进口处在急变流段，一般不能选作列能量方程的断面。但在某些问题中，断面流速不大，离心惯性力不显著，或者断面流速项在能量方程中所占比例很小，也允许将断面划在急变流处，近似地求流速或压强。

（4）方程是在两断面间没有能量输入或输出的情况下导出的。如果有能量的输出（例如中间有水轮机或汽轮机）或输入（例如中间有水泵或风机），则可以将输入的单位能量

项 H_i 加在方程（3-28）的左方，即

$$Z_1+\frac{p_1}{\rho g}+\frac{\alpha_1 v_1^2}{2g}+H_i=Z_2+\frac{p_2}{\rho g}+\frac{\alpha_2 v_2^2}{2g}+h_{l1-2} \tag{3-29}$$

或将输出的单位能量项 H_0 加在方程（3-28）的右方，即

$$Z_1+\frac{p_1}{\rho g}+\frac{\alpha_1 v_1^2}{2g}=Z_2+\frac{p_2}{\rho g}+\frac{\alpha_2 v_2^2}{2g}+H_0+h_{l1-2} \tag{3-30}$$

以维持能量收支的平衡。将单位能量乘以 $\rho g Q_V$，回到总能量的形式，则换算为功率。在前一种情况下，流体机械的输入功率为 $P_i=\rho g Q_V H_i$。在后一种情况下，流体机械的输出功率为 $P_0=\rho g Q_V H_0$。

（5）方程是根据两断面间没有分流或合流的情况下导出的。如果两断面之间有分流或合流，应当怎样建立两断面的能量方程呢？

若1、2断面间有分流，如图3-22所示。纵然分流点是非渐变流断面，而离分流点稍远的1、2或3断面都是均匀流或渐变流断面，可以近似认为各断面通过流体的单位能量在断面上的分布是均匀的。而 $Q_{V1}=Q_{V2}+Q_{V3}$，即 Q_{V1} 的流体一部分流向2断面，一部分流向3断面。无论流到哪一个断面的流体，在1断面上单位能量都是 $Z_1+\frac{p_1}{\rho g}+\frac{v_1^2}{2g}$，只不过流到2断面时产生的单位能量损失是 h_{l1-2}，而流到3断面的流体的单位能量损失是 h_{l1-3} 而已。能量方程是两断面间单位能量的关系，因此可以直接建立1断面和2断面的能量方程：

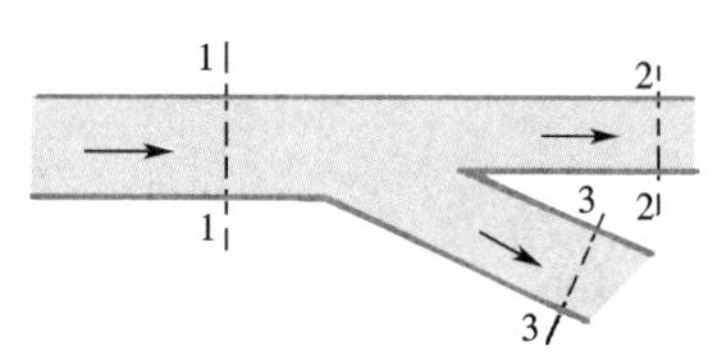

图3-22　流动分流

$$Z_1+\frac{p_1}{\rho g}+\frac{\alpha_1 v_1^2}{2g}=Z_2+\frac{p_2}{\rho g}+\frac{\alpha_2 v_2^2}{2g}+h_{l1-2}$$

或1断面和3断面的能量方程：

$$Z_1+\frac{p_1}{\rho g}+\frac{\alpha_1 v_1^2}{2g}=Z_3+\frac{p_3}{\rho g}+\frac{\alpha_3 v_3^2}{2g}+h_{l1-3}$$

可见，两断面间虽分出流量，但能量方程的形式并不改变。显然，分流对单位能量损失 h_{l1-2} 的值是有影响的。

同样，可以得出合流时的能量方程。

（6）由于方程的推导用到了均匀流过流断面上的压强分布规律，因此，断面上的压强 p 和位置高度 Z 必须取同一点的值，但该点可以在断面上任取。例如在明渠流中，该点可取在液面，也可取在渠底等，但必须在同一点取值。

3.9　能量方程的应用

能量方程和连续性方程联立，求解一元流动的流速和压强。

一般来讲，实际工程问题，不外乎三种类型：一是求流速，二是求压强，三是求流速

和压强。这里，求流速是主要的，求压强必须在求流速的基础上，或在流速已知的基础上进行。其他问题，例如流量问题、水头问题、动量问题，都和流速、压强相关联。

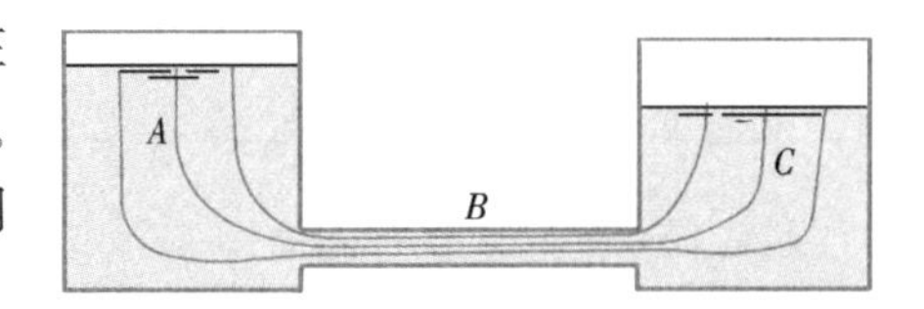

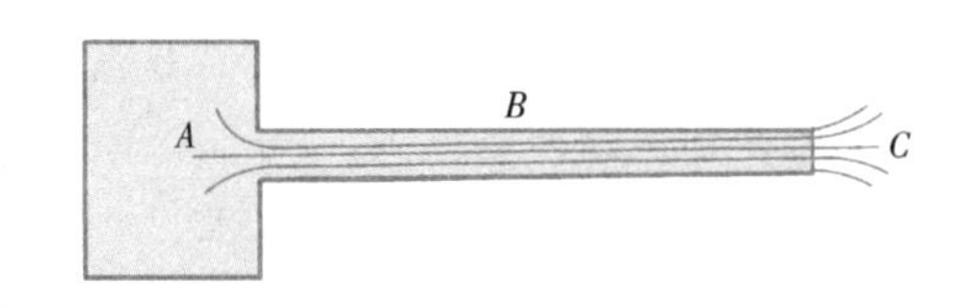

图 3-23 管中水流和气流

求流速的一般步骤是：分析流动，划分断面，选择基准面，写出方程。

分析流动，要明确流动总体，就是要把需要研究的局部流动和流动总体联系起来。例如图 3-23所示中水从大水箱 A 经管道 B 流入水箱 C，气体从静压箱 A 经管道 B 流入大气 C。研究对象是管中的水流和气流，但是我们应当把管中的水流和气流这些局部与总体联系起来。也就是，要把管中水流和上游水箱 A 的水体以及下游水箱 C 的水体联系起来；要把管中气流和上游静压箱 A 的气体以及下游大气 C 联系起来。图中的 A、B、C 三部分构成不可分离的流动总体。这就是说，为求流速压强而划分的断面，不仅可以划在 B 管中，而且可以划在水箱水体中，静压箱中，或者大气中。

划分断面，是在分析流动的基础上进行。两断面应划分在压强已知或压差已知的渐变流段上，应使我们所需要的未知量出现在方程中。

选择基准面要选择一个基准水平面作为写方程中 Z 值的依据。基准水平面原则上可任意选择。一般通过总流的最低点，或通过两断面中较低一断面的形心，这样就使一个断面的 Z 值为零，而另一断面的 Z 值保持正值。

写出方程，就是选择适当的方程式，并将各已知数代入。如果方程中出现两个流速项，则应用连续性方程式联立。能量方程式要根据问题的要求来确定是考虑损失还是不考虑损失。

最后解出方程，求出流速和压强。

应当注意，若断面取在管流出口以后，流体便不受固体边壁的约束。流动由有压流转变为整个断面都处于大气中的射流。根据射流的周边直接和大气相接的边界条件，断面上各点压强可假定为均匀分布，并且都等于外界大气压强。此时断面上压强分布不再服从静力学规律，即在射流断面上压强分布图形不是梯形，而是矩形，如图 3-24（a）所示。选取管流出口断面列能量方程时，应选断面中心点作为写能量方程的代表点，它的位置高度代表整个断面位能的平均值。

当断面取在有压管流中时，断面上压强分布图形是梯形（服从静压强分布）。如图 3-24（b）所示。

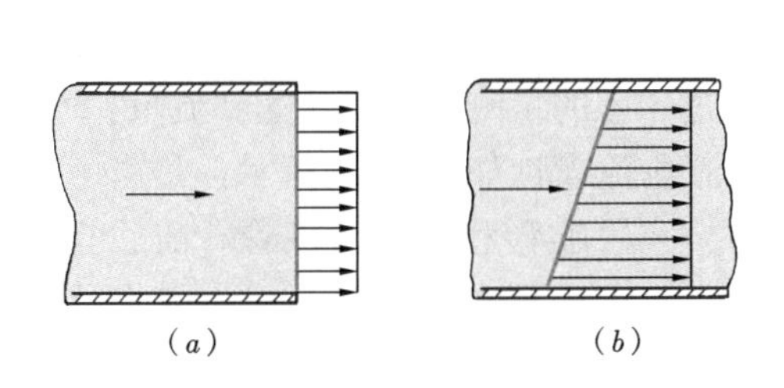

图 3-24 管流出口及管中断面的压强分布

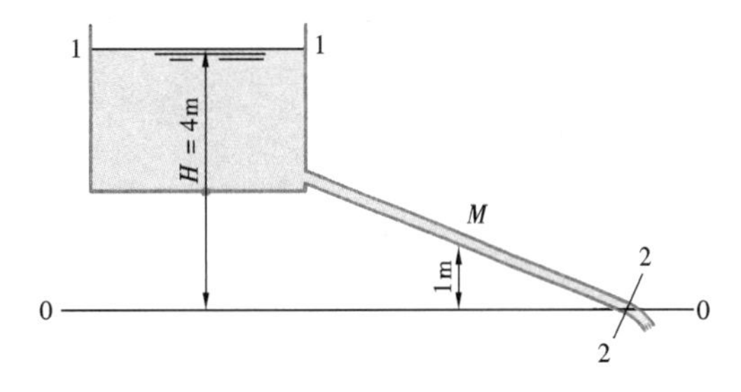

图 3-25 管中流速和压强的计算

【例3-7】 如图3-25所示，用直径d=100mm的管道从水箱中引水。如水箱中的水面恒定，水面高出管道出口中心的高度H=4m，管道的损失假设沿管长均匀发生，$h_l=3\dfrac{v^2}{2g}$。求（1）通过管道的流速v和流量Q_V；（2）管道中点M的压强p_M。

【解】 整个流动是从水箱水面通过水箱水体经管道流入大气中，它和大气相接的断面是水箱水面1-1和出流断面2-2，这就是我们取断面的对象。基准水平面0-0通过出口断面形心，是流动的最低点。

（1）列1-1、2-2的能量方程

$$Z_1+\frac{p_1}{\rho g}+\frac{\alpha_1 v_1^2}{2g}=Z_2+\frac{p_2}{\rho g}+\frac{\alpha_2 v_2^2}{2g}+h_{l1-2}$$

式中，Z_1=4m，Z_2=0，$\dfrac{p_1}{\rho g}$=0，因2断面为射流断面$\dfrac{p_2}{\rho g}$=0，1断面的速度水头即水箱中的速度水头，对于管流而言常称为行进流速水头。当水箱断面积比管道断面积大得多时，行近流速较小，行近流速水头数值更小，一般可忽略不计，则

$$\frac{\alpha_1 v_1^2}{2g}\approx 0,\quad \frac{\alpha_2 v_2^2}{2g}=\frac{\alpha v^2}{2g},\quad h_{l1-2}=3\frac{v^2}{2g}$$

取α=1，代入能量方程，解得

$$\frac{v^2}{2g}=1\text{m}$$

$$v=4.43\text{m/s}$$

$$Q_V=vA=4.43\text{m/s}\times\frac{3.14\times(0.1\text{m})^2}{4}=0.0348\text{m}^3/\text{s}$$

（2）为求M点的压强，必须在M点取断面。另一断面取在和大气相接的水箱水面或管流出口断面，现在选择在出口断面。则

$$Z_1=1\text{m},\ \frac{p_1}{\rho g}=\frac{p_M}{\rho g},\ \frac{\alpha_1 v_1^2}{2g}=1\text{m}$$

$$Z_2=0,\ \frac{p_2}{\rho g}=0,\ \frac{\alpha_2 v_2^2}{2g}=1\text{m},\ h_{l1-2}=\frac{1}{2}\times 3\frac{v^2}{2g}=1.5\text{m}$$

代入能量方程，得

$$1\text{m}+\frac{p_M}{\rho g}+1\text{m}=0+0+1\text{m}+1.5\text{m}$$

$$\frac{p_M}{\rho g}=0.5\text{m},\ p_M=4.904\text{kPa}$$

根据上述的流动分析，只要我们能在流动中，选择两压强已知或压差已知的断面，就有可能算出流速。文丘里流量计就是利用这个原理，在管道中造成流速差，引起压强变化，通过压差的量测来求出流速和流量。

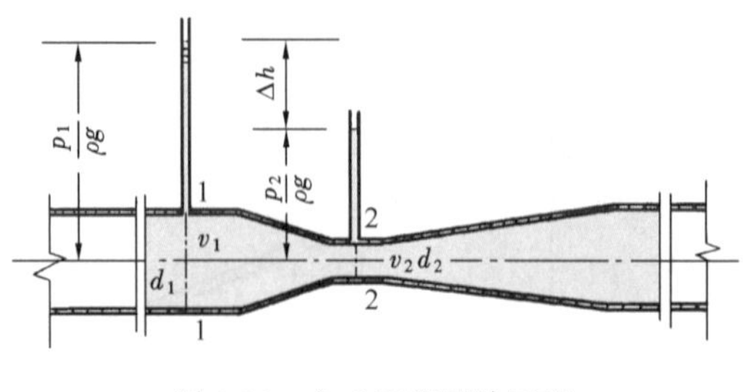

图3-26　文丘里流量计原理

文丘里流量计如图3-26所示，是由一段渐缩管，一段喉管和一段渐扩管，前后相连所组成。将它连接在主管中，当主管水流通过此流量计时，由于喉管断面缩小，流速增

加，压强相应减低，用压差计测定压强水头的变化 Δh，即可计算出流速和流量。

取 1、2 两渐变流断面，列理想流体能量方程式

$$0+\frac{p_1}{\rho g}+\frac{v_1^2}{2g}=0+\frac{p_2}{\rho g}+\frac{v_2^2}{2g}$$

移项

$$\frac{p_1}{\rho g}-\frac{p_2}{\rho g}=\frac{v_2^2}{2g}-\frac{v_1^2}{2g}=\Delta h$$

出现两个流速，和连续性方程式联立，有

$$v_1\times\frac{\pi}{4}d_1^2=v_2\times\frac{\pi}{4}d_2^2$$

$$\frac{v_2}{v_1}=\left(\frac{d_1}{d_2}\right)^2,\quad \frac{v_2^2}{v_1^2}=\frac{\frac{v_2^2}{2g}}{\frac{v_1^2}{2g}}=\left(\frac{d_1}{d_2}\right)^4$$

代入能量方程

$$\left(\frac{d_1}{d_2}\right)^4\frac{v_1^2}{2g}-\frac{v_1^2}{2g}=\Delta h$$

解出流速

$$v_1=\sqrt{\frac{2g\Delta h}{\left(\frac{d_1}{d_2}\right)^4-1}}$$

流量为

$$Q_V=v_1\frac{\pi}{4}d_1^2=\frac{\pi}{4}d_1^2\sqrt{\frac{2g\Delta h}{\left(\frac{d_1}{d_2}\right)^4-1}}$$

但 $\frac{\pi}{4}d_1^2\sqrt{\frac{2g}{\left(\frac{d_1}{d_2}\right)^4-1}}$ 只和管径 d_1 和 d_2 有关，对于一定的流量计，它是一个常数，用 K 表示。即令

$$K=\frac{\pi}{4}d_1^2\sqrt{\frac{2g}{\left(\frac{d_1}{d_2}\right)^4-1}}\tag{3-31}$$

则

$$Q_V=K\sqrt{\Delta h}$$

由于推导过程采用了理想流体的力学模型，求出的流量值较实际为大。为此，乘以 μ 值来修正。μ 值根据实验确定，称为文丘里流量系数，它的值在 0.95～0.98 之间。则

$$Q_V=\mu K\sqrt{\Delta h}\tag{3-32}$$

【例 3-8】设文丘里管的两管直径为 $d_1=200\text{mm}$，$d_2=100\text{mm}$，测得两断面的压强差 $\Delta h=0.5\text{m}$，流量系数 $\mu=0.98$，求流量。

【解】

$$K=\frac{\pi}{4}\times(0.2\text{m})^2\times\sqrt{\frac{2\times9.8\text{m/s}^2}{\left(\frac{200\text{mm}}{100\text{mm}}\right)^4-1}}=0.036\text{m}^{2.5}/\text{s}$$

$$Q_V=0.98\times0.036\text{m}^{2.5}/\text{s}\times\sqrt{0.5\text{m}}=0.0249\text{m}^3/\text{s}=24.9\text{L/s}$$

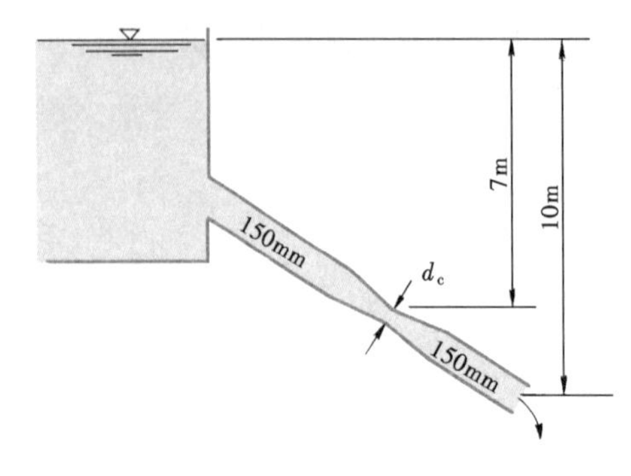

图3-27　不出现空化的计算例

在文丘里流量计的喉管中，或在某些水流的局部区域中，由于出现巨大的流速，会发生压强在该处局部显著地降低，可能达到和水温相应的汽化压强，这时水迅速汽化，使一部分液体转化为蒸汽，出现了蒸汽气泡的区域，气泡随水流流入压强较高的区域而破灭，这种现象称为空化。空化限制了压强的继续降低和流速的增大，减少了通流面积，从而限制了流量的增加，影响到测量的准确性。空化现象在设计中是必须注意避免的。空化对水力机械的有害作用称为气蚀。

【例3-9】 如图3-27所示大气压强为97kPa，收缩段的直径应当限制在什么数值以上，才能保证不出现空化。水温为40℃，不考虑损失。

【解】 已知水温为40℃时，$\rho=992.2\text{kg/m}^3$，汽化压强$p'=7.38\text{kPa}$。求出

$$\frac{p_a}{\rho g}=\frac{97\text{kPa}}{992.2\text{kg/m}^3\times 9.8\text{m/s}^2}=10\text{m}$$

$$\frac{p'}{\rho g}=\frac{7.38\text{kPa}}{992.2\text{kg/m}^3\times 9.8\text{m/s}^2}=0.75\text{m}$$

列水面和收缩断面的能量方程时，为了避免出现空化，以40℃时水的汽化压强p'作为最小压强值，求出对应的收缩段直径d_c。当收缩段直径大于d_c时，收缩段压强一定大于p'，可以避免产生汽化。能量方程为

$$10\text{m}+10\text{m}=3\text{m}+\frac{v_c^2}{2g}+0.75\text{m},\quad \frac{v_c^2}{2g}=16.25\text{m}$$

列水面和出口断面的能量方程

$$\frac{v^2}{2g}=10\text{m}$$

根据连续性方程，得

$$\frac{v_c}{v}=\frac{d^2}{d_c^2}$$

则

$$\left(\frac{v_c}{v}\right)^2=\frac{16.25\text{m}}{10\text{m}}=\frac{(150\text{mm})^4}{d_c^4}$$

得出

$$d_c=133\text{mm}$$

3.10　总水头线和测压管水头线

用能量方程计算一元流动，能够求出水流某些个别断面的流速和压强。但并未回答一元流的全线问题。现在，我们用总水头线和测压管水头线来求得这个问题的图形表示。

总水头线和测压管水头线，直接在一元流上绘出，以它们距基准面的铅直距离，分别表示相应断面的总水头和测压管水头，如图3-28所示。

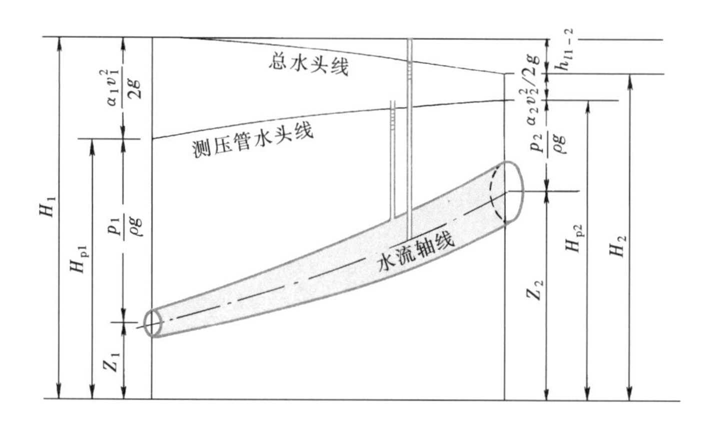

图 3-28 总水头线和测压管水头线

我们知道，位置水头、压强水头和流速水头之和，$H=Z+\frac{p}{\rho g}+\frac{v^2}{2g}$，称为总水头。能量方程改写为上下游两断面总水头 H_1、H_2 的形式，即

$$H_1 = H_2 + h_{l1-2}$$

或

$$H_2 = H_1 - h_{l1-2}$$

即每一个断面的总水头，是上游断面总水头，减去两断面之间的水头损失。根据这个关系，从最上游断面起，沿流向依次减去水头损失，求出各断面的总水头，一直到流动的结束。将这些总水头，以水流本身高度的尺寸比例，直接点绘在水流上，这样连成的线，就是总水头线。由此可见，总水头线是沿水流逐段减去水头损失绘出。

在绘制总水头线时，需注意区分沿程损失和局部损失在总水头线上表现形式的不同。沿程损失假设为沿管线均匀发生，表现为沿管长倾斜下降的直线。局部损失假设为在局部障碍处集中作用，一般地表现为在障碍处铅直下降的直线。对于渐扩管或渐缩管等，也可近似处理成损失在它们的全长上均匀分布，而非集中在一点。

测压管水头是同一断面总水头与流速水头之差，即

$$H = H_p + \frac{v^2}{2g}$$

$$H_p = H - \frac{v^2}{2g}$$

根据这个关系，从断面的总水头减去同一断面的流速水头，即得该断面的测压管水头。将各断面的测压管水头连成的线，就是测压管水头线。所以，测压管水头线是根据总水头线减去流速水头绘出。

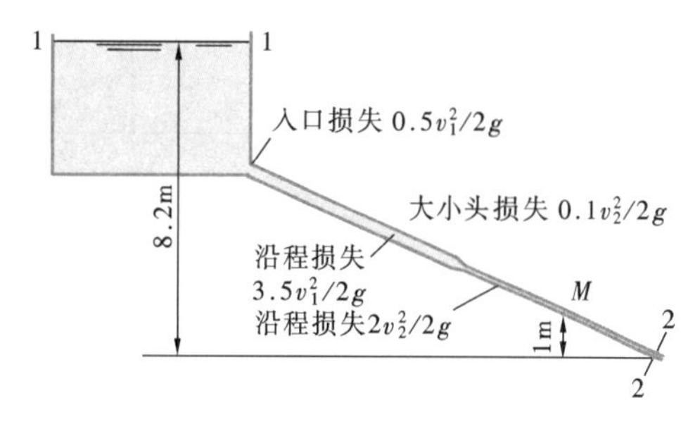

图 3-29 水头损失的计算

【例 3-10】水流由水箱经前后相接的两管流出大气中。大小管断面面积的比例为 2∶1。全部水头损失的计算式参见图 3-29。(1) 求出口流速 v_2；(2) 绘总水头线和测压

管水头线；(3) 根据水头线求 M 点的压强 p_M。

【解】(1) 选取水面 1-1 断面及出流断面 2-2，基准面通过管轴出口。则

$$p_1=0, Z_1=8.2\text{m}, v_1=0$$

$$p_2=0, Z_2=0$$

写能量方程

$$8.2\text{m}+0+0=0+0+\frac{v_2^2}{2g}+h_{l1-2}$$

根据图 3-29

$$h_{l1-2}=0.5\frac{v_1^2}{2g}+0.1\frac{v_2^2}{2g}+3.5\frac{v_1^2}{2g}+2\frac{v_2^2}{2g}$$

由于两管断面之比为 2∶1，两管流速之比为 1∶2，即 $v_2=2v_1$，则 $\frac{v_2^2}{2g}=4\frac{v_1^2}{2g}$。代入得

$$h_{l1-2}=3.1\frac{v_2^2}{2g}$$

则

$$8.2\text{m}=4.1\frac{v_2^2}{2g}$$

$$\frac{v_2^2}{2g}=2\text{m}\quad v_2=6.25\text{m/s}$$

$$\frac{v_1^2}{2g}=0.5\text{m}$$

(2) 现在从 1-1 断面开始绘总水头线，水箱静水水面高 $H=8.2\text{m}$，总水头线就是水面线。入口处有局部损失，$0.5\frac{v_1^2}{2g}=0.5\times0.5\text{m}=0.25\text{m}$。则 1-$a$ 的铅直向下长度为 0.25m。从 A 到 B 的沿程损失为 $3.5\frac{v_1^2}{2g}=1.75\text{m}$，则 b 低于 a 的铅直距离为 1.75m。以此类推，直至水流出口，图 3-30 中 1-a-b-b_0-c 即为总水头线。

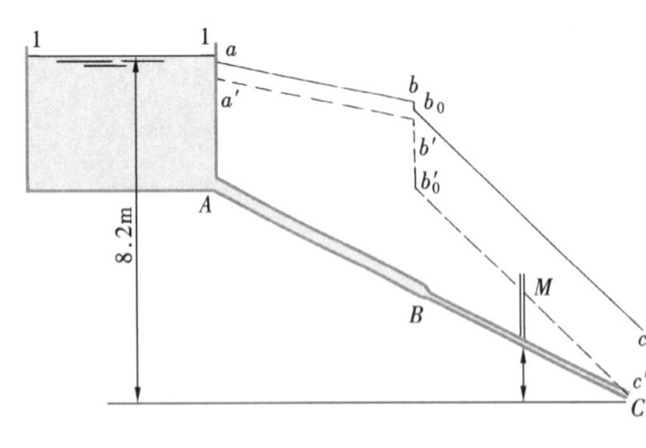

图 3-30　水头线的绘制

测压管水头线在总水头线之下，距总水头线的铅直距离：在 A-B 管段为 $\frac{v_1^2}{2g}=0.5\text{m}$，在 B-C 管段的距离为 $\frac{v_2^2}{2g}=2\text{m}$。由于断面不变，流速水头不变。两管段的测压管水头线，分别与各管段的总水头线平行。图 3-30 中 1-a'-b'-b'_0-c' 即为测压管水头线。

(3) 测量图中测压管水头线至 BC 管中点的铅直距离，求出 M 点的压强。量得 $\frac{p_M}{\rho g}=1\text{m}$，$p_M=9807\text{Pa}$。

从例 3-10 可以看出，绘制测压管水头线和总水头线之后，图形上出现四根有能量意义的线：总水头线，测压管水头线，水流轴线（管轴线）和基准面线。这四根线的相互铅

直距离，反映了沿程各断面的各种水头值。水流轴线到基准线之间的铅直距离，就是断面的位置水头；测压管水头线到水流轴线之间的铅直距离，就是断面的压强水头；而总水头线到测压管水头线之间的铅直距离，就是断面流速水头。

3.11 恒定气流能量方程式

前面已经讲到，总流能量方程式为

$$Z_1+\frac{p_1}{\rho g}+\frac{\alpha_1 v_1^2}{2g}=Z_2+\frac{p_2}{\rho g}+\frac{\alpha_2 v_2^2}{2g}+h_{l1-2}$$

虽然它是在不可压缩这样的流动模型基础上提出的，但在流速不高（小于 68m/s）、压强变化不大的情况下，同样可以应用于气体。

当能量方程用于气体流动时，由于水头概念没有像液体流动那样明确具体，我们将方程各项乘以 ρg，转变为压强的因次。在本章 3.6 节式（3-18a）中压强 p_1 和 p_2 为绝对压强。这样，式（3-28）可改写为

$$p'_1+\rho g Z_1+\frac{\rho v_1^2}{2}=p'_2+\rho g Z_2+\frac{\rho v_2^2}{2}+p_{l1-2} \tag{3-33a}$$

其中，$\alpha_1=\alpha_2=1$，$p_{l1-2}=\rho g h_{l1-2}$，为两断面间的压强损失。

工程计算中通常需要求出的是相对压强而不是绝对压强，工程中所用的压强计，绝大多数都是测定相对压强的。相对压强是以同高程处大气压强为零点计算的。

为了将式（3-33a）中的绝对压强换算为相对压强，对于液流和气流应当区别对待。如前所述，液体在管中流动时，由于液体的密度远大于空气密度，一般可以忽略大气压强因高度不同的差异。此时绝对压强 $p'_1=p_a+p_1$，$p'_2=p_a+p_2$。将 p'_1 和 p'_2 代入式（3-33a）中，消去 p_a 后得

$$\rho g Z_1+p_1+\frac{\rho v_1^2}{2}=\rho g Z_2+p_2+\frac{\rho v_2^2}{2}+p_{l1-2} \tag{3-33b}$$

比较（3-33a）、（3-33b）两式可知，对于液体流动，能量方程中的压强用绝对压强或相对压强皆可。

对于气体流动，特别是在高差较大，气体密度和空气密度不等的情况下，必须考虑大气压强因高度不同的差异。如图 3-31 所示，设断面在高程为 Z_1 处，大气压强为 p_a；在高程为 Z_2 的断面，大气压强将减至 $p_a-\rho_a g\ (Z_2-Z_1)$。式中，ρ_a 为空气密度。因而，如果 1 断面绝对压强 p'_1 和相对压强 p_1 之间的关系为

$$p'_1=p_a+p_1$$

则 2 断面的绝对压强和相对压强的关系为

$$p'_2=p_a-\rho_a g(Z_2-Z_1)+p_2$$

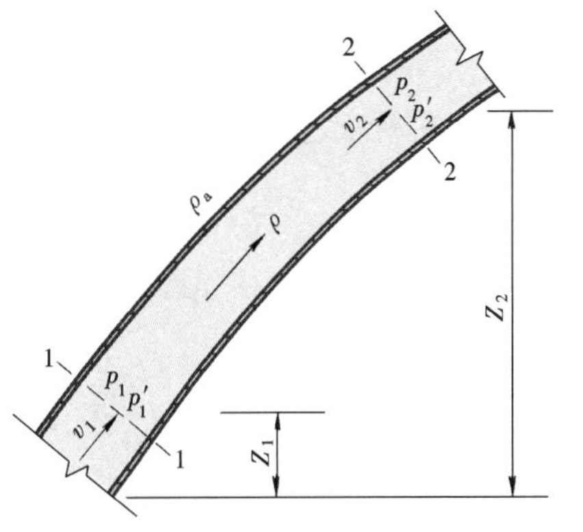

图 3-31 气流的相对压强与绝对压强

将 p'_1 和 p'_2 代入（3-33a）式，得

$$p_a + p_1 + \rho g Z_1 + \frac{\rho v_1^2}{2} = p_a - \rho_a g(Z_2 - Z_1) + p_2 + \rho g Z_2 + \frac{\rho v_2^2}{2} + p_{l1-2}$$

消去 p_a，经整理得出

$$p_1 + \frac{\rho v_1^2}{2} + g(\rho_a - \rho)(Z_2 - Z_1) = p_2 + \frac{\rho v_2^2}{2} + p_{l1-2} \tag{3-33}$$

上式即为用相对压强表示的气流能量方程式。方程与液体能量方程比较，除各项单位为压强单位，表示单位体积气体的平均能量外，对应项有基本相近的意义：

p_1、p_2——断面1、2的相对压强，专业上习惯称为静压。但不能理解为静止流体的压强。它与管中水流的压强水头相对应。不同的高程引起大气压强的差异，已计入方程的位压项。

$\frac{\rho_1 v_1^2}{2}$，$\frac{\rho_2 v_2^2}{2}$——专业中习惯称为动压。它反映断面流速无能量损失地降低至零所转化的压强值。

g（$\rho_a - \rho$）（$Z_2 - Z_1$）——称为位压。它与水流的位置水头差相应。位压是以2断面为基准量度的1断面的单位体积位能。我们知道，g（$\rho_a - \rho$）为单位体积气体所承受的有效浮力，气体从 Z_1 至 Z_2，顺浮力方向上升（$Z_2 - Z_1$）铅直距离时，气体所损失的位能为 g（$\rho_a - \rho$）（$Z_2 - Z_1$）。因此 g（$\rho_a - \rho$）（$Z_2 - Z_1$）即为断面1相对于断面2的单位体积位能。式中 g（$\rho_a - \rho$）的正或负表征有效浮力的方向为向上或向下；（$Z_2 - Z_1$）的正或负表征气体向上或向下流动。位压是两者的乘积，因而可正可负。当气流方向（向上或向下）与实际作用力（重力或浮力）方向相同时，位压为正；当二者方向相反时，位压为负。

在讨论1、2断面之间管段内气流的位压沿程变化时，任一断面 Z 的位压是 g（$\rho_a - \rho$）（$Z_2 - Z$），仍然以2断面为基准。

应当注意，气流在正的有效浮力作用下，位置升高，位压减小；位置降低，位压增大。这与气流在负的有效浮力作用下，位置升高，位压增大；位置降低，位压减小正好相反。

p_{l1-2}——1、2两断面间的压强损失。

静压和位压相加，称为势压，以 p_s 表示。下标 s 表示“势压”的第一个注音符号。势压与管中水流的测压管水头相对应，显然

$$p_s = p + g(\rho_a - \rho)(Z_2 - Z)$$

静压和动压之和，专业中习惯称为全压，以 p_q 表示，表示方法同前。

$$p_q = p + \frac{\rho v^2}{2}$$

静压、动压和位压三项之和以 p_z 表示，称为总压，与管中水流的总水头相对应。

$$p_z = p + \frac{\rho v^2}{2} + g(\rho_a - \rho)(Z_2 - Z)$$

由上式可知，存在位压时，总压等于位压加全压。位压为零时，总压就等于全压。

在多数问题中，特别是空气在管中的流动问题，或高差甚小，或密度差甚小，g（$\rho_a - \rho$）（$Z_2 - Z_1$）可以忽略不计，则气流的能量方程简化为

$$p_1+\frac{\rho v_1^2}{2}=p_2+\frac{\rho v_2^2}{2}+p_{l1-2} \tag{3-34}$$

【例 3-11】 密度 $\rho=1.2\text{kg/m}^3$ 的空气，用风机吸入直径为 10cm 的吸风管道，在喇叭形进口处测得水柱吸上高度为 $h_0=12\text{mm}$（图 3-32）。不考虑损失，求流入管道的空气流量。

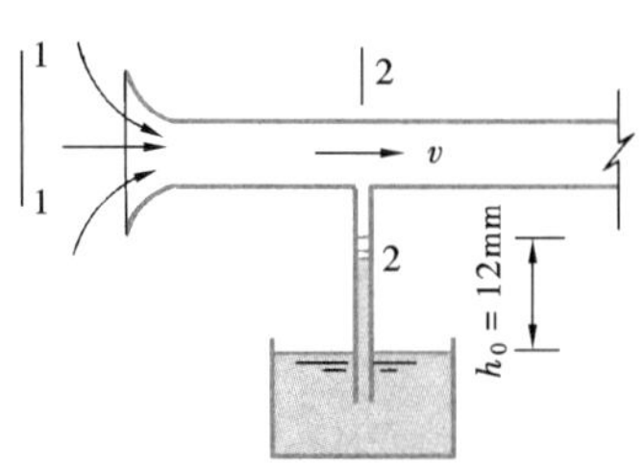

图 3-32　喇叭形进口的空气流量

【解】 气体由大气中流入管道，大气中的流动也是气流的一个部分，但它的压强只有在距喇叭口相当远时，流速才近似等于零，此处取为 1-1 断面。2-2 断面也应该选取在接有测压管的地方，因为这是压强已知，和大气压有联系的断面。12mm 水柱高等于 118Pa。

取 1-1、2-2 断面写能量方程，有

$$0+0=1.2\text{kg/m}^3\times\frac{v^2}{2}-118\text{Pa}$$

$$v=14\text{m/s}$$

$$Q_V=vA=14\text{m/s}\times\frac{\pi}{4}\times(0.1\text{m})^2=0.11\text{m}^3/\text{s}$$

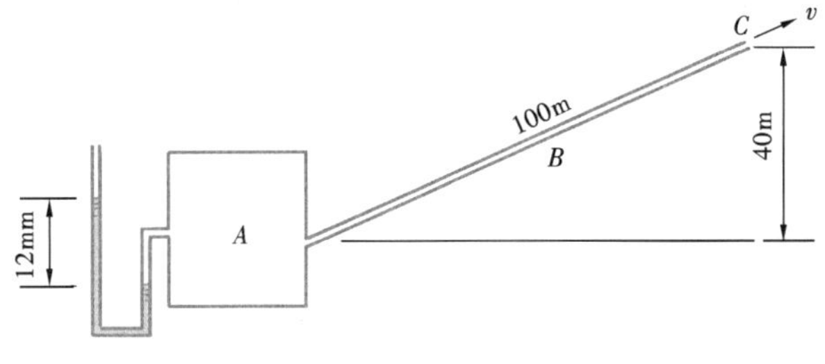

图 3-33　求管中流速及压强例

【例 3-12】 气体由静压箱 A，经过直径为 10cm，长度为 100m 的管 B 流入大气中，高差为 40m，如图 3-33 所示。沿程均匀作用的压强损失为 $p_l=9\frac{\rho v^2}{2}$。当（1）气体为与大气温度相同的空气时；（2）气体为 $\rho=0.8\text{kg/m}^3$ 的燃气时，分别求管中流速、流量及管长一半处 B 点的压强。

【解】（1）气体为空气时，用式（3-34）计算流速，取 A、C 断面列能量方程。此时气体密度 $\rho=\rho_a=1.2\text{kg/m}^3$。

$$(12\times9.8)\text{Pa}+0=0+1.2\text{kg/m}^3\times\frac{v^2}{2}+9\times1.2\text{kg/m}^3\times\frac{v^2}{2}$$

$$v=4.43\text{m/s}$$

$$Q_V=4.43\text{m/s}\times(0.1\text{m})^2\times\frac{\pi}{4}=0.0348\text{m}^3/\text{s}$$

B 点压强计算，取 B、C 断面列方程

$$p_B+1.2\text{kg/m}^3\times\frac{v^2}{2}=0+9\times1.2\text{kg/m}^3\times\frac{v^2}{2}\times\frac{1}{2}+1.2\text{kg/m}^3\times\frac{v^2}{2}$$

将 $v=4.43\text{m/s}$ 代入，解得

$$p_B=52.92\text{Pa}$$

（2）气体为燃气时，用式（3-33）计算流速，即

$$(12\times9.8)\text{Pa}+0+40\text{m}\times9.8\text{m/s}^2\times(1.2-0.8)\text{kg/m}^3$$
$$=0+0.8\text{kg/m}^3\times\frac{v^2}{2}+9\times0.8\text{kg/m}^3\times\frac{v^2}{2}$$

解得
$$v=8.28\text{m/s}$$
$$Q_V=8.28\text{m/s}\times\frac{\pi}{4}\times(0.1\text{m})^2=0.065\text{m}^3/\text{s}$$

B点压强计算
$$p_B=9\times0.8\text{kg/m}^3\times\frac{v^2}{2}\times\frac{1}{2}-20\text{m}\times9.8\text{m/s}^2\times0.4\text{kg/m}^3=45\text{Pa}$$

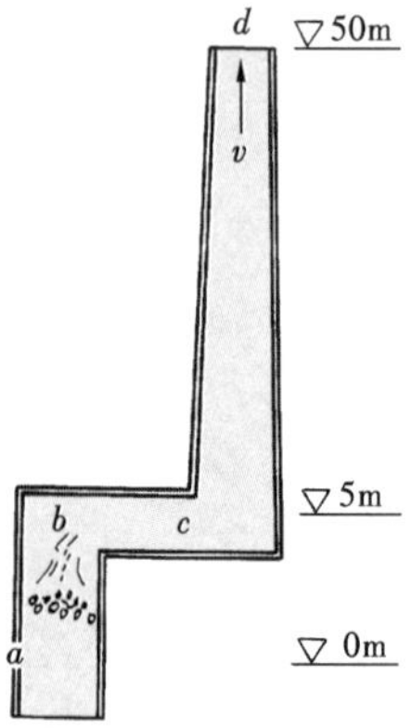

【例3-13】如图3-34所示，空气由炉口a流入，通过燃烧后，废气经b、c、d由烟囱流出。烟气$\rho=0.6\text{kg/m}^3$，空气$\rho=1.2\text{kg/m}^3$，由a到c的压强损失为$9\times\frac{\rho v^2}{2}$，$c$到$d$的损失为$20\frac{\rho v^2}{2}$。求（1）出口流速$v$；（2）$c$处静压$p_c$。

图3-34 炉子及烟囱

【解】（1）在进口前零高程和出口50m高程处两断面写能量方程
$$0+0+9.8\text{m/s}^2\times(1.2-0.6)\text{kg/m}^3\times50\text{m}=20\times0.6\text{kg/m}^3\times\frac{v^2}{2}$$
$$+9\times0.6\text{kg/m}^3\times\frac{v^2}{2}+0.6\text{kg/m}^3\times\frac{v^2}{2}+0$$

解得
$$v=5.7\text{m/s}$$

（2）计算p_c，取c、d断面
$$0.6\text{kg/m}^3\times\frac{v^2}{2}+p_c+(50-5)\text{m}\times0.6\text{kg/m}^3\times9.8\text{m/s}^2$$
$$=0+20\times0.6\text{kg/m}^3\times\frac{v^2}{2}+0.6\text{kg/m}^3\times\frac{v^2}{2}$$

解得
$$p_c=-68.6\text{Pa}$$

3.12 总压线和全压线

为了反映气流沿程的能量变化，我们用与总水头线和测压管水头线相对应的总压线和势压线来直观地图形表示。

气流能量方程各项单位为压强的单位，气流的总压线和势压线一般可在选定零压线的基础上，对应于气流各断面进行绘制。管路出口断面相对压强为零，常选为2-2断面，零压线为过该断面中心的水平线。

在选定零压线的基础上绘总压线时，根据方程$p_{z1}=p_{z2}+p_{l1-2}$，则
$$p_{z2}=p_{z1}-p_{l1-2} \tag{3-35}$$
即第二断面的总压等于第一断面的总压减去两断面间的压强损失。依此类推，就可求得各断面的总压。将各断面的总压值连接起来，即得总压线。

在总压线的基础上可绘制势压线，因为

$$p_z = p_s + \frac{\rho v^2}{2} \tag{3-36}$$

则
$$p_s = p_z - \frac{\rho v^2}{2} \tag{3-37}$$

即势压等于该断面的总压减去动压。将各断面的势压连成线，便得势压线。显然，当断面面积不变时，总压线和势压线相互平行。

位压线的绘制。由方程（3-33）可知，第一断面的位压为 $g\ (\rho_a - \rho)\ (Z_2 - Z_1)$，第二断面的位压为零。1、2 断面之间的位压是直线变化。由 1、2 两断面位压连成线，即得位压线。

绘出上述各种压头线后，与液流的图示法类似，图上出现四条具有能量意义的线：总压线、势压线、位压线和零压线。总压线和势压线间铅直距离为动压，势压线和位压线间铅直距离为静压，位压线和零压线间铅直距离为位压。静压为正，势压线在位压线上方；静压为负，势压线在位压线下方。

【例 3-14】 利用例 3-12 的数据，（1）绘制气体为空气时的各种压强线，并求中点 B 的相对压强；（2）绘制气体为燃气时的各种压强线和 B 点的相对压强。

【解】（1）气体为空气时，由气流能量方程求动压

$$(12 \times 9.8)\text{Pa} + 0 = 0 + \frac{\rho v^2}{2} + 9\frac{\rho v^2}{2}$$

得动压
$$\frac{\rho v^2}{2} = 11.8\text{Pa}$$

压强损失
$$9\frac{\rho v^2}{2} = 9 \times 11.8\text{Pa} = 106.2\text{Pa}$$

选取零压线 ABC，如图 3-35（b）所示，并令它的上方为正。

绘全压线：A 断面全压 $p_{qA} = 118\text{Pa}$，减去压强损失得 C 断面全压 $p_{qc} = 118\text{Pa} - 106.2\text{Pa} = 11.8\text{Pa}$，将 p_{qA} 和 p_{qc} 按适当比例绘在 a 点和 c 点，用直线连接 ac 得全压线。因无位压，全压线也是总压线。

绘势压线：由势压 $p_s = p_q - \frac{\rho v^2}{2}$，在总压线 ac 的基础上向下减去动压 $\frac{\rho v^2}{2}$，即作平行于 ac 的直线 $a'c'$，则为势压线。因此时无位压，势压线也是静压线。

管路中点 B 的相对压强，直接由图上线段 Bb' 所表示的压强值求得。它在零压线上方，故 B 点的静压为正。

（2）气体为燃气时，由能量方程

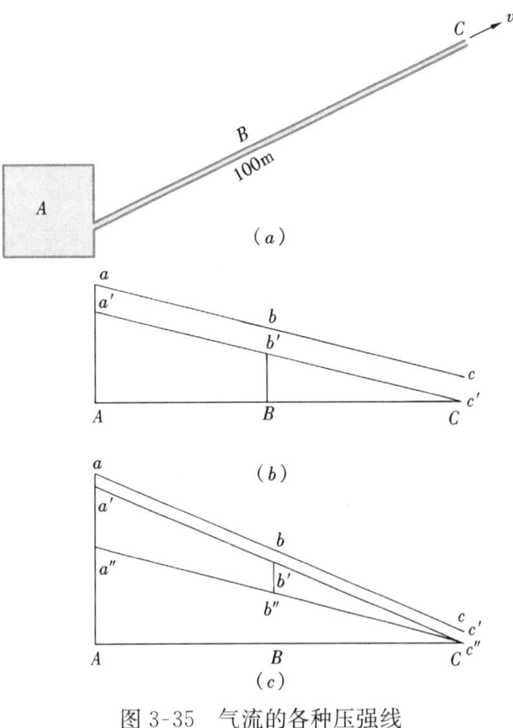

图 3-35 气流的各种压强线

（a）气体的流动；（b）气体为空气；（c）气体为燃气

求动压

$$(12\times 9.8)\text{Pa}+40\text{m}\times g(\rho_a-\rho)=0+\frac{\rho v^2}{2}+9\frac{\rho v^2}{2}$$

解得动压
$$\frac{\rho v^2}{2}=27.6\text{Pa}$$

压强损失
$$9\frac{\rho v^2}{2}=248.4\text{Pa}$$

选取零压线 ABC 如图 3-35（c）所示。

绘总压线：A 断面的总压 $p_{zA}=276\text{Pa}$，减去压强损失得 C 断面总压 $p_{zc}=276\text{Pa}-248.4\text{Pa}=27.6\text{Pa}$。按比例绘 a、c 点，用直线连接即得总压线。

绘势压线：由总压线 ac 向下作铅直距离等于动压$\frac{\rho v^2}{2}$的平行线，即得势压线 $a'c'$。

绘位压线：A 断面的位压为 158Pa，C 断面位压为零，分别给出 a''和 c''点。用直线连接 $a''c''$即为位压线。此题中 g（$\rho_a-\rho$）为正，说明位压是由于有效浮力的作用，（Z_2-Z_1）为正，说明气流向上流动。气流方向和浮力方向一致，位压为正。位压随断面高程的增加而减小。

图上线段 $b''b'$的距离所代表的压强值即 B 点的静压。B 点的静压位于位压线上方，故中点 B 的静压为正。

【例 3-15】 利用例 3-13 的数据，（1）绘制气流经过烟囱的总压线、势压线和位压线。（2）求 c 点的总压、势压、静压、全压。

【解】 根据原题的数据：

a 断面位压为 294Pa

ac 段压强损失 $9\frac{\rho v^2}{2}=88.2\text{Pa}$

cd 段压强损失 $20\frac{\rho v^2}{2}=196\text{Pa}$

动压$\frac{\rho v^2}{2}=9.8\text{Pa}$

（1）绘总压线、势压线及位压线

选取零压线，标出 a、b、c、d 各点。

a 断面总压为 $p_{za}=294\text{Pa}$，以后逐段减损失，绘出总压线 a'-c'-d'。$p_{zc}=294\text{Pa}-88.2\text{Pa}=205.8\text{Pa}$，$p_{zd}=205.8\text{Pa}-196\text{Pa}=9.8\text{Pa}$。

烟囱断面不变，各段势压低于总压的动压值相同，各段势压线与总压线分别平行，出口断面势压为零。绘出势压线 $a''b''c''d$。

a 断面位压为 294Pa，从 b 到 c 位压不变。位压值均为 g（$\rho_a-\rho$）$\times 45\text{m}=264.6\text{Pa}$，出口位压为零。绘出位压线 $a'b'''c'''d$。

（2）求 c 点各压强值

总压和势压以零压线为基础量取：

$$p_{zc}=205.8\text{Pa}$$
$$p_{sc}=196\text{Pa}$$

全压、静压的起算点是位压线。从 c 点所对应的位压线上 c'''到总压线、势压线的铅直

线段 $c'''c'$ 及 $c'''c''$ 分别为 c 点的全压和静压值：

$$p_{qc}=-58.8\text{Pa}$$

$$p_{c}=-68.6\text{Pa}$$

由图 3-36 中看出，整个烟囱内部都处于负压区。

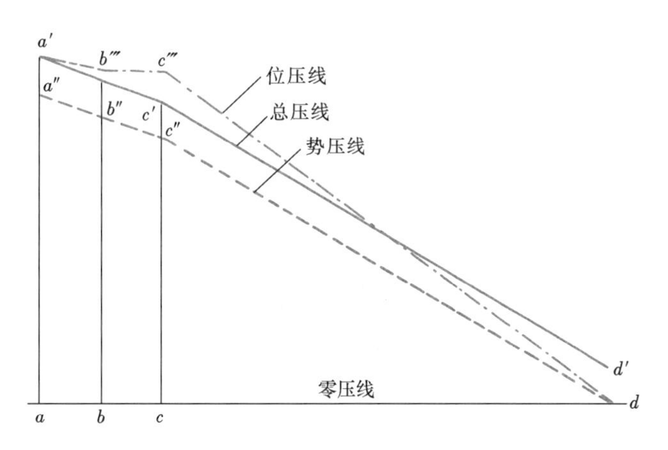

图 3-36 气流经过烟囱的各种压强线

3.13 恒定流动量方程

前述能量方程和连续性方程的主要作用是计算一元流动的流速或压强。现在我们再提出第三个基本方程，它的主要作用是要计算作用力，特别是流体与固体之间的总作用力，这就是动量方程。

在物理学中，物体质量 m 和速度 $\vec{v}$ 的乘积 $m\vec{v}$ 称为物体的动量。作用于物体的所有外力的合力 $\Sigma\vec{F}$ 和作用时间 $\mathrm{d}t$ 的乘积 $\Sigma\vec{F}\cdot\mathrm{d}t$ 称为冲量。动量定律指出，作用于物体的冲量，等于物体的动量增量，即

$$\Sigma\vec{F}\,\mathrm{d}t=\mathrm{d}(m\vec{v})$$

动量定律是向量方程。

现将此方程用于一元流动。所考察的物质系统取某时刻两断面间的流体，参见图 3-10和图 3-21，研究流体在 $\mathrm{d}t$ 时间内动量增量和外力的关系。

为此，类似于元流能量方程的推导，在恒定总流中，取 1 和 2 两渐变流断面。两断面间流段 1-2 在 $\mathrm{d}t$ 时间后移动至 $1'$-$2'$（图 3-10）。由于是恒定流，$\mathrm{d}t$ 时段前后的动量变化，应为流段新占有的 2-$2'$体积内流体所具有的动量减流段退出的 1-$1'$体积内流体所具有的动量；而 $\mathrm{d}t$ 前后流段共有的空间 $1'$-2 内的流体，尽管不是同一部分流体，但它们在相同点的流速大小和方向相同，密度也未改变，因此，动量也相同。

仍用平均流速的流动模型，则动量增量为

$$\mathrm{d}(m\vec{v})=\rho_2A_2v_2\cdot\mathrm{d}t\cdot\vec{v}_2-\rho_1A_1v_1\cdot\mathrm{d}t\cdot\vec{v}_1$$

$$=\rho_2Q_{V2}\,\mathrm{d}t\,\vec{v}_2-\rho_1Q_{V1}\,\mathrm{d}t\,\vec{v}_1$$

由动量定理，得

$$\Sigma\vec{F}\cdot dt = d(m\vec{v}) = \rho_2 Q_{V2} dt\,\vec{v_2} - \rho_1 Q_{V1} dt\,\vec{v_1}$$

$$\Sigma\vec{F} = \rho_2 Q_{V2}\,\vec{v}_2 - \rho_1 Q_{V1}\,\vec{v}_1$$

这个方程是以假定断面各点的流速均等于平均流速为前提。实际流速的不均匀分布使上式存在着误差，为此，以动量修正系数 α_0 来修正。α_0 定义为实际动量和按照平均流速计算的动量大小的比值，即

$$\alpha_0 = \frac{\int_A \rho u^2 dA}{\rho Q_V v} = \frac{\int_A u^2 dA}{Av^2} \tag{3-38}$$

α_0 取决于断面流速分布的不均匀性。不均匀性越大，α_0 越大。一般取 $\alpha_0=1.02\sim1.05$，为了简化计算，常取 $\alpha_0=1$。考虑流速的不均匀分布，上式可写为

$$\Sigma\vec{F} = \alpha_{02}\rho_2 Q_{V2}\,\vec{v}_2 - \alpha_{01}\rho_1 Q_{V1}\,\vec{v}_1 \tag{3-39}$$

这就是恒定流动量方程。

动量方程是针对特定系统推导的（即在 t 时刻 1-2 流段中的所有流体质点）。系统的一般定义为：系统是由确定的流体质点组成的集合。系统在运动过程中，其空间位置、体积以及形状都会随时间变化，但与外界无质量交换。系统的概念来自拉格朗日法。

如果把 t 时刻 1-2 流段所占有的空间称为控制体，控制体的一般定义是：根据问题的需要所选择的固定的空间体积。控制体的整个表面称为控制面。图 2-4 中的微小圆柱，图 2-34 中的正六面体和图 3-21 中的总流段 1-2 占有的空间等都是控制体。控制体可以是有限体积，也可以无限小，形状也可各异。控制体的概念来自欧拉方法。对于 1-2 流段所对应的控制体，动量方程式（3-39）表示，单位时间流出控制体的动量与单位时间流入控制体的动量之差（即净流出的动量）等于控制体上所受合力（包括质量力和表面力）。恒定情况下，没有流体穿过 1-2 流段的侧壁流入或流出，因而也无动量从流段的侧壁进出控制体，动量只能通过过流断面进出控制体。

动量方程式（3-39）成立的条件是流动恒定，它对不可压缩流体和可压缩流体均适用。对于不可压缩流体，由于 $\rho_1=\rho_2=\rho$ 和连续性方程 $Q_{V1}=Q_{V2}$，其恒定流动量方程为

$$\Sigma\vec{F} = \alpha_{02}\rho Q_V\,\vec{v}_2 - \alpha_{01}\rho Q_V\,\vec{v}_1 \tag{3-40}$$

在直角坐标系中的分量式为

$$\left.\begin{aligned}\Sigma F_x &= \alpha_{02}\rho Q_V v_{2x} - \alpha_{01}\rho Q_V v_{1x}\\ \Sigma F_y &= \alpha_{02}\rho Q_V v_{2y} - \alpha_{01}\rho Q_V v_{1y}\\ \Sigma F_z &= \alpha_{02}\rho Q_V v_{2z} - \alpha_{01}\rho Q_V v_{1z}\end{aligned}\right\} \tag{3-41}$$

通常，在工程上近似取 $\alpha_{01}=\alpha_{02}=1$。

恒定总流的动量方程建立了净流出控制体的动量与控制体内流体所受外力之间的关系。在动量方程（3-39）的推导过程中，针对的是动量仅从一个断面流出和一个断面流入的简单流动的控制体，实际上动量方程可推广到动量多断面流出或多断面流入的控制体。

【例 3-16】 水在直径为 10cm 的 60°水平弯管中，以 5m/s 的流速流动（图 3-37）。弯管前端的压强为 9807Pa。如不计水头损失，也不考虑重力作用，求水流对弯管 1-2 的作用力。

【解】

(1) 确定控制体。取控制体为渐变流断面1-2间弯管占有的空间。这样把受流体作用的弯管整个内表面包括在控制面内，又没有其他多余的固壁。

(2) 选择坐标系。坐标系选择如图 3-37 所示，x 轴为弯管进口前管道的轴线，z 轴为垂直方向，x-y 平面为水平面。

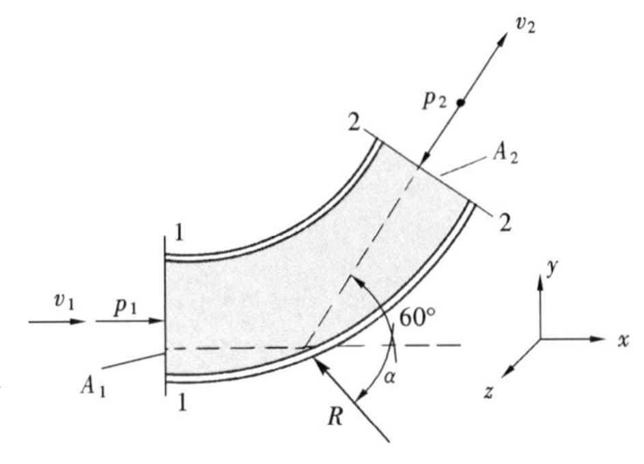

图 3-37 水流对弯管的作用力

(3) 流出和流进控制体的动量差。流出：$\rho Q_V \overrightarrow{v}_2$；流进：$\rho Q_V \overrightarrow{v}_1$。动量差：

$$\rho Q_V(\overrightarrow{v}_2-\overrightarrow{v}_1)$$

由于断面积不变，$v_1=v_2=v=5\text{m/s}$。若断面积变化，求未知流速时，通常要运用连续性方程。

(4) 控制体内流体受力分析。由于不考虑重力作用，质量力为零。表面力包括：

断面 1 上：$P_1=p_1A_1$，方向沿 x 轴正向；

断面 2 上：$P_2=p_2A_2$，方向垂直于断面 2，且指向控制体内；

其余表面：$\overrightarrow{R}$—弯管内表面对流体的作用力。由于$\overrightarrow{R}$的方向未知，可任意假设某方向。不妨设$\overrightarrow{R}$在 x-y 平面上的投影方向与 x 轴的夹角为 α。

未知压强 p_2 应根据能量方程

$$Z_1+\frac{p_1}{\rho g}+\frac{v_1^2}{2g}=Z_2+\frac{p_2}{\rho g}+\frac{v_2^2}{2g}$$

求出。由于 $Z_1=Z_2$，$v_1=v_2=v$，故

$$p_1=p_2=p=9807\text{Pa}$$

一般地，求某一未知压强总要用到能量方程。

(5) 联立动量方程并求解。根据式 (3-41)

$$\begin{aligned}\sum F_x&=p_1A_1-p_2A_2\cos60^\circ-R\cos\alpha=pA(1-\cos60^\circ)-R\cos\alpha\\&=\rho Q_V(v_{2x}-v_{1x})=\rho v_1A_1(v_2\cos60^\circ-v_1)\\&=\rho Av^2(\cos60^\circ-1)\end{aligned}$$

$$\begin{aligned}\sum F_y&=-p_2A_2\sin60^\circ+R\sin\alpha=-pA\sin60^\circ+R\sin\alpha\\&=\rho Q_V(v_{2y}-v_{1y})=\rho vA(v_2\sin60^\circ-0)\\&=\rho Av^2\sin60^\circ\end{aligned}$$

$$\sum F_z=R_z=\rho Q_V(v_{2z}-v_{1z})=0$$

也即

$$\begin{cases}pA(1-\cos60^\circ)-R\cos\alpha=\rho Av^2(\cos60^\circ-1)\\-pA\sin60^\circ+R\sin\alpha=\rho Av^2\sin60^\circ\\R_z=0\end{cases}$$

代入数据，得

$$pA = 9807\text{Pa} \times \frac{\pi}{4} \times (0.1\text{m})^2 = 77.1\text{N}$$

$$\begin{cases} 77.1\text{N} \times (1-\cos60^\circ) - R\cos\alpha \\ = 1000\text{kg/m}^3 \times \frac{\pi}{4} \times (0.1\text{m})^2 \times (5\text{m/s})^2 \times (\cos60^\circ - 1) \\ \quad -77.1\text{N} \times \sin60^\circ + R\sin\alpha \\ = 1000\text{kg/m}^3 \times \frac{\pi}{4} \times (0.1\text{m})^2 \times (5\text{m/s})^2 \sin60^\circ \\ R_z = 0 \end{cases}$$

联立求解，得

$$R = 272\text{N} \quad \alpha = 60^\circ \qquad (R_z = 0)$$

（6）答案及其分析。由于水流对弯管的作用力与弯管对水流的作用力大小相等、方向相反，因此水流对弯管的作用力$\overrightarrow{F}$为

$$\overrightarrow{F} = -\overrightarrow{R}$$

$F=272$N，方向与$\overrightarrow{R}$相反。

作用力$\overrightarrow{F}$位于水平面内，这是由于弯管水平放置且不考虑重力作用所致。$\overrightarrow{F}$的大小和方向将对管路构件的承载能力产生影响，这是工程上所关注的。

上例的求解过程说明了运用动量方程的几个主要步骤。运用动量方程（3-41）的注意点是：

（1）所选的坐标系必须是惯性坐标系。这是由于牛顿第二定律在惯性坐标系内成立。在求解做相对运动的流动时，应谨慎。例如农田中旋转喷水装置的功率问题。

（2）由于方程式是矢量式，应首先选择和在图上标明坐标系。坐标系选择不是唯一的，但应以使计算简便为原则。

（3）正确选择控制体。由于动量方程解决的是固体壁面和流体之间相互作用的整体作用力或者说作用力之和，因此，应使控制面既包含待求作用力的固壁，又不含其他的未知作用力的固壁。如上例中控制体不能包含弯管之外的直管段。由于往往要用到能量方程，因此，应使控制面上有流体进出的部分处在渐变流段等。

（4）必须明确地假定待求的固体壁面对流体的作用力的方向，并用符号表示，如$\overrightarrow{R}$。如果求解结果 R 为负值，则表示实际方向与假设相反。计算时，$\overrightarrow{R}$也可用分量表示：(R_x, R_y)。

（5）注意方程式本身各项的正负及压力和速度在坐标轴上投影的正负，特别是流进动量项。

（6）问题往往求的是流体对固体壁面的作用力$\overrightarrow{F}$，因此，最后应明确回答$\overrightarrow{F}$的大小和方向。

【例 3-17】如图 3-38 所示，水平的水射流，流量 Q_{V1}，出口流速 v_1，在大气中冲击在前后斜置的光滑平板上，射流轴线与平板成 θ 角，不计射流在平板上的摩擦力。试求：

(1) 沿平板的流量 Q_{V2}、Q_{V3}；(2) 射流对平板的作用力。

【解】

取过流断面 1-1、2-2、3-3 及射流侧表面与平板内表面所围成的空间为控制体。选直角坐标系，如图 3-38 所示，x 轴沿平板，y 轴垂直于平板。

水在大气中射流，控制面上与大气相接触的各点的压强，以及断面 1-1、2-2 和 3-3 上各点的压强皆可认为等于大气压（相对压强为零）。因不计射流在平板上的摩擦力，可知平板对射流的作用力 R' 与板面垂直，设 R' 的方向与 y 轴方向相同。

列 1-1、2-2 断面的伯努利方程，不计水头损失，有

$$Z_1 + \frac{p_1}{\rho g} + \frac{v_1^2}{2g} = Z_2 + \frac{p_2}{\rho g} + \frac{v_2^2}{2g}$$

因为 $Z_1 = Z_2$（水平射流），$p_1 = p_2 = p_a$，由上式，得 $v_1 = v_2$。同理，列 1-1、3-3 断面的伯努利方程，得 $v_1 = v_3$。故过流断面的流速 $v_1 = v_2 = v_3$。

(1) 求流量 Q_{V2} 和 Q_{V3}

列 x 方向的动量方程，x 方向的作用力为零，得出

$$\rho Q_{V2} v_2 + (-\rho Q_{V3} v_3) - \rho Q_{V1} v_1 \cos\theta = 0$$

化简得
$$Q_{V2} - Q_{V3} = Q_{V1} \cos\theta$$

由连续性方程
$$Q_{V2} + Q_{V3} = Q_{V1}$$

与上两式联立，解得

$$Q_{V2} = \frac{Q_{V1}}{2}(1 + \cos\theta)$$

$$Q_{V3} = \frac{Q_{V1}}{2}(1 - \cos\theta)$$

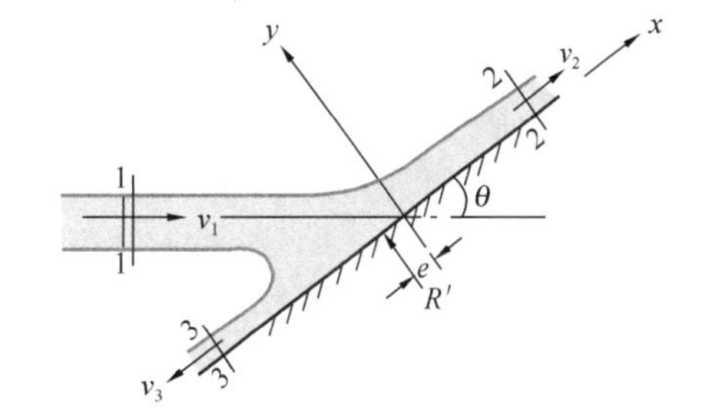

图 3-38 射流

(2) 求射流对平板的作用力

列 y 方向的动量方程

$$R' = 0 - (-\rho Q_{V1} v_1 \sin\theta) = \rho Q_{V1} v_1 \sin\theta$$

射流对平板的作用力 R 与 R' 大小相等，方向相反，即指向平板。

本 章 小 结

本章主要阐述研究流体运动的基本观点和方法。

1. 描述流体运动的两种方法——拉格朗日法和欧拉法。在流体力学研究中，广泛采用欧拉法。欧拉法以流动空间点为对象，将每一时刻各空间点上各质点的运动情况汇总，以此描述整个流场中的流动。

2. 在欧拉法的范畴内，按不同的时空标准将流动分为：恒定流动和非恒定流动；一元、二元和三元流动；均匀流和非均匀流。用欧拉法描述流体运动，流线是表征流动方向的线，它是速度场的矢量线。在流线的基础上，引申出流管、过流断面、元流和总流的概念，以及一元流动模型。

3. 恒定元流的能量方程为

$$Z_1+\frac{p_1}{\rho g}+\frac{u_1^2}{2g}=Z_2+\frac{p_2}{\rho g}+\frac{u_2^2}{2g}+h'_{l1-2}$$

4. 在均匀流（渐变流）过流断面上压强满足

$$Z+\frac{p}{\rho g}=\text{常数}$$

不同的过流断面其常数值不同。

5. 恒定不可压缩总流运动的三个基本方程，即连续性方程：

$$v_1A_1=v_2A_2$$

伯努利方程：

对于液体
$$Z_1+\frac{p_1}{\rho g}+\frac{\alpha_1 v_1^2}{2g}=Z_2+\frac{p_2}{\rho g}+\frac{\alpha_2 v_2^2}{2g}+h_{l1-2}$$

对于气体
$$p_1+\frac{\rho v_1^2}{2}+g(\rho_a-\rho)(Z_2-Z_1)=p_2+\frac{\rho v_2^2}{2}+p_{l1-2}$$

动量方程：

$$\Sigma F_x=\rho Q_V(\alpha_{02}v_{2x}-\alpha_{01}v_{1x})$$

$$\Sigma F_y=\rho Q_V(\alpha_{02}v_{2y}-\alpha_{01}v_{1y})$$

$$\Sigma F_z=\rho Q_V(\alpha_{02}v_{2z}-\alpha_{01}v_{1z})$$

三大方程分别是质量守恒原理、能量守恒原理和动量原理的总流表达式。

习　题

3-1　直径为 150mm 的给水管道，输水量为 980.7kN/h，试求断面平均流速。

3-2　断面为 300mm×400mm 的矩形风道，风量为 2700m^3/h，求平均流速。如风道出口处断面收缩为 150mm×400mm，求该断面的平均流速。

3-3　水从水箱经直径为 $d_1=10$cm、$d_2=5$cm、$d_3=2.5$cm 的管道流入大气中。当出口流速为 10m/s 时，求（1）体积流量及质量流量；（2）d_1 及 d_2 管段的流速。

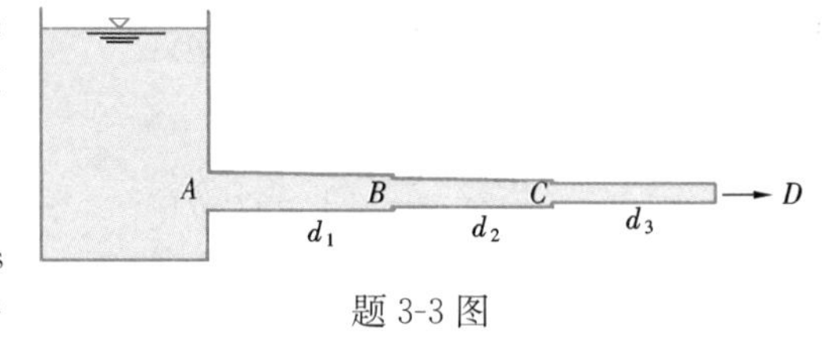

题 3-3 图

3-4　设计输水量为 3×10^5 kg/h 的给水管道，流速限制在 0.9～1.4m/s 之间。试确定管道直径，根据所选直径求流速，直径规定为 50mm 的倍数。

3-5　圆形风道，流量为 10000m^3/h，流速不超过 20m/s。试设计直径，根据所定直径求流速。直径应当是 50mm 的倍数。

3-6　在直径为 d 的圆形风道断面上，用下法选定五个点，以测局部风速。设想用和管轴同心但不同半径的圆周，将全部断面分为中间是圆，其他是圆环的五个面积相等的部分。测点即位于等分此部分面积的圆周上，这样测得的各点流速，分别代表相应断面的平均流速。（1）试计算各测点到管心的距离，表为直径的倍数。（2）若各点流速为 u_1、u_2、u_3、u_4、u_5，空气密度为 ρ，求质量流量 Q_m。

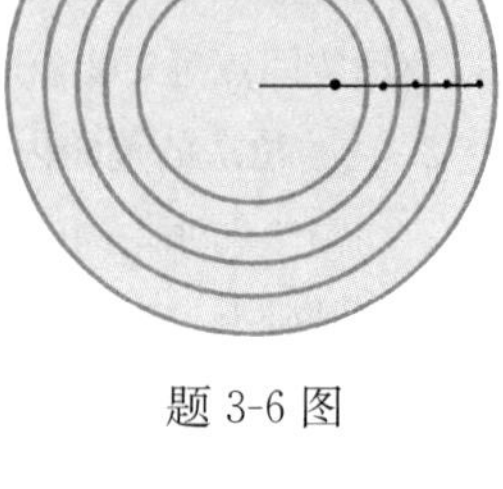

题 3-6 图

3-7　某蒸汽干管的始端蒸汽流速为 25m/s，密度为 2.62kg/m^3。干管前段直径为 50mm，接出直径 40mm 支管后，干管后段直径改为 45mm。如果支管末端密度降低至 2.30kg/m^3，干管后段末端密度降低至 2.24kg/m^3，但两管质量流量相等，求两管末端流速。

3-8　空气流速由超声流过渡到亚声流时，要经过冲击波。如果在冲击波前，风道中速度 $v=660$ m/s，密度 $\rho=1\text{kg/m}^3$；冲击波后，速度降低至 $v=250$m/s。求冲击波后的密度。

3-9　管路由不同直径的两管前后相连接所组成，小管直径 $d_A=0.2$m，大管直径 $d_B=0.4$m。水在管中流动时，A 点压强 $p_A=70$kPa，B 点压强 $p_B=40$kPa，过 B 点断面的流速 $v_B=1$m/s。试判断水在管中流动方向，并计算水流经两断面间的水头损失。

3-10　油沿管线流动，A 断面流速为 2m/s，不计损失，求开口 C 管中的液面高度。

3-11　水沿管线下流，若压力计的读数相同，求需要的小管直径 d_0，不计损失。

3-12　如图所示，用水银比压计测管中过流断面中点流速 u。测得 A 点的比压计读数 $\Delta h=60$mm。(1) 求该点的流速 u；(2) 若管中流体是密度为 0.8g/cm^3 的油，Δh 仍不变，该点流速是多大，不计损失。

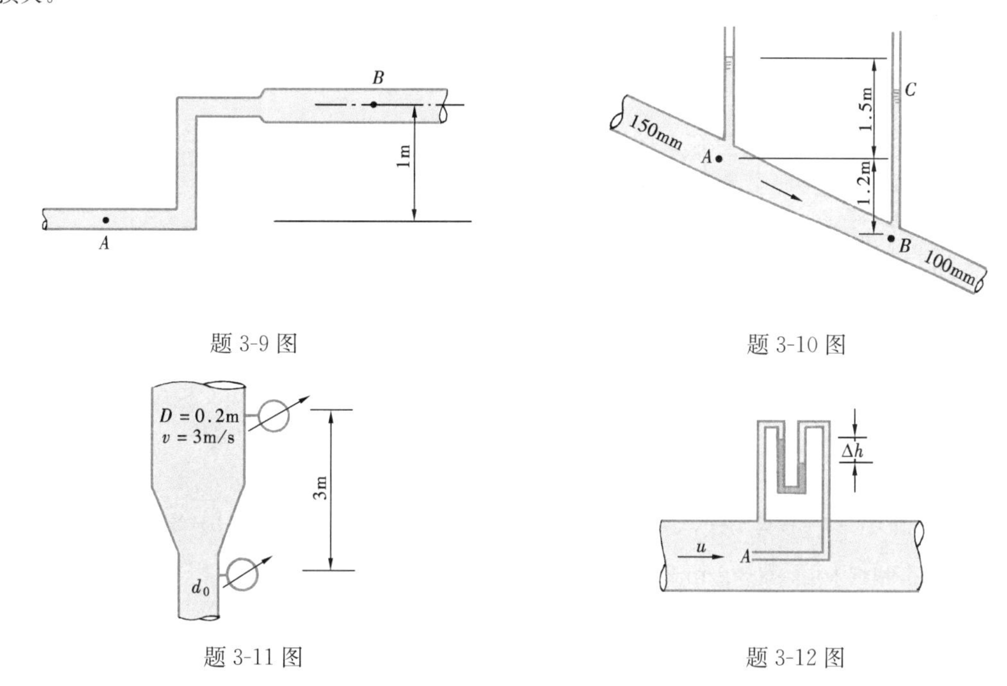

题 3-9 图　　题 3-10 图

题 3-11 图　　题 3-12 图

3-13　水由图中喷嘴流出，喷嘴出口 $d=75$mm，不考虑损失，计算 H 值（以 m 计）、p 值（以 kPa 计）。

3-14　计算管线流量，管出口 $d=50$mm，求出 A、B、C、D 各点的压强，不计水头损失。

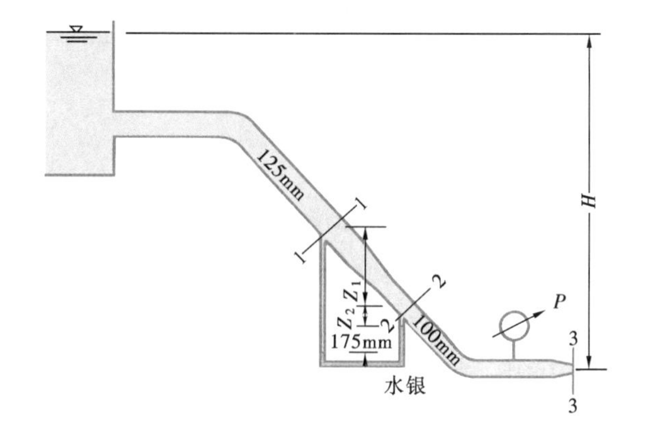

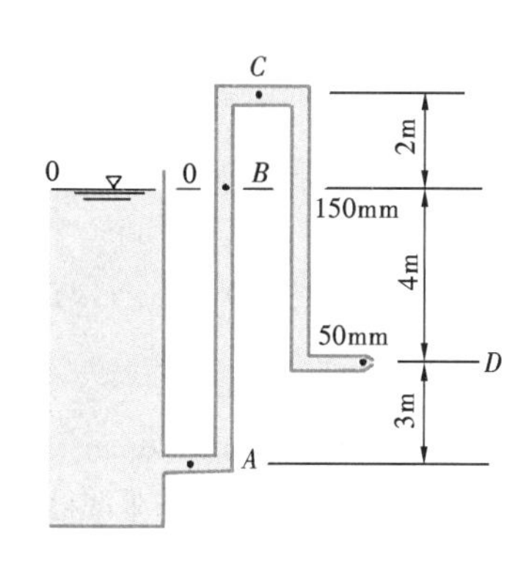

题 3-13 图　　题 3-14 图

3-15　水由管中铅直流出，不计损失，求流量及测压计读数。

3-16　同一水箱上、下两孔口出流，求证：在射流交点处，$h_1y_1=h_2y_2$。

3-17　一压缩空气罐与文丘里式的引射管连接，d_1、d_2、h 均为已知，问气罐压强 p_0 多大方才能将 B 池水抽出。

3-18　如图所示，闸门关闭时的压力表读数为 49kPa，闸门打开后，压力表读数为 0.98kPa，由管进口到压力表处的水头损失为 1m，求管中的平均流速。

3-19　由断面为 $0.2\mathrm{m}^2$ 和 $0.1\mathrm{m}^2$ 的两根管子所组成的水平输水管系从水箱流入大气中：(1) 若不计损失，(a) 求断面流速 v_1 和 v_2；(b) 绘总水头线及测压管水头线；(c) 求进口 A 点的压强。

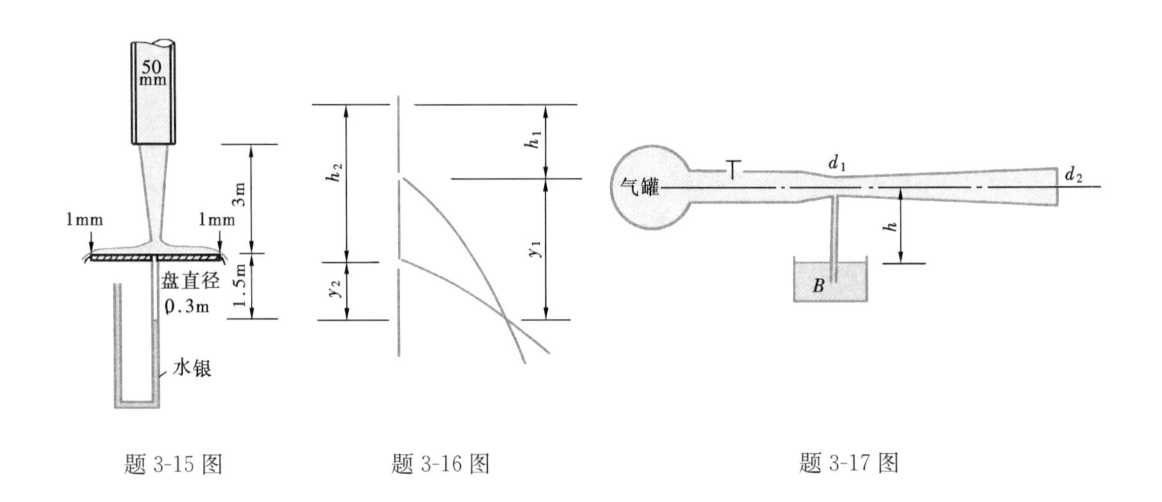

题 3-15 图　　题 3-16 图　　题 3-17 图

(2) 计入损失：第一段为 $4\frac{v_1^2}{2g}$，第二段为 $3\frac{v_2^2}{2g}$。(a) 求断面流速 v_1 及 v_2；(b) 绘总水头线及测压管水头线；(c) 根据水头线求各段中间的压强，不计局部损失。

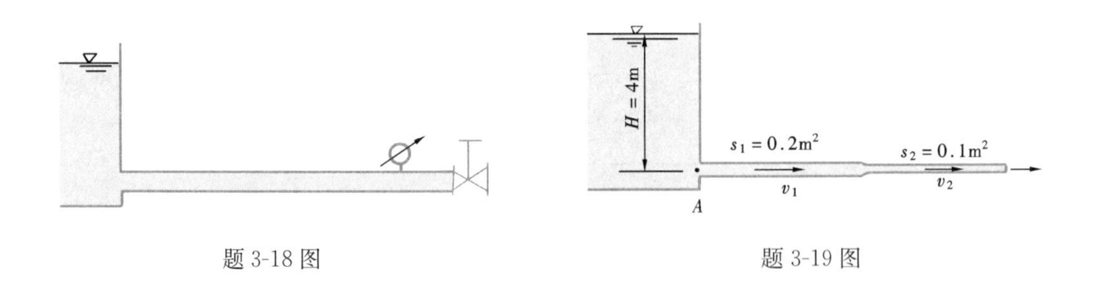

题 3-18 图　　题 3-19 图

3-20　高层楼房燃气立管 B、C 两个供燃气点各供应 $Q_V=0.02\mathrm{m}^3/\mathrm{s}$ 的燃气量。假设燃气的密度为 $0.6\mathrm{kg/m}^3$，管径为 50mm，压强损失 AB 段用 $3\rho\frac{v_1^2}{2}$ 计算，BC 用 $4\rho\frac{v_2^2}{2}$ 计算，假定 C 点要求保持余压为 300Pa，求 A 点酒精（$\rho_{酒}=806\mathrm{kg/m}^3$）液面应有的高差（空气密度为 $1.2\mathrm{kg/m}^3$）。

3-21　锅炉省煤器的进出口处测得烟气的压强均为负压，水柱高差 $h_1=10.5\mathrm{mm}$，$h_2=20\mathrm{mm}$。如炉外空气密度 $\rho=1.2\mathrm{kg/m}^3$，烟气的平均密度 $\rho'=0.6\mathrm{kg/m}^3$，两测压断面高差 $H=5\mathrm{m}$，试求烟气通过省煤器的压强损失。

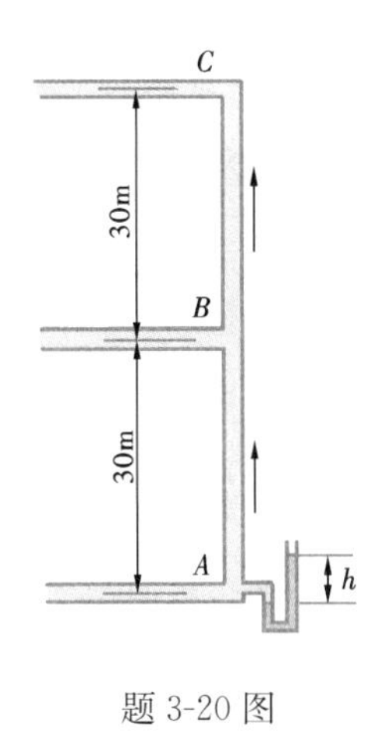

题 3-20 图

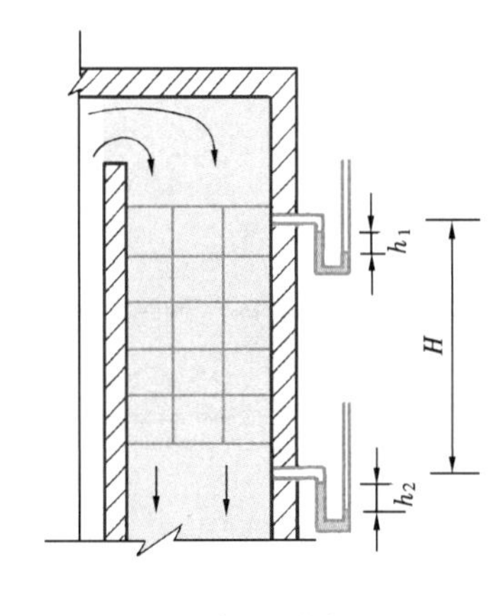

题 3-21 图

3-22　烟囱直径 $d=1\text{m}$，通过烟气量 $Q_V=26\text{m}^3/\text{h}$，烟气密度 $\rho=0.7\text{kg/m}^3$，周围气体的密度 $\rho'=1.2\text{kg/m}^3$，烟囱压强损失用 $p_l=0.035\dfrac{H}{d}\dfrac{\rho v^2}{2}$ 计算，要保证底部（1 断面）负压不小于 98Pa，烟囱高度至少应为多少？求 $\dfrac{H}{2}$ 高度上的压强，绘烟囱全高程 1-M-2 的压强分布。计算时设 1-1 断面流速很低，忽略不计。

3-23　图示为矿井竖井和横向坑道相连，竖井高为 200m，坑道长 300m，坑道和竖井内气温保持恒定，$t=15℃$，密度 $\rho=1.18\text{kg/m}^3$，坑外气温在清晨为 5℃，$\rho_0=1.29\text{kg/m}^3$，中午为 20℃，$\rho_0=1.16\text{kg/m}^3$，求早午竖井中的气流流向及气流速度 v 的大小。假定总的损失为 $9\dfrac{\rho v^2}{2}$。

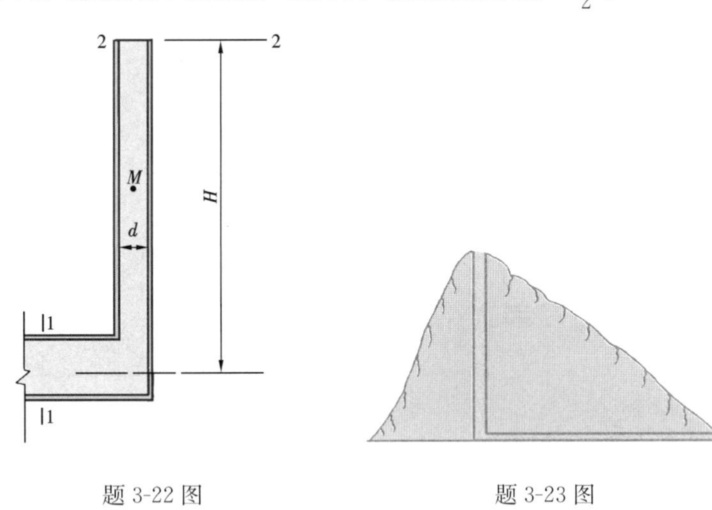

题 3-22 图　　题 3-23 图

3-24　图示为一水平风管，空气自断面 1-1 流向断面 2-2，已知断面 1-1 的压强 $p_1=1.47\text{kPa}$，$v_1=15\text{ m/s}$，断面 2-2 的压强 $p_2=1.37\text{kPa}$，$v_2=10\text{m/s}$，空气密度 $\rho=1.29\text{kg/m}^3$，求两断面的压强损失。

3-25　图示为开式试验段风洞，射流喷口直径 $d=1\text{m}$，若在直径 $D=4\text{m}$ 的进风口壁侧装测压管，其水柱差为 $h=64\text{mm}$，空气密度 $\rho=1.29\text{kg/m}^3$，不计损失，求喷口风速。

3-26　定性绘制图中管路系统的总水头线和测压管水头线。

3-27　利用 3-20 题的数据绘制煤气立管 ABC 的各种压强线。

3-28　高压管末端的喷嘴如图所示，出口直径 $d=10\text{cm}$，管端直径 $D=40\text{cm}$，流量 $Q_V=0.4\text{m}^3/\text{s}$，喷嘴和管以法兰盘连接，共用 12 个螺栓，不计水和管嘴的质量，求每个螺栓受力。

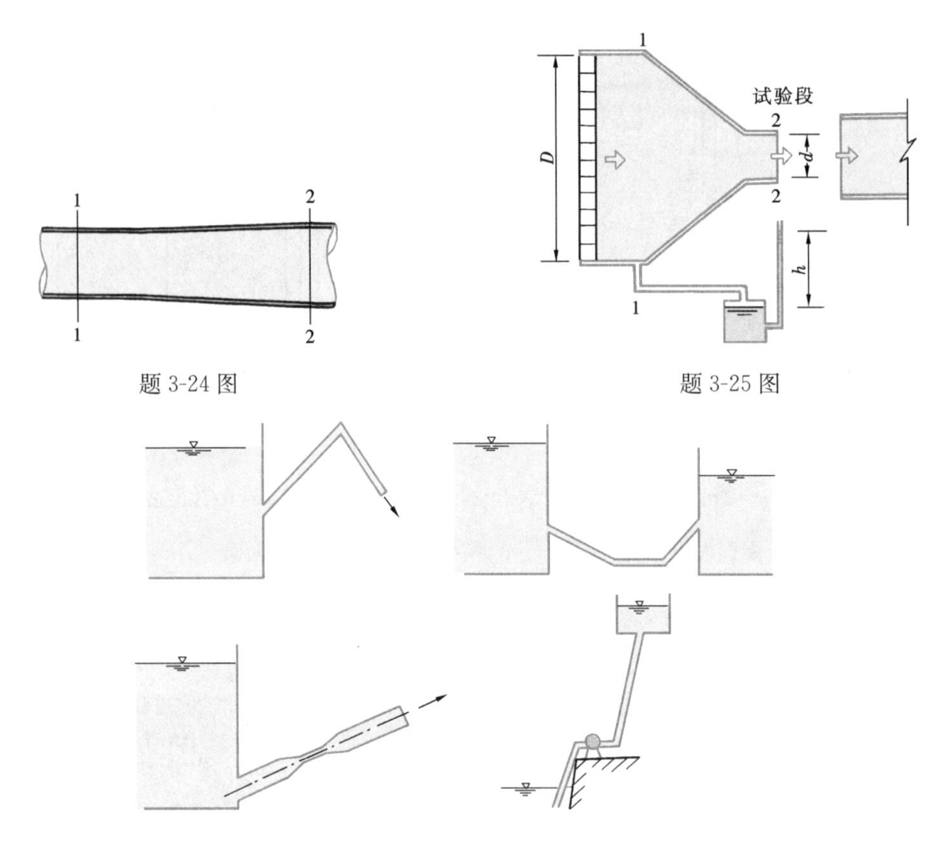

题 3-24 图

题 3-25 图

题 3-26 图

3-29　直径为 $d_1=700\text{mm}$ 的管道在支承水平面上分支为 $d_2=500\text{mm}$ 的两支管，A-A 断面压强为 70kPa，管道流量 $Q_V=0.6\text{m}^3/\text{s}$，两支管流量相等：(1) 不计水头损失，求支墩受水平推力。(2) 水头损失为支管流速水头的 5 倍，求支墩受水平推力。不考虑螺栓连接的作用。

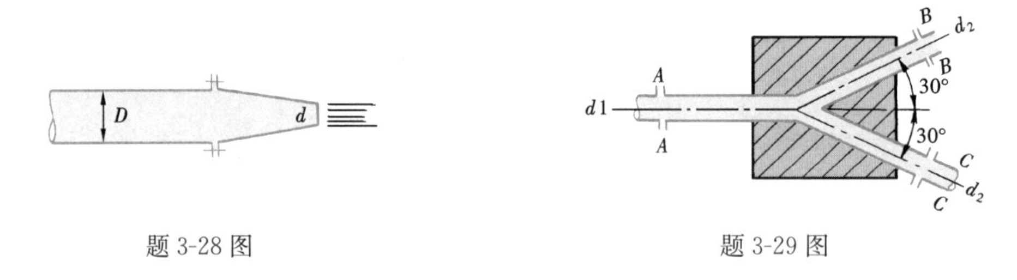

题 3-28 图

题 3-29 图

3-30　求水流对 1m 宽的挑流坎 AB 作用的水平分力和铅直分力。假定 A、B 两断面间水的质量为 274kg，不计水头损失，而且断面 B 流出的流动可以认为是自由射流。

3-31　水流垂直于纸面的宽度为 1.2m，不计水头损失，求它对建筑物的水平作用力。

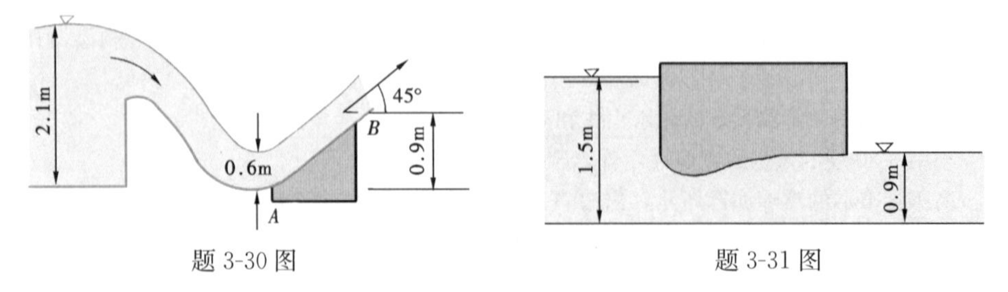

题 3-30 图

题 3-31 图

3-32 如图所示，水自喷嘴水平地射向一与其交角成 60°的平板上，已知喷嘴出口直径 $d=25\text{mm}$，射流的流量 $Q_V=0.0334\text{m}^3/\text{s}$，试求射流沿平板向两侧的分流流量 Q_{V1} 和 Q_{V2} 以及射流对平板的作用力（不计摩擦力和重力）。

3-33 如图所示，一平板垂直于水射流的轴线放置。已知射流的流量 $Q_V=0.036\text{m}^3/\text{s}$，射流流速 $v=30\text{m/s}$，且 $Q_{V2}=0.012\text{m}^3/\text{s}$，试求射流对平板的作用力以及射流的偏转角 θ（不计摩擦力和重力）。

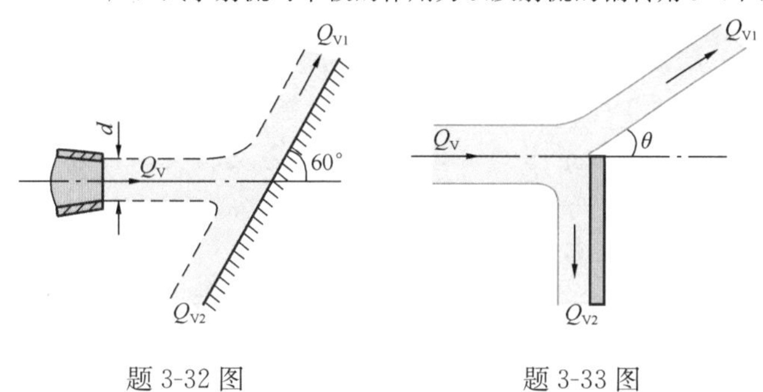

题 3-32 图　　　　题 3-33 图

第3章扩展阅读：
北斗卫星导航系统

部分习题答案

第4章 流动阻力和能量损失

【要点提示】本章主要阐述管道内流体流动的阻力及损失的分类、产生机理和计算方法。本章的要点是黏性流体的两种流态——层流和紊流，不同流态下流体在管道内流动的阻力规律和能量损失的计算方法。

为了运用能量方程式确定流动过程中流体所具有的能量变化，或者说，确定各断面上位能、压力能和动能之间的关系以及计算为流动应提供的动力等，都需要解决能量损失项的计算问题。能量损失的计算是专业中重要的计算问题之一。

不可压缩流体在流动过程中，流体之间切应力的做功，以及流体与固壁之间摩擦力的做功，都是靠损失流体自身所具有的机械能来补偿的。这部分能量均不可逆转地转化为热能。这种引起流动能量损失的阻力与流体的黏滞性和惯性，与固壁对流体的阻滞作用和扰动作用等有关。因此，为了得到能量损失的规律，必须同时分析各种阻力的特性，研究壁面特征的影响，以及产生各种阻力的机理。

能量损失一般有两种表示方法：对于液体，通常用受单位重力作用的流体的能量损失（或称水头损失）h_l 来表示；对于气体，则常用单位体积流体的能量损失（或称压强损失）p_l 来表示。它们之间的关系是

$$p_l = \rho g h_l$$

4.1 沿程损失和局部损失

在工程的设计计算中，根据流体接触的边壁沿程是否变化，把能量损失分为两类：沿程损失 h_f 和局部损失 h_m。它们的计算方法和损失机理不同。

4.1.1 流动阻力和能量损失的分类

在边壁沿程不变的管段上（如图4-1所示的 ab、bc、cd 段），流动阻力沿程也基本不变，称这类阻力为沿程阻力。克服沿程阻力引起的能量损失称为沿程损失。图中的 h_{fab}、h_{fbc}、h_{fcd} 就是 ab、bc、cd 段的损失——沿程损失。由于沿程损失沿管段均布，即与管段的长度成正比，所以也称为长度损失。

在边界急剧变化的区域，阻力主要地集中在该区域内及其附近，这种集中分布的阻力称为局部阻力。克服局部阻力的能量损失称为局部损失。例如图4-1中的管道进口、变径管和阀门等处，都会产生局部阻力，h_{ma}、h_{mb}、h_{mc} 就是相应的局部水头损失。引起局部阻力的原因是旋涡区的产生及速度方向和大小的变化。

整个管路的能量损失等于各管段的沿程损失和各局部损失的总和，即

$$h_l = \sum h_f + \sum h_m$$

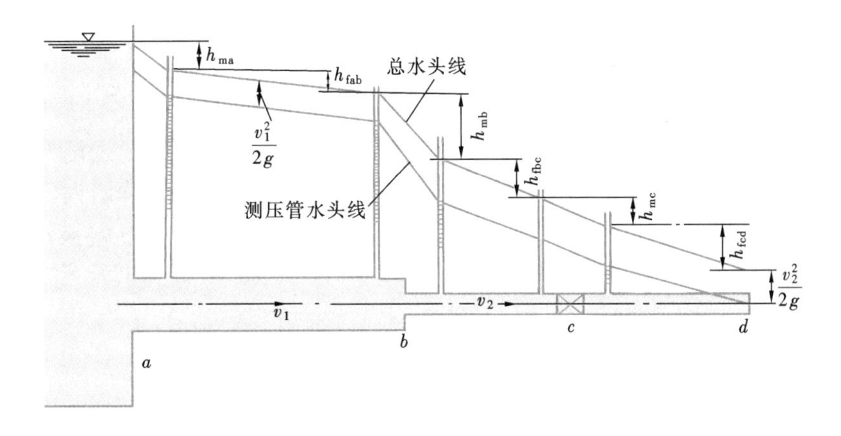

图 4-1 沿程阻力与沿程损失

对于图 4-1 所示的流动系统，能量损失为

$$h_l = h_{fab} + h_{fbc} + h_{fcd} + h_{ma} + h_{mb} + h_{mc}$$

4.1.2 能量损失的计算公式

能量损失计算公式用水头损失表达时，为

沿程水头损失：

$$h_f = \lambda \frac{l}{d} \cdot \frac{v^2}{2g} \tag{4-1}$$

局部水头损失：

$$h_m = \zeta \frac{v^2}{2g} \tag{4-2}$$

用压强损失表达，则为

$$p_f = \lambda \frac{l}{d} \cdot \frac{\rho v^2}{2} \tag{4-3}$$

$$p_m = \zeta \frac{\rho v^2}{2} \tag{4-4}$$

式中 l——管长；

d——管径；

v——断面平均流速；

g——重力加速度；

λ——沿程阻力系数；

ζ——局部阻力系数。

这些公式是长期工程实践的经验总结，其核心问题是各种流动条件下无因次系数 λ 和 ζ 的计算，除了少数简单情况外，主要是用经验或半经验的方法获得。从应用角度而言，本章的主要内容就是沿程阻力系数 λ 和局部阻力系数 ζ 的计算，这也是本章内容的主线。

4.2 层流与紊流、雷诺数

从 19 世纪初期起，通过实验研究和工程实践，人们注意到流体运动有两种结构不同的流动状态，能量损失的规律与流态密切相关。

4.2.1 两种流态

1883 年英国物理学家雷诺在与图 4-2 类似的装置上进行了实验。

实验时，水箱 A 内水位保持不变，阀门 C 用于调节流量，容器 D 内盛有密度与水相近的颜色水，经细管 E 流入玻璃管 B，阀门 F 用于控制颜色水流量。

当管 B 内流速较小时，管内颜色水成一股细直的流束，这表明各液层间毫不相混。这种分层有规则的流动状态称为层流，如图 4-2（a）所示。当阀门 C 逐渐开大、流速增加到某一临界流速 v_k'时，颜色水出现摆动，如图 4-2（b）所示。继续增大流速，则颜色水迅速与周围清水相混，如图 4-2（c）所示。这表明液体质点的运动轨迹极不规则，各部分流体互相剧烈掺混，这种流动状态称为紊流。

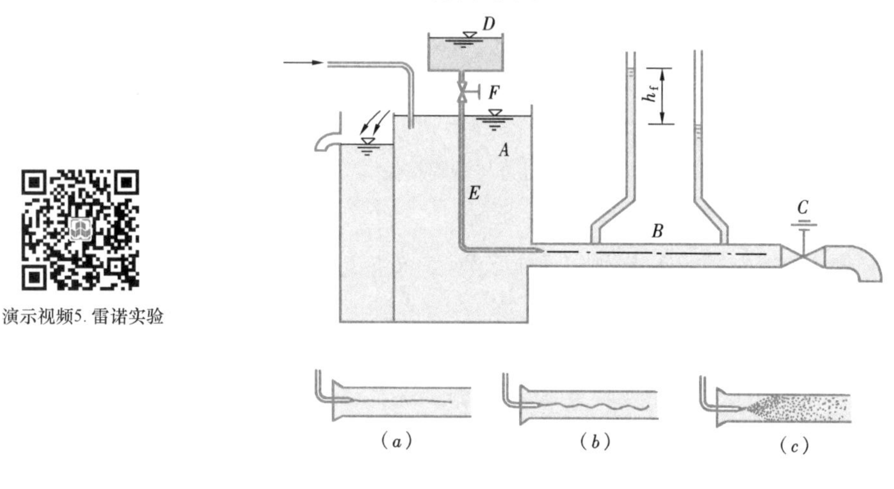

图 4-2　流态实验装置

若实验时的流速由大变小，则上述观察到的流动现象以相反程序重演，但由紊流转变为层流的临界流速 v_k 小于由层流转变为紊流的临界流速 v_k' 。称 v_k' 为上临界流速，v_k 为下临界流速。

实验进一步表明：对于特定的流动装置上临界流速 v_k' 不固定，随着流动的起始条件和实验条件的扰动程度不同，v_k' 值可以有很大的差异；但是下临界流速 v_k 却不变。在实际工程中，扰动普遍存在，上临界流速没有实际意义。以后所指的临界流速即为下临界流速。

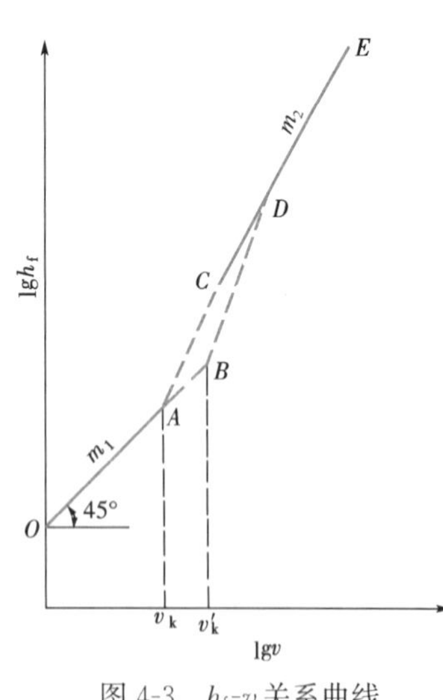

图 4-3　h_f-v 关系曲线

在管 B 的断面 1、2 处加接两根测压管，根据能量方程，测压管的液面差即为 1、2 断面间的沿程水头损失。用阀门 C 调节流量，通过流量测量就可以得到沿程水头损失与平均流速的关系曲线 h_f-v，如图 4-3 所示。

实验曲线 $OABDE$ 在流速由小变大时获得；而流速由大变小时的实验曲线是 $EDCAO$。其中 AD 部分不重合。图中 B 点对应的流速即上临界流速，A 点对应的是下临界流速。AC 段和 BD 段实验点分布比较散乱，是流态不稳定的过渡区域。

此外，由图 4-3 分析可得

$$h_f = Kv^m$$

流速小时即 OA 段，$m=1.0$，$h_f=Kv^{1.0}$，沿程损失和流

速一次方成正比。流速较大时，在 CDE 段，$m=1.75\sim2.0$，$h_f=Kv^{1.75\sim2.0}$。线段 AC 或 BD 的斜率均大于 2。

4.2.2 流态的判别准则——临界雷诺数

上述实验观察到了两种不同的流态，以及在管 B 的管径和流动介质——清水不变的条件下得到流态与流速有关的结论。雷诺等人进一步的实验表明：流动状态不仅和流速 v 有关，还和管径 d、流体的动力黏度 μ 和密度 ρ 有关。

以上四个参数可组合成一个无因次数，叫作雷诺数，用 Re 表示

$$Re = vd\rho/\mu = vd/\nu \tag{4-5}$$

对应于临界流速的雷诺数称临界雷诺数，用 Re_K 表示。实验表明：尽管当管径或流动介质不同时，临界流速 v_K 不同，但对于任何管径和任何牛顿流体，判别流态的临界雷诺数却是相同的，其值约为 2000。即

$$Re_K = v_K d/\nu = 2000 \tag{4-6}$$

Re 在 2000～4000 是由层流向紊流转变的过渡区，相当于图 4-3 上的 AC 段。工程上为简便起见，假设当 $Re>Re_K$ 时，流动处于紊流状态，这样，流态的判别条件是

层流：
$$Re = vd/\nu < 2000 \tag{4-7}$$

紊流：
$$Re = vd/\nu > 2000 \tag{4-8}$$

要强调指出的是临界雷诺数值 $Re_K=2000$，是仅就圆管而言，对于诸如平板绕流和厂房内气流等边壁形状不同的流动，具有不同的临界雷诺数值。

【例 4-1】有一管径 $d=25$mm 的室内给水管，如管中流速 $v=1.0$m/s，水温 $t=10$℃。

（1）试判别管中水的流态；

（2）管内保持层流状态的最大流速为多少？

【解】（1）10℃时水的运动黏度 $\nu=1.31\times10^{-6}\text{m}^2/\text{s}$

管内雷诺数为

$$Re = \frac{vd}{\nu} = \frac{1.0\text{m/s}\times0.025\text{m}}{1.31\times10^{-6}\text{m}^2/\text{s}} = 19100 > 2000$$

故管中水流为紊流。

（2）保持层流的最大流速就是临界流速 v_K。

由于
$$Re = \frac{v_K d}{\nu} = 2000$$

所以
$$v_K = \frac{2000\times1.31\times10^{-6}\text{m}^2/\text{s}}{0.025\text{m}} = 0.105\text{m/s}$$

【例 4-2】某低速送风管道，直径 $d=200$mm，风速 $v=3.0$m/s，空气温度是 30℃。

（1）试判断风道内气体的流态；

（2）该风道的临界流速是多少？

【解】（1）30℃空气的运动黏度 $\nu=16.6\times10^{-6}\text{m}^2/\text{s}$，管中雷诺数为

$$Re = \frac{vd}{\nu} = \frac{3.0\text{m/s}\times0.2\text{m}}{16.6\times10^{-6}\text{m}^2/\text{s}} = 36150 > 2000$$

故为紊流。

（2）求临界流速 v_K

$$v_K = \frac{Re_K \nu}{d} = \frac{2000 \times 16.6 \times 10^{-6} m^2/s}{0.2m} = 0.166m/s$$

从以上两例题可见，水和空气管路一般均为紊流。

【例 4-3】某户内燃气管道，用具前支管管径 $d=15$mm，燃气流量 $Q_V=2m^3/h$，燃气的运动黏度 $\nu=26.3\times10^{-6}m^2/s$。试判别该燃气支管内的流态。

【解】管内燃气流速

$$v = \frac{Q_V}{A} = \frac{\frac{2}{3600}m^3/s}{\frac{\pi}{4}\times(0.015m)^2} = 3.15m/s$$

雷诺数为

$$Re = \frac{vd}{\nu} = \frac{3.15m/s \times 0.015m}{26.3\times10^{-6}m^2/s} = 1797 < 2000$$

故管中为层流。这说明某些户内管流也可能出现层流状态。

4.2.3 流态分析

层流和紊流的根本区别在于层流各流层间互不掺混，只存在黏性引起的各流层间的滑动摩擦阻力；紊流时则有大小不等的涡体动荡于各流层间。除了黏性阻力，还存在着由于质点掺混、互相碰撞所造成的惯性阻力。因此，紊流阻力比层流阻力大得多。

层流到紊流的转变是与涡体的产生联系在一起的，图 4-4 绘出了涡体产生的过程。

设流体原来做直线层流运动。由于某种原因的干扰，流层发生波动（图 4-4*a*）。于是在波峰一侧断面受到压缩，流速增大，压强降低；在波谷一侧由于过流断面增大，流速减小，压强增大。因此流层受到图 4-4（*b*）中箭头所示的压差作用，这将使波动进一步加大（图 4-4*c*），终于发展成涡体。涡体形成后，由于其一侧的旋转切线速度与流动方向一致，故流速较大，压强较小；而另一侧旋转切线速度与流动方向相反，流速较小，压强较大。于是涡体在其两侧压差作用下，将由一层转到另一层（图 4-4*d*），这就是紊流掺混的原因。

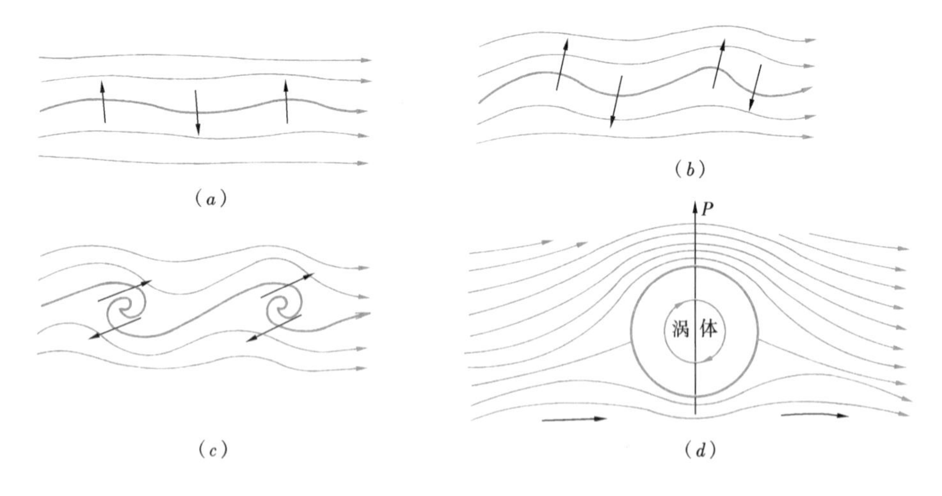

图 4-4 层流到紊流的转变过程

层流受扰动后，当黏性的稳定作用起主导作用时，扰动受到黏性的阻滞而衰减下来，层流就是稳定的。当扰动占上风，黏性的稳定作用无法使扰动衰减下来，流动便变为紊流。因此，流动呈现什么流态，取决于扰动的惯性作用和黏性的稳定作用谁占主导的结果。雷诺数之所以能判别流态，正是因为它反映了惯性力和黏性力的对比关系。

实验表明，在 $Re=1225$ 左右时，流动的核心部分就已出现线状的波动和弯曲。随着 Re 的增加，其波动的范围和强度随之增大，但此时黏性仍起主导作用。层流仍是稳定的。直至 Re 达到 2000 左右时，在流动的核心部分惯性力终于克服黏性力的阻滞而开始产生涡体，掺混现象也就出现了。当 $Re>2000$ 后，涡体越来越多，掺混也越来越强烈。直到 $Re=3000\sim4000$ 时，除了在邻近管壁的极小区域外，均已发展为紊流。在邻近管壁的极小区域存在着很薄的一层流体，由于固体壁面的阻滞作用，流速较小，惯性力较小，因而仍保持为层流运动。该流层称为层流底层。管中心部分称为紊流核心。在紊流核心与层流底层之间还存在一个由层流到紊流的过渡层，如图 4-5 所示。层流底层的厚度 δ 随着 Re 数值的不断加大而越来越薄，它的存在对管壁粗糙的扰动作用和导热性能有重大影响。

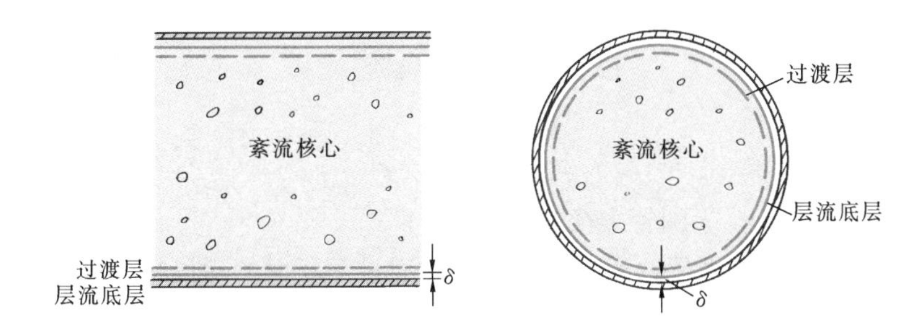

图 4-5 层流底层与紊流核心

4.3 圆管中的层流运动

本节主要讲述圆管中层流运动的规律以及从理论上导出沿程阻力系数 λ 的计算公式。

4.3.1 均匀流动方程式

在第 3 章已分析过均匀流动的特点，均匀流只能发生在长直的管道或渠道这一类断面形状和大小都沿程不变的流动中，因此只有沿程损失，而无局部损失。为了导出沿程阻力系数的计算公式，首先建立沿程损失和沿程阻力之间的关系。如图 4-6 所示的均匀流中，在任选的两个断面 1-1 和 2-2 列能量方程

$$Z_1+\frac{p_1}{\rho g}+\frac{\alpha_1 v_1^2}{2g}=Z_2+\frac{p_2}{\rho g}+\frac{\alpha_2 v_2^2}{2g}+h_{l1-2}$$

由均匀流的性质，有

$$\frac{\alpha_1 v_1^2}{2g}=\frac{\alpha_2 v_2^2}{2g},h_l=h_{\mathrm{f}}$$

代入上式，得

$$h_{\mathrm{f}}=\left(\frac{p_1}{\rho g}+Z_1\right)-\left(\frac{p_2}{\rho g}+Z_2\right) \tag{4-9}$$

选取断面 1-1 和 2-2 间的空间体积为控制体，沿流向应用动量方程。设两断面间的距离为 l，过流断面面积 $A_1=A_2=A$，在流向上，该流段所受的作用力有

重力分量 $\rho gAl\cos\alpha$

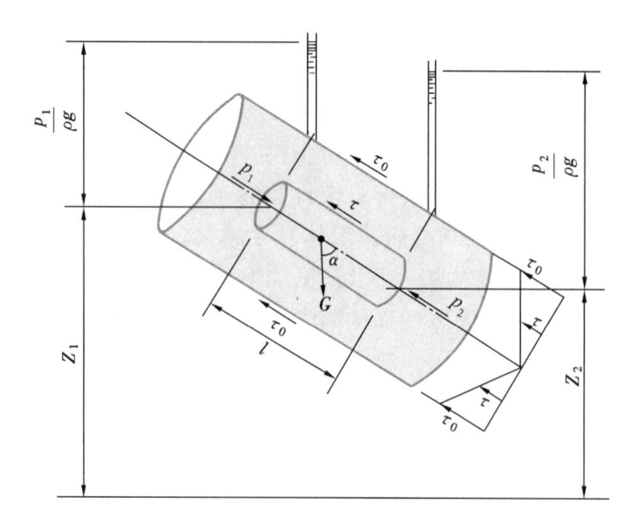

图 4-6　圆管均匀流动

端面压力　　　　p_1A，p_2A

管壁切力　　　　$\tau_0 \cdot l \cdot 2\pi r_0$

其中，τ_0 为管壁切应力；r_0 为圆管半径。

在均匀流中，流体质点做等速运动，单位时间通过两断面的动量相等，因此，以上各力的合力为零，考虑到各力的作用方向，得

$$p_1A - p_2A + \rho gAl\cos\alpha - \tau_0 l2\pi r = 0$$

将 $l\cos\alpha = Z_1 - Z_2$ 代入整理，得

$$\left(Z_1 + \frac{p_1}{\rho g}\right) - \left(Z_2 + \frac{p_2}{\rho g}\right) = \frac{2\tau_0 l}{\rho g r_0} \tag{4-10}$$

比较式（4-9）和式（4-10），得

$$h_{\mathrm{f}} = \frac{2\tau_0 l}{\rho g r_0} \tag{4-11}$$

式中　h_{f}/l——单位长度的沿程损失，称为水力坡度，以 J 表示，即

$$J = h_{\mathrm{f}}/l$$

代入上式得

$$\tau_0 = \rho g \frac{r_0}{2} J \tag{4-12}$$

式（4-11）或式（4-12）就是均匀流动方程式。它反映了沿程水头损失和管壁切应力之间的关系。无论是层流均匀流还是紊流均匀流，均匀流方程均适合。

如取半径为 r 的同轴圆柱形中所包含的流体来讨论，可类似地求得管内任一点轴向切应力 τ 与沿程水头损失 J 之间的关系为

$$\tau = \rho g \frac{r}{2} J \tag{4-13}$$

比较式（4-12）和式（4-13），得

$$\tau/\tau_0 = r/r_0 \tag{4-14}$$

此式表明圆管均匀流中切应力与半径成正比，在断面上按线性规律分布，轴线上为零，在管壁上达最大值，如图 4-6 所示。

4.3.2 沿程阻力系数的计算

圆管中的层流运动，可以看成无数无限薄的圆筒层，一个套着一个地相对滑动，各流层间互不掺混。这种轴对称的流动各流层间的切应力大小满足牛顿内摩擦定律式(1-8)，即

$$\tau = -\mu \frac{\mathrm{d}u}{\mathrm{d}r} \tag{4-15}$$

由于速度 u 随 r 的增大而减小，所以等式右边加负号，以保证 τ 为正。

联立均匀流动方程式（4-13）和式（4-15），整理得

$$\mathrm{d}u = -\frac{\rho g J}{2\mu} r\,\mathrm{d}r$$

在均匀流中，J 值不随 r 而变。积分上式，并代入边界条件：$r=r_0$ 时，$u=0$，得

$$u = \frac{\rho g J}{4\mu}(r_0^2 - r^2) \tag{4-16}$$

可见，断面流速分布是以管中心线为轴的旋转抛物面，见图 4-7。

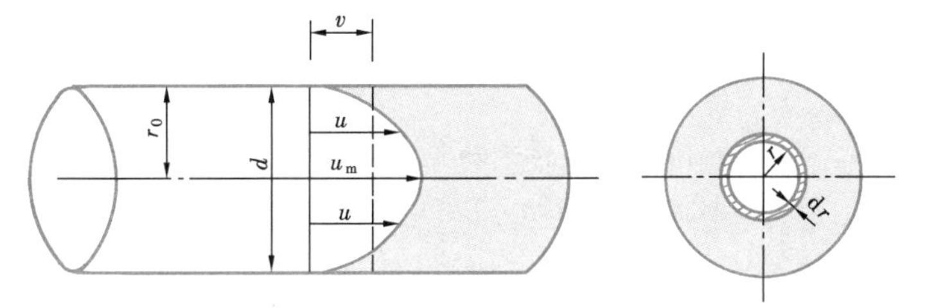

图 4-7 圆管中层流的流速分布

$r=0$ 时，即在管轴上，达最大流速

$$u_{\max} = \frac{\rho g J}{4\mu} r_0^2 = \frac{\rho g J}{16\mu} d^2 \tag{4-17}$$

将式（4-16）代入平均流速定义式

$$v = \frac{Q_V}{A} = \frac{\int_A u\,\mathrm{d}A}{A} = \frac{\int_0^{r_0} u \cdot 2\pi r\,\mathrm{d}r}{A}$$

得平均流速为

$$v = \frac{\rho g J}{8\mu} r_0^2 = \frac{\rho g J}{32\mu} d^2 \tag{4-18}$$

比较式（4-17）和式（4-18），得

$$v = \frac{1}{2} u_{\max} \tag{4-19}$$

即平均流速等于最大流速的一半。

根据式（4-18），得

$$h_f = J \cdot l = \frac{32\mu vl}{\rho g d^2} \tag{4-20}$$

此式从理论上证明了层流沿程损失和平均流速一次方成正比，这与4.2节的实验结果一致。

将式（4-20）写成计算沿程损失的一般形式，即式（4-1），则

$$h_f = \lambda \frac{l}{d} \frac{v^2}{2g} = \frac{32\mu vl}{\rho g d^2} = \frac{64}{Re} \cdot \frac{l}{d} \cdot \frac{v^2}{2g}$$

由此式可得圆管层流的沿程阻力系数的计算式

$$\lambda = \frac{64}{Re} \tag{4-21}$$

它表明圆管层流的沿程阻力系数仅与雷诺数有关，且成反比，而和管壁粗糙无关。

由于从理论上导出了层流时流速分布的解析式，因此，根据定义式，很容易导出圆管层流运动的动能修正系数α和动量修正系数α_0，它们为

$$\alpha = 2, \alpha_0 = 1.33$$

紊流掺混使断面流速分布比较均匀。层流时，相对地说，分布不均匀，两个系数值与1相差较大，不能近似为1。在实际工程中，大部分管流为紊流，因此系数α和α_0均近似取值为1。

工程问题中管内层流运动主要存在于某些小管径、小流量的户内管路或黏性较大的机械润滑系统和输油管路中。层流运动规律也是流体黏度量测和研究紊流运动的基础。

【例4-4】设圆管的直径$d=2$cm，流速$v=12$cm/s，水温$t=10$℃。试求在管长$l=20$m上的沿程水头损失。

【解】先判明流态，查得在10℃时水的运动黏度$\nu=0.013\text{cm}^2/\text{s}$

$$Re = \frac{vd}{\nu} = \frac{12\text{cm/s} \times 2\text{cm}}{0.013\text{cm}^2/\text{s}} = 1840 < 2000\text{，故为层流。}$$

求沿程阻力系数λ

$$\lambda = \frac{64}{Re} = \frac{64}{1840} = 0.0348$$

沿程损失为

$$h_f = \lambda \cdot \frac{l}{d} \cdot \frac{v^2}{2g} = 0.0348 \times \frac{2000\text{cm}}{2\text{cm}} \times \frac{(12\text{cm/s})^2}{2 \times 980\text{cm/s}^2} = 2.6\text{cm}$$

【例4-5】在管径$d=1$cm、管长$l=5$m的圆管中，冷冻机润滑油做层流运动，测得流量$Q_V=80\text{cm}^3/\text{s}$，水头损失$h_f=30$moil，试求油的运动黏度$\nu$。

【解】润滑油的平均流速

$$v = \frac{Q_V}{A} = \frac{80\text{cm}^3/\text{s}}{\frac{\pi}{4} \times (1\text{cm})^2} = 102\text{cm/s}$$

沿程阻力系数为

$$\lambda = \frac{h_f}{\frac{l}{d} \cdot \frac{v^2}{2g}} = \frac{30\text{m}}{\frac{5\text{m}}{0.01\text{m}} \times \frac{(1.02\text{m/s})^2}{2 \times 9.8\text{m/s}^2}} = 1.13$$

求Re，因为是层流，$\lambda = \frac{64}{Re}$，所以

$$Re=\frac{64}{\lambda}=\frac{64}{1.13}=56.6$$

润滑油的运动黏度为

$$\nu=\frac{vd}{Re}=\frac{102\text{cm/s}\times 1\text{cm}}{56.6}=1.82\text{cm}^2/\text{s}$$

4.4　紊流运动的特征和紊流阻力

本节进一步剖析和描述紊流运动的流动特征，研究与紊流能量损失有关的阻力特性，同时，介绍一些紊流的概念。

4.4.1　紊流运动的特征

上面已提到紊流流动是极不规则的流动，这种不规则性主要体现在紊流的脉动现象。所谓脉动现象，就是诸如速度、压强等空间点上的物理量随时间做无规则的随机波动。在做相同条件下的重复试验时，所得瞬时值不相同，但多次重复试验的结果的算术平均值趋于一致，具有规律性。例如速度的这种随机脉动的频率在每秒 100 到 100000 次之间，振幅小于平均速度的 10%。

图 4-8 所示就是某紊流流动在某一空间固定点上测得的速度随时间的变化。

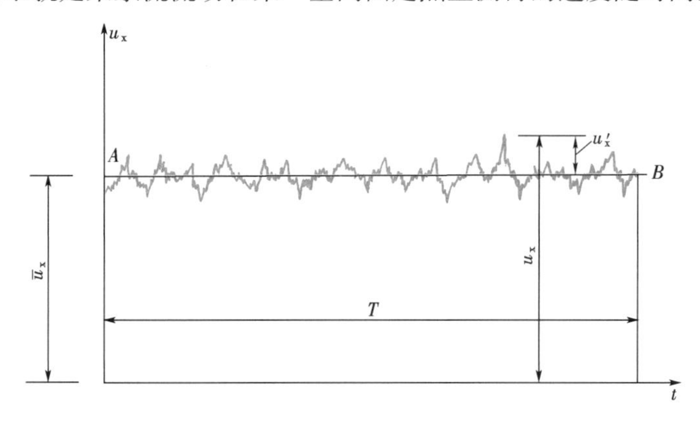

图 4-8　紊流的脉动

由于脉动的随机性，自然地，统计平均方法就是处理紊流流动的基本手段。统计平均方法有时均法和体均法等。我们介绍比较容易测量和常用的时均法。

时均法将紊流视作两种流动的叠加：时间平均流动与脉动流动。

以瞬时速度分量 u_x 的时间平均为例给出时均法中时均物理量的定义。用 $\bar{u}_x$ 表示 u_x 的时均速度，其定义为

$$\bar{u}_x(x,y,z,t)=\frac{1}{T}\int_{t-T/2}^{t+T/2}u_x(x,y,z,\xi)\mathrm{d}\xi \tag{4-22}$$

式中　ξ——时间积分变量；

T——平均周期，是一常数，它的取法是应比紊流的脉动周期大得多，而比流动的不恒定性的特征时间又小得多，随具体的流动而定。例如风洞实验中有时取 T 等于 1s，而海洋波 T 大于 20min。

瞬时速度与平均速度之差即为脉动速度，用“′”表示。于是，脉动速度为

$$u'_x = u_x - \bar{u}_x$$

或写成

$$u_x = \bar{u}_x + u'_x \tag{4-23}$$

同样，瞬时压强、平均压强和脉动压强之间的关系为

$$p = \bar{p} + p'$$

等等。

从瞬时来看，紊流总是非恒定流，但从时均流动看，如果各物理量的时均值不随时间变化，仅是空间坐标的函数，为时均恒定流，这样，第 3 章中关于恒定流的基本方程对时均恒定紊流都适用，方程中相应的物理量为其物理量的时均值。

紊流脉动的强弱程度用紊流度 ε 表示。紊流度的定义是

$$\varepsilon = \frac{1}{\bar{u}}\sqrt{\frac{1}{3}(\overline{u'^2_x} + \overline{u'^2_y} + \overline{u'^2_z})} \tag{4-24}$$

式中，$\bar{u} = (\overline{u^2_x} + \overline{u^2_y} + \overline{u^2_z})^{1/2}$，即等于脉动速度分量的均方根与时均速度大小的比值。在管流、射流和物体绕流等紊流流动中，初始来流的紊流度的强弱将影响到流动的发展。

常见的几种典型条件下的紊流特点为：

均匀各向同性紊流：在流场中，不同点以及同一点在不同的方向上的紊流特性都相同。主要存在于无界的流场或远离边界的流场。例如远离地面的大气层等。

自由剪切紊流：边界为自由面而无固壁限制的紊流。例如自由射流、绕流中的尾流等，在自由面上与周围介质发生掺混。

有壁剪切紊流：紊流在固壁附近的发展受限制。如管内紊流及绕流边界层等。在紊流理论和工程应用中都有专门的著作可资参考。

虽然通过物理量或流动参数的时均化，为研究紊流带来了很大的方便，工程中通常使用的测速管、测压计等所能够测量的也是时均速度和时均压强，但由于时均流动与脉动流动耦合，脉动流动会影响时均流动，因此，仍需要对紊流脉动进行分析研究。跟分子运动一样，紊流的脉动也将引起流体微团之间的质量、动量和能量的交换。由于流体微团含有大量分子，这种交换较之分子运动强烈得多，从而产生了紊流扩散、紊流摩阻和紊流热传导等。这种特性有时是有益的，例如紊流将强化换热器的效果；在考虑阻力问题时，却要设法减弱紊流摩阻。下面将分析与能量损失有关的紊流阻力的特点。

4.4.2　紊流阻力

在紊流中，一方面因时均流速不同，各流层间的相对运动，仍然存在着黏性切应力，另一方面还存在着由脉动引起的动量交换产生的惯性切应力。因此，紊流阻力包括黏性切应力和惯性切应力。

黏性切应力可由牛顿内摩擦定律计算。我们在此分析惯性切应力的产生原因。

在图 4-9 所示的恒定紊流中，时均流速沿 x 轴方向。脉动流速沿 x 和 y 方向的分量分别为 u'_x 和 u'_y。任取一水平截面 A-A，设在某一瞬时，原来位于低流速层 a 点处的质点，以脉动流速 u'_y 向上流动，穿过 A-A 截面到达 a' 点，则单位时间内通过 A-A 截面单位面积的流体质量为 $\rho u'_y$。由于流体具有 x 方向的流速，其瞬时值为 $u_x = \bar{u}_x + u'_x$，因而也就有 x 方向的动量由下层传入上层。单位时间内通过单位面积的动量为 $\rho u'_y(\bar{u}_x + u'_x)$，这样，截面 A-A 的下侧流体损失了动量，而上侧的流体增加了动量。根据动量定律：动量

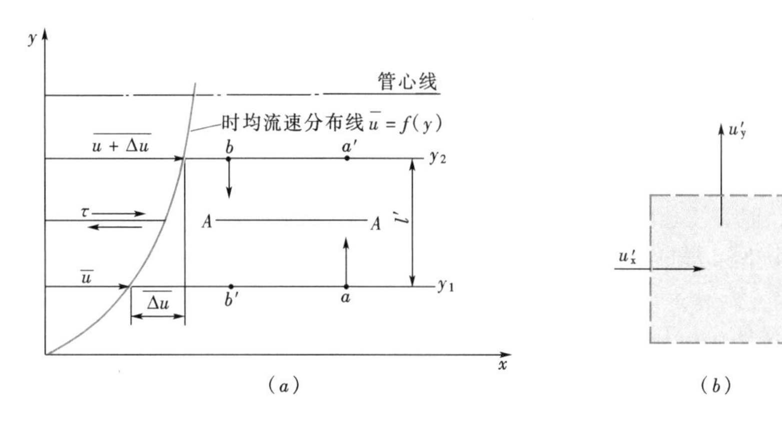

图 4-9　紊流的动量交换

的变化率等于作用力。这里动量的变化率也就是通过截面 A-A 的动量流量，所以由横向脉动产生 x 方向的动量传递，使 A-A 截面上产生了 x 方向的作用力。这个单位面积上的切向作用力就称为惯性切应力。用 τ_2 表示

$$\tau_2=\rho u'_y\ (\overline{u}_x+u'_x\ )$$

这里 u'_y 和 u'_x 可能为正，也可能为负。图 4-9 所示流动的黏性切应力用 τ_1 表示。τ_2 的时均值，根据式（4-22），有

$$\overline{\tau_2}=\overline{\rho u'_y\ (\overline{u}_x+u'_x\ )}=\rho\frac{1}{T}\int_{t-T/2}^{t+T/2}u'_y\ (\overline{u}_x+u'_x\ )\ \mathrm{d}\xi$$

$$=\rho\left(\frac{1}{T}\int_{t-T/2}^{t+T/2}u'_y\ \overline{u}_x\mathrm{d}\xi+\frac{1}{T}\int_{t-T/2}^{t+T/2}u'_y\ u'_x\ \mathrm{d}\xi\right)$$

上式中，时均值 $\overline{u}_x$ 与积分变量无关，不难证明脉动量的时均值为零：

因为 $u_y=\overline{u}_y+u'_y$ ，两边取时均值，得

$$\overline{u}_y=\frac{1}{T}\int_{t-T/2}^{t+T/2}\overline{u}_y\mathrm{d}\xi+\overline{u'_y}\ =\overline{u}_y+\overline{u'_y}$$

所以

$$\overline{u'_y}\ =0$$

于是

$$\overline{\tau_2}=\rho\frac{1}{T}\int_{t-T/2}^{t+T/2}u'_y\ u'_x\ \mathrm{d}\xi=\rho\overline{u'_x\ u'_y}\tag{4-25}$$

现在分析惯性切应力的方向。当流体由下往上脉动时，u'_y 为正，由于 a 点处 x 方向的时均流速小于 a' 处 x 方向的时均流速，因此当 a 处的质点到达 a' 处时，在大多数情况下，对该处原有的质点的运动起阻滞作用，产生负的沿 x 方向的脉动流速 u'_x 。反之，原处于高流速层 b 点的流体，以脉动流速 u'_y 向下运动，则 u'_y 为负，到达 b' 点时，对该处原有质点的运动起向前推进的作用，产生正值的脉动流速 u'_x 。这样正的 u'_x 和负的 u'_y 相对应，负的 u'_x 和正的 u'_y 相对应，其乘积 $u'_x\ u'_y$ 总是负值。此外，惯性切应力和黏性切应力的方向是一致的，下层流体（低流速层）对上层流体（高流速层）的运动起阻滞作用，而上层流体对下层流体的运动起推动作用。

为了使惯性切应力的符号与黏性切应力一致，以正值出现，故在式（4-25）中加一负号，得

$$\overline{\tau_2}=-\rho\overline{u_x' u_y'} \tag{4-26}$$

上式就是流速横向脉动产生的紊流惯性切应力。它是雷诺于1895年首先提出的，故又名雷诺应力。但要注意的是即使对时均流动而言，流动朝着同一方向的紊流，例如直管内流动，在三个坐标方向都存在着流速的脉动分量。因此，一般地惯性切应力还在其他方向上存在。

在惯性切应力的表达式（4-26）中，由于脉动速度是随时间随机地变化，不易确定，这使直接应用式（4-26）计算惯性切应力非常困难，为解决这一问题，对于管流、明渠流动以及边界层中的流动等，工程应用中广泛采用普朗特提出的混合长度理论，并利用经实验证明的一些假设，建立惯性切应力与时均速度之间的关系，由此求解紊流中的惯性切应力以及时均速度的分布等。

4.4.3　混合长度理论

宏观上流体微团的脉动引起惯性切应力，这与分子微观运动引起黏性切应力十分相似。因此，普朗特假设在脉动过程中，存在着一个与分子平均自由路程相当的距离 l'。微团在该距离内不会和其他微团相碰，因而保持原有的物理属性，例如保持动量不变。只是在经过这段距离后，才与周围流体相混合，并取得与新位置上原有流体相同的动量等。现根据这一假定作如下的推导。

相距 l' 的两层流体的时均流速差为

$$\Delta\bar{u}=\bar{u}(y_2)-\bar{u}(y_1)=\left(\bar{u}(y_1)+\frac{d\bar{u}}{dy}l'\right)-\bar{u}(y_1)=\frac{d\bar{u}}{dy}l'$$

由于两层流体的时均流速不同，因此横向脉动动量交换的结果要引起纵向脉动。普朗特假设纵向脉动流速绝对值的时均值与时均流速差成比例，即

$$\overline{|u_x'|}\backsim\frac{d\bar{u}}{dy}l'$$

同时，在紊流里，用一封闭边界割离出一块流体，如图4-9（*b*）所示。普朗特根据连续性原理认为要维持质量守恒，纵向脉动必将影响横向脉动，即 u_x' 与 u_y' 是相关的。因此 $|\overline{u_y'}|$ 与 $|\overline{u_x'}|$ 成比例，即

$$\overline{|u_y'|}\backsim\overline{|u_x'|}\backsim\frac{d\bar{u}}{dy}l'$$

$\overline{u_x' u_y'}$ 虽然与 $\overline{|u_x'|}\cdot\overline{|u_y'|}$ 不等，但可以认为两者成比例关系，符号相反，则

$$-\overline{u_x' u_y'}=cl'^2\cdot\left(\frac{d\bar{u}}{dy}\right)^2$$

式中，c 为比例系数，令 $l^2=cl'^2$，则上式可变成

$$\overline{\tau_2}=\rho l^2\left(\frac{d\bar{u}}{dy}\right)^2 \tag{4-27}$$

这就是由普朗特的混合长度理论得到的以时均流速表示的紊流惯性切应力表达式，式中 l 称为混合长度。于是紊流切应力可写成

$$\tau=\tau_1+\tau_2=\mu\frac{\mathrm{d}\bar{u}}{\mathrm{d}y}+\rho l^2\left(\frac{\mathrm{d}\bar{u}}{\mathrm{d}y}\right)^2$$

层流时只有黏性切应力 τ_1，紊流时 τ_2 有很大影响，如果将 τ_1 和 τ_2 相比，则

$$\frac{\tau_2}{\tau_1}=\frac{\rho l^2\left(\frac{\mathrm{d}\bar{u}}{\mathrm{d}y}\right)^2}{\mu\left(\frac{\mathrm{d}\bar{u}}{\mathrm{d}y}\right)}=\frac{\rho l^2\frac{\mathrm{d}\bar{u}}{\mathrm{d}y}}{\mu}\approx\rho l\frac{\bar{u}}{\mu}$$

$\frac{\rho l\bar{u}}{\mu}$是雷诺数的形式，因此 τ_2 与 τ_1 的比例与雷诺数有关。雷诺数越大，紊动越剧烈，τ_1 的影响就越小，当雷诺数很大时，τ_1 就可以忽略，于是

$$\tau=\rho l^2\left(\frac{\mathrm{d}u}{\mathrm{d}y}\right)^2 \tag{4-28}$$

为了简便起见，从这里开始，时均值不再标以时均符号。

式（4-28）中，混合长度 l 未知，要根据具体问题做出新的假定并结合实验结果才能确定。普朗特关于混合长度的假设有其局限性，但在一些紊流流动中应用普朗特半经验理论所获得的结果与实际比较一致。

将式（4-28）运用于圆管紊流，并根据实验结果得出断面上流速分布是对数型的。有

$$u=\frac{1}{\beta}\sqrt{\frac{\tau_0}{\rho}}\ln y+C \tag{4-29}$$

式中 y——离圆管壁的距离；

β——卡门通用常数，由实验定；

C——积分常数。

层流和紊流时圆管内流速分布规律的差异是由于紊流时流体质点相互掺混使流速分布趋于平均化造成的。层流时的切应力是由于分子运动的动量交换或分子间的吸引力引起的黏性切应力；而紊流切应力除了黏性切应力外，还包括流体微团脉动引起的动量交换所产生的惯性切应力。由于脉动交换远大于分子交换，因此在紊流充分发展的流域内，惯性切应力远大于黏性切应力，也就是说，紊流切应力主要是惯性切应力。

4.5 尼古拉兹实验

普朗特半经验理论是不完善的，必须结合实验才能解决紊流阻力的计算问题。

尼古拉兹在人工均匀砂粒粗糙的管道中进行了系统的沿程阻力系数和断面流速关系的测定工作，称为尼古拉兹实验。

4.5.1 沿程阻力系数及其影响因素的分析

沿程损失的计算，关键在于如何确定沿程阻力系数 λ。由于紊流的复杂性，λ 的确定

不可能像层流那样严格地从理论上推导出来。其研究途径通常有二：一是直接根据紊流沿程损失的实测资料，综合成阻力系数λ的纯经验公式；二是用理论和实验相结合的方法，以紊流的半经验理论为基础，整理成半经验公式。

为了通过实验研究沿程阻力系数λ，首先要分析λ的影响因素。层流的阻力是黏性阻力，理论分析已表明，在层流中，$\lambda=64/Re$，即λ仅与Re有关，与管壁粗糙度无关。而紊流的阻力由黏性阻力和惯性阻力两部分组成。壁面的粗糙在一定条件下成为产生惯性阻力的主要外因。每个粗糙点都将成为不断地产生并向管中输送旋涡引起紊动的源泉。因此，粗糙的影响在紊流中是一个十分重要的因素。这样，紊流的能量损失一方面取决于反映流动所受到的黏性力和惯性力的对比关系，另一方面又决定于流动的边壁几何条件。前者可用Re来表示，后者则包括管长，过流断面的形状、大小以及壁面的粗糙等。对圆管来说，过流断面的形状固定，而管长l和管径d也已包括在式（4-1）中。因此边壁的几何条件中只剩下壁面粗糙需要通过λ来反映。这就是说，沿程阻力系数λ，主要取决于Re和壁面粗糙这两个因素。

壁面粗糙中影响沿程损失的具体因素仍有不少。例如，对于工业管道，就包括粗糙的突起高度、粗糙的形状和粗糙的疏密和排列等因素。尼古拉兹在实验中使用了一种简化的粗糙模型。他把大小基本相同、形状近似球体的砂粒用漆汁均匀而稠密地粘附于管壁上，如图4-10所示。这种尼古拉兹使用的人工均匀粗糙叫作尼古拉兹粗糙。对于这种特定的粗糙形式，就可以用糙粒的突起高度K（即相当于砂粒直径）来表示边壁的粗糙程度。K称为绝对粗糙度。但粗糙对沿程损失的影响不完全取决于粗糙的突起绝对高度K，而是决定于它的相对高度，即K与管径d或半径r_0之比。

图4-10　尼古拉兹粗糙

K/d或K/r_0，称为相对粗糙度。其倒数d/K或r_0/K则称为相对光滑度。这样，影响λ的因素就是雷诺数和相对粗糙度，即

$$\lambda=f\left(Re,\frac{K}{d}\right)$$

4.5.2　沿程阻力系数的测定和阻力分区图

为了探索沿程阻力系数λ的变化规律，尼古拉兹用多种管径和多种粒径的砂粒，得到了$K/d=\frac{1}{30}\sim\frac{1}{1014}$的六种不同的相对粗糙度。在类似于图4-2的装置中，测量不同流量时的断面平均流速v和沿程水头损失h_f。根据

$$Re=\frac{vd}{\nu}\text{和}\lambda=\frac{d}{l}\frac{2g}{v^2}h_f$$

即可算出Re和λ。把实验结果点绘在对数坐标纸上，就得到图4-11。

根据λ变化的特征，图中曲线可分为五个阻力区。

第Ⅰ区为层流区。当$Re<2000$时，所有的实验点，不论其相对粗糙度如何，都集中在一根直线上。这表明λ仅随Re变化，而与相对粗糙度无关。它的方程就是$\lambda=\frac{64}{Re}$。因此，尼古拉兹实验证实了由理论分析得到的层流沿程损失计算公式是正确的。

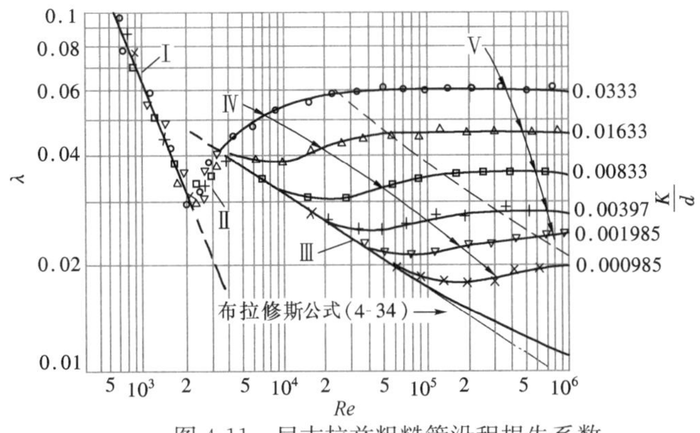

图 4-11 尼古拉兹粗糙管沿程损失系数

第Ⅱ区为临界区。在 $Re=2000\sim4000$ 范围内，是由层流向紊流的转变过程。λ 随 Re 的增大而增大，而与相对粗糙度无关。

第Ⅲ区为紊流光滑区。在 $Re>4000$ 后，不同相对粗糙度的实验点，起初都集中在曲线Ⅲ上。随着 Re 的加大，相对粗糙度较大的管道，其实验点在较低的 Re 时就偏离曲线Ⅲ。而相对粗糙度较小的管道，其实验点要在较大的 Re 时才偏离光滑区。在曲线Ⅲ范围内，λ 只与 Re 有关而与 K/d 无关。

第Ⅳ区为紊流过渡区。在这个区域内，实验点已偏离光滑区曲线。不同相对粗糙度的实验点各自分散成一条条波状的曲线。λ 既与 Re 有关，又与 K/d 有关。

第Ⅴ区为紊流粗糙区。在这个区域里，不同相对粗糙度的实验点，分别落在一些与横坐标平行的直线上。λ 只与 K/d 有关，而与 Re 无关。当 λ 与 Re 无关时，由式（4-1）可见，沿程损失就与流速的平方成正比。因此第Ⅴ区又称为阻力平方区。

以上实验表明了紊流中 λ 确实决定于 Re 和 K/d 这两个因素。但是为什么紊流又分为三个阻力区，各区的 λ 变化规律是如此不同呢？这个问题可用层流底层的存在来解释。

在光滑区，糙粒的突起高度 K 比层流底层的厚度 δ 小得多，粗糙完全被掩盖在层流底层以内（图 4-12a），它对紊流核心的流动几乎没有影响。粗糙引起的扰动作用完全被层流底层内流体黏性的稳定作用所抑制。管壁粗糙对流动阻力和能量损失不产生影响。

在过渡区，层流底层变薄，粗糙开始影响到紊流核心区内的流动（图 4-12b），加大了核心区内的紊动强度，因此增加了阻力和能量损失。这时，λ 不仅与 Re 有关，而且与 K/d 有关。

在粗糙区，层流底层更薄，粗糙突起高度几乎全部暴露在紊流核心中，$K\gg\delta$（图 4-12c）。粗糙的扰动作用已经成为紊流核心中惯性阻力的主要原因。Re 对紊流强度的影响和粗糙的影响相比已微不足道，K/d 成了影响 λ 的唯一因素。

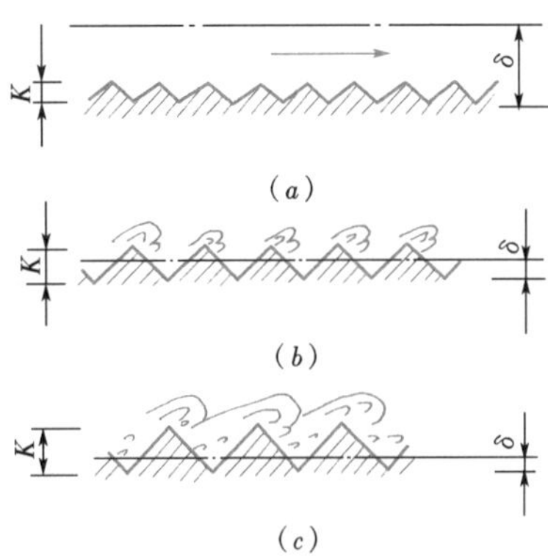

图 4-12 层流底层与管壁粗糙的作用

（a）光滑区；（b）过渡区；（c）粗糙区

由此可见，流体力学中所说的光滑区和粗糙区，不完全决定于管壁粗糙的突起高度K，还取决于和Re有关的层流底层的厚度δ。

综上所述，沿程阻力系数λ的变化可归纳如下：

Ⅰ、层流区　　$\lambda=f_1(Re)$

Ⅱ、临界过渡区　　$\lambda=f_2(Re)$

Ⅲ、紊流光滑区　　$\lambda=f_3(Re)$

Ⅳ、紊流过渡区　　$\lambda=f(Re, K/d)$

Ⅴ、紊流粗糙区（阻力平方区）　　$\lambda=f(K/d)$

尼古拉兹实验比较完整地反映了沿程阻力系数λ的变化规律，揭示了影响λ变化的主要因素，其对λ和断面流速关系的测定，为推导紊流的半经验公式提供了可靠的依据。

4.6　工业管道紊流沿程阻力系数的计算

本节将集中介绍实际的工业管道沿程阻力系数的计算公式。由于尼古拉兹实验针对的是人工均匀粗糙管，而工业管道的实际粗糙与均匀粗糙有很大不同，因此，在将尼古拉兹实验结果用于工业管道时，首先要分析这种差异和寻求解决问题的方法。

4.6.1　光滑区和粗糙区的λ值

（1）当量糙粒高度

图4-13为尼古拉兹粗糙管和工业管道λ曲线的比较。图中实线A为尼古拉兹实验曲线，虚线B和C分别为直径5cm的镀锌钢管和12.5cm的新焊接钢管的实验曲线。由图可见，在光滑区工业管道的实验曲线和尼古拉兹曲线是重叠的。因此，只要流动位于紊流光滑区，工业管的道λ的计算就可采用尼古拉兹的实验结果。

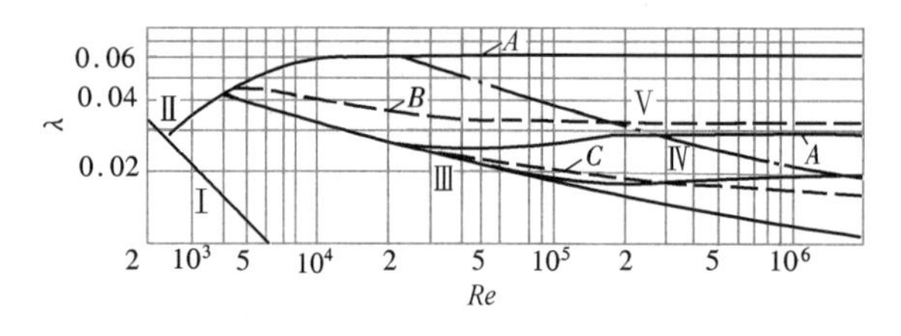

图4-13　λ曲线的比较

在粗糙区，工业管道和尼古拉兹的实验曲线都是与横坐标轴平行。这就存在着用尼古拉兹粗糙区公式计算工业管道的可能性。问题在于如何确定工业管道的K值。在流体力学中，把尼古拉兹粗糙作为度量粗糙的基本标准，把工业管道的不均匀粗糙折合成尼古拉兹粗糙，这样，就提出了一个当量糙粒（粗糙）高度的概念。所谓当量糙粒高度，就是指和工业管道粗糙区λ值相等的同直径尼古拉兹粗糙管的糙粒高度。如实测出某种材料的工业管道在粗糙区时的λ值，将它与尼古拉兹实验结果进行比较，找出λ值相等的同一管径尼古拉兹粗糙管的糙粒高度，这就是该种材料的工业管道的当量糙粒高度。

工业管道的当量糙粒高度是按沿程损失的效果来确定的，它在一定程度上反映了不同粗糙状况对沿程损失的综合影响。

几种常用工业管道的K值，见表4-1。

工业管道当量糙粒高度　　表 4-1

管道材料	K (mm)	管道材料	K (mm)
钢板制风管	0.15（引自全国通用通风管道计算表）	竹风道	0.8～1.2
塑料板制风管	0.01（引自全国通用通风管道计算表）	铅管、铜管、玻璃管	0.01 （以下引自莫迪当量粗糙图）
矿渣石膏板风管	1.0（以下引自《供热通风设计手册》）		
表面光滑砖风道	4.0	镀锌钢管	0.15
矿渣混凝土板风道	1.5	钢管	0.046
钢丝网抹灰风道	10～15	涂沥青铸铁管	0.12
胶合板风道	1.0	铸铁管	0.25
地面沿墙砌造风道	3～6	混凝土管	0.3～3.0
墙内砌砖风道	5～10	木条拼合圆管	0.18～0.9

（2）λ 计算公式

根据普朗特半经验理论，得到了断面流速分布的对数公式（4-29），在此基础上，结合尼古拉兹实验曲线，得到在紊流光滑区的 λ 公式为

$$\frac{1}{\sqrt{\lambda}}=2\lg(Re\sqrt{\lambda})-0.8 \tag{4-30}$$

或写成

$$\frac{1}{\sqrt{\lambda}}=2\lg\frac{Re\sqrt{\lambda}}{2.51} \tag{4-31}$$

类似地，可导得粗糙区的 λ 公式，即

$$\frac{1}{\sqrt{\lambda}}=2\lg\frac{r_0}{K}+1.74 \tag{4-32}$$

或写成

$$\frac{1}{\sqrt{\lambda}}=2\lg\frac{3.7d}{K} \tag{4-33}$$

式（4-30）和式（4-32）都是半经验公式，分别称为尼古拉兹光滑区公式和粗糙区公式。此外，还有许多直接由实验资料整理成的纯经验公式。这里只介绍两个应用最广的公式。

① 光滑区的布拉修斯公式。布拉修斯于 1913 年在综合光滑区实验资料的基础上提出的指数公式应用最广，其形式为

$$\lambda=\frac{0.3164}{Re^{0.25}} \tag{4-34}$$

上式仅适用于 $Re<10^5$ 的情况（见图 4-11），而尼古拉兹光滑区公式可适用于更大的 Re 范围。但布拉修斯公式简单，计算方便。因此，也得到了广泛的应用。

② 粗糙区的希弗林松公式

$$\lambda=0.11\left(\frac{K}{d}\right)^{0.25} \tag{4-35}$$

这也是一个指数公式，由于它的形式简单，计算方便，因此，工程上也常采用。

4.6.2　紊流过渡区和柯列勃洛克公式

（1）过渡区λ曲线的比较

由图4-13可见，在过渡区工业管道实验曲线和尼古拉兹曲线存在较大的差异。这表现在工业管道实验曲线的过渡区曲线在较小的Re下就偏离光滑曲线，且随着Re的增加平滑下降，而尼古拉兹曲线则存在着上升部分。

造成这种差异的原因在于两种管道粗糙均匀性的不同。在工业管道中，粗糙是不均匀的。当层流底层比当量糙粒高度还大很多时，粗糙中的最大糙粒就将提前对紊流核心内的紊动产生影响，使λ开始与K/d有关，实验曲线也就较早地离开了光滑区。提前多少则取决于不均匀粗糙中最大糙粒的尺寸。随着Re的增大，层流底层越来越薄，对核心区内的流动能产生影响的糙粒越来越多，因而粗糙的作用是逐渐增加的。而尼古拉兹粗糙是均匀的，其作用几乎是同时产生。当层流底层的厚度开始小于糙粒高度之后，全部糙粒开始直接暴露在紊流核心内，促使产生强烈的旋涡。同时，暴露在紊流核心内的糙粒部分随Re的增长而不断加大，因而沿程损失急剧上升。这就是为什么尼古拉兹实验中过渡曲线产生上升的原因。

（2）柯列勃洛克公式

尼古拉兹的过渡区的实验资料对工业管道不适用。柯列勃洛克根据大量的工业管道实验资料，整理出工业管道过渡区曲线，并提出该曲线的方程为

$$\frac{1}{\sqrt{\lambda}}=-2\lg\left(\frac{K}{3.7d}+\frac{2.51}{Re\sqrt{\lambda}}\right) \tag{4-36}$$

式中，K为工业管道的当量糙粒高度，可由表4-1查得。式（4-36）称为柯列勃洛克公式（以下简称柯氏公式）。它是尼古拉兹光滑区公式和粗糙区公式的机械结合。该公式的基本特征是当Re值很小时，公式右边括号内的第二项很大，相对来说，第一项很小，这样，柯氏公式就接近尼古拉兹光滑区公式。当Re值很大时，公式右边括号内第二项很小，公式接近尼古拉兹粗糙公式。因此，柯氏公式所代表的曲线是以尼古拉兹光滑区斜直线和粗糙区水平线为渐近线，它不仅可适用于紊流过渡区，而且可以适用于整个紊流的三个阻力区。因此又可称它为紊流的综合公式。

在不使用下述的莫迪图，而采用紊流沿程阻力系数分区计算公式计算沿程阻力系数λ时碰到的一个问题是：如何根据雷诺数Re和相对粗粒度K/d建立判别实际流动所处的紊流阻力区的标准呢?

由于柯氏公式适用于三个紊流阻力分区，它所代表的曲线是以尼古拉兹光滑区斜直线和粗糙区水平线为渐近线，因此我国汪兴华教授建议：以柯氏公式（4-36）与尼古拉兹分区公式（4-31）和公式（4-33）的误差不大于2%为界来确立判别标准。根据这一思想，汪兴华导得的判别标准是

紊流光滑区：$$2000<Re\leqslant 0.32\left(\frac{d}{K}\right)^{1.28}$$

紊流过渡区：$$0.32\left(\frac{d}{K}\right)^{1.28}<Re\leqslant 1000\left(\frac{d}{K}\right)$$

紊流粗糙区：$$Re>1000\left(\frac{d}{K}\right)$$

由于柯氏公式广泛地应用于工业管道的设计计算中，因此这种判别标准具有实用性。

柯氏公式虽然是一个经验公式，但它是在合并两个半经验公式的基础上获得的，因此可以认为柯氏公式是普朗特理论和尼古拉兹实验结合后进一步发展到工程应用阶段的产物。这个公式在国内外得到了极为广泛的应用，我国通风管道的设计计算，目前就是以柯氏公式为基础的。

为了简化计算，莫迪以柯氏公式为基础绘制出反映 Re、K/d 和 λ 对应关系的莫迪图（见图 4-14），在图上可根据 Re 和 K/d 直接查出 λ。

此外，还有一些人为了简化计算，在柯氏公式的基础上提出了一些简化公式。如：

① 莫迪公式

$$\lambda = 0.0055\left[1+\left(20000\frac{K}{d}+\frac{10^6}{Re}\right)^{\frac{1}{3}}\right] \tag{4-37}$$

这是柯氏公式的近似公式。莫迪指出，此公式在 $Re=4000\sim10^7$、$K/d\leqslant0.01$、$\lambda<0.05$ 时和柯氏公式比较，其误差不超过 5%。

② 阿里特苏里公式

$$\lambda = 0.11\left(\frac{K}{d}+\frac{68}{Re}\right)^{0.25} \tag{4-38}$$

这也是柯氏公式的近似公式。它的形式简单，计算方便，是适用于紊流三个区的综合公式。当 Re 很小时括号内的第一项可忽略，公式实际上成为布拉修斯光滑区公式(4-34)。即

$$\lambda = 0.11\left(\frac{68}{Re}\right)^{0.25} = 0.1\left(\frac{100}{Re}\right)^{0.25} = \frac{0.3164}{Re^{0.25}}$$

当 Re 很大时，括号内第二项可忽略，公式和粗糙区的希弗林松公式（4-35）一致。

布拉修斯光滑区和尼古拉兹光滑区公式在 $Re<10^5$ 时是基本一致的，而希弗林松粗糙区公式和尼古拉兹粗糙区公式也十分接近。因此阿里特苏里公式和柯氏公式基本上也是一致的。

【例 4-6】 在管径 $d=100$mm、管长 $l=300$m 的圆管中，流动着 $t=10$℃的水，其雷诺数 $Re=80000$，试分别求下列三种情况下的水头损失。

（1）管内壁为 $K=0.15$mm 的均匀砂粒的人工粗糙管；

（2）光滑铜管（即流动处于紊流光滑区）；

（3）工业管道，其当量糙粒高度 $K=0.15$mm。

【解】（1）$K=0.15$mm 的人工粗糙管的水头损失

根据 $Re=80000$ 和 $K/d=0.15\text{mm}/100\text{mm}=0.0015$

查图 4-11 得，$\lambda=0.02$。$t=10$℃时，

$\nu=1.3\times10^{-6}\,\text{m}^2/\text{s}$。由式（4-5），$Re=\dfrac{vd}{\nu}$，$80000=\dfrac{v\times0.1\text{m}}{1.3\times10^{-6}\text{m}^2/\text{s}}$，得 $v=1.04$m/s。

由式（4-1），有

$$h_f=\lambda\frac{l}{d}\frac{v^2}{2g}=0.02\times\frac{300\text{m}}{0.1\text{m}}\times\frac{(1.04\text{m/s})^2}{2g}=3.31\text{m}$$

（2）光滑黄铜管的沿程水头损失

在 $Re<10^5$ 时可用布拉修斯公式（4-34）

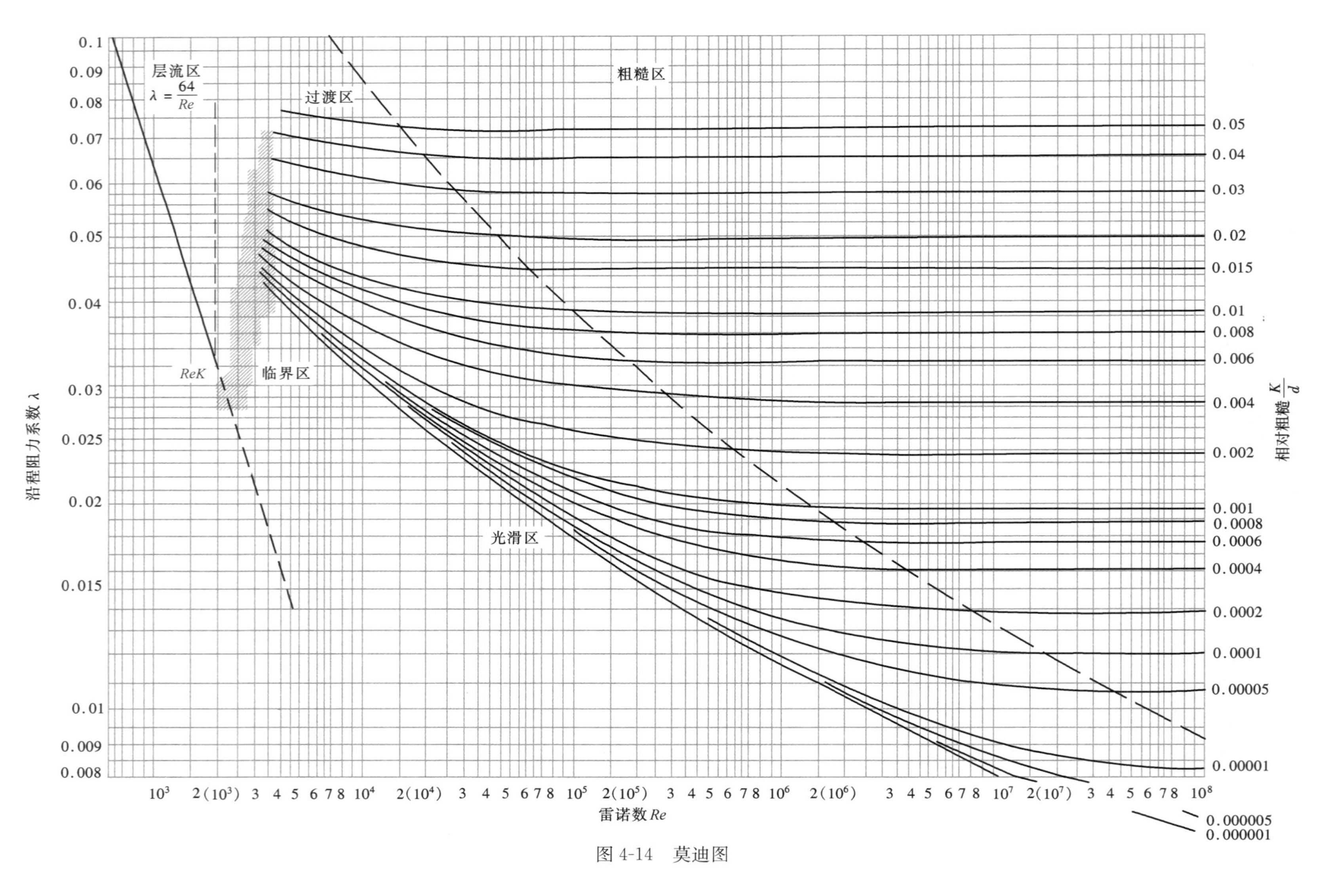

层流区
$\lambda=\frac{64}{Re}$
ReK
临界区
过渡区
粗糙区
光滑区
沿程阻力系数 λ
相对粗糙 $\frac{K}{d}$
0.05
0.04
0.03
0.02
0.015
0.01
0.008
0.006
0.004
0.002
0.001
0.0008
0.0006
0.0004
0.0002
0.0001
0.00005
0.00001
0.000005
0.000001
雷诺数 Re

图 4-14　莫迪图

$$\lambda=\frac{0.3164}{Re^{0.25}}=\frac{0.3164}{(80000)^{0.25}}=0.0188$$

由图 4-11 或图 4-14 可得出基本一致的结果。

$$h_f=\lambda\frac{l}{d}\frac{v^2}{2g}=0.0188\times\frac{300\text{m}}{0.1\text{m}}\times\frac{(1.04\text{m/s})^2}{2g}=3.12\text{m}$$

（3）$K=0.15$mm 工业管道的沿程水头损失

根据 $Re=80000$，$K/d=0.15\text{mm}/100\text{mm}=0.0015$，由图 4-14 得 $\lambda\approx0.024$。

$$h_f=\lambda\frac{l}{d}\frac{v^2}{2g}=0.024\times\frac{300\text{m}}{0.1\text{m}}\times\frac{(1.04\text{m/s})^2}{2g}=3.97\text{m}$$

【例 4-7】 在管径 $d=300$mm、相对粗糙度 $K/d=0.002$ 的工业管道内，运动黏度 $\nu=1\times10^{-6}\text{m}^2/\text{s}$、$\rho=999.23\text{kg/m}^3$ 的水以 3m/s 的速度运动。试求：管长 $l=300$m 的管道内的沿程水头损失 h_f。

【解】 求沿程水头损失 h_f

$$Re=\frac{vd}{\nu}=\frac{3\text{m/s}\times0.3\text{m}}{10^{-6}\text{m}^2/\text{s}}=9\times10^5$$

由图 4-14 查得，$\lambda=0.0238$，处于粗糙区，也可用式（4-33）计算：

$$\frac{1}{\sqrt{\lambda}}=2\lg\frac{3.7d}{K}=2\lg\frac{3.7}{0.002},\ \lambda=0.0235$$

可见查图和利用公式计算很接近。

$$h_f=\lambda\frac{l}{d}\frac{v^2}{2g}=0.0238\times\frac{300\text{m}}{0.3\text{m}}\times\frac{(3\text{m/s})^2}{2g}=10.8\text{m}$$

【例 4-8】 如管道的长度不变，允许的水头损失 h_f 不变，若使管径增大一倍，不计局部损失，求流量增大的倍数，试分别讨论下列三种情况：

（1）管中流动为层流，$\lambda=\frac{64}{Re}$；

（2）管中流动为紊流光滑区，$\lambda=\frac{0.3164}{Re^{0.25}}$；

（3）管中流动为紊流粗糙区，$\lambda=0.11\ (K/d)^{0.25}$。

【解】（1）流动为层流

$$h_f=\lambda\frac{l}{d}\cdot\frac{v^2}{2g}=\frac{64}{Re}\cdot\frac{l}{d}\cdot\frac{v^2}{2g}=\frac{128\nu l}{\pi g}\cdot\frac{Q_V}{d^4}$$

$$\text{令}\ C_1=\frac{128\nu l}{\pi g},\text{则}\ h_f=C_1\frac{Q_V}{d^4}$$

可见层流中若 h_f 不变，则流量 Q_V 与管径的四次方成正比，即

$$\frac{Q_{V2}}{Q_{V1}}=\left(\frac{d_2}{d_1}\right)^4$$

当 $d_2=2d_1$ 时，$\frac{Q_{V2}}{Q_{V1}}=16$，$Q_{V2}=16Q_{V1}$。层流时管径增大一倍，流量为原来的 16 倍。

（2）流动为紊流光滑区

$$h_f=\lambda\frac{l}{d}\cdot\frac{v^2}{2g}=\frac{0.3164}{\left(\frac{vd}{\nu}\right)^{0.25}}\frac{l}{d}\cdot\frac{v^2}{2g}=\frac{0.3164\nu^{0.25}l}{2g\left(\frac{\pi}{4}\right)^{1.75}}\cdot\frac{Q_V{}^{1.75}}{d^{4.75}}$$

$$\left(\frac{Q_{V2}}{Q_{V1}}\right)^{1.75}=\left(\frac{d_2}{d_1}\right)^{4.75},Q_{V2}=(2)^{\frac{4.75}{1.75}}\cdot Q_{V1},Q_{V2}=6.56Q_{V1}$$

（3）流动为紊流粗糙区

$$h_f=\lambda\frac{l}{d}\cdot\frac{v^2}{2g}=0.11\left(\frac{K}{d}\right)^{0.25}\frac{l}{d}\frac{1}{2g}\frac{Q_V^2}{\left(\frac{\pi}{4}\right)^2d^4}$$

$$=0.11\frac{K^{0.25}l}{2g\left(\frac{\pi}{4}\right)^2}\frac{Q_V^2}{d^{5.25}}$$

$$\left(\frac{Q_{V2}}{Q_{V1}}\right)^{2}=\left(\frac{d_2}{d_1}\right)^{5.25},Q_{V2}=(2)^{\frac{5.25}{2}}\cdot Q_{V1},Q_{V2}=6.17Q_{V1}$$

【例4-9】 水箱水深 H，底部有一长为 L、直径为 d 的圆管（见图4-15）。管道进口为流线形，进口水头损失可不计，管道沿程阻力系数 λ 设为常数。若 H、d、λ 给定，

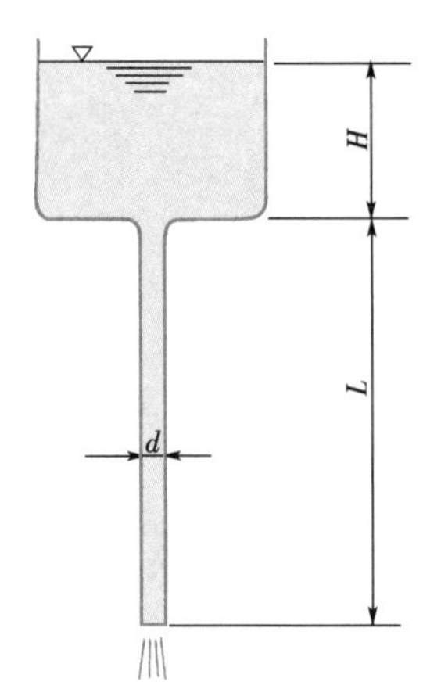

图4-15 例4-9图

（1）什么条件下通过的流量 Q_V 不随管长 L 而变？

（2）什么条件下通过的流量 Q_V 随管长 L 的加大而增加？

（3）什么条件下通过的流量 Q_V 随管长 L 的加大而减小？

【解】 列水箱水面与管道出口断面的能量方程

$$H+L=\left(1+\lambda\frac{L}{d}\right)\frac{v^2}{2g},v=\sqrt{\frac{2g(H+L)}{1+\frac{\lambda L}{d}}}$$

$$Q_V=\frac{\pi d^2}{4}v=\frac{\pi}{4}d^2\sqrt{\frac{2g(H+L)}{1+\frac{\lambda L}{d}}}$$

（1）流量不随管长 L 而变，可令

$$\frac{dQ_V}{dL}=0$$

可得

$$\frac{\pi d^2}{4}\frac{1}{2\sqrt{\frac{2g(H+L)}{1+\frac{\lambda L}{d}}}}\cdot\frac{\left(1+\lambda\frac{L}{d}\right)2g-2g(H+L)\frac{\lambda}{d}}{\left(1+\lambda\frac{L}{d}\right)^2}=0$$

$$1-H\frac{\lambda}{d}=0$$

此即

$$H=\frac{d}{\lambda}$$

这就是管长与流量无关的条件。

（2）流量随管长的加大而增加

$$\frac{dQ_V}{dL}>0\qquad 1-H\frac{\lambda}{d}>0$$

即

$$H<d/\lambda$$

（3）流量随管长的加大而减小

$$\frac{dQ_V}{dL}<0\qquad 1-H\frac{\lambda}{d}<0$$

即

$$H > \frac{d}{\lambda}$$

4.7 非圆管的沿程损失

以上讨论的都是圆管，圆管是最常用的断面形式。但工程上也常用到非圆管的情况，例如通风系统中的风道，有许多就是矩形的。对于这些非圆形断面的管道，圆管流动沿程阻力的计算公式、沿程阻力系数的公式以及雷诺数的定义仍然适用，但要把公式中的直径用当量直径来代替，这里需要引入水力半径和当量直径的概念。

水力半径 R 的定义为过流断面面积 A 和湿周 χ 之比。

$$R = \frac{A}{\chi} \tag{4-39}$$

所谓湿周，即过流断面上流体和固体壁面接触的周界。

χ 和 A 是过流断面中影响沿程损失的两个主要因素。在紊流中，由于断面上的流速变化主要集中在邻近管壁的流层内，机械能转化为热能的沿程损失主要集中在这里。因此，流体所接触的壁面大小，也即湿周 χ 的大小，是影响能量损失的主要外因条件。若两种不同的断面形式具有相同的湿周 χ，平均的流速相同，则 A 越大，通过流体的数量就越多，因而受单位重力作用的流体的能量损失就越小。所以，沿程损失 h_f 和水力半径 R 成反比，水力半径 R 是一个基本上能反映过流断面大小、形状对沿程损失综合影响的物理量。

圆管的水力半径为

$$R = \frac{A}{\chi} = \frac{\frac{\pi d^2}{4}}{\pi d} = \frac{d}{4}$$

边长为 a 和 b 的矩形断面的水力半径为

$$R = \frac{A}{\chi} = \frac{ab}{2(a+b)}$$

边长为 a 的正方形断面的水力半径为

$$R = \frac{A}{\chi} = \frac{a^2}{4a} = \frac{a}{4}$$

令非圆管的水力半径 R 和圆管的水力半径 $\frac{d}{4}$ 相等，即得当量直径的计算公式

$$d_e = 4R \tag{4-40}$$

当量直径为水力半径的 4 倍。

因此，矩形管的当量直径为

$$d_e = \frac{2ab}{a+b} \tag{4-41}$$

方形管的当量直径为

$$d_e = a \tag{4-42}$$

有了当量直径，只要用 d_e 代替 d，不仅可用式（4-1）来计算非圆管的沿程损失，即

$$h_f = \lambda \frac{l}{d_e}\frac{v^2}{2g} = \lambda \frac{l}{4R}\frac{v^2}{2g}$$

也可以用当量相对粗糙度 K/d_e 代入沿程阻力系数 λ 公式中求 λ 值。计算非圆管的 Re 时，同样可以用当量直径 d_e 代替式中的 d。即

$$Re = \frac{vd_e}{\nu} = \frac{v(4R)}{\nu} \tag{4-43}$$

这个 Re 也可以近似地用来判别非圆管中的流态，其临界雷诺数仍取 2000。

必须指出，应用当量直径计算非圆管的能量损失，并不适用于所有情况。这表现在两方面：

（1）图 4-16 所示的为非圆管和圆管 λ-Re 的对比实验。实验表明，对矩形、方形、三角形断面，使用当量直径，所获得的实验数据结果和圆管很接近，但长缝形和星形断面差别较大。非圆形截面的形状和圆形的偏差越小，则运用当量直径的可靠性就越大。

（2）由于层流的流速分布不同于紊流，沿程损失不像紊流那样集中在管壁附近，这样单纯用湿周大小作为影响能量损失的主要外因条件，对层流来说不充分。因此在层流中应用当量直径进行计算时，将会造成较大误差。如图 4-16 所示。

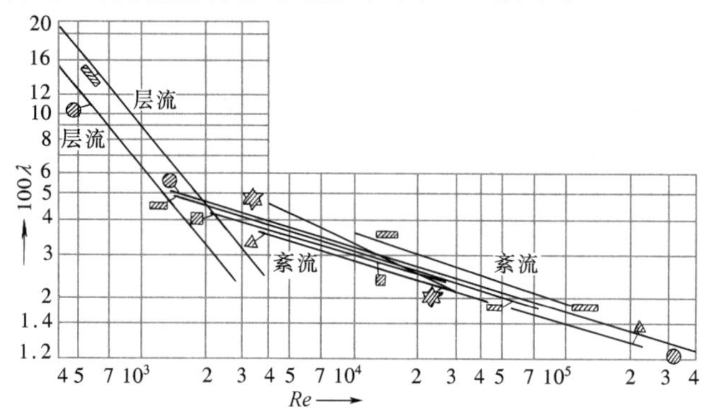

图 4-16　非圆管和圆管 λ 曲线的比较

【例 4-10】 断面面积为 $A=0.48\text{m}^2$ 的正方形管道，宽为高的三倍的矩形管道和圆形管道。

（1）分别求出它们的湿周和水力半径；

（2）求正方形和矩形管道的当量直径。

【解】（1）求湿周和水力半径

1）正方形管道：

边长　$a=\sqrt{A}=\sqrt{0.48\text{m}^2}=0.692\text{m}$

湿周　$\chi=4a=4\times0.692\text{m}=2.77\text{m}$

水力半径　$R=\dfrac{A}{\chi}=\dfrac{0.48\text{m}^2}{2.77\text{m}}=0.174\text{m}$

2）矩形管道：

边长　$a\times b=a\times 3a=3a^2=A=0.48\text{m}^2$

所以　$a=\sqrt{\dfrac{A}{3}}=0.4\text{m}$

$$b=3a=3\times0.4\text{m}=1.2\text{m}$$

湿周 $$\chi=2(a+b)=2\times(0.4+1.2)\text{m}=3.2\text{m}$$

水力半径 $$R=\frac{A}{\chi}=\frac{0.48\text{m}^2}{3.2\text{m}}=0.15\text{m}$$

3）圆形管道：

管径 d $$\frac{\pi d^2}{4}=A=0.48\text{m}^2$$

$$d=\sqrt{\frac{4A}{\pi}}=\sqrt{\frac{4\times0.48\text{m}^2}{3.14}}=0.78\text{m}$$

湿周 $$\chi=\pi d=3.14\times0.78\text{m}=2.45\text{m}$$

水力半径 $$R=\frac{A}{\chi}=\frac{0.48\text{m}^2}{2.45\text{m}}=0.195\text{m}$$

或 $$R=\frac{d}{4}=\frac{0.78\text{m}}{4}=0.195\text{m}$$

以上计算说明，过流断面面积虽然相等，但因形状不同，湿周长短就不等。湿周越短，水力半径越大。沿程损失随水力半径的加大而减少。因此当流量和断面面积等条件相同时，方形管道比矩形管道水头损失少，而圆形管道又比方形管道水头损失少。从减少水头损失的观点来看，圆形断面是最佳的。

（2）正方形管道和矩形管道的当量直径

1）正方形管道：

$$d_e=a=0.692\text{m}$$

2）矩形管道：

$$d_e=\frac{2ab}{a+b}=\frac{2\times0.4\text{m}\times1.2\text{m}}{(0.4+1.2)\ \text{m}}=0.6\text{m}$$

【例 4-11】某钢板制作的风道，断面尺寸为 400mm×200mm，管长 80m，管内平均流速 $v=10\text{m/s}$，空气温度 $t=20℃$，求压强损失 p_f。

【解】（1）当量直径

$$d_e=\frac{2ab}{a+b}=\frac{2\times0.2\text{m}\times0.4\text{m}}{(0.2+0.4)\text{m}}=0.267\text{m}$$

（2）求 Re。查表 1-2，$t=20℃$时，$\nu=15.7\times10^{-6}\text{m}^2/\text{s}$

$$Re=\frac{vd_e}{\nu}=\frac{10\text{m/s}\times0.267\text{m}}{15.7\times10^{-6}\text{m}^2/\text{s}}=1.7\times10^5$$

（3）求 K/d。钢板制风道，查表 4-1 得 $K=0.15\text{mm}$

$$\frac{K}{d_e}=\frac{0.15\times10^{-3}\text{m}}{0.267\text{m}}=5.62\times10^{-4}$$

查图 4-14 得 $\lambda=0.0195$

（4）计算压强损失

$$p_f=\lambda\frac{l}{d_e}\frac{\rho v^2}{2}=0.0195\times\frac{80\text{m}}{0.267\text{m}}\times\frac{1.2\text{kg/m}^3\times(10\text{m/s})^2}{2}=350\text{Pa}$$

4.8　管道流动的局部损失

各种工业管道都要安装一些阀门、弯头、三通等配件，用以控制和调节管内的流动。流体经过这类配件时，由于边壁或流量的改变，均匀流在这一局部地区遭到破坏，引起了流速的大小、方向或分布的变化。在较短的范围内，由于流动的急剧调整，而集中产生的能量损失，称为局部损失。工程上有不少管道（譬如通风和供暖管道），局部损失往往占有很大比重，要准确掌握这类管道中的流动，就不能忽视局部损失的计算。

局部损失的种类繁多，体形各异，其边壁的变化大多比较复杂，加以紊流本身的复杂性，多数局部阻碍的损失计算，还不能从理论上解决，必须借助于由实验得来的经验公式或系数。虽然如此，对局部阻力和局部损失的规律进行一些定性的分析还是必要的。它虽然解决不了局部损失的计算问题，但是对解释和估计不同局部阻碍的损失大小，研究改善管道工作条件和减少局部损失的措施，以及提出正确、合理的设计方案等方面，都能给我们以定性的指导。

4.8.1　局部损失的一般分析

和沿程损失相似，局部损失一般也用流速水头的倍数来表示，它的计算公式为式(4-2)，即

$$h_{\mathrm{m}} = \zeta \frac{v^2}{2g}$$

由上式可以看出，求 h_{m} 的问题就转变为求局部阻力系数 ζ 的问题。

实验研究表明，局部损失和沿程损失一样，不同的流态遵循不同的规律。如果流体以层流经过局部阻碍，而且受干扰后流动仍能保持层流的话，局部损失也还是由各流层之间的黏性切应力引起。只是由于边壁的变化，促使流速分布重新调整，流体产生剧烈变形，加强了相邻流层之间的相对运动，因而加大了这一局部区域的水头损失。这种情况下，局部阻力系数与雷诺数成反比，即

$$\zeta = \frac{B}{Re} \tag{4-44}$$

式中，B 是随局部阻碍的形状而异的常数。此式表明，层流的局部损失也与平均流速的一次方成正比。

不过，要使局部阻碍处受边壁强烈干扰的流动仍能保持层流，只有当 Re 远比 2000 小的情况下才有可能。这样小的 Re 在暖通空调工程中很少遇到。因此，这一节主要讨论紊流的局部损失。

局部阻碍的种类虽多，如分析其流动的特征，主要的也不过是过流断面的扩大或收缩、流动方向的改变、流量的合入与分出等几种基本形式，以及这几种基本形式的不同组合。例如，经过闸阀或孔板的流动，实质上就是突缩和突扩的组合。为了探讨紊流局部损失的成因，我们选取几种典型的流动（见图 4-17），分析局部阻碍附近的流动情况。

从边壁的变化缓急来看，局部阻碍又分为突变的和渐变的两类：图 4-17 中的（a）、（c）、（e）、（g）是突变，而（b）、（d）、（f）、（h）是渐变。当流体以紊流通过突变的局部阻碍时，由于惯性力处于支配地位，流动不能像边壁那样突然转折，于是在边壁突变的

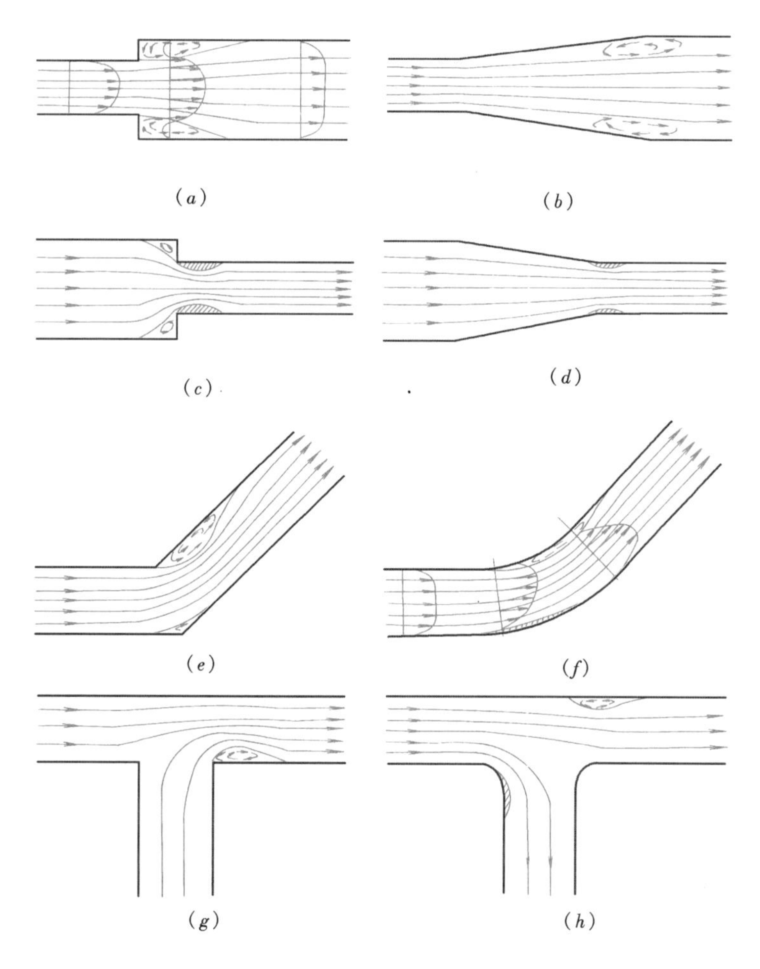

图 4-17 几种典型的局部阻碍

(*a*) 突扩管；(*b*) 渐扩管；(*c*) 突缩管；(*d*) 渐缩管；(*e*) 折弯管；
(*f*) 圆弯管；(*g*) 锐角合流三通；(*h*) 圆角分流三通

地方出现主流与边壁脱离的现象。主流与边壁之间形成旋涡区，旋涡区内的流体并不是固定不变的，形成的大尺度旋涡，会不断地被主流带走，补充进去的流体又会出现新的旋涡，如此周而复始。

边壁虽然无突然变化，但沿流动方向出现减速增压现象的地方，也会产生旋涡区。图 4-17 (*b*) 所示的渐扩管中，流速沿程减小，压强不断增加。在这样的减速增压区，流体质点受到与流动方向相反的压差作用，靠近管壁的流体质点，流速本来就小，在这一反向压差的作用下，速度逐渐减小到零。随后出现了与主流方向相反的流动。就在流速等于零的地方，主流开始与壁面脱离，在出现反向流动的地方形成旋涡区。图 4-17 (*h*) 所示的分流三通直通管上的旋涡区，也是这种减速增压过程造成的。对于渐变流的局部阻碍，在一定的 Re 范围内，旋涡区的位置及大小与 Re 有关。例如在渐扩管中，随着 Re 的增长，旋涡区的范围愈大，位置愈靠前。但在突变的局部阻碍中，旋涡区的位置不会变，Re 对旋涡区大小的影响也没有那样显著。

在减压增速区，流体质点受到与流动方向一致的正压差作用，它只能加速，不能减速，因此，渐缩管内不会出现旋涡区。不过，如收缩角不是很小，紧接渐缩管之后，有一个不大的旋涡区，如图 4-17（d）所示。

流体经过弯管时（图 4-17e、f），虽然过流断面沿程不变，但弯管内流体质点受到离心力作用，在弯管前半段，外侧压强沿程增大，内侧压强沿程减小；而流速是外侧减小，内侧增大。因此，弯管前半段沿外壁是减速增压的，也能出现旋涡区；在弯管的后半段，由于惯性作用，在 Re 较大和弯管的转角较大而曲率半径较小的情况下，旋涡区又在内侧出现。弯管内侧的旋涡，无论是大小还是强度，一般都比外侧的大。因此，它是加大弯管能量损失的重要因素。

把各种局部阻碍的能量损失和局部阻碍附近的流动情况对照比较，可以看出，无论是改变流速的大小，还是改变它的方向，较大的局部损失总是和旋涡区的存在相联系。旋涡区愈大，能量损失也愈大。如边壁变化仅使流速分布改组，不出现旋涡区，其局部损失一般都比较小。

旋涡区内不断产生着旋涡，其能量来自主流，因而不断消耗主流的能量；在旋涡区及其附近，过流断面上的流速梯度加大，如图 4-17（a）所示，也使主流能量损失有所增加。在旋涡被不断带走并扩散的过程中，加剧了下游一定范围内的紊流脉动，从而加大了这段管长的能量损失。

事实上，在局部阻碍范围内损失的能量，只占局部损失中的一部分，另一部分是在局部阻碍下游一定长度的管段上损耗掉的。这段长度称为局部阻碍的影响长度。受局部阻碍干扰的流动，经过了影响长度之后，流速分布和紊流脉动才能恢复到均匀流动状态。

对各种局部阻碍进行的大量实验研究表明，紊流的局部阻力系数 ζ 一般说来决定于局部阻碍的几何形状、固体壁面的相对粗糙度和雷诺数。即

$$\zeta = f\text{（局部阻碍形状，相对粗糙度，}Re\text{）}$$

但在不同情况下，各因素所起的作用不同。局部阻碍形状始终是一个起主导作用的因素。相对粗糙度的影响，只有对那些尺寸较长（如圆锥角小的渐扩管或渐缩管，曲率半径大的弯管），而且相对粗糙度较大的局部阻碍才需要考虑。Re 对 ζ 的影响则和 λ 类似：随着 Re 由小变大，ζ 一般逐渐减小；当 Re 达到一定数值后，ζ 几乎与 Re 无关，这时局部损失与流速的平方成正比，流动进入阻力平方区。不过，由于边壁的干扰，局部损失进入阻力平方区的 Re 远比沿程损失小。特别是突变的局部阻碍，当流动变为紊流后，很快就进入了阻力平方区。这类局部阻碍的 ζ 值，实际上只决定于局部阻碍的形状。对于渐变的局部阻碍，进入阻力平方区的 Re 要大一些，大致可取 $Re > 2\times10^5$ 作为流动进入阻力平方区的临界指标。如 $Re < 2\times10^5$ 还应考虑 Re 的影响，其局部阻力系数可用式（4-45）修正。

$$\zeta = \zeta' \frac{\lambda}{\lambda'} \tag{4-45}$$

式中　ζ——未进入阻力平方区的局部阻力系数；

ζ'——该局部阻碍在阻力平方区的局部阻力系数；

λ——与 ζ 同一 Re 的沿程阻力系数；

λ'——进入阻力平方区的沿程阻力系数。

比较沿程损失和局部损失的变化规律，很明显，它们十分相似。为什么似乎是完全不同的两类阻力的水头损失规律会如此一致呢？原因就在于形成这两类损失的机理并没有什

么本质的不同。突露在紊流核心里的每个糙粒，都是产生微小旋涡的根源，可以看成是一个个微小的局部阻碍。因此，沿程阻力可以看成是无数微小局部阻力的总和，而局部阻力也可以说是沿程阻力的局部扩大。不管它们在形式上有什么不同，本质上都是由紊流掺混作用引起的惯性阻力和黏性阻力造成的。

4.8.2 变管径的局部损失

现在分别讨论几种典型的局部损失，首先是改变流速大小的各种变管径的水头损失。

（1）突然扩大

少数形状简单的局部阻碍，可以借助于基本方程求得它的阻力系数，突然扩大就是其中的一个例子。

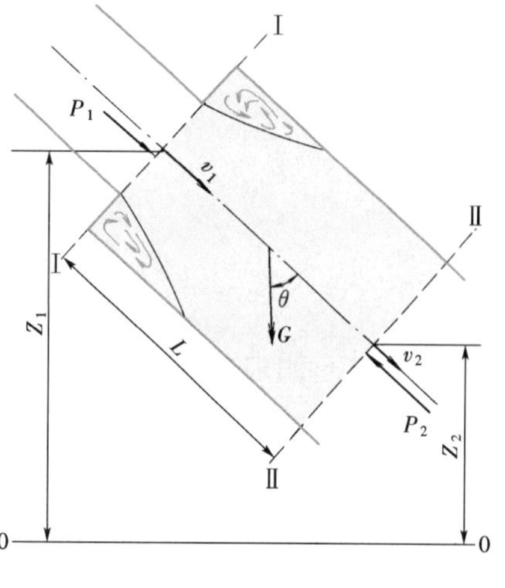

图 4-18 突然扩大

图 4-18 所示为圆管突然扩大处的流动。取总流将扩未扩的Ⅰ-Ⅰ断面和扩大后流速分布与紊流脉动已接近均匀流状态的Ⅱ-Ⅱ断面列能量方程，如两断面间的沿程水头损失忽略不计，则

$$h_{\mathrm{m}}=\left(Z_1+\frac{p_1}{\rho g}+\frac{\alpha_1 v_1^2}{2g}\right)-\left(Z_2+\frac{p_2}{\rho g}+\frac{\alpha_2 v_2^2}{2g}\right)$$

为了确定压强与流速的关系，再对Ⅰ、Ⅱ两断面与管壁所包围的控制体写出沿流动方向的动量方程

$$\sum F=\frac{\rho g Q_{\mathrm{V}}}{g}(\alpha_{02}v_2-\alpha_{01}v_1)$$

式中，$\sum F$ 为作用在所取控制体上的全部轴向外力之和，其中包括：

1）作用在Ⅰ断面上的总压力 P_1。应指出，Ⅰ断面的受压面积不是 A_1，而是 A_2。其中的环形部分位于旋涡区。观察表明，这个环形面积上的压强基本上符合静压强分布规律，故

$$P_1=p_1A_2$$

2）作用在Ⅱ断面上的总压力

$$P_2=p_2A_2$$

3）重力在管轴上的投影

$$G\cos\theta=\rho g A_2 l\frac{Z_1-Z_2}{l}=\rho g A_2(Z_1-Z_2)$$

4）边壁上的摩擦阻力，该力可忽略不计。

因此，有

$$p_1A_2-p_2A_2+\rho g A_2(Z_1-Z_2)=\frac{\rho g Q_{\mathrm{V}}}{g}(\alpha_{02}v_2-\alpha_{01}v_1)$$

将 $Q_{\mathrm{V}}=v_2A_2$ 代入，化简后得

$$\left(Z_1+\frac{p_1}{\rho g}\right)-\left(Z_2+\frac{p_2}{\rho g}\right)=\frac{v_2}{g}(\alpha_{02}v_2-\alpha_{01}v_1)$$

将上式代入能量方程式，得

$$h_{\mathrm{m}}=\frac{\alpha_1 v_1^2}{2g}-\frac{\alpha_2 v_2^2}{2g}+\frac{v_2}{g}(\alpha_{02}v_2-\alpha_{01}v_1)$$

对于紊流，可取 $\alpha_{01}=\alpha_{02}=1,\alpha_1=\alpha_2=1$。由此可得

$$h_m=\frac{(v_1-v_2)^2}{2g} \tag{4-46}$$

上式表明，突然扩大的水头损失等于以平均流速差计算的流速水头。

要把式（4-46）变换成计算局部损失的一般形式只需将 $v_2=v_1\dfrac{A_1}{A_2}$，或 $v_1=v_2\dfrac{A_2}{A_1}$ 代入。

$$\left.\begin{aligned}h_m&=\left(1-\frac{A_1}{A_2}\right)^2\frac{v_1^2}{2g}=\zeta_1\frac{v_1^2}{2g}\\h_m&=\left(\frac{A_2}{A_1}-1\right)^2\frac{v_2^2}{2g}=\zeta_2\frac{v_2^2}{2g}\end{aligned}\right\} \tag{4-47}$$

所以突然扩大的阻力系数为

$$\zeta_1=\left(1-\frac{A_1}{A_2}\right)^2 \quad \text{或}\ \zeta_2=\left(\frac{A_2}{A_1}-1\right)^2 \tag{4-48}$$

突然扩大前后有两个不同的平均流速，因而有两个相应的阻力系数。计算时必须注意使选用的阻力系数与流速水头相匹配。

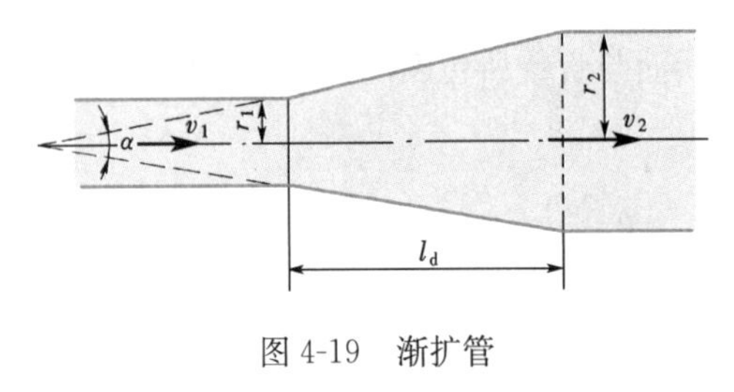

图 4-19　渐扩管

当液体从管道流入断面很大的容器中或气体流入大气时，$\dfrac{A_1}{A_2}\approx 0$，$\zeta_1=1$。这是突然扩大的特殊情况，称为出口阻力系数。

（2）渐扩管

突然扩大的水头损失较大，如改用图 4-19 所示的渐扩管，水头损失将大大减少。

圆锥形渐扩管的形状可由扩大面积比 $n=\dfrac{A_2}{A_1}=\dfrac{r_2^2}{r_1^2}$，和扩散角 $\alpha$$\left(\text{或长径比}\dfrac{l_d}{r_1}\right)$这两个几何参数来确定。

渐扩管的水头损失可认为由摩擦损失 h_f 和扩散损失 h_{ea} 两部分组成，其摩擦损失可按下式计算：

$$h_f=\frac{\lambda}{8\sin\dfrac{\alpha}{2}}\left(1-\frac{1}{n^2}\right)\frac{v_1^2}{2g} \tag{4-49}$$

式中，λ 为扩大前管道的沿程阻力系数。

扩散损失是旋涡区和流速分布改组所形成的损失。仍沿用突然扩大的水头损失公式计算，但需乘一个与扩散角有关的系数 k，当 $\alpha\leqslant 20°$时，$k=\sin\alpha$，故

$$h_{ea}=k\left(1-\frac{1}{n}\right)^2\frac{v_1^2}{2g} \tag{4-50}$$

由此得到渐扩管的阻力系数 ζ_d 为

$$\zeta_d=\frac{\lambda}{8\sin\frac{\alpha}{2}}\left(1-\frac{1}{n^2}\right)+k\left(1-\frac{1}{n}\right)^2 \tag{4-51}$$

当 n 一定时，渐扩管的摩擦损失随 α 的增大和管段的缩短而减少，但扩散损失却随之增大，因此渐扩管的总损失在某一 α 角时必有一极值。这个最小水头损失扩散角在 5°～8°范围内，所以扩散角 α 最好不超过 8°～10°。

（3）突然缩小

突然缩小如图 4-20 所示，它的水头损失大部分发生在收缩断面 C-C 后面的流段上，主要是收缩断面附近的旋涡区造成。突然缩小的阻力系数决定于收缩面积比 A_2/A_1，其值可按下式计算。对应的流速水头为$\frac{v_2^2}{2g}$。

$$\zeta=0.5\left(1-\frac{A_2}{A_1}\right) \tag{4-52}$$

（4）渐缩管

圆锥形渐缩管如图 4-21 所示，它的形状由面积比 $n=\frac{A_1}{A_2}$ 和收缩角 α 这两个几何参数确定。其阻力系数可由图 4-22 查得。对应的流速水头为$\frac{v_2^2}{2g}$。

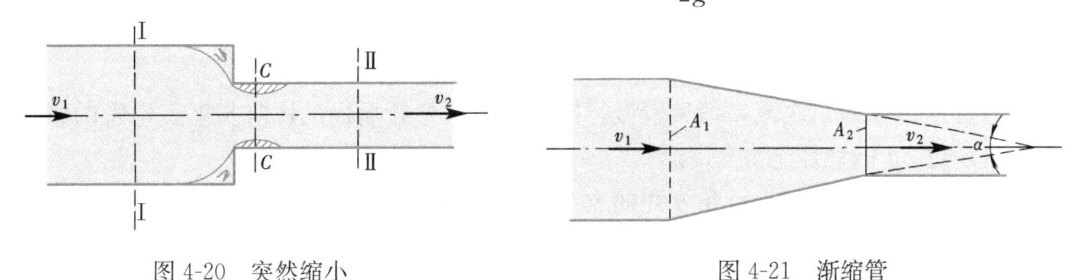

图 4-20 突然缩小

图 4-21 渐缩管

（5）管道进口

管道进口也是一种断面收缩，其阻力系数与管道进口边缘的情况有关。不同边缘的进口阻力系数见图 4-23。

4.8.3 弯管的局部损失

弯管是另一种典型的局部阻碍，它只改变流动方向，不改变平均流速的大小。方向的改变不仅使弯管的内侧和外侧可能出现如前所述的两个旋涡区，而且产生了二次流现象。沿着弯道运动的流体质点具有离心惯性力，它使弯管外侧（图 4-24 中 E 处）的压强增大，内侧（H 处）的压强减小，而弯管左右两侧（F、G 处）由于靠管壁附近处的流速很小，离心力也小，压强的变化不大，于是沿图中的 EFH 和 EGH 方向出现了自外向内的压强坡降。在它的作用下，弯管内产生了一对如图所示的涡流，形成二次流。这个二次流和主流叠加在一起，使通过弯管的流体质点做螺旋运动，这也加大了弯管

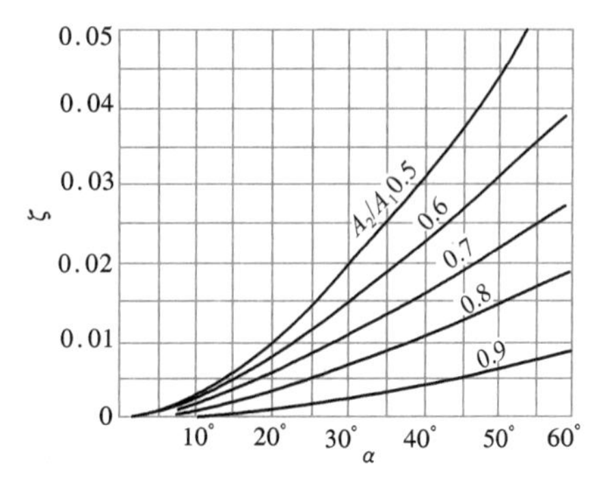

图 4-22 圆锥形渐缩管的阻力系数

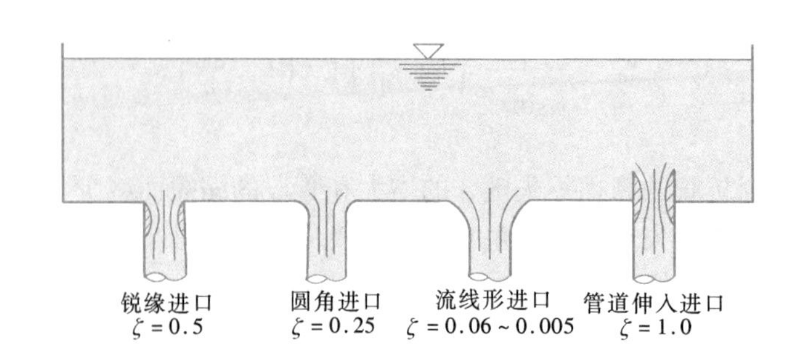

图 4-23　几种不同的管道进口

的水头损失。

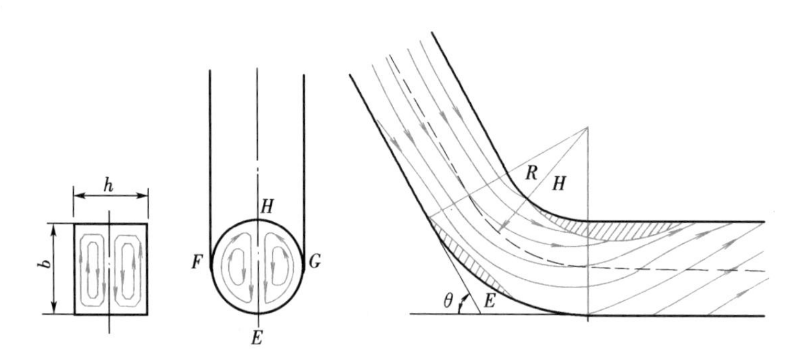

图 4-24　弯管中的二次流

在弯管内形成的二次流，消失较慢，因而加大了弯管后面的影响长度。弯管的影响长度最大可超过 50 倍管径。

弯管的几何形状决定于转角 θ 和曲率半径与管径之比 R/d（或 R/b）。对矩形断面的弯管还有高宽比 h/b。表 4-2 给出了 $Re=10^6$ 时四种断面形状的弯管在不同 θ 角和 R/d（或 R/b）比的阻力系数。

$Re=10^6$ 时弯管的 ζ 值　　　　**表 4-2**

序号	断面形状	R/d（或 R/b）	30°	45°	60°	90°
1	圆　形	0.5	0.120	0.270	0.480	1.000
		1.0	0.058	0.100	0.150	0.246
		2.0	0.066	0.089	0.112	0.159
2	方　形 $h/b=1.0$	0.5	0.120	0.270	0.480	1.060
		1.0	0.054	0.079	0.130	0.241
		2.0	0.051	0.078	0.102	0.142
3	矩　形 $h/b=0.5$	0.5	0.120	0.270	0.480	1.000
		1.0	0.058	0.087	0.135	0.220
		2.0	0.062	0.088	0.112	0.155
4	矩　形 $h/b=2.0$	0.5	0.120	0.280	0.480	1.080
		1.0	0.042	0.081	0.140	0.227
		2.0	0.042	0.063	0.083	0.113

注：表中数据选自 D. S. Miller 著的《Internal Flow》图 3.2.1～图 3.2.4。

分析以上数据，可以看出：

（1）R/d 对弯管阻力系数的影响很大。尤其是在 $\theta>60°$ 和 $R/d<1$ 的情况下，进一步减小 R/d 会使 ζ 值急剧增大。

（2）R/d（或 R/b）较小时，断面形状对弯管阻力系数影响不大。例如 R/d（或 R/b）$=0.5$ 时，各 ζ 值几乎相等。R/b（或 R/b）$=1$ 时，表中 90°弯管的 ζ 值变化幅度也不超过 $\pm6.0\%$。

（3）当 R/b 较大时，h/b 大的矩形断面，弯管阻力系数要小些。

4.8.4 三通的局部损失

三通也是最常见的一种管道配件，它的形式很多。工程上常用的三通有两类：支流对称于总流轴线的“Y”形三通；在直管段上接出支管的“T”形三通（见图 4-25）。每个三通又都可以在分流或合流的情况下工作。

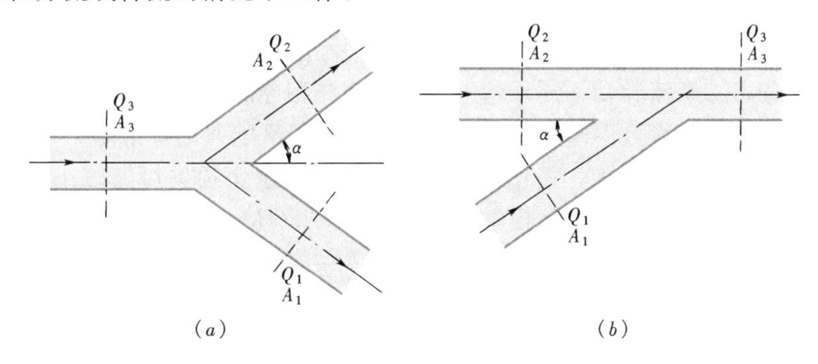

图 4-25 三通的两种主要类型

(a)“Y”形分流三通；(b)“T”形合流三通

三通的形状是由总流与支流间的夹角 α 和面积比 $\frac{A_1}{A_3}$、$\frac{A_2}{A_3}$ 这几个几何参数确定的，但三通的特征是它的流量前后有变化，因此，三通的阻力系数不仅决定于它的几何参数，还与流量比 Q_{V1}/Q_{V3} 或 Q_{V2}/Q_{V3} 有关。

三通有两个支管，所以有两个局部阻力系数。三通前后又有不同的流速，计算时必须选用和支管相应的阻力系数，以及和该系数相应的流速水头。

各种三通的局部阻力系数可在有关专业手册中查得，这里仅给出 $A_1=A_2=A_3$ 和 $\alpha=$ 45°、90°的“T”形三通的 ζ 值（见图 4-26），相应的是总管的流速水头 $\frac{v_3^3}{2g}$。

合流三通的局部阻力系数常出现负值，这意味着经过三通后流体的单位能量不仅没有减少，反而增加。合流时出现的这种现象不难理解。当两股流速不同的流股汇合后，它们在混合的过程中，必然会有动量的交换。高速流股将它的一部分动能传递给了低速流股，使低速流股中的单位能量有所增加。如低速流股获得的这部分能量超过了它流经三通所损失的能量，低速流股的损失系数就会出现负值。至于两股流动的总能量，则只可能减少，不可能增加。所以，三通两个支管的阻力系数，绝不会同时出现负值。

4.8.5 局部阻力之间的相互干扰

局部阻碍前的断面流速分布和脉动强度对局部阻力系数 ζ 有明显的影响。而一般手册上给出的 ζ 值是在局部阻碍的前后都有足够长的直管段，可使进入和流出局部阻碍的流动

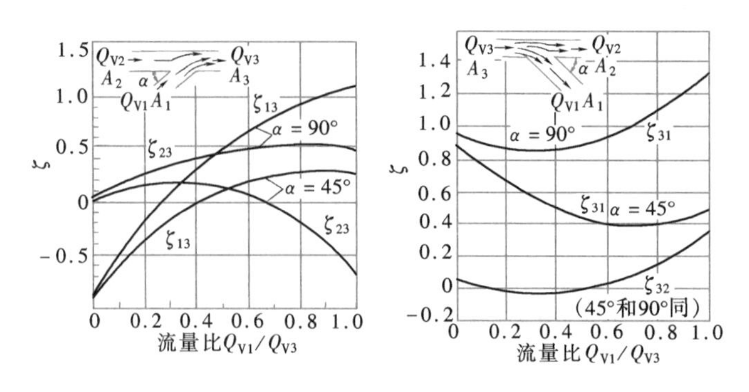

图 4-26　45°和 90°的“T”形三通的 ζ 值

在具有或基本上满足均匀流的条件下测定。测得的局部损失也不仅仅是局部阻碍范围内的损失，还包括影响长度内因紊流脉动加剧而引起的附加损失。因此，如两个局部阻碍距离很近，前一个局部阻碍没有足够的影响长度，损失不能完全显示出来，后一个局部阻碍也因邻近流速的分布和紊流脉动不同于均匀流动，这样相连的两个局部阻碍，存在着相互干扰的问题，其局部阻力系数不等于无干扰条件下两个局部阻碍的局部阻力系数之和。实验研究表明，局部阻碍直接连接，相互干扰的结果使局部水头损失可能减小，也可能增大，变化幅度约为两个无干扰局部水头损失总和的 0.5～3.0 倍；若两个局部阻碍之间的距离大于 3 倍管径，忽略相互干扰的影响的计算结果，一般是偏安全的。

本 章 小 结

本章以理论研究结合经典实验结果，阐述了流动阻力和能量损失的规律和计算方法。

1. 实际流体在流动过程中存在流动阻力，流体克服流动阻力做功将产生能量损失。按流动边界的不同，将能量损失分为沿程损失和局部损失。

水头损失　$$h_l = h_f + h_m = \lambda \frac{l}{d}\frac{v^2}{2g} + \zeta\frac{v^2}{2g}$$

压强损失　$$p_l = p_f + p_m = \lambda \frac{l}{d}\frac{\rho v^2}{2} + \zeta\frac{\rho v^2}{2}$$

2. 黏性流体存在两种不同的流态——层流和紊流，雷诺数是判别流态的准则数。不同流态，能量损失的规律不同。

层流　$$Re = \frac{vd}{\mu} < 2000, h_f \propto v^{1.0}$$

紊流　$$Re = \frac{vd}{\mu} > 2000, h_f \propto v^{1.75\sim 2.0}$$

3. 沿程损失是流体克服沿程不变的摩擦阻力做功所耗散的能量。均匀流基本方程建立了沿程水头损失与切应力（单位面积上的摩擦阻力）的关系，即

$$h_f = \frac{2\tau_0 l}{\rho g r_0} \text{ 或 } \tau_0 = \rho g \frac{r_0}{2} J$$

4. 圆管层流，流速按抛物线分布，即 $u=\frac{gJ}{4\nu}(r_0^2-r^2)$；断面平均流速 $v=\frac{gJ}{8\nu}r_0^2=\frac{1}{2}u_{max}$；沿程阻力系数 $\lambda=\frac{64}{Re}$。

5. 紊流的特征是质点掺混和紊流脉动，通常采用时均法进行研究。紊动切应力包括两部分，一是黏

性切应力，二是由于脉动产生的惯性切应力，即 $\tau=\tau_1+\tau_2=\mu\dfrac{du}{dy}-\rho\overline{u'_x u'_y}$。

6. 尼古拉兹实验揭示了流动沿程阻力系数 λ 的变化规律。不同阻力区 λ 的影响因素不同：紊流光滑区 $\lambda=f(Re)$；紊流过渡区 $\lambda=f(Re, K/r_0)$；紊流粗糙区（阻力平方区）$\lambda=f(K/r_0)$。

7. 产生局部水头损失的主要原因是主流脱离边壁，旋涡区形成。一般情况下，紊流流态下的局部阻力系数只决定于局部阻碍的形状，即

$$\zeta=f(\text{局部阻碍的形状})$$

8. 非圆管可近似用当量直径 d_e（式 4-40）代替圆管直径 d，用圆管的相应公式计算沿程损失。

习　　题

4-1　如图所示，（1）绘制水头线；（2）若关小上游阀门 A，各段水头线如何变化？若关小下游阀门 B，各段水头线又如何变化？（3）若分别关小或开大阀门 A 和 B，对固定断面 1-1 的压强产生什么影响？

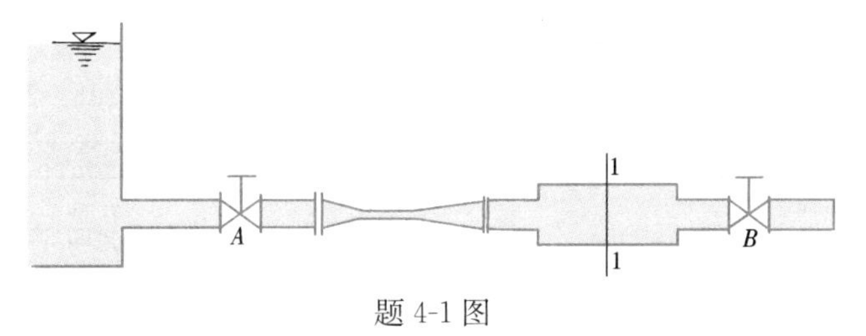

题 4-1 图

4-2　用直径 $d=100$mm 的管道，输送流量为 10kg/s 的水，如水温为 5℃，试确定管内水的流态。如用这管道输送同样质量流量的石油，已知石油密度 $\rho=850\text{kg/m}^3$，运动黏度 $\nu=1.14\text{cm}^2/\text{s}$，试确定石油的流态。

4-3　有一圆形风道，管径为 300mm，输送的空气温度为 20℃，求气流保持层流时的最大质量流量。若输送的空气量为 200kg/h，气流是层流还是紊流？

4-4　水流经过一个渐扩管，如小断面的直径为 d_1，大断面的直径为 d_2，而 $\dfrac{d_2}{d_1}=2$，试问哪个断面雷诺数大？这两个断面的雷诺数的比值 Re_1/Re_2 是多少？

4-5　如图所示，有一个蒸汽冷凝器，内有 250 根平行的黄铜管，通过的冷却水总流量为 8L/s，水温为 10℃，为了使黄铜管内冷却水保持为紊流（紊流时，黄铜管的热交换性能比层流好），若取保持紊流的最小 Re 为 4000，问黄铜管的直径不得超过多少？

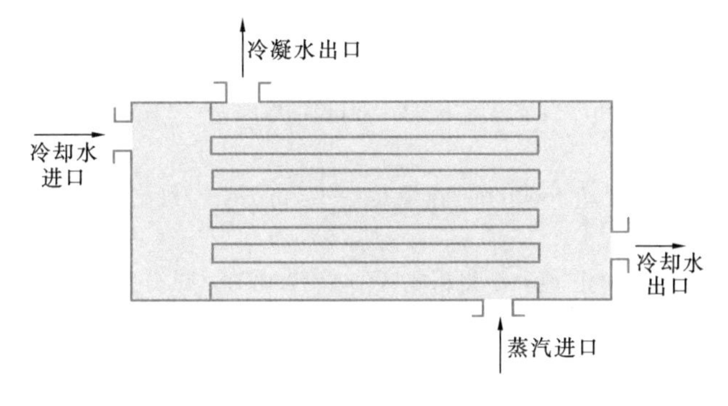

题 4-5 图

4-6　设圆管直径 $d=200$mm，管长 $l=1000$m，输送石油的流量 $Q_V=40\text{L/s}$，运动黏度 $\nu=1.6\text{cm}^2/\text{s}$，求沿程水头损失。

4-7　有一圆管，在管内通过 $\nu=0.013\text{cm}^2/\text{s}$ 的水，测得通过的流量为 $35\text{cm}^3/\text{s}$，在管长 15m 的管段上测得水头损失为 2cm，试求该圆管内径 d。

4-8　如图所示，油在管中以 $v=1\text{m/s}$ 的速度流动，油的密度 $\rho=920\text{kg/m}^3$，$l=3\text{m}$，$d=25\text{mm}$，水银压差计测得 $h=9\text{cm}$，试求（1）油在管中的流态？（2）油的运动黏度 ν？（3）若保持相同的平均流速反向流动，压差计的读数有何变化？

4-9　如图所示，油的流量 $Q_V=77\text{cm}^3/\text{s}$，流过直径 $d=6\text{mm}$ 的细管，在 $l=2\text{m}$ 长的管段两端水银压差计读数 $h=30\text{cm}$，油的密度 $\rho=900\text{kg/m}^3$，求油的 μ 和 ν 值。

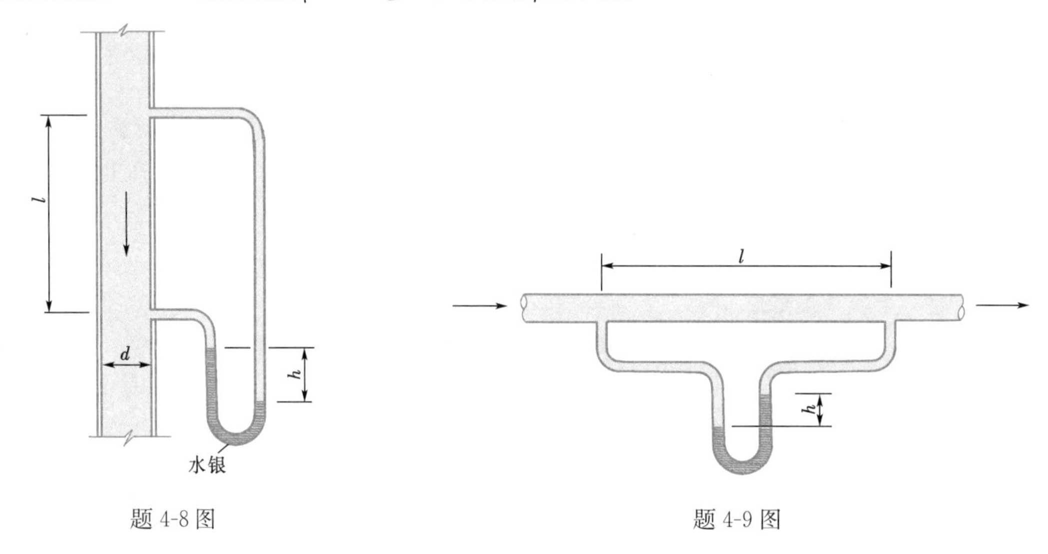

题 4-8 图　　　　题 4-9 图

4-10　利用圆管层流 $\lambda=\frac{64}{Re}$，水力光滑区 $\lambda=\frac{0.3164}{Re^{0.25}}$ 和粗糙区 $\lambda=0.11\left(\frac{K}{d}\right)^{0.25}$ 这三个公式，论证在层流中 $h_f \backsim v$，光滑区 $h_f \backsim v^{1.75}$，粗糙区 $h_f \backsim v^2$。

4-11　某风管直径 $d=500\text{mm}$，流速 $v=20\text{m/s}$，沿程阻力系数 $\lambda=0.017$，空气温度 $t=20℃$，求风管的 K 值。

4-12　有一 $d=250\text{mm}$ 圆管，内壁涂有 $K=0.5\text{mm}$ 的砂粒，如水温为 10℃，问流动要保持为粗糙区的最小流量为多少？

4-13　上题中管中通过流量分别为 5L/s、20L/s 和 200L/s 时，各属于什么阻力区？其沿程阻力系数各为多少？若管长 $l=100\text{m}$，沿程水头损失各为多少？

4-14　在管径 $d=50\text{mm}$ 的光滑铜管中，水的流量为 3L/s，水温 $t=20℃$。求在管长 $l=500\text{m}$ 的管道中的沿程水头损失。

4-15　某铸管直径 $d=50\text{mm}$，当量糙度 $K=0.25\text{mm}$，水温 $t=20℃$，问在多大流量范围内属于过渡区流动？

4-16　镀锌钢板风道，直径 $d=500\text{mm}$，流量 $Q_V=1.2\text{m}^3/\text{s}$，空气温度 $t=20℃$，试判别流动处于什么阻力区。并求 λ 值。

4-17　某管径 $d=78.5\text{mm}$ 的圆管，测得粗糙区的 $\lambda=0.0215$，试分别用图 4-14 和式（4-33），求该管道的当量糙度 K。

4-18　长度 $l=10\text{m}$，直径 $d=50\text{mm}$ 的水管，测得流量为 4L/s，沿程水头损失为 1.2m，水温为 20℃，求该种管材的 K 值。

4-19　如图所示，矩形风道的断面尺寸为 1200mm×600mm，风道内空气的密度为 1.111kg/m^3，流量为 $42000\text{m}^3/\text{h}$，今用酒精微压计量测风道水平段 AB 两点的压差，微压计读值 $a=7.5\text{mm}$，已知 $\alpha=30°$，$l_{AB}=12\text{m}$，酒精的密度 $\rho=860\text{kg/m}^3$，试求风道的沿程阻力系数 λ。

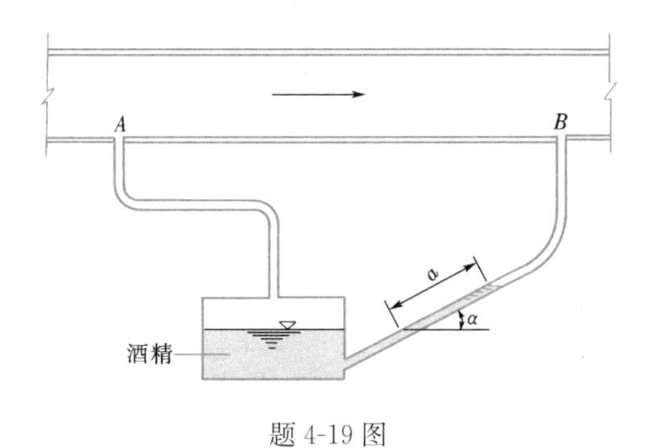

题 4-19 图

4-20　水在环形断面的水平管道中流动，水温为 10℃，流量 $Q_V=400L/min$，管道的当量糙粒高度 $K=0.15mm$，内管的外径 $d=75mm$，外管内径 $D=100mm$。试求在管长 $l=300m$ 的管段上的沿程水头损失。

4-21　如管道的长度不变，通过的流量不变，欲使沿程水头损失减少一半，直径需增大百分之几？试分别讨论下列三种情况：

（1）管内流动为层流，$\lambda=\frac{64}{Re}$；

（2）管内流动为光滑区，$\lambda=\frac{0.3164}{Re^{0.25}}$；

（3）管内流动为粗糙区，$\lambda=0.11\left(\frac{K}{d}\right)^{0.25}$。

4-22　有一管路，流动的雷诺数 $Re=10^6$，通水多年后，由于管路锈蚀，发现在水头损失相同的条件下，流量减少了一半。试估算此旧管的管壁相对粗糙度 K/d。假设新管时流动处于光滑区$\left(\lambda=\frac{0.3164}{Re^{0.25}}\right)$，锈蚀以后流动处于粗糙区$\left[\lambda=0.11\left(\frac{K}{d}\right)^{0.25}\right]$。

4-23　如图所示，烟囱的直径 $d=1m$，通过的烟气流量 $Q_V=18000kg/h$，烟气的密度 $\rho=0.7kg/m^3$，外面大气的密度按 $\rho=1.29kg/m^3$ 考虑，如烟道的 $\lambda=0.035$，要保证烟囱底部 1-1 断面的负压不小于 100Pa，烟囱的高度至少应为多少？

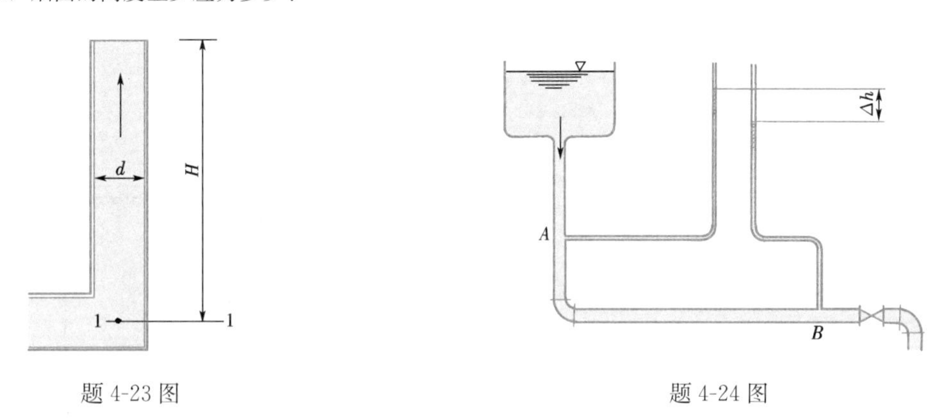

题 4-23 图　　　　题 4-24 图

4-24　如图所示，为测定 90°弯头的局部阻力系数 ζ，可采用图中的装置。已知 AB 段管长 $l=10m$，管径 $d=50mm$，$\lambda=0.03$。实测数据为（1）AB 两断面测压管水头差 $\Delta h=0.629m$；（2）经两分钟流入水箱的水量为 $0.329m^3$。求弯头的局部阻力系数 ζ。

4-25　如图所示，测定一阀门的局部阻力系数，在阀门的上下游装设了 3 个测压管，其间距 $L_1=1m$，$L_2=2m$，若直径 $d=50mm$，实测 $H_1=150cm$，$H_2=125cm$，$H_3=40cm$，流速 $v=3m/s$，求阀门

的 ζ 值。

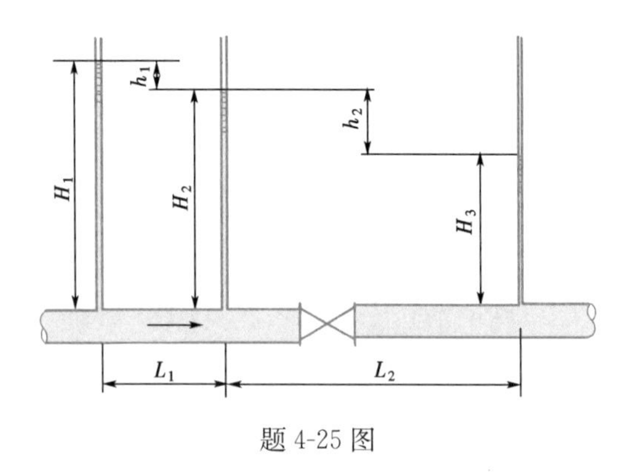

题 4-25 图

4-26　试计算如图所示的四种情况的局部水头损失。在断面积 $A=78.5\text{cm}^2$ 的管道中，流速 $v=2\text{m/s}$。

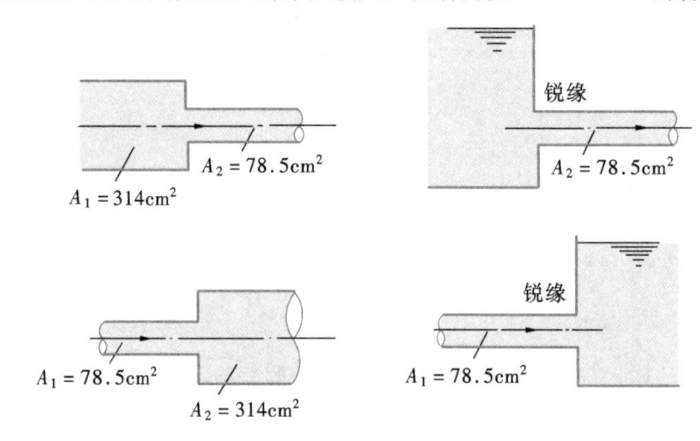

题 4-26 图

4-27　如图所示，流速由 v_1 变到 v_2 的突然扩大管，如分为两次扩大，中间流速 v 取何值时局部损失最小？此时水头损失为多少？并与一次扩大时比较。

4-28　如图所示，一直立的突然扩大水管，已知 $d_1=150\text{mm}$，$d_2=300\text{mm}$，$h=1.5\text{m}$，$v_2=3\text{m/s}$，试确定水银比压计中的水银液面哪一侧较高？差值为多少？

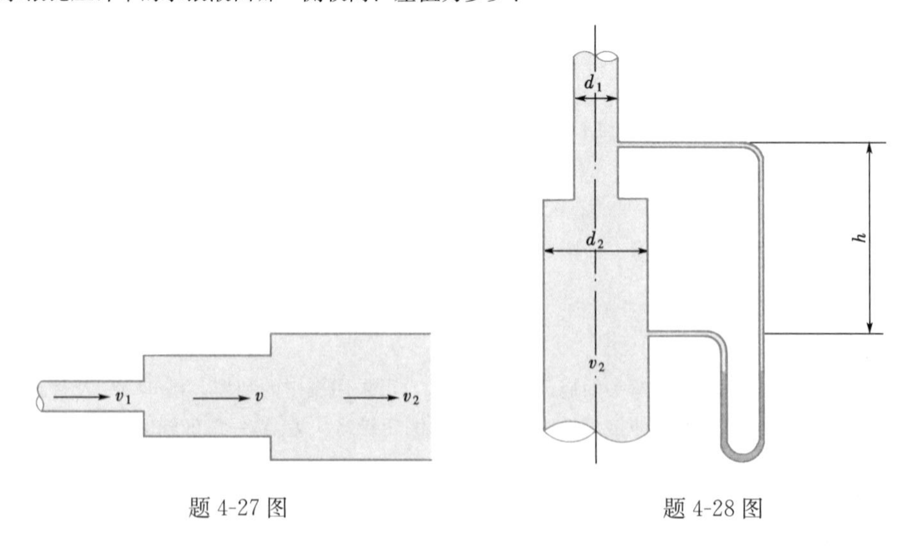

题 4-27 图　　题 4-28 图

4-29　如图所示，一水平放置的突然扩大管路，直径由 $d_1=50\text{mm}$ 扩大到 $d_2=100\text{mm}$，在扩大前后断面接出的双液比压计中，上部为水，下部为密度 $\rho=1.60\times10^3\text{kg/m}^3$ 的四氯化碳，当流量 $Q_V=16\text{m}^3/\text{h}$ 时的比压计读数 $\Delta h=173\text{mm}$，求突然扩大的局部阻力系数，并与理论计算值进行比较。

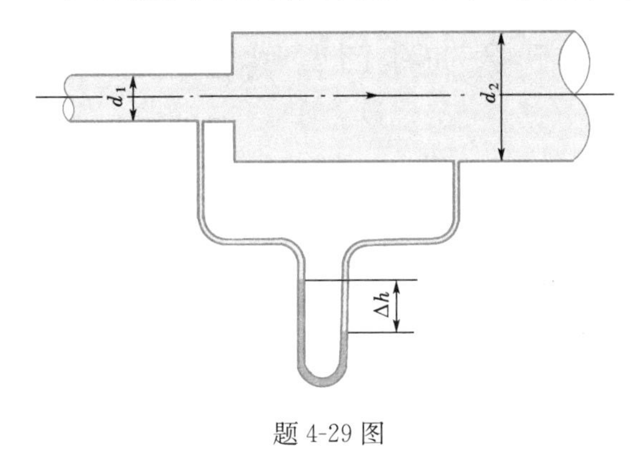

题 4-29 图

4-30　如图所示，水箱侧壁接出一根由两段不同管径所组成的管道。已知 $d_1=150\text{mm}$，$d_2=75\text{mm}$，$l=50\text{m}$，管道的当量糙度 $K=0.6\text{mm}$，水温为 20℃。若管道的出口流速 $v_2=2\text{m/s}$，求（1）水位 H；（2）绘出总水头线和测压管水头线。

4-31　两条长度相同、断面积相等的风管，它们的断面形状不同，一为圆形，一为正方形，如它们的沿程水头损失相等，而且流动都处于阻力平方区，试问哪条管道过流能力大？大多少？

4-32　在断面既要由 d_1 扩大到 d_2，方向又转 90°的流动中，图（a）为先扩后弯，图（b）为先弯后扩。已知：$d_1=50\text{mm}$，$\left(\dfrac{d_2}{d_1}\right)^2=2.28$，$v_1=4\text{m/s}$。渐扩管对应于流速 v_1 的阻力系数 $\zeta_d=0.1$；弯管阻力系数（两者相同）$\zeta_b=0.25$；若用干扰修正系数表示有干扰的局部水头损失与无干扰的之比，测得先弯后扩的干扰修正系数 $c_{b.d}=2.30$；先扩后弯的干扰修正系数 $c_{d.b}=1.42$。求两种情况的总局部水头损失。

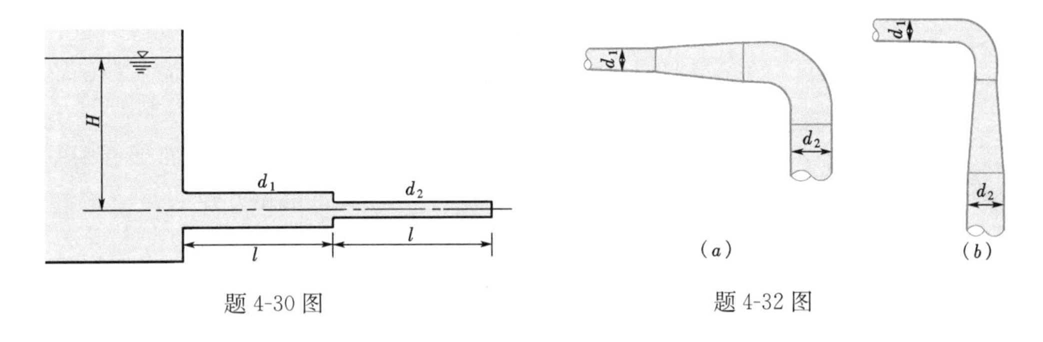

题 4-30 图　　　题 4-32 图

第4章扩展阅读：
科学家周培源先生

部分习题答案

第5章　孔口管嘴管路流动

【要点提示】本章介绍一元流体动力学基本方程和能量损失计算方法在孔口出流、管嘴出流和管路流动中的应用，其要点是孔口、管嘴出流和管路流动的流动特点与计算方法。

本章应用流体力学基本原理，结合具体流动条件，研究孔口、管嘴及管路的流动。

研究流体经容器壁上孔口或管嘴出流，以及流体沿管路的流动，对供热通风及燃气工程具有很大的实用意义。如自然通风中空气通过门窗的流量计算，供热管路中节流孔板的计算，工程上各种管道系统的计算，都需要掌握这方面的规律及计算方法。

5.1　孔口自由出流

在容器侧壁或底壁上开一孔口，容器中的液体自孔口出流到大气中，称为孔口自由出流。如出流到充满液体的空间，则称为淹没出流。

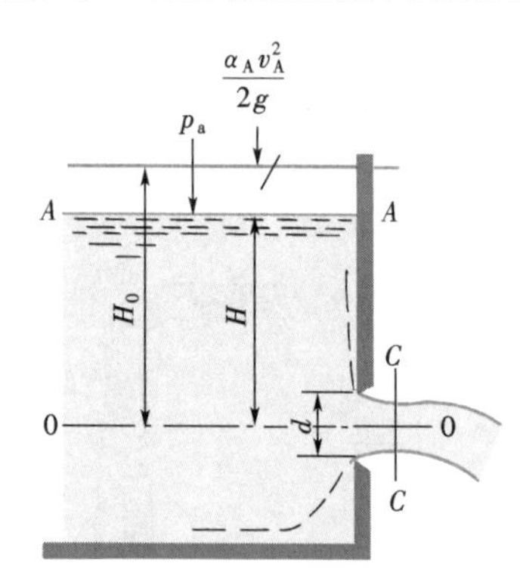

图5-1　孔口自由出流

图5-1给出一自由出流孔口，容器中液体从四面八方流向孔口。由于质点的惯性，当绕过孔口边缘时，流线不能呈直角突然地改变方向，只能以圆滑曲线逐渐弯曲。在孔口断面上仍然继续弯曲且向中心收缩，造成孔口断面上的急变流。直至出流流股距孔约1/2d（d为孔径）处，断面收缩达到最小，流线趋于平直，成为渐变流，该断面称为收缩断面，即图5-1中的C-C断面。

下面讨论出流流量的计算。通过收缩断面形心引基准线0-0，列出A-A及C-C两断面的能量方程

$$Z_A+\frac{p_A}{\rho g}+\frac{\alpha_A v_A^2}{2g}=Z_C+\frac{p_C}{\rho g}+\frac{\alpha_C v_C^2}{2g}+h_e$$

式中，h_e为孔口出流的能量损失。由于液体在容器中流动的流速很小，故沿程损失甚微，仅在孔口处发生能量损失。如图5-1中所示具有锐缘的孔口，出流流股与孔口壁接触仅是一条周线，这种条件的孔口称为薄壁孔口。若孔壁厚度和形状促使流股收缩后又扩开，与孔壁接触形成面而不是线，这种孔口称为厚壁孔口或管嘴。

无论薄壁、厚壁孔口或管嘴，能量损失主要发生在孔与嘴的局部，为局部损失，对比管路流动而言，这正是此种流动的特点。对于薄壁孔口来说$h_e=h_m=\zeta_1\frac{v_C^2}{2g}$，代入上式，经移项整理得

$$(\alpha_C+\zeta_1)\frac{v_C^2}{2g}=(Z_A-Z_C)+\frac{p_A-p_C}{\rho g}+\frac{\alpha_A v_A^2}{2g}$$

令
$$H_0=(Z_A-Z_C)+\frac{p_A-p_C}{\rho g}+\frac{\alpha_A v_A^2}{2g} \tag{5-1}$$
则就 v_C 求解得
$$v_C=\frac{1}{\sqrt{\alpha_C+\zeta_1}}\sqrt{2gH_0} \tag{5-2}$$
H_0 称为作用水头，是促使出流的全部能量。从式（5-1）可知，H_0 包括孔口上游对孔口收缩断面 C-C 位置差、压差及上游来流的速度水头。H_0 中一部分用来克服阻力而损失，一部分变成 C-C 断面上的动能使之出流。

在孔口自由出流时（图 5-1），H_0 中位置差 $Z_A-Z_C=H$，即液面至孔口中心的高度差。对小孔口来说（孔径 $d<0.1H$），可忽略孔中心与上下边缘高差的影响，认为孔口面上所有各点均受同一 H 作用，其出流速度相同。

H_0 中压差，因自由出流 $p_C=p_a$，且具有自由液面 $p_A=p_a$，故该项为零。

H_0 中来流速度水头，因自由液面速度可略而不计。于是得出具有压强为大气压的自由液面，自由出流时，$H_0=H$ 的结论。

对于其他条件下孔口出流 H_0 的决定，应视其具体条件，从 H_0 的定义式（5-1）出发，来表述作用水头。

式（5-2）给出了薄壁孔口自由出流收缩断面 C-C 上的速度公式，现令
$$\varphi=\frac{1}{\sqrt{\alpha_C+\zeta_1}} \tag{5-3}$$
φ 称为速度系数，φ 的意义可以从下面讨论得知。若 $\alpha_C=1$ 且无损失情况下，$\zeta_1=0$，则 $\varphi=1$。这时是理想流体的流动，其速度为 $v'_C=1\cdot\sqrt{2gH_0}$。与式（5-2）相比便得
$$\frac{v_C}{v'_C}=\frac{\varphi\cdot\sqrt{2gH_0}}{1\cdot\sqrt{2gH_0}}=\varphi$$
$$\varphi=\frac{\text{实际流体的速度}}{\text{理想流体的速度}}$$
φ 值可通过实验测得，对圆形薄壁小孔口速度系数 $\varphi=0.97\sim0.98$。

通过孔口出流的流量为
$$Q_V=v_C\cdot A_C \tag{5-4}$$
式中，A_C 是收缩断面的面积。由于一般情况下给出孔口面积，故引入
$$\varepsilon=A_C/A \tag{5-5}$$
称 ε 为收缩系数。由实验得知，圆形薄壁小孔口的 $\varepsilon=0.62\sim0.64$。现用 $\varepsilon A=A_C$ 代入流量公式
$$Q_V=v_C\cdot\varepsilon\cdot A=\varepsilon\cdot\varphi\cdot A\cdot\sqrt{2gH_0} \tag{5-6}$$
令
$$\mu=\varepsilon\cdot\varphi$$
称 μ 为流量系数。对于圆形薄壁小孔口，其值为 $\mu=0.62\times0.97\sim0.64\times0.97\approx0.60\sim0.62$。则
$$Q_V=\mu A\sqrt{2gH_0} \tag{5-7}$$
式（5-7）就是孔口自由出流的基本公式。当计算流量 Q_V 时，根据具体的孔口及出流条件，确定 μ 及 H_0。

从式（5-6）知，μ值与ε、φ有关。φ值接近于1。ε值则因孔口开设的位置不同而造成收缩情况不同，因而有较大的变化。如图5-2上孔口Ⅰ四周的流线全部发生弯曲，水股在各方向都发生收缩为全部收缩孔口。而孔口Ⅱ只有1、2边发生收缩，其他3、4边没有收缩称为非全部收缩孔口。在相同的作用水头下，非全部收缩时的收缩系数ε比全部收缩时的大，其流量系数μ值亦将相应增大，两者之间的关系可用下列经验公式表示

$$\mu' = \mu\left(1 + C\frac{S}{X}\right) \tag{5-8}$$

式中 μ——全部收缩时孔口流量系数；

S——未收缩部分周长（图5-2上3+4边长）；

X——孔口全部周长（图5-2上1+2+3+4边长）；

C——系数，圆孔取0.13，方孔取0.15。

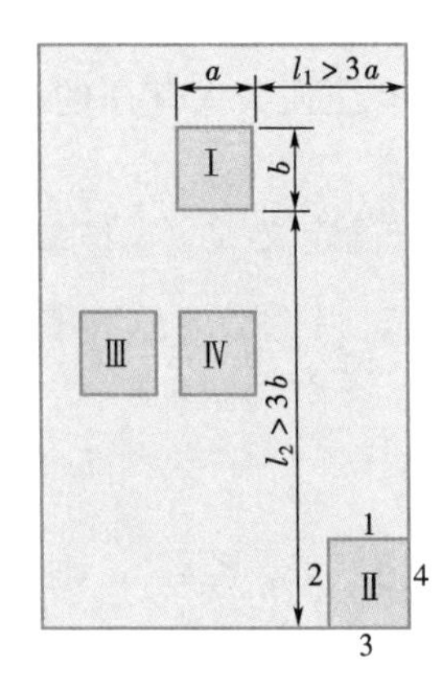

图5-2 孔口收缩与位置关系

全部收缩的水股，又根据器壁对流线弯曲有无影响而分为完善收缩与不完善收缩。图5-2上孔口Ⅰ，周边离侧壁的距离大于3倍孔口在该方向的尺寸，即$l_1>3a$，$l_2>3b$。此时出流流线弯曲率最大，收缩得最充分，为全部完善收缩。对于薄壁小孔口出流的全部完善收缩，流量系数为$\mu=0.6\sim0.62$。

当孔口任何一边到器壁的距离不满足上述条件时，如孔口Ⅲ和Ⅳ，则将减弱流线的弯曲，减弱收缩，使ε增大，相应μ值亦将增大。不完善收缩的μ''可用下式估算。

$$\mu'' = \mu\left[1 + 0.64\left(\frac{A}{A_0}\right)^2\right] \tag{5-9}$$

式中 μ——全部完善收缩时孔口流量系数；

A——孔口面积；

A_0——孔口所在壁的全部面积。

式（5-9）的适用条件是，孔口处在壁面的中心位置，各方向上影响不完善收缩的程度近于一致的情况。

5.2 孔口淹没出流

如前所述，当液体通过孔口出流到另一个充满液体的空间时称为淹没出流，如图5-3所示。

现以孔口中心线为基准线，取上下游自由液面1-1及2-2，列能量方程

$$H_1 + \frac{p_1}{\rho g} + \frac{\alpha_1 v_1^2}{2g} = H_2 + \frac{p_2}{\rho g} + \frac{\alpha_2 v_2^2}{2g} + \zeta_1\frac{v_C^2}{2g} + \zeta_2\frac{v_C^2}{2g}$$

令 $H_0 = (H_1 - H_2) + \dfrac{p_1 - p_2}{\rho g} + \dfrac{\alpha_1 v_1^2 - \alpha_2 v_2^2}{2g}$，称为作用水头。

上式为

$$H_0 = (\zeta_1 + \zeta_2)\frac{v_C^2}{2g}$$

求解v_C得

$$v_C = \frac{1}{\sqrt{\zeta_1 + \zeta_2}} \cdot \sqrt{2gH_0} \tag{5-10}$$

则出流流量为

$$Q_V = v_C A_C = v_C \varepsilon A = \frac{1}{\sqrt{\zeta_1 + \zeta_2}} \varepsilon A \sqrt{2gH_0} \tag{5-11}$$

式中 ζ_1——液体经孔口处的局部阻力系数；

ζ_2——液体在收缩断面之后突然扩大的局部阻力系数，2-2 断面比 C-C 断面大得多，所以 $\zeta_2 = \left(1 - \frac{A_C}{A_2}\right)^2 \approx 1$ 。

于是令

$$\varphi = \frac{1}{\sqrt{\zeta_1 + \zeta_2}} = \frac{1}{\sqrt{1 + \zeta_1}} \tag{5-12}$$

φ 为淹没出流速度系数。对比自由出流 φ，在孔口形状、尺寸相同的情况下，其值相等，但其含义有所不同。自由出流时 $\alpha_C \approx 1$，淹没出流的 $\zeta_2 \approx 1$。引入 $\mu = \varepsilon\varphi$，μ 为淹没出流流量系数。式（5-11）可写成

$$Q_V = \varepsilon\varphi A \sqrt{2gH_0} = \mu A \sqrt{2gH_0} \tag{5-13}$$

这就是淹没出流流量公式。对比自由出流式（5-7），φ、μ 相同，只是作用水头 H_0 中速度水头略有不同，自由出流时上游速度水头全部转化为作用水头，而淹没出流时，仅上下游速度水头之差转化为作用水头。

孔口自由出流与淹没出流其公式形式完全相同，φ、μ 在孔口相同条件下亦相等，只需注意作用水头 H_0 中各项，按具体条件代入。

如图 5-3 所示，具有自由液面的淹没出流 $p_1 = p_2 = p_a$，且忽略上下游液面的速度水头时，则作用水头为

$$H_0 = H_1 - H_2 = H \tag{5-14}$$

于是出流流量

$$Q_V = \mu A \sqrt{2gH} \tag{5-15}$$

从式（5-15）可得，当上下游液面高度一定，即 H 一定时，出流流量与孔口在液面下开设的位置高低无关。

图 5-4 所示为具有 p_0 表面压强（相对压强）的有压容器，液体经孔口出流。流量应用式（5-13）计算。

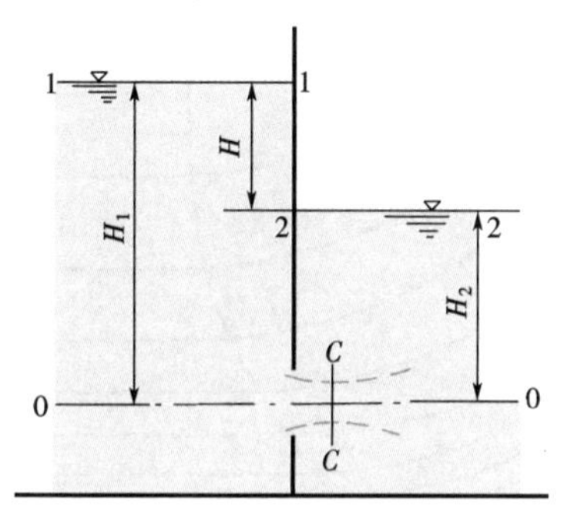

图 5-3 孔口淹没出流

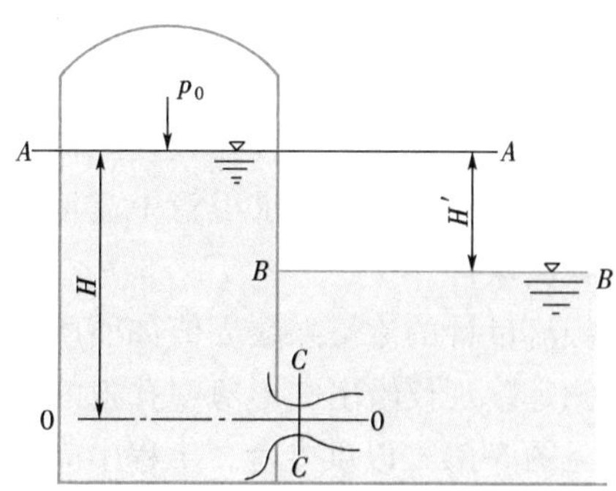

图 5-4 压力容器出流

$$Q_V = \mu A \sqrt{2gH_0}$$

式中，当自由出流时，有

$$H_0=(Z_A-Z_C)+\frac{p_0}{\rho g}+\frac{\alpha_A v_A^2}{2g}$$
$$=H+\frac{p_0}{\rho g}+\frac{\alpha_A v_A^2}{2g}$$

忽略$\frac{\alpha_A v_A^2}{2g}$项，则 $H_0=H+\frac{p_0}{\rho g}$

当淹没出流时，有

$$H_0=(H_A-H_B)+\frac{p_0}{\rho g}+\frac{\alpha_A v_A^2-\alpha_B v_B^2}{2g}$$
$$=H'+\frac{p_0}{\rho g}+\frac{\alpha_A v_A^2-\alpha_B v_B^2}{2g}$$

忽略 $\frac{\alpha_A v_A^2-\alpha_B v_B^2}{2g}$，则 $H_0=H'+\frac{p_0}{\rho g}$

气体出流一般为淹没出流，流量计算与式（5-13）相同，但用压强差代替水头差，得

$$Q_V=\mu A\sqrt{\frac{2\Delta p_0}{\rho}} \tag{5-16}$$

式中　ρ——气体的密度，kg/m^3；

Δp_0——如同式（5-13）中的 H_0，是促使出流的全部能量，即

$$\Delta p_0=(p_A-p_B)+\frac{\rho(\alpha_A v_A^2-\alpha_B v_B^2)}{2}$$

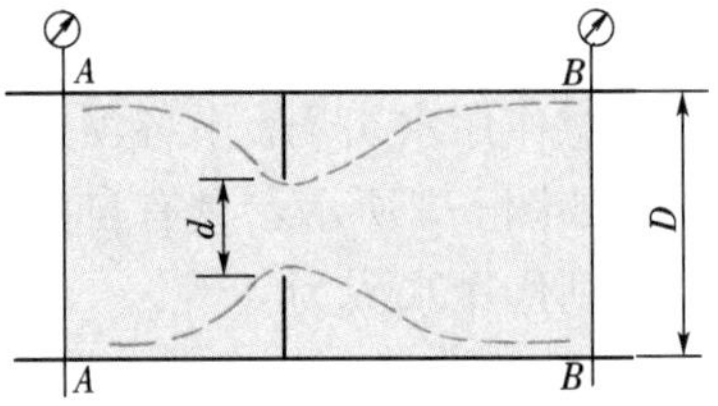

图 5-5　孔板流量计

气体管路中装一有薄壁孔口的隔板，称为孔板（见图 5-5），此时通过孔口的出流是淹没出流。因为流量、管径在给定条件下不变，所以测压断面上 $v_A=v_B$。故

$$\Delta p_0=p_A-p_B$$

应用式（5-16）

$$Q_V=\mu A\sqrt{\frac{2\Delta p_0}{\rho}}=\mu A\sqrt{\frac{2}{\rho}(p_A-p_B)} \tag{5-17}$$

在管道中装设如上所说孔板，测得孔板前后渐变断面上的压差，即可求得管中流量。这种装置叫孔板流量计。

孔板流量计的流量系数 μ 值如前所说，是通过实验测定。现仅给出圆形薄壁孔板的流量系数曲线（见图 5-6），以供参考。工程中应按具体孔板查有关孔板流量计手册获得 μ 值。

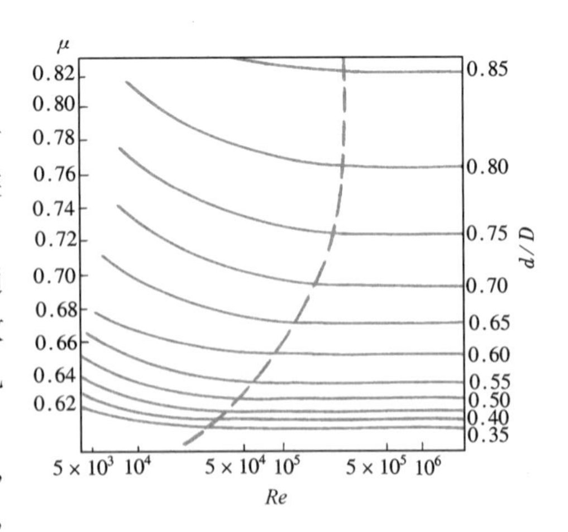

图 5-6　孔板流量计 μ 值

【例 5-1】 有一孔板流量计，测得 $\Delta p=490Pa$，管道直径为 $D=200mm$，孔板直径为 $d=80mm$，试求水管中流量 Q_V。

【解】（1）此题为液体淹没出流，用式（5-13）求 Q_V，式中

$$H_0=(H_1-H_2)+\frac{p_1-p_2}{\rho g}+\frac{\alpha_1 v_1^2-\alpha_2 v_2^2}{2g}$$

此时 $H_1=H_2, v_1=v_2$，有

$$H_0=\frac{p_1-p_2}{\rho g}=0.05\text{m}$$

（2）$\frac{d}{D}=\frac{80\text{mm}}{200\text{mm}}=0.4$。若认为流动处在阻力平方区，$\mu$ 与 Re 无关，则在图 5-6 上查得 $\mu=0.61$。

（3）$Q_V=\mu A\sqrt{2gH_0}=0.003033\text{m}^3/\text{s}$

【例 5-2】如上题，孔板流量计装在气体管路中，测得 $p_1-p_2=490\text{Pa}$，其 D、d 尺寸同上题，求气体流量。

【解】（1）此题为气体淹没出流，可由式（5-17）求 Q_V。

（2）$d/D=0.4$，采用上题 $\mu=0.61$

（3）$Q_V=\mu A\sqrt{\frac{2\Delta p}{\rho}}=0.0876\text{m}^3/\text{s}$

【例 5-3】房间顶部设置夹层，把处理过的清洁空气用风机送入夹层中，并使层中保持 300Pa 的压强。清洁空气在此压强作用下，通过孔板的孔口向房间流出，这就是孔板送风（见图 5-7）。求每个孔口出流的流量及速度。孔的直径为 1cm。

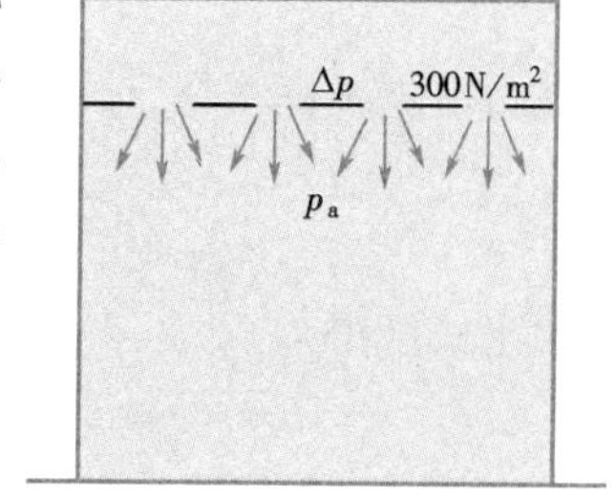

图 5-7 孔板送风

【解】孔口流量公式用式（5-17）

$$Q_V=\mu A\sqrt{2\frac{\Delta p}{\rho}}$$

孔板流量系数 $\mu=0.6$，速度系数 $\varphi=0.97$（从相关手册中查到）。
空气的密度 ρ 取为 1.2kg/m^3。

孔口的面积 $A=\frac{\pi}{4}d^2=0.785\times(0.01\text{m})^2=0.785\times10^{-4}\text{m}^2$

$$Q_V=0.6\times0.785\times10^{-4}\text{m}^2\sqrt{\frac{2\times300\text{Pa}}{1.2\text{kg/m}^3}}=10.5\times10^{-4}\text{m}^3/\text{s}$$

出流速度可从 $v_C=\varphi\sqrt{2\frac{\Delta p}{\rho}}$ 求出

$$v_C=0.97\times\sqrt{\frac{2\times300\text{Pa}}{1.2\text{kg/m}^3}}=21.73\text{m/s}$$

5.3 管嘴出流

5.3.1 圆柱形外管嘴出流

当圆孔壁厚 δ 等于（3～4）d 时，或者在孔口处外接一段长 $l=$（3～4）d 的圆管时（见图5-8），此时的出流称为圆柱形外管嘴出流，外接短管称为管嘴。

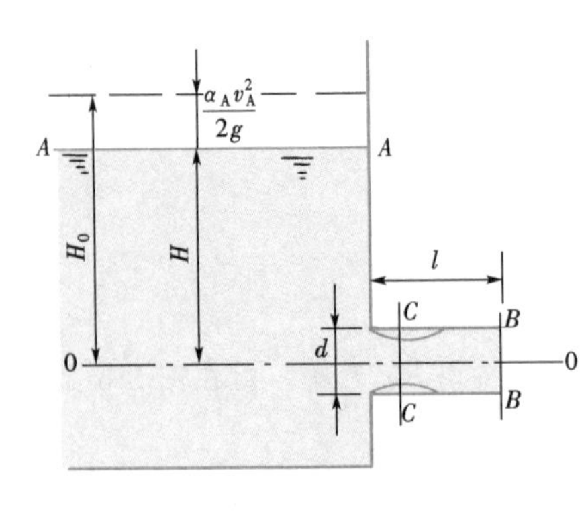

图 5-8　管嘴出流

液体流入管嘴时如同孔口出流一样，流股也发生收缩，存在着收缩断面 C-C。然后流股逐渐扩张，至出口断面上完全充满管嘴断面流出。

在收缩断面 C-C 前后流股与管壁分离，中间形成旋涡区，产生负压，出现了管嘴的真空现象。如前讨论孔口的作用水头 H_0，其中压差项 $\frac{p_A-p_C}{\rho g}$，在管嘴出流中由于 p_C 小于大气压，从而使 H_0 增大，则出流流量亦增大。所以由于管嘴出流出现真空现象，促使出流流量增大，这是管嘴出流不同于孔口出流的基本特点。

下面讨论管嘴出流的速度、流量计算公式。

列 A-A 及 B-B 断面的能量方程，以管嘴中心线为基准线。

$$Z_A+\frac{p_A}{\rho g}+\frac{\alpha_A v_A^2}{2g}=Z_B+\frac{p_B}{\rho g}+\frac{\alpha_B v_B^2}{2g}+\zeta\frac{v_B^2}{2g}$$

$$(Z_A-Z_B)+\frac{p_A-p_B}{\rho g}+\frac{\alpha_A v_A^2}{2g}=(\alpha_B+\zeta)\frac{v_B^2}{2g}$$

与孔口出流一样，令

$$H_0=(Z_A-Z_B)+\frac{p_A-p_B}{\rho g}+\frac{\alpha_A v_A^2}{2g} \tag{5-18}$$

则由上式可得

$$H_0=(\alpha_B+\zeta)\frac{v_B^2}{2g}$$

所以

$$v_B=\frac{1}{\sqrt{\alpha_B+\zeta}}\cdot\sqrt{2gH_0}=\varphi\sqrt{2gH_0} \tag{5-19}$$

$$Q_V=v_B A=\varphi A\sqrt{2gH_0}=\mu A\sqrt{2gH_0} \tag{5-20}$$

由于出口断面 B-B 被流股完全充满（不同于孔口），ε=1，则 $\varphi=\mu=\frac{1}{\sqrt{\alpha_B+\zeta}}$，取 $\alpha_B=1$，则 $\varphi=\mu=\frac{1}{\sqrt{1+\zeta}}$。

管嘴的阻力损失主要是进口损失，沿程阻力损失很小，可略去。于是从局部阻力系数图 4-23中查得锐缘进口 $\zeta=0.5$，作为管嘴的阻力系数。这样 $\varphi=\mu=\frac{1}{\sqrt{1+0.5}}=0.82$。

式（5-18）中 H_0 为管嘴出流的作用水头。在图 5-8 所给的具体条件下，$Z_A-Z_B=H$，$p_A=p_B=p_a$，v_A 对比 v_B 可忽略不计，于是 $H_0=H$。流量则为

$$Q_V=\mu A\sqrt{2gH} \tag{5-21}$$

式（5-19）及式（5-21）就是管嘴自由出流的速度 v_B 与流量 Q_V 的计算公式。

管嘴真空现象及真空值，可通过收缩断面 C-C 与出口断面 B-B 建立能量方程得到证明。

$$\frac{p_C}{\rho g}+\frac{\alpha_C v_C^2}{2g}=\frac{p_B}{\rho g}+\frac{\alpha_B v_B^2}{2g}+h_l$$

h_l=突扩损失+沿程损失$=\left(\zeta_m+\lambda\dfrac{l}{d}\right)\dfrac{v_B^2}{2g}$

取

$$\alpha_C=\alpha_B=1$$

$$v_C=\frac{A}{A_C}\cdot v_B=\frac{1}{\varepsilon}v_B$$

$$p_B=p_a$$

则上式变为

$$\frac{p_C}{\rho g}=\frac{p_B}{\rho g}-\left(\frac{1}{\varepsilon^2}-1-\zeta_m-\lambda\frac{l}{d}\right)\frac{v_B^2}{2g}$$

从式（5-19）可得$\dfrac{v_B^2}{2g}=\varphi^2\cdot H_0$，从突扩阻力系数计算式求得$\zeta_m=\left(\dfrac{1}{\varepsilon}-1\right)^2$，因此

$$\frac{p_C}{\rho g}=\frac{p_a}{\rho g}-\left[\frac{1}{\varepsilon^2}-1-\left(\frac{1}{\varepsilon}-1\right)^2-\lambda\frac{l}{d}\right]\varphi^2\cdot H_0$$

当$\varepsilon=0.64$，$\lambda=0.02$，$l/d=3$，$\varphi=0.82$时，有

$$\frac{p_C}{\rho g}=\frac{p_a}{\rho g}-0.75H_0$$

则圆柱形管嘴在收缩断面C-C上的真空值为

$$\frac{p_a-p_C}{\rho g}=0.75H_0 \tag{5-22}$$

可见H_0愈大，收缩断面上真空值亦愈大。当真空值达到7～8mH_2O时，常温下的水发生汽化而不断产生气泡，破坏了连续流动。同时空气在较大的压差作用下，经B-B断面冲入真空区，破坏了真空。气泡及空气都使管嘴内部液流脱离管内壁，不再充满断面，于是成为孔口出流。因此为保证管嘴的正常出流，真空值必须控制在68.6kPa（7mH_2O）以下，从而决定了作用水头H_0的极限值［H_0］=9.3m。这就是外管嘴正常工作条件之一。

其次，管嘴长度也有一定的极限值，太长，阻力大，使流量减少。太短，则流股收缩后来不及扩大到整个断面而呈非满流流出，无真空出现，因此一般取管嘴长度［l］=（3～4）d。这就是外管嘴正常工作条件之二。

5.3.2 其他类型管嘴出流

对于其他类型的管嘴出流，速度、流量计算公式与圆柱形外管嘴公式形式相同，但速度系数、流量系数各有不同。下面介绍工程上常用的几种管嘴。

（1）流线形管嘴，如图5-9（a）所示，流速系数$\varphi=\mu=0.97$，适用于要求流量大，水头损失小，出口断面上速度分布均匀的情况。

（2）收缩圆锥形管嘴，如图5-9（b）所示，出流与收缩角度θ有关。$\theta=30°24'$，$\varphi=0.963$，$\mu=0.943$为最大值。适用于要求加大喷射速度的场合，如消防水枪。

（3）扩大圆锥形管嘴，如图5-9（c）所

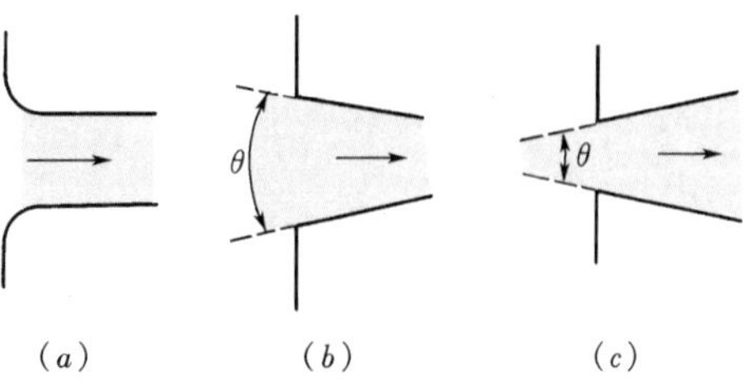

图5-9　各种常用管嘴

示，当$\theta=5°\sim7°$时，$\mu=\varphi=0.42\sim0.50$。用于要求将部分动能恢复为压能的情况，如引射器的扩压管。

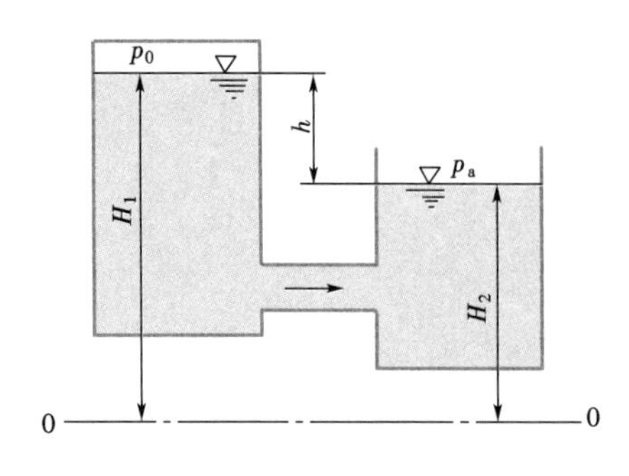

图5-10　管嘴计算例题

【例5-4】液体从封闭的立式容器中经管嘴流入开口水池（见图5-10），管嘴直径$d=8\text{cm}$，$h=3\text{m}$，要求流量为$5\times10^{-2}\text{m}^3/\text{s}$。试求作用于容器内液面上的压强为多少？

【解】按管嘴出流流量公式

$$Q_V=\mu A\sqrt{2gH_0}$$

求作用水头H_0，有

$$H_0=\frac{Q_V^2}{2g\mu^2A^2}$$

取$\mu=0.82$

则

$$H_0=\frac{(0.05\text{m}^3/\text{s})^2}{2\times9.8\text{m/s}^2\times0.82^2\times[0.785\times(0.08\text{m})^2]^2}=7.5\text{m}$$

在图5-10所给具体条件下，忽略上下游液面速度，则$H_0=\frac{p_b-p_a}{\rho g}+(H_1-H_2)=\frac{p_0}{\rho g}+h$。于是解出

$$\frac{p_0}{\rho g}=H_0-h=7.5\text{m}-3\text{m}=4.5\text{m}$$

$$p_0=4.5\text{m}\times1000\text{kg/m}^3\times9.8\text{m/s}^2=4.41\text{kN/m}^2=4.41\text{kPa}$$

5.4　简单管路

为了研究流体在管路中的流动规律，首先讨论流体在简单管路中的流动。所谓简单管路就是具有相同管径d、相同流量Q的管段，它是组成各种复杂管路的基本单元。

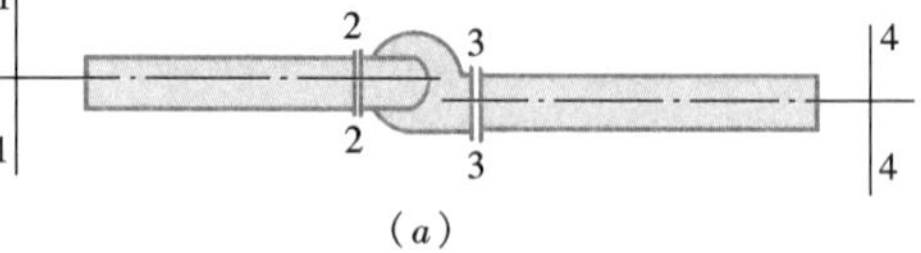

(a)

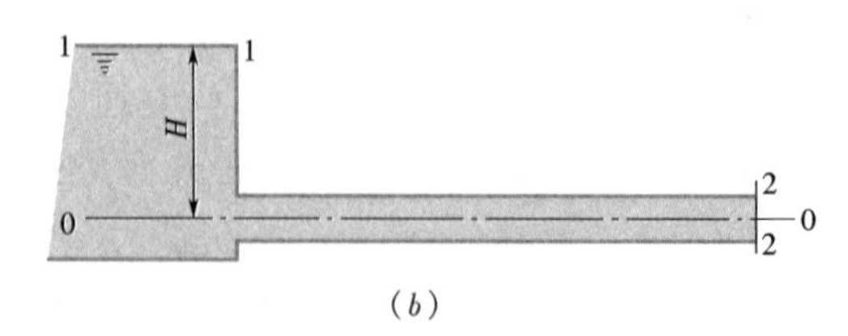

(b)

图5-11　简单管路

如图5-11（b）所示，当忽略自由液面速度，且出流流至大气，以0-0为基准线，列1-1、2-2两断面间的能量方程式

$$H=\frac{v^2}{2g}+h_l$$

对于简单管路，有

$$h_l=\left(\lambda\frac{l}{d}+\Sigma\zeta\right)\frac{v^2}{2g}$$

用$v^2=\left(\frac{4Q_V}{\pi d^2}\right)^2$代入上式

$$h_l = \frac{8\left(\lambda \frac{l}{d} + \Sigma \zeta\right)}{\pi^2 d^4 g} Q_V^2$$

令
$$S_H = \frac{8\left(\lambda \frac{l}{d} + \Sigma \zeta\right)}{\pi^2 d^4 g} \tag{5-23}$$

则
$$h_l = S_H Q_V^2 \tag{5-24}$$

对于图 5-11（a）所示风机带动的气体管路，式（5-24）仍适用。气体常用压强损失表示，于是

$$p_l = \rho g h_l = \rho g S_H Q_V^2$$

令
$$S_p = \rho g S_H = \frac{8\left(\lambda \frac{l}{d} + \Sigma \zeta\right)\rho}{\pi^2 d^4} \tag{5-25}$$

则
$$p_l = S_p Q_V^2 \tag{5-26}$$

式（5-26）多应用于不可压缩的气体管路计算中，如空调、通风管道计算。而式（5-24）则多用于液体管路计算，如给水管路的计算。

无论 S_p 或 S_H，对于一定的流体（即 ρ 一定），在 d、l 已给定时，S 只随 λ 和 $\Sigma\zeta$ 变化。从第 4 章知 λ 值与 Re 和$\frac{K}{d}$有关，当流动处在阻力平方区时，λ 仅与 K/d 有关，所以在管路的管材已定的情况下，λ 值可视为常数。$\Sigma\zeta$ 项中只有进行调节的阀门的 ζ 可以改变，而其他局部构件已确定，局部阻力系数不变。所以从式（5-23）、式（5-25）两式可知：S_p、S_H 对已给定的管路是一个定数，它综合反映了管路上的沿程阻力和局部阻力情况，故称为管路阻抗。引入这一概念对分析管路流动较为方便。式（5-23）和式（5-25）即为阻抗的两种表达式。两者形式上的区别仅在于有无 ρg。

式（5-24）和式（5-26）表明：简单管路中，当阻抗不变时，总阻力损失与体积流量平方成正比。这一规律在管路计算中广为应用。

【例 5-5】某矿渣混凝土板风道，断面积为 1m×1.2m，长为 50m，局部阻力系数 $\Sigma\zeta$=2.5，流量为 14m^3/s，空气温度为 20℃，求压强损失。

【解】（1）矿渣混凝土板 K=1.5mm，20℃时空气的运动黏度 ν=15.7×$10^{-6}$$m^2$/s。

对矩形风道计算阻力损失应用当量直径 d_e

$$d_e = \frac{2ab}{a+b} = \frac{2 \times 1\text{m} \times 1.2\text{m}}{1\text{m} + 1.2\text{m}} = 1.09\text{m}$$

求矩形风道流动速度 v

$$v = \frac{Q_V}{A} = \frac{14\text{m}^3/\text{s}}{1\text{m} \times 1.2\text{m}} = 11.65\text{m/s}$$

求雷诺数 Re

$$Re = \frac{v d_e}{\nu} = \frac{11.65\text{m/s} \times 1.09\text{m}}{15.7 \times 10^{-6}\text{m}^2/\text{s}} = 8 \times 10^5$$

$$\frac{K}{d_e} = \frac{1.5\text{mm}}{1.09 \times 10^3\text{mm}} = 1.38 \times 10^{-3}$$

然后应用莫迪图查得 λ=0.021

（2）计算 S_p 值

因为
$$v=\frac{Q_V}{A},v^2=\frac{Q_V^2}{A^2}$$

$$p=\left(\lambda\frac{l}{d}+\Sigma\zeta\right)\frac{Q_V^2/A^2}{2}\cdot\rho=\frac{\left(\lambda\frac{l}{d}+\Sigma\zeta\right)\rho}{2A^2}\cdot Q_V^2$$

则对矩形管道其

$$S_p=\frac{\left(\lambda\frac{l}{d_e}+\Sigma\zeta\right)\rho}{2A^2}$$

$$S_p=\frac{\left(0.021\times\frac{50\text{m}}{1.09\text{m}}+2.5\right)\times1.2\text{kg/m}^3}{2\times(1\times1.2)^2}=1.443\text{kg/m}^7$$

$$p=S_pQ_V^2=1.443\text{kg/m}^7\times(14\text{m}^3/\text{s})^2=282.84\text{Pa}$$

图5-12所示为水泵向压力水箱送水的简单管路（d 及 Q_V 不变），应用第3章中有能量输入的伯努利方程

$$H_i=(Z_2-Z_1)+\frac{p_0}{\rho g}+\frac{\alpha_2v_2^2-\alpha_1v_1^2}{2g}+h_{l1-2}$$

略去液面速度水头，输入水头为

$$H_i=H+\frac{p_0}{\rho g}+S_HQ^2 \tag{5-27}$$

式（5-27）说明水泵水头（又称扬程），不仅用来克服流动阻力，还用来提高液体的位置水头、压强水头，使之流到高位压力水箱中。

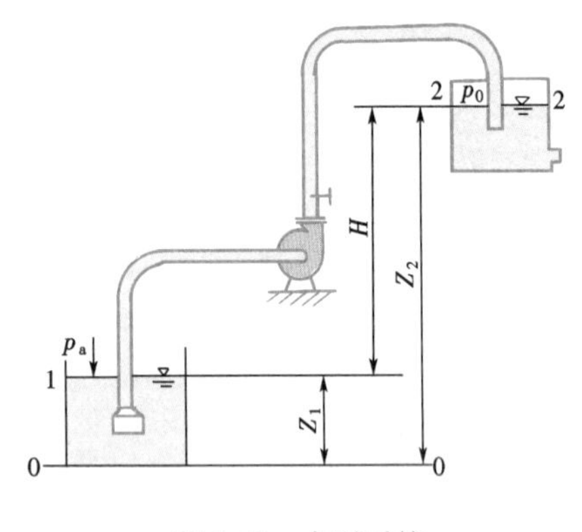

图5-12　水泵系统

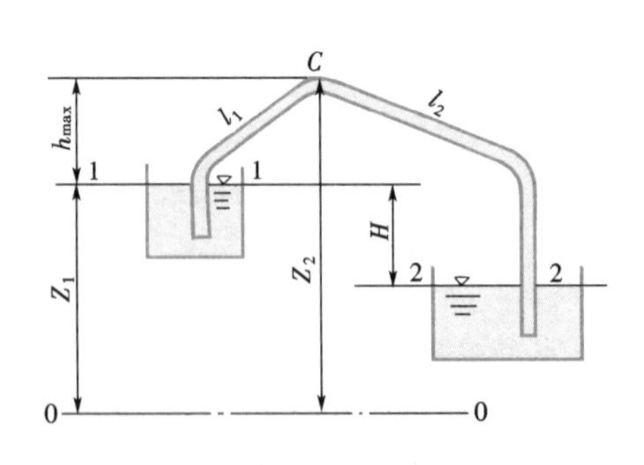

图5-13　虹吸管

下面讨论工程中常用的虹吸管。所谓虹吸管即管道中一部分高出上游供水液面的简单管路（见图5-13）。

正因为虹吸管的一部分高出上游供水液面，必然在虹吸管中存在真空区段。当真空达到某一限值时，将使溶解在水中的空气分离出来，随真空度的加大，空气量增加。大量气体集结在虹吸管顶部，缩小了有效过流断面，阻碍流动。严重时造成气塞，破坏液体连续

输送。为了保证虹吸管正常流动，必须限定管中最大真空高度不得超过允许值 $[h_V]$。

$$[h_V]=7\sim 8.5\text{m}$$

虹吸管中存在真空区段是它的流动特点，控制真空高度则是虹吸管的正常工作条件。

现以水平线 0-0 为基准线，列图 5-13 中 1-1、2-2 断面的能量方程，有

$$Z_1+\frac{p_1}{\rho g}+\frac{\alpha_1 v_1^2}{2g}=Z_2+\frac{p_2}{\rho g}+\frac{\alpha_2 v_2^2}{2g}+h_{l1-2}$$

同前，令
$$H_0=(Z_1-Z_2)+\frac{p_1-p_2}{\rho g}+\frac{\alpha_1 v_1^2-\alpha_2 v_2^2}{2g} \tag{5-28}$$

于是
$$H_0=h_{l1-2}=S_H Q_V^2 \tag{5-29}$$

$$Q_V=\sqrt{\frac{H_0}{S_H}} \tag{5-30}$$

这就是虹吸管流量计算公式。

式中
$$S_H=\frac{8\left(\lambda\dfrac{l}{d}+\Sigma\zeta\right)}{\pi^2 d^4 g}$$

在图 5-13 条件下：

$$l=l_1+l_2$$

$$\Sigma\zeta=\zeta_e+3\zeta_b+\zeta_0$$

式中 ζ_e——进口阻力系数；

ζ_b——转弯阻力系数；

ζ_0——出口阻力系数。

式中 H_0 在图 5-13 条件下：

$$p_1=p_2=p_a \qquad v_1=v_2=0$$

$$H_0=(Z_1-Z_2)=H$$

以上数值代入式（5-30）中，于是流量为

$$Q_V=\frac{\dfrac{1}{4}\pi d^2}{\sqrt{\zeta_e+3\zeta_b+\zeta_0+\lambda\dfrac{l_1+l_2}{d}}}\cdot\sqrt{2gH} \tag{5-31}$$

所以
$$v=\frac{1}{\sqrt{\zeta_e+3\zeta_b+\zeta_0+\lambda\dfrac{l_1+l_2}{d}}}\cdot\sqrt{2gH} \tag{5-32}$$

上两式即为图 5-13 情况下虹吸管的速度及流量计算公式。

为了计算最大真空高度，取 1-1 及截面 C-C（该截面为紧靠最高处后的渐变流断面，其高度近似为最高处的高度）列能量方程，有

$$Z_1+\frac{p_1}{\rho g}+\frac{\alpha_1 v_1^2}{2g}=Z_C+\frac{p_C}{\rho g}+\frac{\alpha v^2}{2g}+\left(\zeta_e+2\zeta_b+\lambda\frac{l_1}{d}\right)\frac{v^2}{2g}$$

在图 5-13 条件下，$p_1=p_a$，$v_1\approx 0$，$\alpha\approx 1$，上式为

$$\frac{p_a-p_C}{\rho g}=(Z_C-Z_1)+\left(1+\zeta_e+2\zeta_b+\lambda\frac{l_1}{d}\right)\frac{v^2}{2g}$$

用式（5-32）的 v 代入上式中得出

$$\frac{p_a-p_C}{\rho g}=(Z_C-Z_1)+\frac{1+\zeta_e+2\zeta_b+\lambda l_1/d}{\zeta_e+3\zeta_b+\zeta_0+\lambda\dfrac{l_1+l_2}{d}}H \tag{5-33}$$

为了保证虹吸管正常工作，式（5-33）计算所得的真空高度 $\frac{p_a-p_C}{\rho g}$ 应小于最大允许值 $[h_v]$。

【例5-6】 给出图5-13的具体数值如下：

$H=2\text{m}$，$l_1=15\text{m}$，$l_2=20\text{m}$，$d=200\text{mm}$，$\zeta_e=1$，$\zeta_b=0.2$，$\zeta_0=1$，$\lambda=0.025$，$[h_v]=7\text{m}$。

求通过虹吸管流量及管顶最大允许安装高度。

【解】 由式（5-31）求得流量：

$$Q_V=\frac{\frac{1}{4}\pi d^2}{\sqrt{\zeta_e+3\zeta_b+\zeta_0+\lambda\dfrac{l_1+l_2}{d}}}\sqrt{2gH}$$

$$=\frac{0.0314\text{m}^2}{\sqrt{1+3\times0.2+1+4.38}}\cdot\sqrt{39.2\text{m}^2/\text{s}^2}$$

$$=0.0745\text{m}^3/\text{s}$$

由式（5-33）求得最大安装高度：

$$Z_C-Z_1=\frac{p_a-p_C}{\rho g}-\frac{1+\zeta_e+2\zeta_b+\lambda l_1/d}{\zeta_e+3\zeta_b+\zeta_0+\lambda\dfrac{l_1+l_2}{d}}\cdot H$$

当 $\frac{p_a-p_C}{\rho g}=[h_v]$ 时，$Z_C-Z_1=h_{max}$

$$h_{max}=[h_v]-\frac{1+\zeta_e+2\zeta_b+\lambda l_1/d}{\zeta_e+3\zeta_b+\zeta_0+\lambda\dfrac{l_1+l_2}{d}}\cdot H$$

$$=7\text{m}-\frac{4.275}{6.98}\times2\text{m}=5.78\text{m}$$

5.5　管路的串联与并联

任何复杂管路都是由简单管路经串联、并联组合而成的，因此，研究串联、并联管路的流动规律十分重要。

5.5.1　串联管路

串联管路是由许多简单管路首尾相接组合而成，如图5-14所示。

管段相接之点称为节点，如图中 a 点、b 点。在每一个节点上都遵循质量平衡原理，即流入的质量流量与流出的质量流量相等，当 ρ= 常数时，流入的体积流量等于流出的体积流量，取流入流量为正，流出流量为负，则对于每一个节点可以写出 $\sum Q_V=0$。因此，对串联管路（无中途分流或合流）则有

$$Q_{V1}=Q_{V2}=Q_{V3} \tag{5-34}$$

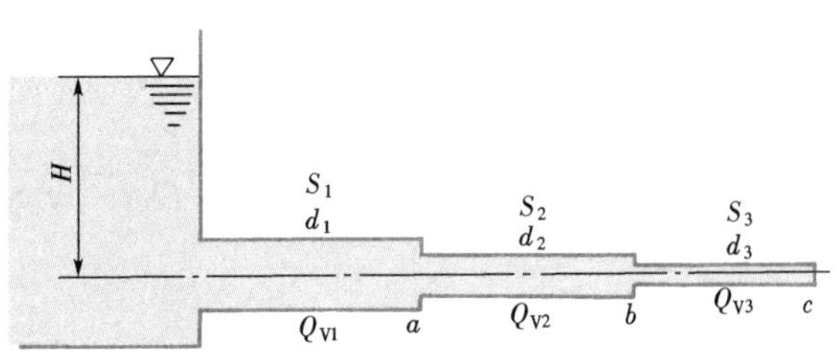

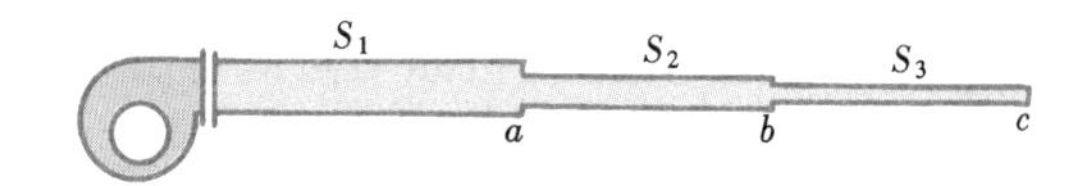

图 5-14　串联管路

串联管路阻力损失，按阻力叠加原理有

$$\begin{aligned} h_{l1-3} &= h_{l1}+h_{l2}+h_{l3} \\ &= S_1Q_{V1}^2+S_2Q_{V2}^2+S_3Q_{V3}^2 \end{aligned} \tag{5-35}$$

因流量 Q_V 各段相等，于是得

$$S=S_1+S_2+S_3 \tag{5-36}$$

由此得出结论：无中途分流或合流，各管段流量相等，阻力叠加，总管路的阻抗 S 等于各管段的阻抗叠加。这就是串联管路的计算原则。

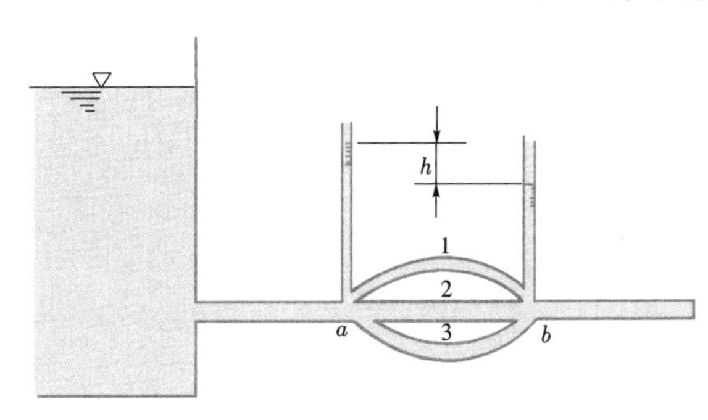

图 5-15　并联管路

5.5.2　并联管路

流体从总管路节点 a 上分出两根以上的管段，而这些管段同时又汇集到另一节点 b 上，在节点 a 和 b 之间的各管段称为并联管路，如图 5-15 所示。

同串联管路一样，遵循质量平衡原理，ρ= 常数时，应满足 $\sum Q_V=0$，则 a 点上流量为

$$Q_V=Q_{V1}+Q_{V2}+Q_{V3} \tag{5-37}$$

并联节点 a、b 间的阻力损失，从能量平衡观点来看，无论是 1 支路、2 支路、3 支路均等于 a、b 两节点的压头差。于是

$$h_{l1}=h_{l2}=h_{l3}=h_{la-b} \tag{5-38}$$

设 S 为并联管路的总阻抗，Q_V 为总流量，则有

$$S_1Q_{V1}^2=S_2Q_{V2}^2=S_3Q_{V3}^2=SQ_V^2 \tag{5-39}$$

而

$$Q_V=\frac{\sqrt{h_{la-b}}}{\sqrt{S}},\ Q_{V1}=\frac{\sqrt{h_{l1}}}{\sqrt{S_1}},\ Q_{V2}=\frac{\sqrt{h_{l2}}}{\sqrt{S_2}},\ Q_{V3}=\frac{\sqrt{h_{l3}}}{\sqrt{S_3}} \tag{5-40}$$

将式（5-40）和式（5-38）代入式（5-37）中得出

$$\frac{1}{\sqrt{S}}=\frac{1}{\sqrt{S_1}}+\frac{1}{\sqrt{S_2}}+\frac{1}{\sqrt{S_3}} \tag{5-41}$$

于是得到并联管路计算原则：并联节点上的总流量为各支管中流量之和；并联各支管上的

阻力损失相等。总的阻抗平方根倒数等于各支管阻抗平方根倒数之和。

现在进一步分析式（5-40），将它变为

$$\frac{Q_{V1}}{Q_{V2}}=\sqrt{\frac{S_2}{S_1}};\frac{Q_{V2}}{Q_{V3}}=\sqrt{\frac{S_3}{S_2}};\frac{Q_{V3}}{Q_{V1}}=\sqrt{\frac{S_1}{S_3}} \tag{5-42}$$

写成连比形式：

$$Q_{V1}:Q_{V2}:Q_{V3}=\frac{1}{\sqrt{S_1}}:\frac{1}{\sqrt{S_2}}:\frac{1}{\sqrt{S_3}} \tag{5-43}$$

此两式即为并联管路流量分配规律。式（5-43）的意义在于，各分支管路的管段几何尺寸、局部构件确定后，按照节点间各分支管路的阻力损失相等，来分配各支管上的流量，阻抗 S 大的支管其流量小，S 小的支管其流量大。在专业上并联管路设计计算中，必须进行“阻力平衡”，它的实质就是应用并联管路中的流量分配规律，在满足用户需要的流量下，设计合适的管路尺寸及局部构件，使各支管上阻力损失相等。

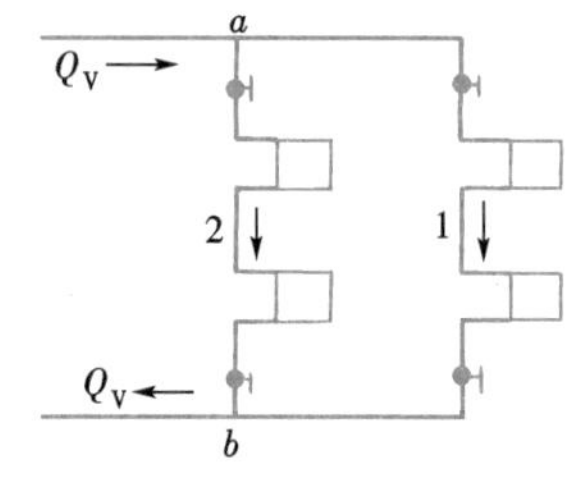

图 5-16　供暖立管

【例 5-7】某两层楼的供暖立管，管段 1 的直径为 20mm，总长为 20m，$\sum\zeta_1=15$。管段 2 的直径为 20mm，总长为 10m，$\sum\zeta_2=15$，管路的 $\lambda=0.025$，干管中的流量 $Q_V=1\times10^{-3}\text{m}^3/\text{s}$，求 Q_{V1} 和 Q_{V2}。

【解】 从图 5-16 可知，节点 a、b 间并联有 1、2 两管段。由 $S_1Q_{V1}^2=S_2Q_{V2}^2$ 得

$$\frac{Q_{V1}}{Q_{V2}}=\sqrt{\frac{S_2}{S_1}}$$

计算 S_1、S_2：

$$S_1=\left(\lambda_1\frac{l}{d}+\sum\zeta_1\right)\frac{8\rho}{\pi^2d^4}=\left(0.025\times\frac{20\text{m}}{0.02\text{m}}+15\right)\times\frac{8\times1000\text{m}^3/\text{s}}{3.14^2\times(0.02\text{m})^4}=2.03\times10^{11}\text{kg/m}^7$$

$$S_2=\left(0.025\times\frac{10\text{m}}{0.02\text{m}}+15\right)\times\frac{8\times1000\text{m}^3/\text{s}}{3.14^2\times(0.02\text{m})^4}=1.39\times10^{11}\text{kg/m}^7$$

所以

$$\frac{Q_{V1}}{Q_{V2}}=\sqrt{\frac{1.39\times10^{11}\text{kg/m}^7}{2.03\times10^{11}\text{kg/m}^7}}=0.828$$

则

$$Q_{V1}=0.828Q_{V2}$$

又因

$$Q_V=Q_{V1}+Q_{V2}=0.828Q_{V2}+Q_{V2}=1.828Q_{V2}$$

$$Q_{V2}=\frac{1}{1.828}\cdot Q_V=0.55\times10^{-3}\ \text{m}^3/\text{s}$$

于是得 $Q_{V1}=0.828Q_{V2}=0.828\times0.55\times10^{-3}\text{m}^3/\text{s}=0.45\times10^{-3}\text{m}^3/\text{s}$

从计算看出：支管 1 中，阻抗 S_1 比支管 2 中 S_2 为大，所以流量分配是支管 1 中流量小于支管 2 中流量。如果要求两管段中流量相等，显然现有的管径 d 及 $\sum\zeta$ 必须进行改变，使 S 相等才能达到流量相等。这种重新改变 d 及 $\sum\zeta$，使在 $Q_{V1}=Q_{V2}$ 下达到 $S_1=S_2$、$h_{l1}=h_{l2}$ 的计算，就是“阻力平衡”的计算。

5.6　管网计算基础

管网是由简单管路、并联管路、串联管路组合而成的，基本上可分为枝状管网和环状

管网两种。

5.6.1 枝状管网

例如，作为枝状管网类型之一，图 5-17 所给出的是由三个吸气口，六根简单管路，并、串联而成的排风枝状管网。

根据并、串联管路的计算原则，可得到该风机应具有的压头为

$$H=\frac{p}{\rho g}=h_{l1-4-5}+h_{l5-6}+h_{l7-8} \tag{5-44}$$

风机应具有的风量为

$$Q_V=Q_{V1}+Q_{V2}+Q_{V3} \tag{5-45}$$

在节点 4 与大气（相当于另一节点）间，存在着 1-4 管段、3-4 管段两根并联的支管。通常以管段最长，局部构件最多的一支参加阻力叠加。而另外一支则不应加入，只按并联管路的规律，在满足流量要求下，与第一支管段进行阻力平衡。

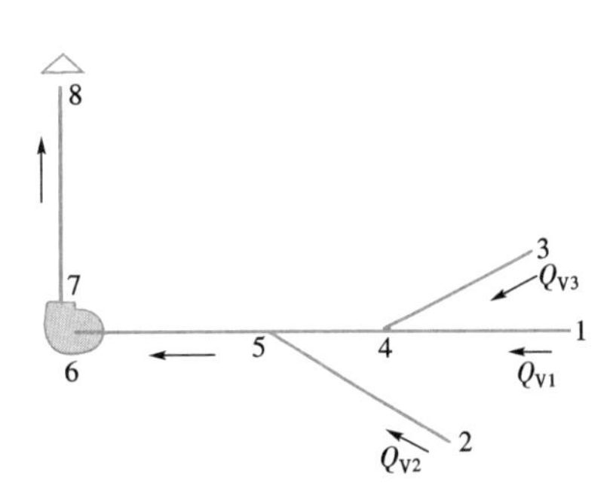

图 5-17 枝状管网

常遇到的水力计算，基本有两类：

（1）管路布置已定，则管长 l 和局部构件的形式和数量均已确定。在已知各用户所需流量 Q_V 及末端要求压头 h_C 的条件下，求管径 d 和作用压头 H。

这类问题先按流量 Q_V 和限定流速 v 求管径 d。所谓限定流速，是专业中根据技术、经济要求所规定的合适速度，在这个速度下输送流量经济合理。如除尘管路中，防止灰尘沉积堵塞管路，限定了管中最小速度；热水供暖供水干管中，为了防止抽吸作用造成的支管流量过小，而限定了干管的最大速度。各类管路有不同的限定流速，可在设计手册中查得。

在管径 d 确定之后，对枝状管网便可按式（5-44）进行阻力计算。然后按总阻力及总流量选择泵或风机。

（2）已有泵或风机，即已知作用水头 H，并知用户所需流量 Q_V 及末端水头 h_C，在管路布置之后已知管长 l，求管径 d。这类问题首先按 $H-h_C$ 求得单位长度上允许损失的水头 J，即

$$J=\frac{H-h_C}{l+l'} \tag{5-46}$$

式中，l'是局部阻力的当量长度。其定义为

$$\lambda\frac{l'}{d}\frac{v^2}{2g}=\Sigma\zeta\frac{v^2}{2g} \tag{5-47}$$

于是

$$\lambda\frac{l'}{d}=\Sigma\zeta,\ l'=\Sigma\zeta\frac{d}{\lambda} \tag{5-48}$$

引入当量长度之后，计算阻力损失 h_l 较为方便：

$$h_l=\lambda\frac{l+l'}{d}\cdot\frac{v^2}{2g} \tag{5-49}$$

在管径 d 尚不知的情况下，l'难以确切得出。所以在式（5-46）中，l'可从专业设计手册中查得估计各种局部构件的当量长度后再代入。

在求出 J 之后，根据

$$J=\frac{\lambda}{d}\frac{v^2}{2g}=\frac{\lambda}{d}\cdot\frac{1}{2g}\left(\frac{Q_{\mathrm{V}}}{\frac{\pi}{4}d^2}\right)^2 \tag{5-50}$$

求出管径 d，并定出局部构件形式及尺寸。

最后进行校核计算，计算出总阻力与已知水头核对。

5.6.2　环状管网

如图 5-18 所示，它的特点是管段在某一共同的节点分支，然后又在另一共同节点汇合，由很多个串并联管路组合而成。因此，环状管网遵循串联和并联管路的计算原则，满足下列两个条件：

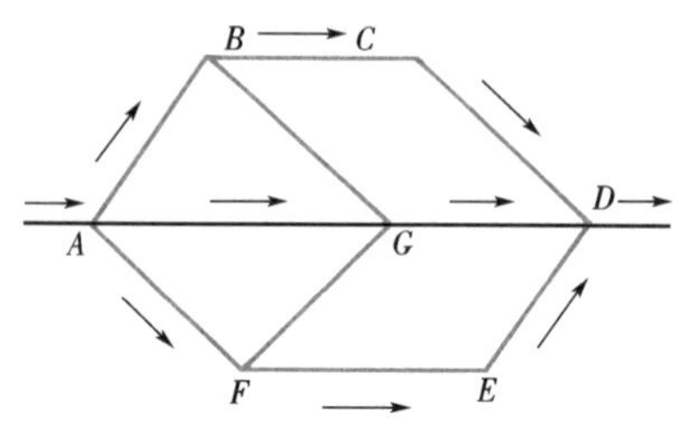

图 5-18　环状管网

（1）任一节点流入和流出的流量相等，即

$$\Sigma Q_{\mathrm{V}i}=0 \tag{5-51}$$

这是质量平衡原理的反映。

（2）任一闭合环路中，如规定顺时针方向流动的阻力损失为正，反之为负，则各管段阻力损失的代数和必等于零，即

$$\Sigma h_{li}=\Sigma S_i Q_{\mathrm{V}i}=0 \tag{5-52}$$

这是并联管路节点间各分支管段阻力损失相等的反映。

环状管网根据上述两个条件所组成的方程组，可求解各管段的流量。由于方程组为非线性方程组，其求解需采用迭代的方法，通常借助计算机通过编程进行求解。迭代求解非线性方程组的方法较多，具体内容可参考有关书籍。环状管网中各管段流量的迭代求解在专业中称为管网的平差计算，目前已有一些软件可进行管网的平差计算。

演示视频6.
有压管中的水击

5.7　有压管中的水击

有压管中运动着的液体，由于阀门或水泵突然关闭，使得液体速度和动量发生急剧变化，从而引起液体压强的骤然变化，这种现象称为水击。水击所产生的增压波和减压波交替进行，对管壁或阀门的作用有如锤击一样，故又称为水锤。由于水击而产生的压强增加可能达到管中原来正常压强的几十倍甚至几百倍，而且增压和减压交替频率很高，其危害性很大，严重时会使管路发生破裂。

有压管中的水击属非恒定流动问题，管路中液体质点的速度和压强等随时间过程变化。在水击过程中，由于其流速和压强变化剧烈，致使液体和管道边壁犹如弹簧似的压缩和膨胀，故分析这种非恒定流动时，还必须考虑液体的压缩性和管壁的弹性。

下面就图 5-19 分析管路发生水击时压强变化的情形。

第一阶段：在水头为$\frac{p_0}{\rho g}$的作用下，水以速度 v_0 从上游水池流向下游出口。当水管下游阀门突然关闭，则紧靠阀门的第一层水 $m-n$ 受阀门阻碍便停止流动，它的动量在阀门关闭这一瞬间便发生突然变化，由 mv_0 变为零。液体以（mv_0-0）的力作用于阀门，使得阀门附近 0 处的压强骤然升高至 $p_0+\Delta p$。于是在 $m-n$ 段上产生两种变形：水的压缩及管壁的胀大。当靠近阀门的第一层水停止运动后，第二层以后的各层都相继地停止下来，直到靠水池的 $M—M$ 层为止。水流速度 v_0 与动量相继减小必然引起压强相继升高，出现了全管液体暂时的静止受压和整个管壁被胀大的状态。

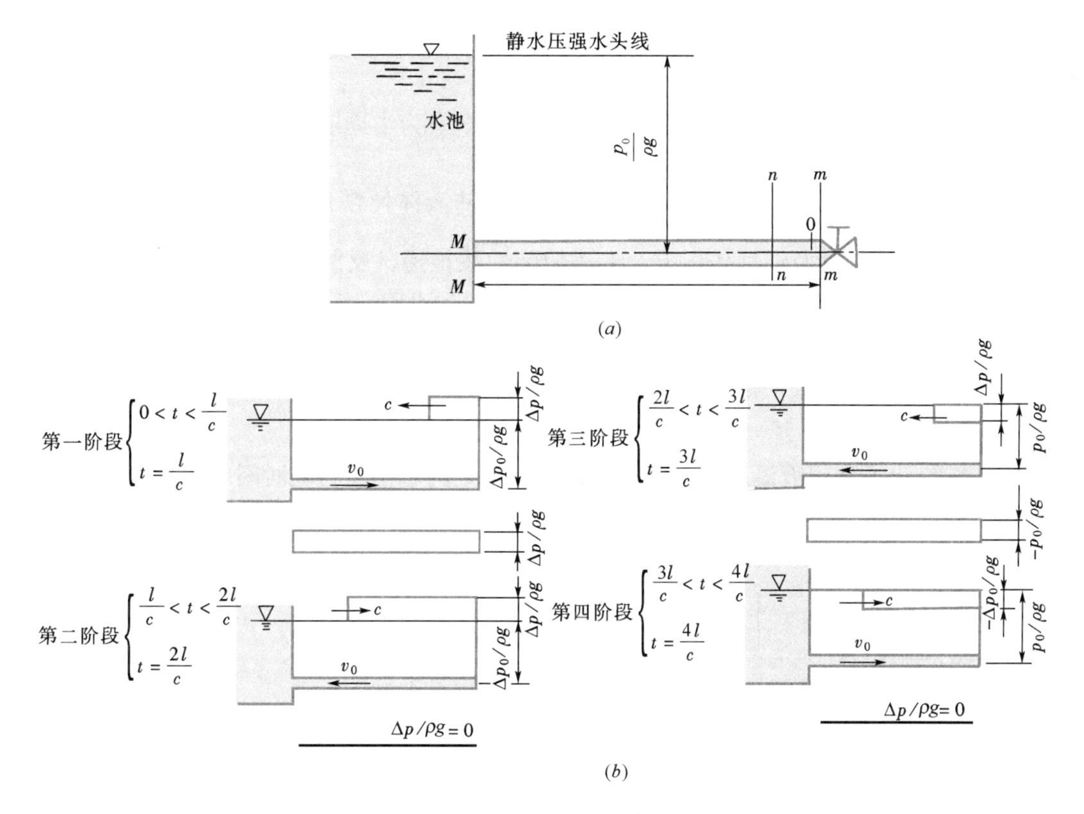

图 5-19 管中水击

这种减速增压的过程，是以增压（$p_0+\Delta p$）弹性波往上游水池传递的，称此为“水击波”。以 c 表示水击波的传递速度，l 表示水管长度，则经过时间 $t=\frac{l}{c}$ 后，自阀门开始的水击波便传到了水池，这时管内的全部液体便处在 $p_0+\Delta p$ 作用下的受压缩状态。

第二阶段：由于水池容积大，其中的压强不变，在管路进口 M 处的液体，将在管中水击压强与水池静压强的压差 Δp 作用下，以 v_0 向着水池方向流动。这样，管中水受压缩的状态，便自进口 M 处开始以波速 c 向下游方向逐层地解除，这就是从水池反射回来的常压 p_0 弹性波。当 $t=2\frac{l}{c}$ 时，整个管中水流恢复到正常压强 p_0，而且都具有向水池方向的流动速度 v_0。

第三阶段：当在阀门 0 处的压强恢复到常压 p_0 后，由于液体运动的惯性作用，管中的液体仍然存在往水池方向流动的趋势，致使阀门 0 处的压强急剧降低至常压之下（$p_0-\Delta p$），并使得 $m—n$ 段液体停止下来，$v_0=0$。这一低压（$p_0-\Delta p$）弹性波由阀门 0 处又以波速 c 向上游进口 M 处传递，直至时间 $t=3\frac{l}{c}$ 后传到水池口为止，此时管中液体便处在瞬时减压（$p_0-\Delta p$）的减压状态。

第四阶段：由于进口 M 处，靠水池这边的压强为 p_0，而管路中的压强为 $p_0-\Delta p$，则在压差的作用下，水又开始从水池以 v_0 流向管路。管中的水又逐层获得向阀门方向的 v_0，压强也相应地逐层升到常压 p_0，这是自水池第二次反射回的常压 p_0 弹性波。当 $t=4\frac{l}{c}$时，阀门 0 处的压强也恢复到正常压强 p_0，此时水流恢复到 $t=0$ 时的起始状态。

设水击波在全管长上来回传递一次所用时间 $t=2\frac{l}{c}$为半周期，则两个半周期的时间 $t=4\frac{l}{c}$为水击波的全周期，到达此时间后，管中全部液体便恢复到 $t=0$ 时的起始状态。此后在液体的可压缩性及惯性作用下，上述的弹性波传递、反射、水流方向的来回变动，都将周而复始地进行着，直到水流的阻力损失、管壁和水因变形做功而耗尽了引起水击的能量时，水击现象方才终止。综观上述分析不难得出：引起管路中速度突然变化的因素，如阀门突然关闭，这只是水击现象产生的外界条件，而液体本身具有可压缩性和惯性是发生水击现象的内在原因。

图 5-20 给出了理想液体发生水击时阀门断面 0 处的水击压强随时间的周期变化图。

实际液体压强的变化曲线则如图 5-21 所示，每次水击压强增值逐渐减小，经几次之后完全消失。

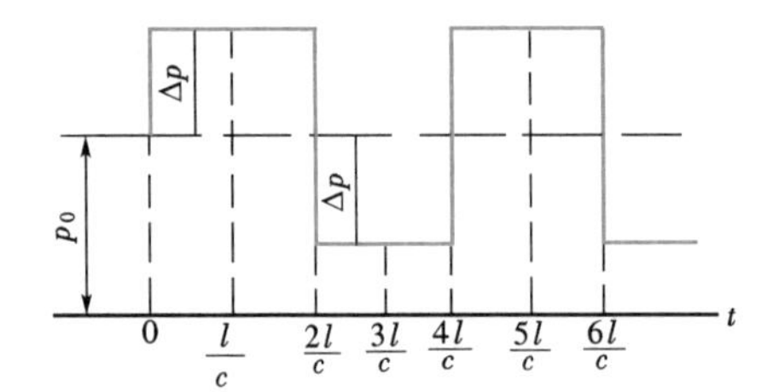

图 5-20　断面 0 处压强波动

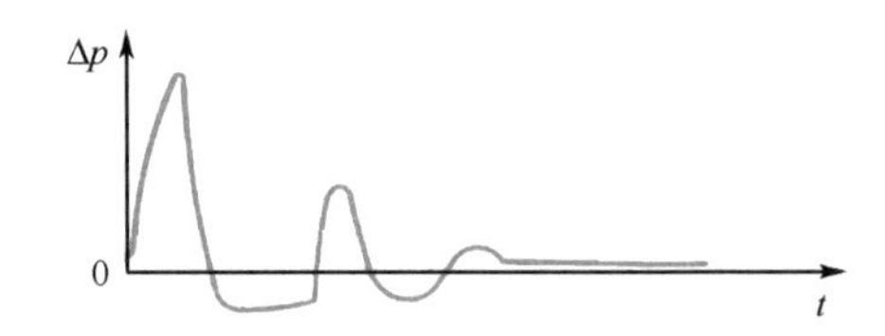

图 5-21　自动记录的水击压强曲线

以上分析是在管路阀门瞬间关闭时产生的水击。但实际上关闭用的时间不会是零，而总是一个有限的时间 T_s。这样关闭时间 T_s 与水击波在全管长度上来回传递一次所需时间 $t=\frac{2l}{c}$对比，存在下列两种关系：

（1）$T_s<\frac{2l}{c}$即阀门关闭的时间很短，在从水池返回来的弹性波未到阀门处时，已关闭完了。这种情况下的水击称为直接水击。以不等式表示管长与时间的关系：

$$l>\frac{c\cdot T_s}{2}$$

直接水击时，阀门处所受的压强增值达到水击所能引起的最大压强，按儒柯夫斯基公式计算：

$$\Delta p=\rho\cdot c\cdot(v_0-v) \tag{5-53}$$

式中　ρ——密度；

v——关阀后速度（完全关闭时 $v=0$）；

v_0——水击前管中平均速度；

c——水击波的传递速度。

$$c=\frac{c_0}{\sqrt{1+\frac{\varepsilon d}{E\delta}}} \tag{5-54}$$

式中 c_0——水中声音传播速度，在平均情况下 $c_0 \approx 1425\text{m/s}$；

ε——水的弹性系数；

d——管子内径；

δ——管壁厚度；

E——管路材料的弹性系数。

对于钢管　　　　　　$E=205.8\times10^6\text{kPa}$

对于生铁管　　　　　$E=98\times10^6\text{kPa}$

数值$\frac{E\delta}{d}$表示管子的刚度。因此说管子刚度越大，水击的压强数值也越大。

（2）$T_s>\frac{2l}{c}$即$l<\frac{c\cdot T_s}{2}$，此时从水池返回来的弹性波，在阀门尚未关完时到达，所发生的水击称间接水击。这种情况下水击压强比直接水击压强为小。

水击的危害较大，当压力增加时，易将管子胀破，当压力为负值时，则管子易被大气压扁，所以必须减弱水击。具体办法主要是满足 $T_s>\frac{2l}{c}$即$l<\frac{c\cdot T_s}{2}$条件，尽量减少直接水击，使 Δp 值减小。

随着工程实际经验的积累和科学技术的不断发展，对水击问题的认识不断深入，已有防治水击危害的各种方法与措施。一般来说，有延长关闭阀门时间、缩短水击波传播长度、减少管内流速，以及在管路上设置减压、缓冲装置等方法。

本 章 小 结

本章采用第 3 章导出的总流三大基本方程，即连续性方程、能量方程和动量方程以及第 4 章的能量损失计算公式研究孔口出流、管嘴出流和管路流动。

1. 孔口出流按出流的下游条件，可分为自由出流和淹没出流两种情况。薄壁小孔口自由出流与淹没出流的流量计算的基本公式相同，即 $Q=\mu\sqrt{2gH_0}$；不同之处在于，自由出流时，孔口出流的作用水头为上游断面的总水头，它与孔口在壁面上的位置高低有关；而淹没出流时，孔口出流的作用水头为上游与下游断面的总水头之差，它与孔口在壁面上的位置无关。

2. 圆柱形外管嘴的过流能力大于相同条件下孔口的过流能力，这是由于收缩断面处真空的作用。管嘴出流的流量计算公式与孔口相同，但流量系数不同。工程应用中，为保证圆柱形外管嘴的正常工作，一般要求管嘴出流的作用水头 $H_0\leqslant 9\text{m}$，管嘴长度 $l\approx(3\sim4)d$。

3. 简单管路的总阻力损失可表示为 $h_l=S_H Q_V^2$ 或 $p_l=S_P Q_V^2$。S_H 或 S_P 表征管路上沿程阻力和局部阻力的综合状况，称为管路阻抗。

4. 串联管路（无中途分流或合流）中各管段的流量相等，阻力叠加，总管路的阻抗等于各管段阻抗的叠加。并联管路中各节点上的总流量为各支管流量之和，并联各支管上的阻力损失相等，总的阻抗平方根倒数等于各支管阻抗平方根倒数之和，即（以三管段串联或并联为例）

串联管路　　$Q_{V1}=Q_{V2}=Q_{V3}$，$h_{l1-3}=h_{l1}+h_{l2}+h_{l3}$，$S=S_1+S_2+S_3$

并联管路　　$Q_V=Q_{V1}+Q_{V2}+Q_{V3}$，$h_l=h_{l1}=h_{l2}=h_{l3}$，$\frac{1}{\sqrt{S}}=\frac{1}{\sqrt{S_1}}+\frac{1}{\sqrt{S_2}}+\frac{1}{\sqrt{S_3}}$

习　　题

5-1　如图所示，中穿孔板上各孔眼的大小、形状相同，每个孔口的出流量是否相同？为什么？

5-2　在开敞水箱箱壁上开一孔口，孔口直径 $d=10\text{mm}$，孔中心距水面的距离恒为 5m。(1) 如果箱壁厚度 $\delta=3\text{mm}$，求通过孔口的流速和流量。(2) 如箱壁厚度 $\delta=40\text{mm}$，求通过孔口的流速和流量。

5-3　如图所示，一隔板将水箱分为 A、B 两格，隔板上有一直径为 $d_1=40\text{mm}$ 的薄壁孔口，B 箱底部有一直径 $d_2=30\text{mm}$ 的圆柱形管嘴，管嘴长 $l=0.1\text{m}$，A 箱水深 $H_1=3\text{m}$ 恒定不变。

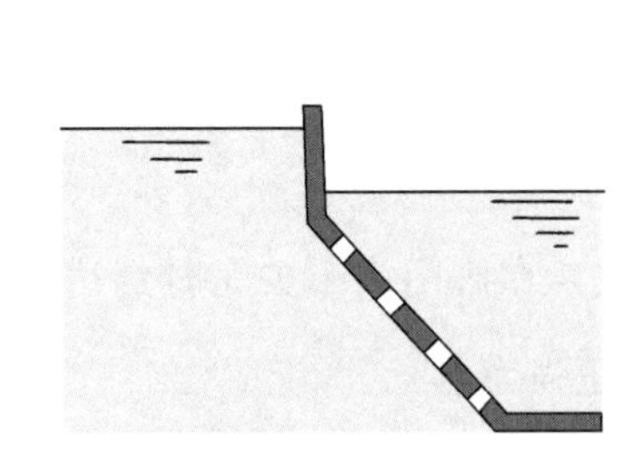

题 5-1 图

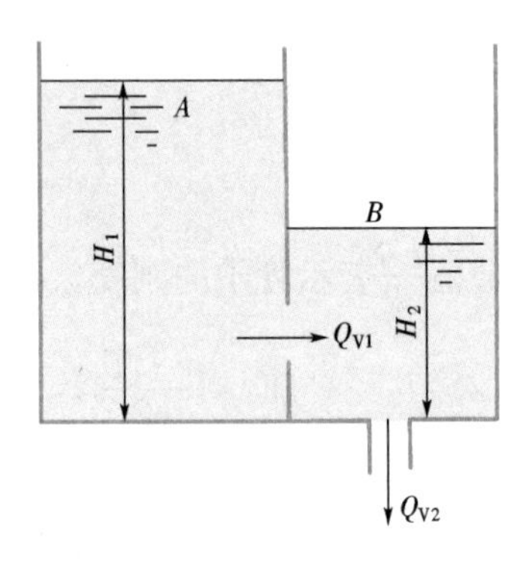

题 5-3 图

(1) 分析出流恒定性条件（H_2 不变的条件）。

(2) 在恒定出流时，B 箱中水深 H_2 等于多少？

(3) 水箱流量 Q_{V1} 为何值？

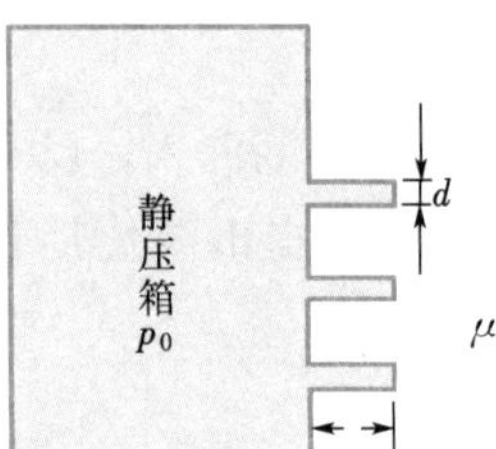

题 5-4 图

5-4　证明容器壁上装一段短管（见题 5-4 图），经过短管出流时的流量系数 μ 与流速系数 φ 为

$$\varphi=\mu=\frac{1}{\sqrt{\lambda\dfrac{l}{d}+\sum\zeta+1}}$$

5-5　某诱导器的静压箱上装有圆柱形管嘴，管径为 4mm，长度 $l=100\text{mm}$，$\lambda=0.02$，从管嘴入口到出口的局部阻力系数 $\sum\zeta=0.5$，求管嘴的流速系数和流量系数（见题 5-4 图）。

5-6　如上题，当管嘴外空气压强为当地大气压强时，要求管嘴出流流速为 30m/s。此时静压箱内应保持多少压强？空气密度为 $\rho=1.2\text{kg/m}^3$。

5-7　某恒温室采用多孔板送风，风道中的静压为 200Pa，孔口直径为 20mm，空气温度为 20℃，$\mu=0.8$。要求通风量为 $1\text{m}^3/\text{s}$。问需要布置多少孔口？

5-8　如图所示，水从 A 水箱通过直径为 10cm 的孔口流入 B 水箱，流量系数为 0.62。设上游水箱的水面高程 $H_1=3\text{m}$ 保持不变。

(1) B 水箱中无水时，求通过孔口的流量。

(2) B 水箱水面高程 $H_2=2\text{m}$ 时，求通过孔口的流量。

(3) A 箱水面压力为 2000Pa、$H_1=3\text{m}$ 时，B 水箱水面压力为 0，$H_2=2\text{m}$ 时，求通过孔口的流量。

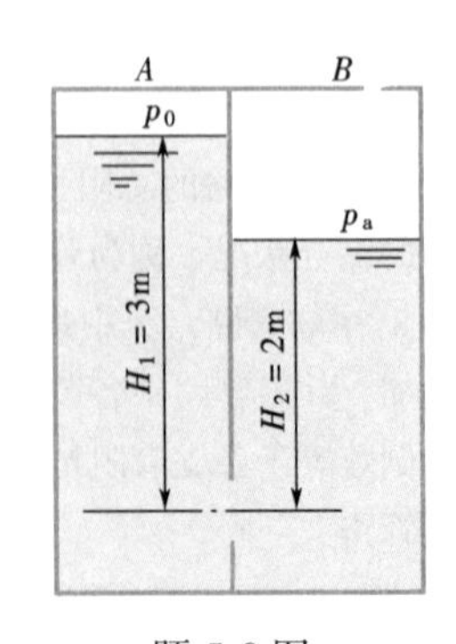

题 5-8 图

5-9　室内空气温度为 30℃，室外空气温度为 20℃，在厂房上下部各开有 8m^2 的窗口，两窗口的中心高程差为 7m，窗口流量系数 $\mu=0.64$，气流在自然压头作用下流动。应用式 (3-33) 求车间自然通风换气量（质量流量）。

5-10　如图所示管路中输送气体，采用U形差压计测量压强差。试推导通过孔板的流量公式。

5-11　如上题图孔板流量计，输送20℃空气，测得水柱差$h=100$mm。$\mu=0.62$，$d=100$mm，求Q_V。

5-12　什么叫管路阻抗？为什么有两种表示方法？在什么情况下，S与管中流量无关，仅决定于管道的尺寸及构造？

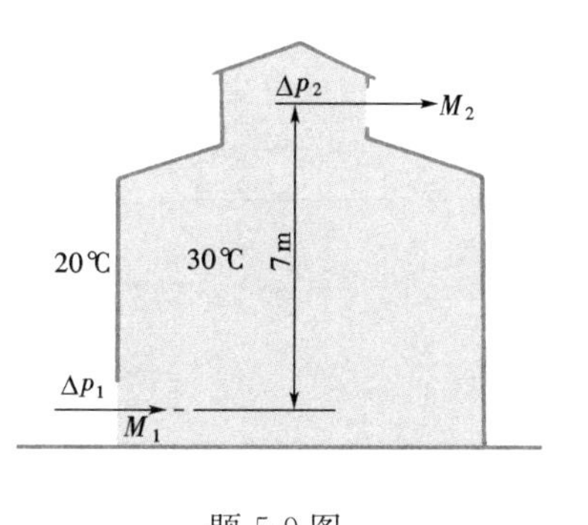

题 5-9 图

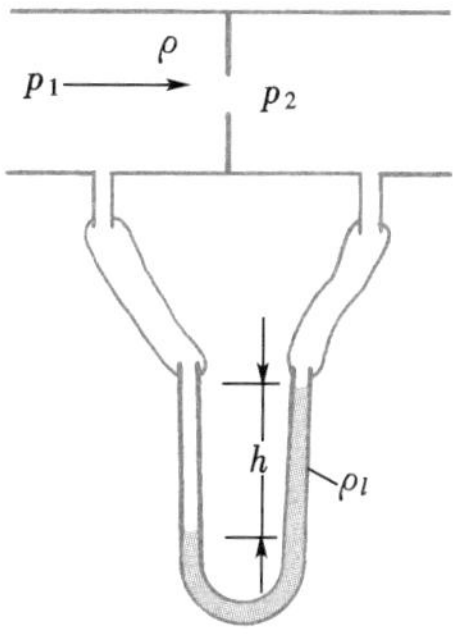

题 5-10 图

5-13　供热系统的凝结水箱回水系统如图所示。试写出水泵应具有的作用水头表达式。

5-14　某供热系统，原流量为0.005m³/s，总水头损失$h_l=5$m，现在要把流量增加到0.0085m³/s，试问水泵应供给多大压头？

5-15　如图所示，两水池用虹吸管连通，上下游水位差$H=2$m，管长$l_1=3$m，$l_2=5$m，$l_3=4$m，直径$d=200$mm，上游水面至管顶高度$h=1$m。已知$\lambda=0.026$，进口网$\zeta=10$，弯头$\zeta=1.5$（每个弯头），出口$\zeta=1$，求：

（1）虹吸管中的流量；

（2）管中压强最低点的位置及其最大负压值。

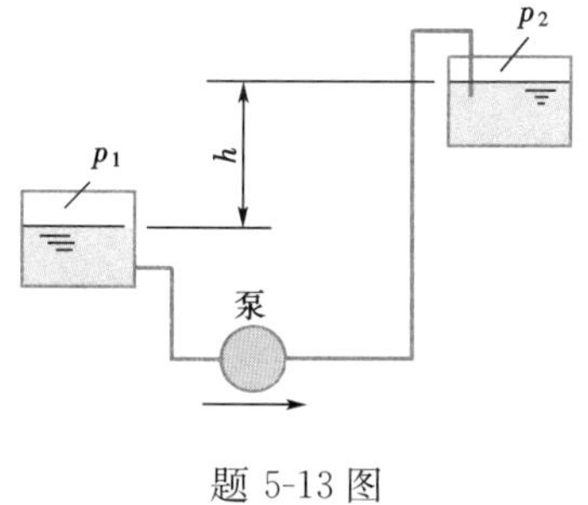

题 5-13 图

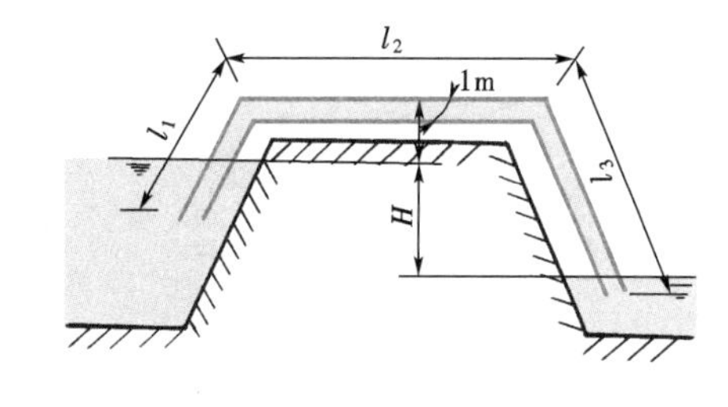

题 5-15 图

5-16　如图所示水泵抽水系统，管长、管径单位为m，ζ示于图中，流量$Q_V=40\times10^{-3}$m³/s，$\lambda=0.03$。求：

（1）吸水管及压水管的阻抗S；

（2）求水泵所需水头；

（3）绘制总水头线。

5-17　题5-17图所示为一水平安置的通风机，吸入管$d_1=200$mm，$l_1=10$m，$\lambda=0.02$。压出管为直径不同的两段管段串联组成，$d_2=200$mm，$l_2=50$m，$\lambda=0.02$；$d_3=100$mm，$l_3=50$m，$\lambda=0.02$。空气密度为$\rho=1.2$kg/m³，风量为$Q_V=0.15$m³/s，不计局部阻力。试计算：

（1）风机应产生的总压强为多少？

（2）如风机与管道铅直安装，但管路情况不变，风机的总压有无变化？

（3）如果流量提高到0.16m³/s，风机总压变化多少？

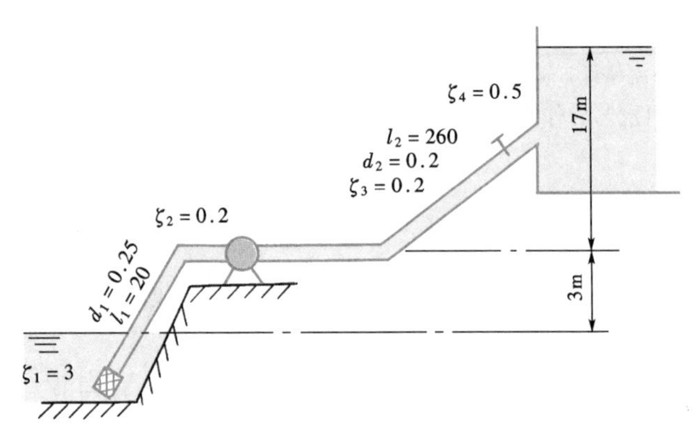

题 5-16 图

（4）绘出全压线与静压线图。

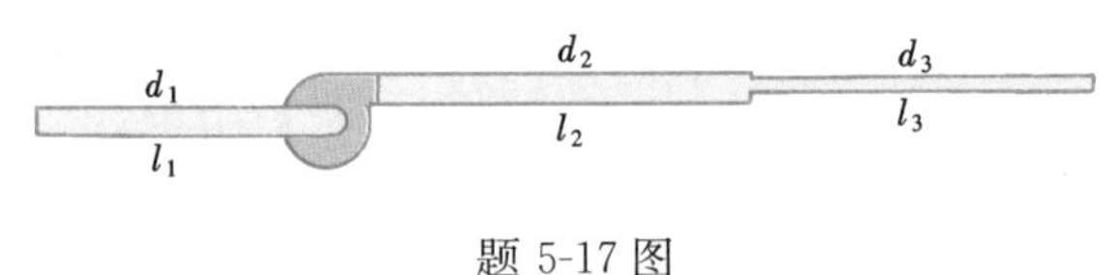

题 5-17 图

5-18　并联管路中各支管的流量分配，遵循什么原理？如果要得到各支管中流量相等，该如何设计管路？

5-19　如图所示，有两长度尺寸相同的支管并联，如果在支管 2 中加一个调节阀（阻力系数为 ζ），则 Q_{V1} 和 Q_{V2} 哪个大些？阻力 h_{l1} 和 h_{l2} 哪个大些？

5-20　有一简单并联管路如图所示，总流量 $Q_V=80\times10^{-3}\,m^3/s$，$\lambda=0.02$，不计局部损失，求各管段间的流量及两节点间的水头损失。第一支路 $d_1=200mm$，$l_1=600m$，第二支路 $d_2=200mm$，$l_2=360m$。

题 5-19 图　　　　题 5-20 图

5-21　如上题。若使 $Q_{V1}=Q_{V2}$，如何改变第二支路？

5-22　如图所示管路，设其中的流量 $Q_{VA}=0.6m^3/s$，$\lambda=0.02$，不计局部损失，其他已知条件如图，求 A、D 两点间的水头损失。

5-23　将例 5-7 中管段 1 的管径改为 20mm，管段 2 为 25mm，其他条件皆不变，流量分配有何变化？

5-24　已知某枝状管网的 Q_{V1}、Q_{V2}、Q_{V3}，若在支管 2 的末端再加一段管子，如图中虚线所示。问 Q_{V1} 和 Q_{V2}、Q_{V3} 各有何变化？

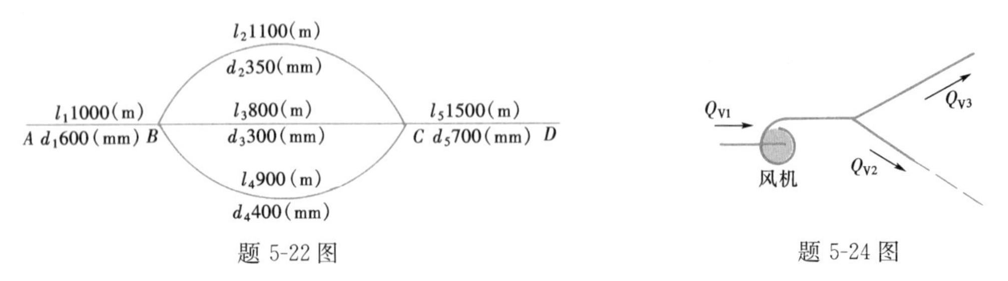

题 5-22 图　　　　题 5-24 图

5-25　如图所示，3 层供水管路，各管段的 S 值皆为 $10^6 s^2/m^5$，层高均为 5m。设 a 点的压力水头为 20m，求 Q_{V1}、Q_{V2}、Q_{V3}，并比较三流量，得出结论来（忽略 a 处流速水头）。

5-26　如上题，若想得到相同的流量，在 a 点压力水头仍为 20m 时，应如何改造管网？

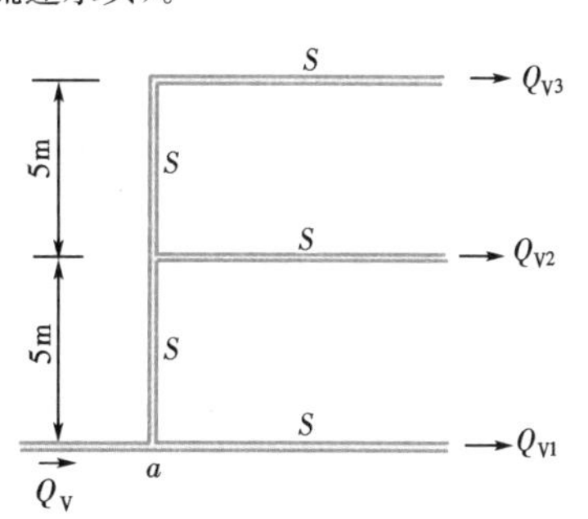

题 5-25 图

5-27　如图所示，水由水位相同的两贮水池 A、B 沿着 $L_1=200$m、$L_2=100$m、$d_1=200$mm、$d_2=100$mm 的两根管子流入 $L_3=720$m、$d_3=200$mm 的总管，并注入水池水中。当 $H=16$m、$\lambda_1=\lambda_3=0.02$、$\lambda_2=0.025$ 时，求：（1）不计局部损失，排入 C 中的总流量；（2）仅计阀门的局部损失，若要流量减少 1/2，阀门的阻力系数为多少？

5-28　如图所示，水平布置的管系，A 点的表压强 $p_A=280$kPa，水流从 B、D 直接排入大气，AD 管直径为 0.4m，其他各管直径为 0.3m，沿程阻力系数 $\lambda=0.02$，忽略局部损失，确定 Q_{V1}、Q_{V2}、Q_{V3} 和表压强 p_C。

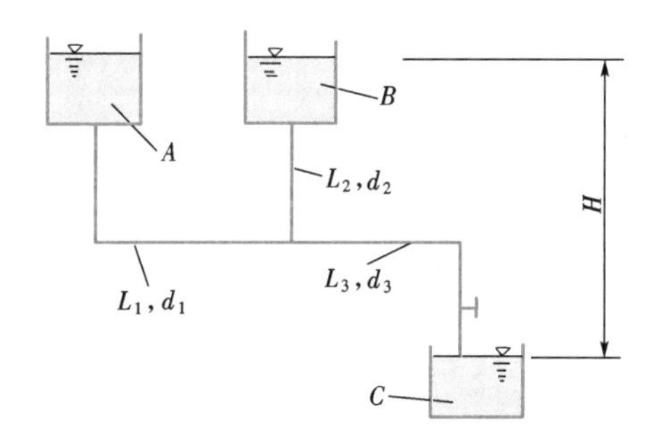

题 5-27 图

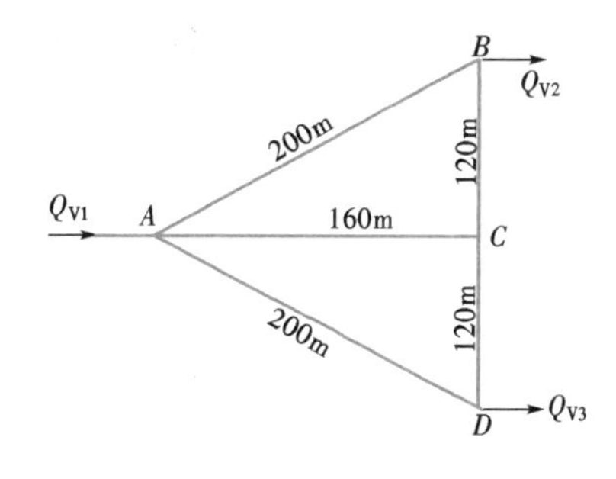

题 5-28 图

第5章扩展阅读：
白鹤滩水电站的消能

部分习题答案

第6章 气 体 射 流

【要点提示】本章主要介绍气体射流的一些基本概念、基本规律及其在工程中的应用。重点讨论无限空间淹没紊流射流的特征、圆断面和平面射流的流速和流量等沿程变化规律，以及温差或浓差射流中温差或浓差的沿程变化规律。

气体自孔口、管嘴或条缝向外喷射所形成的流动，称为气体淹没射流，简称为气体射流。当出口速度较大，流动呈紊流状态时，叫作紊流射流。在供暖通风工程上所应用的射流，多为气体紊流射流。

射流与孔口管嘴出流的研究对象不同。前者讨论的是出流后的流速场、温度场和浓度场，后者仅讨论出口断面的流速和流量。

出流空间大小，对射流的流动有很大影响。出流到无限大空间中，流动不受固体边壁的限制，为无限空间射流，又称自由射流。反之，为有限空间射流，又称受限射流。本章主要论述无限空间射流，对有限空间射流仅作简单介绍。

6.1 无限空间淹没紊流射流的特征

现以无限空间中圆断面紊流射流为例，讨论射流运动。

气流自半径为 r_0 的圆断面喷嘴喷出。出口断面上的速度认为均匀分布，皆为 u_0 值，且流动为紊流。取射流轴线 Mx 为 x 轴。

经过许多学者的实验和观测，得出这种射流的流动特性及结构图形，如图 6-1 所示。

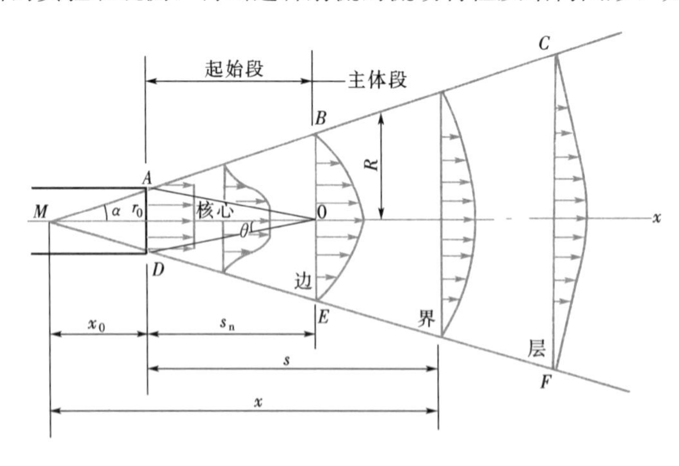

图 6-1 射流结构

由于射流为紊流型，紊流的横向脉动造成射流与周围介质之间不断发生质量、动量交换，带动周围介质流动，使射流的质量流量、射流的横断面积沿 x 方向不断增加，形成了向周围扩散的锥体状流场，如图 6-1 所示的锥体 $CAMDF$。

下面说明紊流射流的结构及特性。

6.1.1 过渡断面、起始段及主体段

刚喷出的射流速度仍然均匀。沿 x 方向流动，射流不断带入周围介质，不仅使边界扩张，而且使射流主体的速度逐渐降低。速度为 u_0 的部分（如图 6-1$A0D$ 锥体）称为射流核心，其余部分速度小于 u_0，称为边界层。显然，射流边界层从出口开始沿射程不断地向外扩散，带动周围介质进入边界层，同时向射流中心扩展，至某一距离处，边界层扩展到射流轴心线，核心区域消失，只有轴心点上速度为 u_0。射流这一断面为图 6-1 上的 $B0E$，称为过渡断面或转折断面。以过渡断面分界，出口断面至过渡断面称为射流起始段，过渡断面以后称为射流主体段。起始段射流轴心上速度都为 u_0，而主体段轴心速度沿 x 方向不断下降，主体段中完全被射流边界层所占据。

6.1.2 紊流系数 a 及几何特征

实验结果及半经验理论都得出射流外边界可看成是一条直线，其上速度为零，如图 6-1 上的 AB 及 DE 线。AB、DE 延至喷嘴内交于 M 点，此点称为极点，$\angle AMD$ 的一半称为极角 α，又称扩散角 α。

设圆断面射流截面的半径为 R（或平面射流边界层的半宽度 b），它和从极点起算的距离成正比，即 $R=Kx$。

截面到极点的距离为 x。由图 6-1 看出

$$\tan\alpha = \frac{R}{x} = \frac{Kx}{x} = K = 3.4a \tag{6-1}$$

式中 K——试验系数，对圆断面射流 $K=3.4a$；

a——紊流系数，由实验决定，是表示射流流动结构的特征系数。

紊流系数 a 与出口断面上紊流强度（即脉动速度的均方根值与平均速度值之比）有关，紊流强度越大，说明射流在喷嘴前已“紊乱化”，具有较大的与周围介质混合的能力，则 a 值也大，使射流扩散角 α 增大，被带动的周围介质增多，射流速度沿程下降加速。a 还与射流出口断面上速度分布的均匀性有关。如果速度分布均匀，$u_{最大}/u_{平均}=1$，则 $a=0.066$；如果不太均匀，例如 $u_{最大}/u_{平均}=1.25$，则 $a=0.076$；各种不同形状喷嘴的紊流系数和扩散角的实测值列于表 6-1。

紊 流 系 数　　表 6-1

喷嘴种类	a	2α	喷嘴种类	a	2α
带有收缩口的喷嘴	0.066 0.071	25°20′ 27°10′	带金属网格的轴流风机	0.24	78°40′
			收缩极好的平面喷口	0.108	29°30′
圆柱形管	0.076 0.08	29°00′	平面壁上锐缘狭缝	0.118	32°10′
带有导风板的轴流式通风机 带导流板的直角弯管	0.12 0.20	44°30′ 68°30′	具有导叶且加工磨圆边口的风道上纵向缝	0.155	41°20′

从表中数值亦可知，喷嘴上装置不同形式的风板栅栏，则出口截面上气流的扰动紊乱程度不同，因而紊流系数 a 也就不相同。扰动大的紊流系数 a 值增大，扩散角 α 也增大。

由式（6-1）可知，a 值确定，射流边界层的外边界线也就被确定，射流即按一定的扩散角 α 向前做扩散运动，这就是它的几何特征。应用这一特征，对圆断面射流可求出射

流半径沿射程的变化规律，见图 6-1。可有

$$\frac{R}{r_0}=\frac{x_0+s}{x_0}=1+\frac{s}{r_0/\tan\alpha}=1+3.4a\frac{s}{r_0}=3.4\left(\frac{as}{r_0}+0.294\right) \tag{6-2}$$

又

$$\frac{R}{r_0}=\frac{x_0/r_0+s/r_0}{x_0/r_0}=\frac{\overline{x_0}+\bar{s}}{1/\tan\alpha}=3.4a(\overline{x_0}+\bar{s})=3.4a\bar{x} \tag{6-2a}$$

以直径表示

$$D/d_0=6.8\left(\frac{as}{d_0}+0.147\right) \tag{6-2b}$$

式（6-2）是以出口截面起算的无因次距离 $\bar{s}=\frac{s}{r_0}$ 表达的无因次半径 $\bar{R}=\frac{R}{r_0}$ 的变化规律，而式（6-2a）则是以极点起算的无因次距离 $\bar{x}=\frac{x_0+s}{r_0}=\overline{x_0}+\bar{s}$ 的表达式。式（6-2a）说明了射流半径与射程的关系，即无因次半径正比于由极点算起的无因次距离。

6.1.3 运动特征

为了找出射流速度分布规律，许多学者做了大量实验，对不同横截面上的速度分布进行了测定。这里仅给出特留彼尔在轴对称射流主体段的实验结果，以及阿勒拉莫维奇在起始段内的测定结果，见图 6-2（a）及图 6-3（a）。

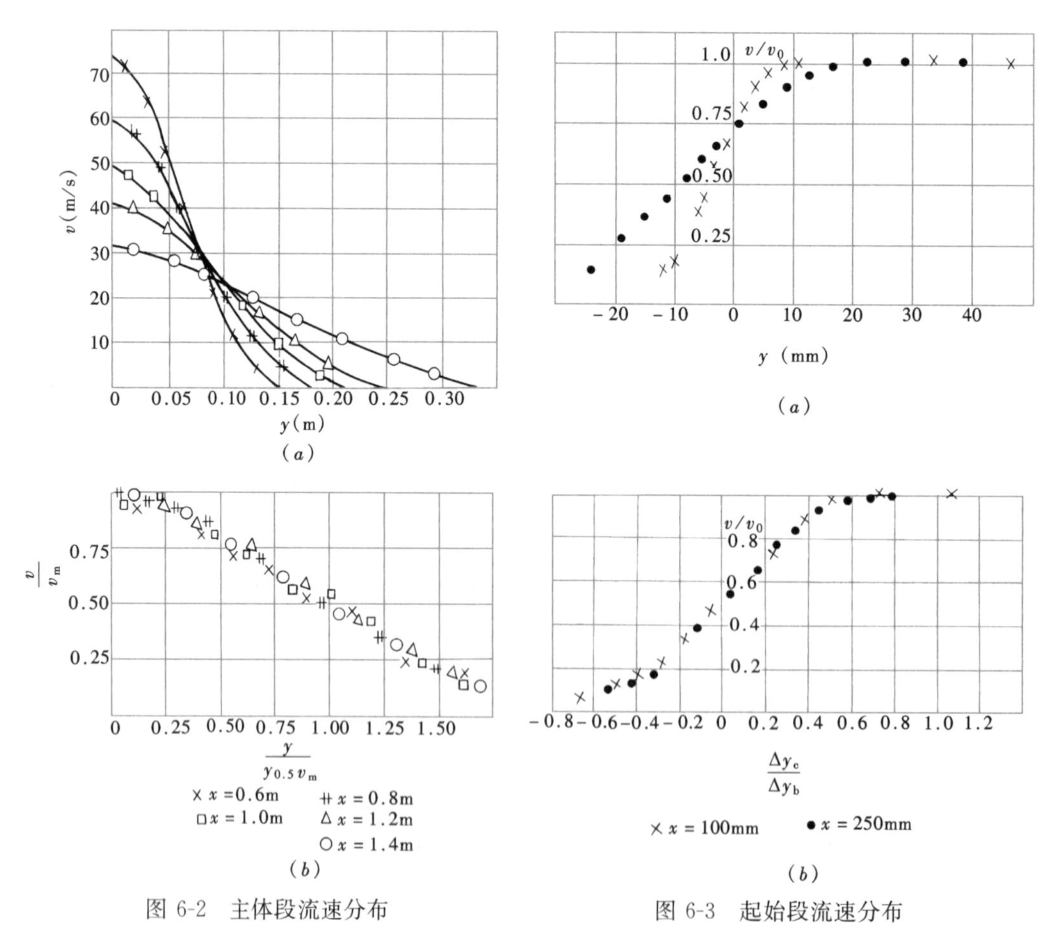

图 6-2 主体段流速分布

图 6-3 起始段流速分布

从两图中可见，无论主体段或起始段内，轴心速度都为最大，从轴心向边界层边缘，

速度逐渐减小至零。同时可以看出，距喷嘴距离越远（即 x 值增大），边界层厚度越大，而轴心速度则越小，也就是随着 x 的增大，速度分布曲线不断地扁平化。

如果纵坐标用相对速度或无因次速度，横坐标用相对距离或无因次距离以代替原图中的速度 v 和横向距离 y，就得到图 6-2（b）和图 6-3（b）所示的曲线。对照图 6-4（b），主体段内无因次距离与无因次速度的取法规定：

$$\frac{y}{y_{0.5v_m}}=\frac{\text{截面上任一点至轴心的距离}}{\text{同截面上 }0.5v_m\text{ 点至轴心的距离}}$$

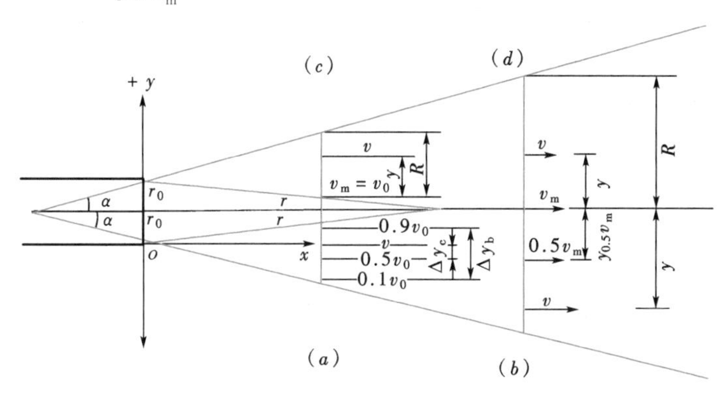

图 6-4 流速分布的距离规定

（a）起始段实验资料；（b）主体段实验资料；（c）起始段半经验式；（d）主体段半经验式

式中，$0.5v_m$ 点表示速度为轴心速度的一半之处的点。

$$\frac{v}{v_m}=\frac{\text{截面上 }y\text{ 点的速度}}{\text{同截面上轴心点的速度}}$$

阿勃拉莫维奇整理起始段时，所用无因次量为

$$\frac{\Delta y_c}{\Delta y_b}=\frac{y-y_{0.5v_0}}{y_{0.9v_0}-y_{0.1v_0}}$$

$$\frac{v}{v_0}=\frac{y\text{ 点速度}}{\text{核心速度}}$$

式中（参见图 6-4a）

y——起始段任一点至 ox 线的距离，ox 线是以喷嘴边缘所引平行轴心线的横坐标轴；

$y_{0.5v_0}$——同一截面上 $0.5v_0$ 点至边缘轴线 ox 的距离；

$y_{0.9v_0}$——同一截面上 $0.9v_0$ 点至边缘轴线 ox 的距离；

$y_{0.1v_0}$——同一截面上 $0.1v_0$ 点至 ox 线的距离。

经过这样的整理便得出图 6-2（b）及图 6-3（b）。可以看到原来各截面不同的速度分布曲线，均变换成为同一条无因次分布线。这种同一性说明，射流各截面上速度分布的相似性。这就是射流的运动特征。

用半经验公式表示射流各横截面上的无因次速度分布如下：

$$\frac{v}{v_m}=\left[1-\left(\frac{y}{R}\right)^{1.5}\right]^2 \tag{6-3}$$

$$\frac{y}{R}=\eta$$

$$\frac{v}{v_m}=(1-\eta^{1.5})^2 \tag{6-3a}$$

上式如用于主体段，参见图 6-4（d），则

式中 y——横截面上任意点至轴心距离；

R——该截面上射流半径（半宽度）；

v——y 点上速度；

v_m——该截面轴心速度。

上式如用于起始段，仅考虑边界层中流速分布，参见图 6-4（c），则

式中 y——截面上任意点至核心边界的距离；

R——同截面上边界层厚度；

v——截面上边界层中 y 点的速度；

v_m——核心速度 v_0。

由此得出$\frac{y}{R}$从轴心或核心边界到射流外边界的变化范围为 0→1。$\frac{v}{v_m}$从轴心或核心边界到射流边界的变化范围为 1→0。

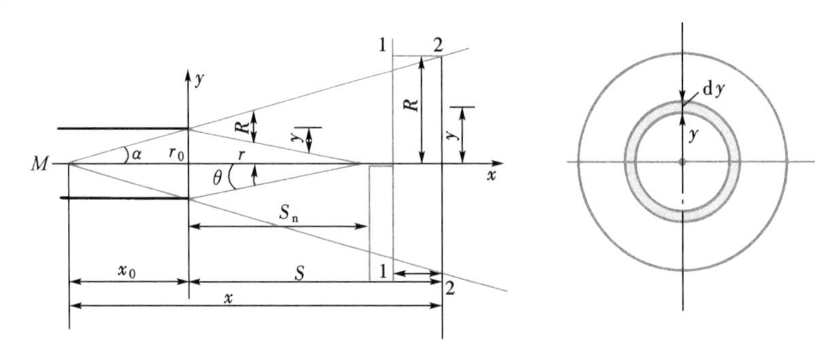

图 6-5 射流计算式的推证

6.1.4 动力特征

实验证明，射流中任意点上的静压强均等于周围气体的压强。现取图 6-5 中 1-1 和2-2之间的射流段所包含的空间为控制体，分析其上受力情况。因各面上所受静压强均相等，则 x 方向外力之和为零。据动量方程可知，各横截面上轴向动量相等——动量守恒，这就是射流的动力学特征。

以圆断面射流为例应用动量守恒原理，列出表达式。

出口截面上单位时间通过的动量为 $\rho Q_{V0}v_0=\rho\pi r_0^2v_0^2$，任意横截面上通过的动量则需积分。

$$\int_0^R v\rho 2\pi y\mathrm{d}yv=\int_0^R 2\pi\rho v^2 y\mathrm{d}y$$

所列动量守恒式为

$$\pi\rho r_0^2v_0^2=\int_0^R 2\pi\rho v^2 y\mathrm{d}y \tag{6-4}$$

6.2 圆断面射流的运动分析

现在根据紊流射流特征来研究圆断面射流的速度 v、流量 Q_V 沿射程 s（或 x）的变化

规律。

6.2.1　轴心速度 v_m

用式（6-4）

$$\pi\rho r_0^2 v_0^2 = \int_0^R 2\pi\rho v^2 y\mathrm{d}y$$

以 $\pi\rho R^2 v_m^2$ 除两端，得

$$\left(\frac{r_0}{R}\right)^2\left(\frac{v_0}{v_m}\right)^2 = 2\int_0^1\left(\frac{v}{v_m}\right)^2\frac{y}{R}\mathrm{d}\left(\frac{y}{R}\right)$$

将式（6-3）$\frac{v}{v_m}=\left[1-\left(\frac{y}{R}\right)^{1.5}\right]^2$ 代入，则

$$\int_0^1[(1-\eta^{1.5})^2]^2\eta\mathrm{d}\eta = B_2$$

按前述$\frac{y}{R}$及$\frac{v}{v_m}$的变化范围，从无因次速度分布线上分段进行 B_2 的数值积分可得出具体数值，列于表 6-2。

B_n　和　C_n　值　　　　表 6-2

n	1	1.5	2	2.5	3
B_n	0.0985	0.064	0.0464	0.0359	0.0286
C_n	0.3845	0.3065	0.2585	0.2256	0.2015

$$B_n = \int_0^1\left(\frac{v}{v_m}\right)^n\eta\mathrm{d}\eta \qquad C_n = \int_0^1\left(\frac{v}{v_m}\right)^n\mathrm{d}\eta$$

于是$\left(\frac{r_0}{R}\right)^2\left(\frac{v_0}{v_m}\right)^2=2B_2=2\times0.0464$

$$\frac{v_m}{v_0} = 3.28\frac{r_0}{R}$$

再将射流半径 R 沿程变化规律式（6-2）和式（6-2a）代入，得

$$\frac{v_m}{v_0} = \frac{0.965}{\frac{as}{r_0}+0.294} = \frac{0.48}{\frac{as}{d_0}+0.147} = \frac{0.96}{a\bar{x}} \tag{6-5}$$

说明无因次轴心速度与无因次距离 $\bar{x}$ 成反比。

6.2.2　断面流量 Q_V

无因次流量为

$$\frac{Q_V}{Q_{V0}} = \frac{2\pi\int_0^R vy\mathrm{d}y}{\pi r_0^2 v_0} = 2\int_0^{\frac{R}{r_0}}\left(\frac{v}{v_0}\right)\left(\frac{y}{r_0}\right)\mathrm{d}\left(\frac{y}{r_0}\right)$$

再用$\frac{v}{v_0}=\frac{v}{v_m}\cdot\frac{v_m}{v_0}$；$\frac{y}{r_0}=\frac{y}{R}\cdot\frac{R}{r_0}$代入，经整理得

$$\frac{Q_V}{Q_{V0}} = 2\frac{v_m}{v_0}\cdot\left(\frac{R}{r_0}\right)^2\int_0^1\left(\frac{v}{v_m}\right)\left(\frac{y}{R}\right)\mathrm{d}\left(\frac{y}{R}\right)$$

查表 6-2，$B_1=0.0985$；再将式（6-2）和式（6-5）代入

$$\frac{Q_V}{Q_{V0}} = 2.2\left(\frac{as}{r_0}+0.294\right) = 4.4\left(\frac{as}{d_0}+0.147\right) = 2.2a\bar{x} \tag{6-6}$$

6.2.3 断面平均流速 v_1

从第3章知断面平均流速 $v_1=\frac{Q_V}{A}$，$v_0=\frac{Q_{V0}}{A_0}$，则无因次断面平均流速为

$$\frac{v_1}{v_0}=\frac{Q_V A_0}{Q_{V0} A}=\frac{Q_V}{Q_{V0}}\left(\frac{r_0}{R}\right)^2$$

将式（6-2）和式（6-6）代入得

$$\frac{v_1}{v_0}=\frac{0.19}{\frac{as}{r_0}+0.294}=\frac{0.095}{\frac{as}{d_0}+0.147}=\frac{0.19}{a\bar{x}} \tag{6-7}$$

6.2.4 质量平均流速 v_2

断面平均流速 v_1 表示射流断面上的算术平均值。比较式（6-5）与式（6-7），可得 $v_1\approx 0.2v_m$，说明断面平均流速仅为轴心流速的20%。通风空调工程上通常使用的是轴心附近较高的速度区，因此 v_1 不能恰当地反映被使用区的速度。为此引入质量平均流速 v_2。质量平均流速定义为：用 v_2 乘以质量即得真实轴向动量。列出口截面与任一横截面的动量守恒式

$$\rho Q_{V0} v_0=\rho Q_V v_2$$

$$\frac{v_2}{v_0}=\frac{Q_{V0}}{Q_V}=\frac{0.4545}{\frac{as}{r_0}+0.294}=\frac{0.23}{\frac{as}{d_0}+0.147}=\frac{0.4545}{a\bar{x}} \tag{6-8}$$

比较式（6-5）与式（6-8），$v_2=0.47v_m$。因此用 v_2 代表使用区的流速要比 v_1 更合适些。但必须注意，v_1、v_2 不仅在数值上不同，更重要的是在定义上根本不同，不可混淆。

以上分析出了圆断面射流主体段内运动参数的变化规律，这些规律亦适用于矩形喷嘴。但要将矩形换算成为当量直径代入进行计算。换算公式按第4章所述。

【例6-1】用轴流风机水平送风，风机直径 $d_0=600\text{mm}$，出口风速10m/s，求距出口10m处的轴心速度和风量。

【解】 由表6-1查得 $a=0.12$。用式（6-5），得

$$\frac{v_m}{v_0}=\frac{0.48}{\frac{as}{d_0}+0.147}=\frac{0.48}{\frac{0.12\times 10\text{m}}{0.6\text{m}}+0.147}=0.225$$

$$v_m=0.225v_0=0.225\times 10\text{m/s}=2.25\text{m/s}$$

$$\frac{Q_V}{Q_{V0}}=4.4\left(\frac{as}{d_0}+0.147\right)=4.4\times 2.147=9.45$$

$$Q_V=9.45Q_{V0}=9.45\times\frac{\pi}{4}d_0^2v_0=9.45\times\frac{\pi}{4}\times(0.6\text{m})^2\times 10\text{m/s}=26.7\text{m}^3/\text{s}$$

6.2.5 起始段核心长度 s_n 及核心收缩角 θ

由图6-1可知，核心长度 s_n 为过渡断面至喷嘴的距离，可由式（6-5）求出，将 $v_m=v_0$，$s=s_n$ 代入，得

$$\frac{v_m}{v_0}=1=\frac{0.965}{\frac{as_n}{r_0}+0.294}$$

$$s_n=0.671\frac{r_0}{a},\bar{s}_n=\frac{s_n}{r_0}=\frac{0.671}{a} \tag{6-9}$$

核心收缩角 θ

$$\tan\theta = \frac{r_0}{s_n} = 1.49a \tag{6-10}$$

6.2.6　起始段流量 Q_V

由于核心内保持着 v_0 的出口速度，故无需求轴心速度变化规律，仅就流量 Q_V 加以讨论。

图 6-4 中可得核心半径 r 的几何关系为

$$r = r_0 - s\tan\theta = r_0 - 1.49as \tag{6-11}$$

$$\frac{r}{r_0} = 1 - 1.49\frac{as}{r_0} \tag{6-11a}$$

核心内无因次流量为

$$\frac{Q'_V}{Q_{V0}} = \frac{\pi r^2 v_0}{\pi r_0^2 v_0} = \left(\frac{r}{r_0}\right)^2 = \left(1 - 1.49\frac{as}{r_0}\right)^2$$

$$= 1 - 2.98\frac{as}{r_0} + 2.22\left(\frac{as}{r_0}\right)^2 \tag{6-12a}$$

边界层中无因次流量为

$$\frac{Q''_V}{Q_{V0}} = \frac{\int_r^{R+r} v 2\pi\tau \mathrm{d}\tau}{\pi r_0^2 v_0}$$

式中　r——核心半径，当所取截面确定后，则 r 对 τ 为一定值；

R——边界层厚度；

τ——所取横截面上任一点至轴心线的距离，$\tau = r + y'$；

y'——该截面上任一点至核心边界的距离，于是有

$$\frac{Q'_V}{Q_{V0}} = 2\int_{\frac{r}{r_0}}^{\frac{R+r}{r_0}} \frac{v}{v_0} \cdot \frac{\tau}{r_0}\mathrm{d}\left(\frac{\tau}{r_0}\right)$$

$$= 2\int_{\frac{r}{r_0}}^{\frac{R+r}{r_0}} \frac{v}{v_0}\left(\frac{y'+r}{r_0}\right)\mathrm{d}\left(\frac{y'+r}{r_0}\right)$$

$$= 2\int_{\frac{r}{r_0}}^{\frac{R+r}{r_0}} \frac{v}{v_0}\frac{y'}{r_0}\mathrm{d}\left(\frac{y'}{r_0}\right) + 2\int_{\frac{r}{r_0}}^{\frac{R+r}{r_0}} \frac{v}{v_0} \cdot \frac{r}{r_0}\mathrm{d}\left(\frac{y'}{r_0}\right)$$

$$= 2\left(\frac{R}{r_0}\right)^2 \int_0^1 \frac{v}{v_0}\frac{y'}{R}\mathrm{d}\left(\frac{y'}{R}\right) + 2\left(\frac{r}{r_0}\right)\left(\frac{R}{r_0}\right)\int_0^1 \frac{v}{v_0}\mathrm{d}\left(\frac{y'}{R}\right)$$

$$= 2\left(\frac{R}{r_0}\right)^2 \cdot B_1 + 2\left(\frac{r}{r_0}\right)\left(\frac{R}{r_0}\right) \cdot C_1$$

又从图 6-5 中可得

$$r + R = r_0 + s\tan\alpha = r_0 + 3.4as$$

所以

$$R = r_0 + 3.4as - (r_0 + 1.49as) = 4.89as$$

$$\frac{R}{r_0} = 4.89\frac{as}{r_0}$$

再从表 6-2 中查出 B_1、C_1，并将式（6-11a）一并代入无因次边界流量式中，得

$$\frac{Q''_V}{Q_{V0}} = 3.74\frac{as}{r_0} - 0.90\left(\frac{as}{r_0}\right)^2 \tag{6-12b}$$

整个截面上流量为

$$\frac{Q'_V+Q''_V}{Q_{V0}}=1+0.76\frac{as}{r_0}+1.32\left(\frac{as}{r_0}\right)^2 \tag{6-12}$$

6.2.7 起始段断面平均流速 v_1

$$\begin{aligned}\frac{v_1}{v_0}&=\frac{(Q'_V+Q''_V)/F}{Q_{V0}/F_0}=\frac{Q'_V+Q''_V}{Q_{V0}}\cdot\left(\frac{r_0}{R+r}\right)^2\\&=\left[1+0.76\frac{as}{r_0}+1.32\left(\frac{as}{r_0}\right)^2\right]\left(\frac{1}{1+3.4\frac{as}{r_0}}\right)^2\\&=\frac{1+0.76\frac{as}{r_0}+1.32\left(\frac{as}{r_0}\right)^2}{1+6.8\frac{as}{r_0}+11.56\left(\frac{as}{r_0}\right)^2}\end{aligned} \tag{6-13}$$

6.2.8 起始段质量平均流速 v_2

$$v_2=\frac{\rho v_0Q_{V0}}{\rho(Q'_V+Q''_V)}=\frac{v_0Q_{V0}}{Q'_V+Q''_V}$$

$$\frac{v_2}{v_0}=\frac{Q_{V0}}{Q'_V+Q''_V}=\frac{1}{1+0.76\frac{as}{r_0}+1.32\left(\frac{as}{r_0}\right)^2} \tag{6-14}$$

【例 6-2】已知空气淋浴地带要求射流半径为 1.2m，质量平均流速 $v_2=3\text{m/s}$。圆形喷嘴直径为 0.3m。求（1）喷口至工作地带的距离 s；（2）喷嘴流量 Q_{V0}。

【解】（1）由表 6-1 查得紊流系数 $a=0.08$。

（2）求 s，由式（6-2）得

$$\frac{R}{r_0}=3.4\left(\frac{as}{r_0}+0.294\right)$$

$$\frac{R}{r_0}=\frac{1.2\text{m}}{0.15\text{m}}=3.4\left(\frac{0.08}{0.15\text{m}}s+0.294\right)$$

所以 $$s=3.86\text{m}$$

（3）求核心长度 s_n

由式（6-9）知 $s_n=0.671\frac{r_0}{a}=0.671\times\frac{0.15\text{m}}{0.08}=1.26\text{m}$，故 $s>s_n$，所求横截面在主体段内。

（4）求喷嘴流量 Q_{V0}

应用主体段质量平均流速公式（6-8）求得出口速度 v_0：

$$\frac{v_2}{v_0}=\frac{0.4545}{\frac{as}{r_0}+0.294}=\frac{0.4545}{\frac{0.08\times3.86\text{m}}{0.15\text{m}}+0.294}$$

$$\frac{v_2}{v_0}=0.193, v_0=\frac{v_2}{0.193}=\frac{3\text{m/s}}{0.193}$$

$$v_0=15.5\text{m/s}$$

$$Q_{V0}=\frac{\pi}{4}d_0^2v_0=0.785\times(0.3\text{m})^2\times15.5\text{m/s}=1.095\text{m}^3/\text{s}$$

6.3 平 面 射 流

气体从狭长缝隙中外射运动时，射流在条缝长度方向几乎无扩散运动，只能在垂直条缝长度的各个平面上扩散运动。这种流动可视为平面运动，故称为平面射流。

平面射流喷口高度以 $2b_0$（b_0 半高度）表示，a 值见表 6-1 后三项；φ 值为 2.44，于是 $\tan\alpha=2.44a$。而几何、运动、动力特征则完全与圆断面射流相似，所以各运动参数沿射程变化规律的推导基本与圆断面类似，这里不再推导。列公式于表 6-3 中。

射流参数的计算 **表 6-3**

段名	参数名称	符号	圆断面射流	平面射流
主体段	扩散角	α	$\tan\alpha=3.4a$	$\tan\alpha=2.44a$
	射流直径或半高度	D b	$\frac{D}{d_0}=6.8\left(\frac{as}{d_0}+0.147\right)$	$\frac{b}{b_0}=2.44\left(\frac{as}{b_0}+0.41\right)$
	轴心速度	v_m	$\frac{v_m}{v_0}=\frac{0.48}{\frac{as}{d_0}+0.147}$	$\frac{v_m}{v_0}=\frac{1.2}{\sqrt{\frac{as}{b_0}+0.41}}$
	流　量	Q_V	$\frac{Q_V}{Q_{V0}}=4.4\left(\frac{as}{d_0}+0.147\right)$	$\frac{Q_V}{Q_{V0}}=1.2\sqrt{\frac{as}{b_0}+0.41}$
	断面平均流速	v_1	$\frac{v_1}{v_0}=\frac{0.095}{\frac{as}{d_0}+0.147}$	$\frac{v_1}{v_0}=\frac{0.492}{\sqrt{\frac{as}{d_0}+0.41}}$
	质量平均流速	v_2	$\frac{v_2}{v_0}=\frac{0.23}{\frac{as}{d_0}+0.147}$	$\frac{v_2}{v_0}=\frac{0.833}{\sqrt{\frac{as}{b_0}+0.41}}$
起始段	流　量	Q_V	$\frac{Q_V}{Q_{V0}}=1+0.76\frac{as}{r_0}+1.32\left(\frac{as}{r_0}\right)^2$	$\frac{Q_V}{Q_{V0}}=1+0.43\frac{as}{b_0}$
	断面平均流速	v_1	$\frac{v_1}{v_0}=\frac{1+0.76\frac{as}{r_0}+1.32\left(\frac{as}{r_0}\right)^2}{1+6.8\frac{as}{r_0}+11.56\left(\frac{as}{r_0}\right)^2}$	$\frac{v_1}{v_0}=\frac{1+0.43\frac{as}{b_0}}{1+2.44\frac{as}{b_0}}$
	质量平均流速	v_2	$\frac{v_2}{v_0}=\frac{1}{1+0.76\frac{as}{r_0}+1.32\left(\frac{as}{r_0}\right)^2}$	$\frac{v_2}{v_0}=\frac{1}{1+0.43\frac{as}{b_0}}$
	核心长度	s_n	$s_n=0.672\frac{r_0}{a}$	$s_n=1.03\frac{b_0}{a}$
	喷嘴至极点距离	x_0	$x_0=0.294\frac{r_0}{a}$	$x_0=0.41\frac{b_0}{a}$
	收缩角	θ	$\tan\theta=1.49a$	$\tan\theta=0.97a$

从表 6-3 中可以看出，各无因次参数（$\overline{v_m}$、$\overline{v_1}$、$\overline{v_2}$）对平面射流来说，都与 $\sqrt{\frac{as}{b_0}+0.41}$ 无因次距离有关。和圆断面射流相比，流量沿程的增加、流速沿程的衰减都要慢些。这是因为运动的扩散被限定在垂直于条缝长度的平面上的缘故。

6.4 温差或浓差射流

在供暖通风空调工程中，常采用冷风降温，热风供暖，这时就要用温差射流。将有害气体及灰尘浓度降低就要用浓差射流。所谓温差、浓差射流就是射流本身的温度或浓度与周围气体的温度、浓度有差异。

温差或浓差射流分析，主要是研究射流温差、浓差分布场的规律。同时讨论由温差、浓差引起射流弯曲的轴心轨迹。

如本章6.1节中射流的形成所述，横向动量交换，旋涡的出现，使之产生质量交换、热量交换、浓度交换。而在这些交换中，由于热量扩散比动量扩散要快些，因此温度边界层比速度边界层发展要快些、厚些，如图6-6（a）所示。实线为速度边界层，虚线为温度边界层的内外界线。

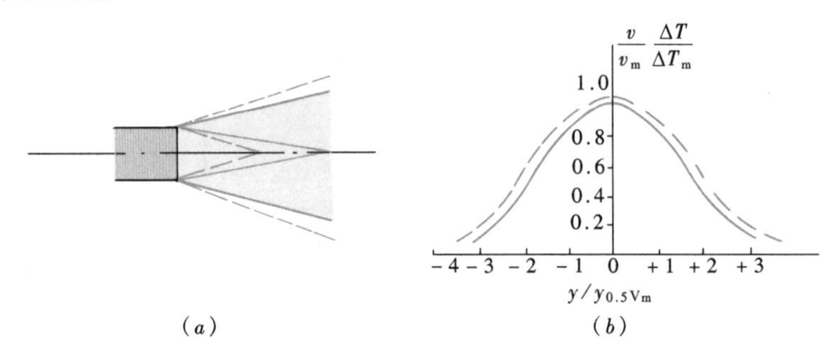

图6-6 温度边界层与速度边界层的对比

浓度扩散与温度相似，然而在实际应用中，为了简化起见，可以认为温度、浓度内外的边界与速度内外的边界相同。于是参数R、Q_V、v_m、v_1、v_2等可使用前两节所述公式，仅对轴心温差ΔT_m、平均温差等沿射程的变化规律进行讨论。

设下标e为表示周围气体的符号。

① 对温差射流：

出口断面温差 $\Delta T_0 = T_0 - T_e$

轴心上温差 $\Delta T_m = T_m - T_e$

截面上任一点温差 $\Delta T = T - T_e$

② 对浓差射流：

出口断面浓差 $\Delta \chi_0 = \chi_0 - \chi_e$

轴心上浓差 $\Delta \chi_m = \chi_m - \chi_e$

截面上任意一点浓差 $\Delta \chi = \chi - \chi_e$

试验得出，截面上温差分布、浓差分布与速度分布的关系如下：

$$\frac{\Delta T}{\Delta T_m} = \frac{\Delta \chi}{\Delta \chi_m} = \sqrt{\frac{v}{v_m}} = 1 - \left(\frac{y}{R}\right)^{1.5} \tag{6-15}$$

将$\frac{\Delta T}{\Delta T_m}$与$\frac{v}{v_m}$同绘在一个无因次坐标上，见图6-6（$b$）。无因次温差分布线，在无因

次速度线的外部，证实了前面的分析。

与前述动力特征类似，据热力学可知，在等压的情况下，以周围气体的焓值作为起算点，射流各横截面上的相对焓值不变。这一特点称为热力特征。

设喷嘴出口断面上单位时间通过的相对焓值为 $\rho Q_{V0} c\Delta T_0$，它与射流任意横截面上单位时间通过的相对焓值 $\int_{Q_V}\rho c\Delta T\mathrm{d}Q_V$ 相等。

下面进行圆断面温差射流运动的分析。

6.4.1 轴心温差 ΔT_m

根据相对焓值相等，有

$$\rho Q_{V0} c\Delta T_0=\int_0^R \rho c\Delta T 2\pi y\mathrm{d}y\cdot v$$

两端除以 $\rho\pi R^2 v_m c\Delta T_m$，并将式（6-15）代入，得

$$\left(\frac{r_0}{R}\right)^2\cdot\left(\frac{v_0}{v_m}\right)\cdot\left(\frac{\Delta T_0}{\Delta T_m}\right)=2\int_0^1\frac{v}{v_m}\cdot\frac{\Delta T}{\Delta T_m}\cdot\frac{y}{R}\mathrm{d}\left(\frac{y}{R}\right)$$

$$=2\int_0^1\left(\frac{v}{v_m}\right)^{1.5}\frac{y}{R}\mathrm{d}\left(\frac{y}{R}\right)$$

查表 6-2，$B_{1.5}=0.064$，且将主体段$\frac{R}{r_0}$、$\frac{v_m}{v_0}$式代入，于是得出主体段轴心温差变化规律为

$$\frac{\Delta T_m}{\Delta T_0}=\frac{0.706}{\frac{as}{r_0}+0.294}=\frac{0.35}{\frac{as}{d_0}+0.147}=\frac{0.706}{a\bar{x}} \tag{6-16}$$

6.4.2 质量平均温差 ΔT_2

所谓质量平均温差，就是以该温差乘上 $\rho Q_V c$，便得出相对焓值，以符号 ΔT_2 表示。

列出口断面与射流任一横截面相对焓值的相等式，于是得

$$\Delta T_2=\frac{\rho c Q_{V0}\Delta T_0}{\rho Q_V c}=\frac{Q_{V0}\Delta T_0}{Q_V}$$

无因次质量温差与 Q_{V0}/Q_V 相等，将式（6-6）代入，得

$$\frac{\Delta T_2}{\Delta T_0}=\frac{Q_{V0}}{Q_V}=\frac{0.455}{\frac{as}{r_0}+0.294}=\frac{0.23}{\frac{as}{d_0}+0.147}=\frac{0.455}{a\bar{x}} \tag{6-17}$$

6.4.3 起始段质量平均温差 ΔT_2

起始段轴心温差 ΔT_m 是不变化的，与 ΔT_0 同，无需讨论。而质量平均温差只要把 Q_{V0}/Q_V 代入起始段无因次流量即得

$$\frac{\Delta T_2}{\Delta T_0}=\frac{1}{1+0.76\frac{as}{r_0}+1.32\left(\frac{as}{r_0}\right)^2} \tag{6-18}$$

对于浓差射流，其规律与温差射流相同，所以温差射流公式完全适用于浓差射流。见

表 6-4。

浓差温差的射流计算 表 6-4

段名	参数名称	符号	圆断面射流	平面射流
主体段	轴心温差	ΔT_m	$\frac{\Delta T_m}{\Delta T_0}=\frac{0.35}{\frac{as}{d_0}+0.147}$	$\frac{\Delta T_m}{\Delta T_0}=\frac{1.032}{\sqrt{\frac{as}{b_0}+0.41}}$
	质量平均温差	ΔT_2	$\frac{\Delta T_2}{\Delta T_0}=\frac{0.23}{\frac{as}{d_0}+0.147}$	$\frac{\Delta T_2}{\Delta T_0}=\frac{0.833}{\sqrt{\frac{as}{b_0}+0.41}}$
	轴心浓差	Δx_m	$\frac{\Delta x_m}{\Delta x_0}=\frac{0.35}{\frac{as}{d_0}+0.147}$	$\frac{\Delta x_m}{\Delta x_0}=\frac{1.032}{\sqrt{\frac{as}{b_0}+0.41}}$
	质量平均浓差	Δx_2	$\frac{\Delta x_2}{\Delta x_0}=\frac{0.23}{\frac{as}{d_0}+0.147}$	$\frac{\Delta x_2}{\Delta x_0}=\frac{0.833}{\sqrt{\frac{as}{b_0}+0.41}}$
起始段	质量平均温差	ΔT_2	$\frac{\Delta T_2}{\Delta T_0}=\frac{1}{1+0.76\frac{as}{r_0}+1.32\left(\frac{as}{r_0}\right)^2}$	$\frac{\Delta T_2}{\Delta T_0}=\frac{1}{1+0.43\frac{as}{b_0}}$
	质量平均浓差	Δx_2	$\frac{\Delta x_2}{\Delta x_0}=\frac{1}{1+0.76\frac{as}{r_0}+1.32\left(\frac{as}{r_0}\right)^2}$	$\frac{\Delta x_2}{\Delta x_0}=\frac{1}{1+0.43\frac{as}{b_0}}$
—	轴线轨迹方程		$\frac{y}{d_0}=\frac{x}{d_0}\tan\alpha+Ar\left(\frac{x}{d_0\cos\alpha}\right)^2 \times\left(0.51\frac{ax}{d_0\cos\alpha}+0.35\right)$	$\frac{y}{2b_0}=\frac{0.226Ar\left(a\frac{x}{2b_0}+0.205\right)^{5/2}}{a^2\sqrt{T_1/T_0}}$ $\frac{y}{2b_0}\cdot\frac{\sqrt{T_1/T_0}}{Ar}=\frac{0.226}{a^2}\left(a\frac{x}{2b_0}+0.205\right)^{5/2}$

6.4.4 射流弯曲

温差射流或浓差射流由于密度与周围密度不同，所受的重力与浮力不相平衡，使整个射流将发生向下或向上弯曲。但整个射流仍可看作是对称于轴心线，因此了解轴心线的弯曲轨迹后，便可得出整个弯曲的射流。

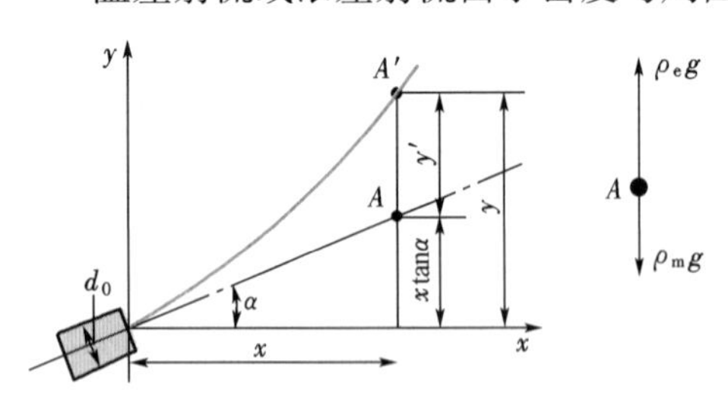

图 6-7 射流轴线的弯曲

我们采用近似的处理方法：取轴心线上的单位体积流体作为研究对象，只考虑受重力与浮力作用，应用牛顿定律导出公式。

有一热射流自直径为 d_0 的喷嘴中喷出，射流轴线与水平线成 α 角，现分析弯曲轨迹。图 6-7 所给 A 处即为轴心线上单位体积气流，其上所受重力为 $\rho_m g$，浮力为 $\rho_e g$，则总的向上合力为（$\rho_e-\rho_m$）g。根据牛顿定律，有

$$F=\rho_m j,(\rho_e-\rho_m)g=\rho_m j$$

$$j=\frac{\rho_e-\rho_m}{\rho_m}\cdot g$$

式中，j 为垂直向上的加速度。由图 6-7 可得射流轴心 A 点偏离的纵向距离为 y'，则 y' 和射流的垂直分速度 u_y、垂直加速度三者之间的关系为

$$j=\frac{du_y}{dt}=\frac{d^2y'}{dt^2},u_y=\int j\,dt$$

$$y'=\int u_y\,dt=\int dt\int j\,dt$$

将 j 的算式代入，得

$$y'=\int dt\int\left(\frac{\rho_e}{\rho_m}-1\right)g\cdot dt$$

气体在等压过程时，状态方程式为 ρgT=常数。可得

$$\frac{\rho_e g}{\rho_m g}=\frac{T_m}{T_e},\frac{\rho_e}{\rho_m}=\frac{T_m}{T_e}$$

$$\frac{\rho_e}{\rho_m}-1=\frac{T_m}{T_e}-1=\frac{T_m-T_e}{T_e}=\frac{\Delta T_m}{\Delta T_0}\cdot\frac{\Delta T_0}{T_e}$$

将轴心温差换为轴心速度关系，用式（6-5）和式（6-16），得

$$\frac{\rho_e}{\rho_m}-1=0.73\left(\frac{v_m}{v_0}\right)\frac{\Delta T_0}{T_e}$$

$$y'=\int dt\int 0.73\left(\frac{v_m}{v_0}\right)\left(\frac{\Delta T_0}{T_e}\right)g\,dt$$

$$=\frac{0.73g}{v_0}\cdot\frac{\Delta T_0}{T_e}\int dt\int v_m\,dt$$

因为 $$v_m=\frac{ds}{dt}$$

积分 $$\int dt\int v_m\,dt=\int s\,dt\ \frac{1}{v_0}\int\frac{v_0}{v_m}\cdot v_m s\,dt=\frac{1}{v_0}\int\frac{v_0}{v_m}\cdot\frac{ds}{dt}\cdot s\,dt$$

$$=\frac{1}{v_0}\int\frac{v_0}{v_m}s\,ds$$

再用$\frac{v_m}{v_0}$的倒数代入，且一并代入 y' 的算式，得

$$y'=\frac{0.73g}{v_0^2}\cdot\frac{\Delta T_0}{T_e}\int\frac{\frac{as}{r_0}+0.294}{0.965}s\,ds$$

$$=\frac{g\Delta T_0}{v_0^2T_e}\left(0.51\frac{a}{2r_0}s^3+0.11s^2\right)$$

将 0.11 改为 0.35 以符合实验数据，有

$$y'=\frac{g\cdot\Delta T_0}{v_0^2T_e}\left(0.51\frac{a}{2r_0}s^3+0.35s^2\right)\tag{6-19}$$

式（6-19）给出了射流轴心轨迹偏离值 y' 随 s 变化的规律。如以图 6-7 中坐标表示，s

$=\frac{x}{\cos\alpha}$，且除以喷嘴直径 d_0，便得出无因次轨迹方程为

$$\frac{y}{d_0}=\frac{x}{d_0}\tan\alpha+\left(\frac{gd_0\Delta T_0}{v_0^2T_e}\right)\left(\frac{x}{d_0\cos\alpha}\right)^2\left(0.51\frac{ax}{d_0\cos\alpha}+0.35\right)$$

式中，$\frac{gd_0\Delta T_0}{v_0^2T_e}=Ar$ 为阿基米德数，于是上式变为

$$\frac{y}{d_0}=\frac{x}{d_0}\tan\alpha+Ar\left(\frac{x}{d_0\cos\alpha}\right)^2\left(0.51\frac{ax}{d_0\cos\alpha}+0.35\right) \tag{6-20}$$

对于平面射流，有

$$\frac{\bar{y}}{Ar}\cdot\sqrt{\frac{T_e}{T_0}}=\frac{0.226}{a^2}(a\bar{x}+0.205)^{5/2} \tag{6-20a}$$

式中

$$\bar{y}=\frac{y}{2b_0},\bar{x}=\frac{x}{2b_0}$$

【例 6-3】工作地点质量平均风速要求 3m/s，工作面直径 $D=2.5$m，送风温度为 15℃，车间空气温度 30℃，要求工作地点的质量平均温度降到 25℃，采用带导叶的轴流风机，其紊流系数 $\alpha=0.12$。求（1）风口的直径及速度；（2）风口到工作面的距离。

【解】 温差 $\Delta T_0=15℃-30℃=-15℃$

$$\Delta T_2=25℃-30℃=-5℃$$

$$\frac{\Delta T_2}{\Delta T_0}=\frac{0.23}{\frac{as}{d_0}+0.147}=\frac{-5℃}{-15℃}$$

求出 $\frac{as}{d_0}+0.147=0.23\times\frac{15}{5}=0.69$，代入下式

$$\frac{D}{d_0}=6.8\left(\frac{as}{d_0}+0.147\right)=6.8\times0.69$$

所以
$$d_0=\frac{D}{6.8\times0.69}=\frac{2.5\text{m}}{6.8\times0.69}=0.525\text{m}$$

工作地点质量平均风速要求 3m/s

因为
$$\frac{v_2}{v_0}=\frac{0.23}{\frac{as}{d_0}+0.147}=\frac{5}{15}=\frac{3}{v_0}$$

所以
$$v_0=9\text{m/s}$$

风口到工作面距离 s 可用下式求出

$$\frac{as}{d_0}+0.147=0.69$$

$$\frac{0.12s}{0.525}=0.543,s\approx2.38\text{m}$$

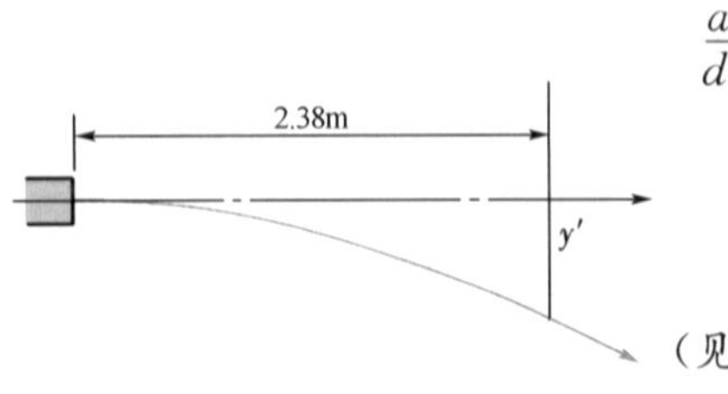

图 6-8　射流的下降

【例 6-4】数据同上题，求射流在工作面的下降值 y'（见图 6-8）。

【解】 周围气体温度 $T_e=(273+30)\text{K}=303\text{K}$

$$\Delta T_0 = -15\mathrm{K} \quad v_0 = 9\mathrm{m/s} \quad a = 0.12$$

$$d_0 = 0.525\mathrm{m} \quad s = 2.38\mathrm{m}$$

$$y' = \frac{g\Delta T_0}{v_0^2 T_e}\left(0.51\frac{a}{d_0}s^3 + 0.35s^2\right)$$

$$= \frac{9.8\mathrm{m/s^2} \times (-15\mathrm{K})}{(9\mathrm{m/s})^2 \times 303\mathrm{K}}\left(0.51 \times \frac{0.12}{0.525\mathrm{m}} \times (2.38\mathrm{m})^3 + 0.35 \times (2.38\mathrm{m})^2\right)$$

$$= -0.0213\mathrm{m}$$

【例 6-5】 室外空气以射流方式，由位于热车间外墙上离地板 7m 处的孔口送入。孔口的尺寸，高 0.35m，长 12m。室外空气温度为 −10℃，室内空气温度为 20℃，射流初速度为 2m/s，求轴心线弯曲到与地板相接触时的轴心温度。

【解】 a 取为 0.12

$$计算\ \bar{y} = \frac{y}{2b_0} = \frac{7\mathrm{m}}{0.35\mathrm{m}} = 20$$

$$Ar = \frac{g(2b_0)\Delta T_0}{v_0^2 T_e} = \frac{9.8\mathrm{m/s^2} \times 0.35\mathrm{m} \times (-10-20)\mathrm{K}}{(2\mathrm{m/s})^2 \times (273+20)\mathrm{K}} = \frac{103}{1170} = 0.088$$

$$\sqrt{\frac{T_e}{T_0}} = \frac{\sqrt{(20+273)\mathrm{K}}}{\sqrt{(-10+273)\mathrm{K}}}$$

$$\bar{y}/Ar \cdot \sqrt{\frac{T_e}{T_0}} = \frac{20\sqrt{293\mathrm{K}/263\mathrm{K}}}{0.088} = 220$$

应用式（6-20a）计算求出 $\bar{x} = 23$

$$\frac{x}{2b_0} = 23 \qquad \frac{x}{b_0} = 46$$

用轴心温差公式

$$\frac{\Delta T_m}{\Delta T_0} = \frac{1.032}{\sqrt{0.12 \times 46 + 0.41}} = \frac{1.032}{\sqrt{5.93}} = 0.425$$

$$\frac{T - T_e}{T_0 - T_e} = \frac{t - 20℃}{-10℃ - 20℃} = 0.425$$

$$t = 7.3℃$$

6.5 有限空间射流

实际工程上通风射流是向房间送风，当房间限制了射流的扩散运动，自由射流规律不再适用，因此必须研究受限后的射流即有限空间射流运动规律。有限空间射流，因其射流的扩散受限情况以及所形成的射流场与空间的尺寸和喷口的位置等密切相关，流动十分复杂，定量的研究成果多是根据实验结果或数值模拟结果整理成近似公式或无因次曲线，供设计使用。

下面仅就末端封闭的有限射流进行介绍。

6.5.1 射流结构

由于房间边壁限制了射流边界层的发展扩散，射流半径及流量不是一直增加，增大到一定程度后反而逐渐减小，使其边界线呈橄榄形，如图 6-9 所示。重要的特征是橄榄形的边界外部与固体边壁间形成与射流方向相反的回流区，于是流线呈闭合状。这些闭合流线环绕的中心，就是射流与回流共同形成的旋涡中心 C。

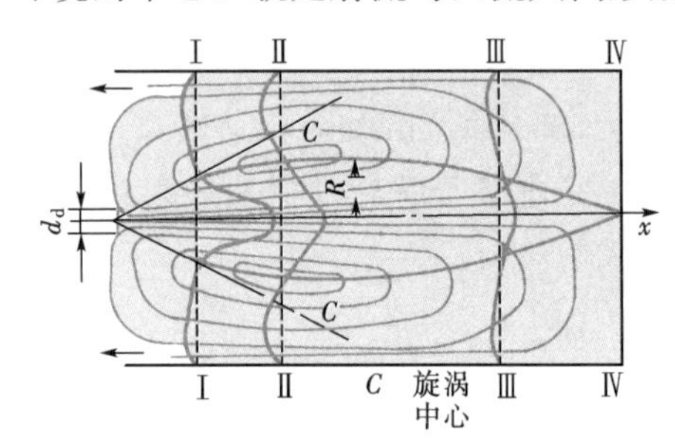

图 6-9 有限空间射流流场

射流出口至断面Ⅰ-Ⅰ，因为固体边壁尚未妨碍射流边界层的扩展，各运动参数所遵循的规律与自由射流一样，计算亦可用自由射流公式。称Ⅰ-Ⅰ断面为第一临界断面，从喷口至Ⅰ-Ⅰ为自由扩张段。

从Ⅰ-Ⅰ断面开始，射流边界层扩展受到影响，卷吸周围气体的作用减弱，因而射流半径和流量的增加速率逐渐减慢，与此同时射流中心速度减小的速率也变慢些。但总的趋势还是半径逐增，流量逐增。达到Ⅱ-Ⅱ断面，即包含旋涡中心的断面，射流各运动参数发生了根本转折，射流流线开始越出边界层产生回流，射流主体流量开始沿程减少。仅在Ⅱ-Ⅱ断面上主体流量为最大值，称Ⅱ-Ⅱ为第二临界断面，从Ⅰ-Ⅰ至Ⅱ-Ⅱ为有限扩张段。

在Ⅱ-Ⅱ断面处实验得知：回流的平均流速、回流流量亦为最大，而射流半径则在Ⅱ-Ⅱ稍后一点达最大值。

从Ⅱ-Ⅱ断面以后，射流主体流量、回流流量、回流平均流速都逐渐减小，直到射流主体流量减至零，即Ⅳ-Ⅳ断面。从Ⅱ-Ⅱ至Ⅳ-Ⅳ为收缩段。

各横截面上速度分布情况，见图 6-9Ⅰ-Ⅰ、Ⅱ-Ⅱ、Ⅲ-Ⅲ上速度曲线图。橄榄形边界内部为射流主体的速度分布线，外部是回流的速度分布线。

射流结构与喷嘴安装的位置有关。如喷嘴安置在房间高度、宽度的中央处，射流结构上下对称，左右对称。射流主体呈橄榄状，四周为回流区。但实际送风时多将喷嘴靠近顶棚安置，如安置高度 h 与房高 H 为 $h \geqslant 0.7H$ 时，射流出现贴附现象，整个贴附于顶棚上，而回流区全部集中于射流主体下部与地面间，称这种射流为贴附射流。贴附现象的产生是由于靠近顶棚流速增大静压减小，而射流下部静压大，上下压差致使射流不得脱离顶棚。

贴附射流可以看成完整射流的一半，规律相同。

6.5.2 动力特征

由实验知道，射流内部的压强变化，随射程的增大，压强增大，直至端头压强最大，达稳定后数值比周围大气压强要高些。这样射流中各横截面上动量是不相等的，沿程减少。在第二临界断面后，动量很快减少以至消失。正是由于动量不守恒，研究起来较自由射流难。

6.5.3 半经验公式

有限空间射流主要用在空气调节房间送风上，这时工作操作区常处在射流的回流区中，因此需限定具体风速值。所以仅介绍回流平均速度 v 的半经验公式：

$$\frac{v}{v_0}\cdot\frac{\sqrt{F}}{d_0}=0.177(10\overline{x})e^{10.7\overline{x}-37\overline{x}^2}=f(\overline{x}) \tag{6-21}$$

式中 v_0、d_0——喷嘴出口速度、直径；

F——垂直于射流的房间横截面积；

$\overline{x}$——射流截面至极点的无因次距离，$\overline{x}=\frac{ax}{\sqrt{F}}$；

a——紊流系数。

在Ⅱ-Ⅱ断面上，回流流速为最大，以 v_1 表示。Ⅱ-Ⅱ断面距喷嘴出口的无因次距离通过实验已得出为 $\overline{x}=0.2$，代入上式得到最大回流速度为

$$\frac{v_1}{v_0}\cdot\frac{\sqrt{F}}{d_0}=0.69 \tag{6-21a}$$

若设计计算中所需射流作用长度（即距离）为 L，则相应的无因次距离为

$$\overline{L}=\frac{\alpha L}{\sqrt{F}} \tag{6-21b}$$

在设计要求的 L 处，射流回流平均流速为 v_2 是设计所限定的值。将 $\overline{x}=\overline{L}$ 及 v_2 代入式（6-21）中得

$$\frac{v_2}{v_0}\cdot\frac{\sqrt{F}}{d_0}=f(\overline{L}) \tag{6-21c}$$

联立式（6-21a）与式（6-21c）可得

$$f(\overline{L})=0.69\frac{v_2}{v_1} \tag{6-22}$$

由于 v_1、v_2 由设计限定，所以 f（$\overline{L}$）也可知，故可用式（6-21）求出 $\overline{x}=\overline{L}$。为简化计算给出表 6-5。

无因次距离 $\overline{L}$ **表 6-5**

v_1 (m/s)	v_2 (m/s)					
	0.07	**0.10**	**0.15**	**0.20**	**0.30**	**0.40**
0.50	0.42	0.40	0.37	0.35	0.31	0.28
0.60	0.43	0.41	0.38	0.37	0.33	0.30
0.75	0.44	0.42	0.40	0.38	0.35	0.33
1.00	0.46	0.44	0.42	0.40	0.37	0.35
1.25	0.47	0.46	0.43	0.41	0.39	0.37
1.50	0.48	0.47	0.44	0.43	0.40	0.38

在求出 $\overline{L}$ 后，可用式（6-21b）求出 $L=\frac{\overline{L}\sqrt{F}}{a}$。

以上所给公式适用于喷嘴高度 $h\geqslant0.7H$ 的贴附射流。当 $h=0.5H$ 时，射流上下对称，向两个方向同时扩散，因此射程比贴附射流短，仅是贴附射流的 70%。将上式中 $\sqrt{F}$

以$\sqrt{0.5F}$代替进行计算，即可得到$h=0.5H$时的射程L。

【例6-6】车间长70m，高11.5m，宽30m。在一端布置送风口及回风口，送风口高为6m，流量为$10\text{m}^3/\text{s}$。试设计送风口尺寸。

【解】与射流垂直的房间横截面积$F=30\text{m}\times 11.5\text{m}=345\text{m}^2$，限定工作区内空气流速$v_1=0.5\text{m/s}$，接近末端的射流回流平均速度$v_2=0.15\text{m/s}$。通过表6-5可查出$\overline{L}=0.37$。

选用带有收缩口的圆喷嘴，查表6-1，有$a=0.07$。

已知送风口高$h=6\text{m}$，约为$0.5H$。射程为

$$L=\frac{\overline{L}}{a}\cdot\sqrt{0.5F}=\frac{0.37}{0.07}\sqrt{0.5\times 345\text{m}^2}=69.4\text{m}$$

也可在$h=0.5H$，射程仅为贴附射流的70%时计算L。

$$L=0.7\frac{\overline{L}}{a}\sqrt{F}=0.7\frac{0.37}{0.07}\sqrt{345\text{m}^2}=68.73\text{m}$$

说明二者所得结果基本相符。

送风口直径d_0可从

$$\begin{cases}\dfrac{v_1}{v_0}\cdot\dfrac{\sqrt{F}}{d_0}=0.69\\[2ex] Q_{V0}=\dfrac{\pi}{4}d_0^2\cdot v_0\end{cases}$$

两式联立求出

$$d_0=\frac{0.69Q_{V0}}{\frac{\pi}{4}v_1\sqrt{F}}=\frac{0.69\times 10\text{m}^3/\text{s}}{0.785\times 0.5\text{m/s}\times\sqrt{345\text{m}^2}}=0.945\text{m}$$

6.5.4　末端涡流区

从喷嘴出口截面至收缩段终了Ⅳ-Ⅳ截面的射程长度L_4，可用下列半经验公式计算。

$$\frac{L_4}{d_0}=3.58\frac{\sqrt{F}}{d_0}+\frac{1}{a}\left(0.147\frac{\sqrt{F}}{d_0}-0.133\right)\tag{6-23}$$

在房间长度l大于L_4的情况下，实验证明在封闭末端产生涡流区，如图6-10所示。涡流区的出现对通风空调工程不利，应采取措施加以消除。

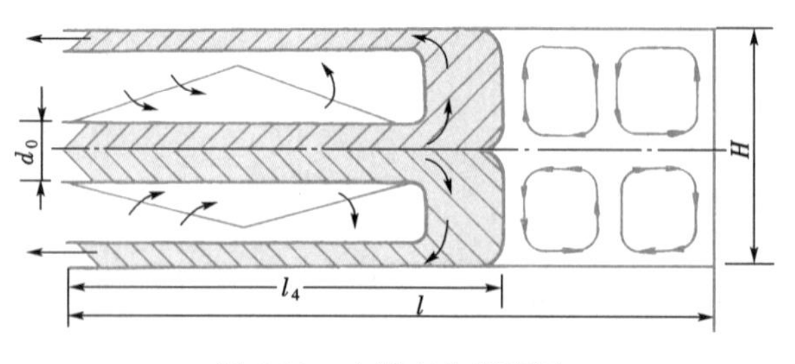

图6-10　末端产生涡流区

【例6-7】条件如例6-6，试判断有无涡流区出现。

【解】用式(6-23)求L_4：

$$L_4 = 0.95\text{m} \times \left[3.58 \times \frac{\sqrt{345\text{m}^2}}{0.95\text{m}} + \frac{1}{0.07} \times \left(0.147 \times \frac{\sqrt{345\text{m}^2}}{0.95\text{m}} - 0.133\right)\right] = 103.7\text{m}$$

房间长度为70m，小于L_4，故不出现涡流区，若房间长度超过103.7m，仍用带收缩的圆喷嘴，直径为0.95m，将出现涡流区，此时可采用双侧射流送风等措施，消除涡流区。

本　章　小　结

本章主要介绍气体射流的一些基本概念、基本规律及其在工程中的应用。

1. 无限空间淹没紊流射流可分为起始段和主体段。根据速度分布的特性可分为核心区和边界层。

2. 无限空间淹没紊流射流的几何、运动和动力特征分别是：外边界线可近似为直线，射流各断面上速度分布相似，以及通过射流各断面的动量守恒。

3. 温差射流的热力特性是：以周围气体的焓值为起算点，射流各断面的相对焓值保持不变。

4. 温差和浓差射流各断面上无因次温差、无因次浓差和无因次速度分布的关系为

$$\frac{\Delta T}{\Delta T_m} = \frac{\Delta \chi}{\Delta \chi_m} = \sqrt{\frac{v}{v_m}}$$

5. 温差和浓差射流由于射流本身的密度与周围流体的密度不同，射流受到的重力和浮力不平衡，使得射流发生弯曲。弯曲轴线的轨迹方程为式（6-20）。

习　　题

6-1　圆射流以$Q_{V0}=0.55\text{m}^3/\text{s}$从$d_0=0.3\text{m}$管嘴流出。试求2.1m处射流半宽度$R$、轴心速度$v_m$、断面平均流速$v_1$、质量平均流速$v_2$，并进行比较。

6-2　某体育馆的圆柱形送风口，$d_0=0.6\text{m}$，风口至比赛区为60m。要求比赛区风速（质量平均风速）不得超过0.3m/s。求送风口的送风量应不超过多少（m^3/s）?

6-3　工位送风所设风口向下，距地面4m。要求在工作区（距地1.5m高范围）造成直径为1.5m的射流截面，限定轴心速度为2m/s，求喷嘴直径及出口流量。

6-4　有一两面收缩均匀的矩形风口，截面为0.05m×2m，出口速度为10m/s。求距孔口2m处，射流轴心速度v_m、质量平均速度v_2及流量Q_V。

6-5　空气以8m/s的速度从圆管喷出，d_0为0.2m，求距出口1.5m处的v_m、v_2及D。

6-6　清扫沉降室中灰尘的吹吸系统见题6-6图。室长$L=6\text{m}$，吹风口高$h_1=15\text{cm}$，宽为5m，由于贴附底板，射流相当于半个平面射流。底板即为轴心线。问（1）吸风口高度h_2为多少?（2）若吸风口处断面平均速度为4m/s，Q_{V0}应为多少?（3）吸风口处的风量应为多少?

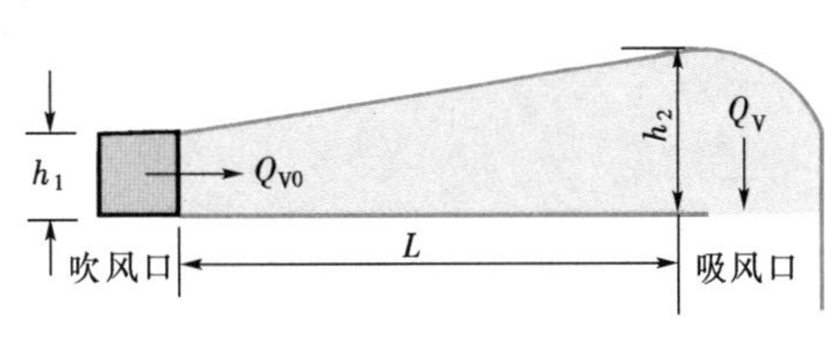

题6-6图

6-7　要求空气淋浴地带的宽度$b=1\text{m}$。周围空气中有害气体的浓度$H_H=0.06\text{mg/L}$，室外空气中浓度$H_0=0$，工作地带允许的浓度为$H_m=0.02\text{mg/L}$，今用一平面喷嘴$\alpha=0.2$，试求喷嘴b_0及工作地带距喷嘴的距离s。

6-8　温度为40℃的空气，以$v_0=3\text{m/s}$从$d_0=100\text{mm}$水平圆柱形喷嘴射入$t_e=18$℃的空气中。求射流轨迹方程。

6-9　高出地面5m处设一孔口，d_0为0.1m，以2m/s速度向房间水平送风。送风温度$t_0=-10$℃，室内温度$t_e=27$℃。试求距出口3m处的v_2、t_2及弯曲轴心坐标。

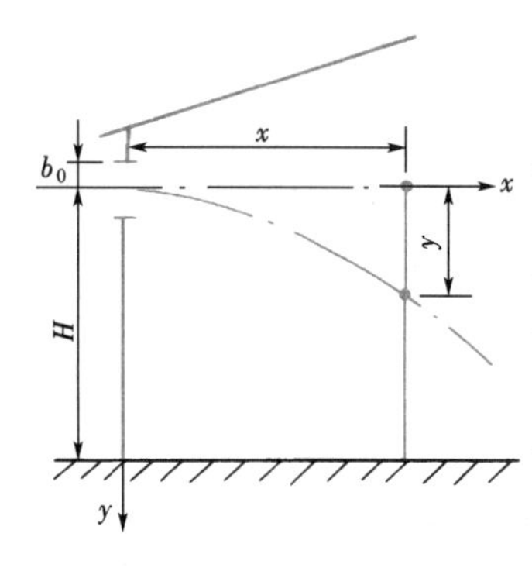

题 6-10 图

6-10 如图所示，室外空气经过墙壁上 $H=6\text{m}$ 处的扁平窗口（$b_0=0.3\text{m}$）射入室内，室外温度 $t_0=0℃$，室内温度 $t_e=25℃$。窗口处出口速度为 2m/s，求距壁面 $s=6\text{m}$ 处，v_2、t_2 及冷射流轴心坐标。

6-11 喷出清洁空气的平面射流，射入含尘浓度为 0.12mg/L 的静止空气中。要求距喷口 2m 处造成宽度为 $2b=1.2\text{m}$ 的射流区。试设计喷口尺寸 b_0，并求工作区轴心处灰尘浓度。

6-12 试验测得轴对称射流的 $v_0=50\text{m/s}$，某断面处 $v_m=5\text{m/s}$，试求在该断面上气体流量是初始流量的多少倍？

6-13 有一圆形射流，在距出口处 10m 的地方测得 v_m 为 v_0 的 50％，试求其圆形喷嘴半径。

6-14 试求距 $r_0=0.5\text{m}$ 的圆断面射流出口断面为 20m，距轴心距离 $y=1\text{m}$ 处的射流速度与出口速度之比值。

6-15 为保证距喷口中心 $x=20\text{m}$、$y=2\text{m}$ 处的流速 $v=5\text{m/s}$ 及初始段长度 $s_n=1\text{m}$，当 $a=0.07$ 时，试求喷口出口处的初始风量（m^3/h）。

6-16 由 $r_0=75\text{mm}$ 的喷口中射出温度为 $T_0=300\text{K}$ 的气体射流，周围介质温度为 $T_e=290\text{K}$，试求距喷口中心 $x=5\text{m}$、$y=1\text{m}$ 处的气体温度（$a=0.075$）。

6-17 绘制 $r_0=75\text{mm}$，$a=0.08$ 的自由淹没紊流射流结构的几何图。

6-18 为什么用无因次量研究射流运动？

6-19 什么是质量平均流速 v_2？为什么要引入这一流速？

6-20 温差射流中，无因次温度分布线为什么在无因次速度线的外边（参见图 6-6*b*）？

6-21 温差射流轨迹为什么弯曲？是怎样寻求轨迹方程的？

6-22 何谓受限射流？受限射流结构图形如何？与自由射流对比有何异同？

部分习题答案

第7章　不可压缩流体动力学基础

【要点提示】本章主要阐述黏性不可压缩流体三元流动的基本方程组和定解条件。根据质量守恒定律和动量定律导出的微分形式的连续性方程和运动方程，组成了黏性不可压缩流体运动的基本方程组，是求解流速和压强分布的基础。

前面的章节主要讨论了理想流体和黏性流体的一元流动，为解决工程实际中大量存在的一元流动问题奠定了理论基础。但是，许多实际流体的流动差不多都是空间的流动，即流场中流体的速度和压强等流动参数随两个或三个坐标轴变化。本章论述流体的三元流动，主要内容是有关描述不可压缩流体流动的基本方程和定解条件。

前述流体静力学和一元流动的基本方程，即为本章三元流动的基本方程在一元流动特殊条件下的简化结果。学习时，可将本章与第2、3章相联系，次序上也可前后调整。

7.1　流体微团运动的分析

为导出三元流动的基本方程，需要讨论三元流动中应力与变形速度的关系，将第1章中的牛顿内摩擦定律推广到三元流动。变形速度与流体质点之间的相对运动有关，谈及相对运动就必须把讨论问题的尺度从流体质点扩大到流体微团，本节首先探讨流体微团的运动形式，在此基础上，分析流体微团中任意两点速度之间的关系。

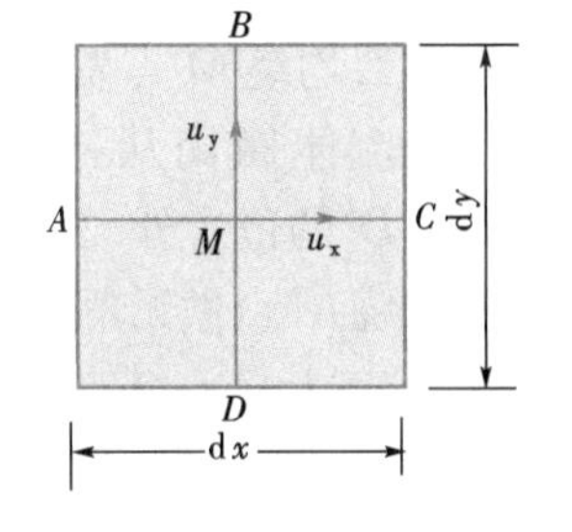

图7-1　矩形流体微团

从理论力学知道，刚体的运动可以分解为平移和旋转两种基本运动。流体运动要比刚体运动复杂得多，流体微团基本运动形式有平移运动、旋转运动和变形运动等，而变形运动又包括线变形和角变形两种。

流体微团的运动形式与微团内各点速度的变化有关。为了便于讨论，先研究二元流动的情况。设矩形流体微团中心点M的流速分量为u_x和u_y（见图7-1），则微团各侧边的中点A、B、C、D的流速分量如下表所示。

M	A	B	C	D
u_x	$u_x-\frac{\partial u_x}{\partial x}\cdot\frac{dx}{2}$	$u_x+\frac{\partial u_x}{\partial y}\cdot\frac{dy}{2}$	$u_x+\frac{\partial u_x}{\partial x}\cdot\frac{dx}{2}$	$u_x-\frac{\partial u_x}{\partial y}\cdot\frac{dy}{2}$
u_y	$u_y-\frac{\partial u_y}{\partial x}\cdot\frac{dx}{2}$	$u_y+\frac{\partial u_y}{\partial y}\cdot\frac{dy}{2}$	$u_y+\frac{\partial u_y}{\partial x}\cdot\frac{dx}{2}$	$u_y-\frac{\partial u_y}{\partial y}\cdot\frac{dy}{2}$

可见，微团上每一点的速度都包含中心点的速度，以及由于坐标位置不同所引起的速度增量两个组成部分。

微团上各点共有的分速度u_x和u_y使它们在dt时间内均沿x方向移动一距离$u_x dt$，沿y方向移动一距离$u_y dt$。因此，我们把中心点M的速度u_x和u_y定义为流体微团的平移运动速度。

微团左、右两侧的 A 点和 C 点沿 x 方向的速度差为$\frac{\partial u_x}{\partial x}dx$。当此速度差值为正时，微团沿 x 方向发生伸长变形；当它为负时，微团沿 x 方向发生缩短变形。单位时间、单位长度的线变形称为线变形速度。以 ε_{xx} 表示流体微团沿 x 方向的线变形速度，则

$$\varepsilon_{xx}=\frac{\frac{\partial u_x}{\partial x}\cdot dx\cdot dt}{dx\cdot dt}=\frac{\partial u_x}{\partial x}$$

同理可得沿 y 方向的线变形速度 ε_{yy} 为

$$\varepsilon_{yy}=\frac{\partial u_y}{\partial y}$$

推广到三元流动的普遍情况，则流体微团的线变形速度为

$$\left.\begin{aligned}\varepsilon_{xx}&=\frac{\partial u_x}{\partial x}\\ \varepsilon_{yy}&=\frac{\partial u_y}{\partial y}\\ \varepsilon_{zz}&=\frac{\partial u_z}{\partial z}\end{aligned}\right\}\tag{7-1}$$

现在研究微团的旋转和角变形。

AMC 线上各点的 y 方向速度分量不相等，C 点相对于 A 点有一 y 方向速度分量的增量$\frac{\partial u_y}{\partial x}\cdot dx$。同样，$BMD$ 线上各点的 x 方向速度分量也不相等，B 点相对于 D 点有一 x 方向速度分量的增量$\frac{\partial u_x}{\partial y}\cdot dy$。因而这两条直线绕中心点 M 发生旋转。同理，通过 M 点的各直线均绕 M 点发生旋转，但各直线的旋转角速度不相等。

设流体微团从初始位置 $ABCD$（图 7-2），经 dt 时间后，由于上述原因运动到 $A''B''C''D''$ 的位置处。这个运动过程可以视为下述两种基本运动形式的组合过程：先是流体微团绕 M 点做无角变形的旋转运动，微团由 $ABCD$ 位置旋转到 $A'B'C'D'$ 处（图 7-2b），然后，由于过 M 点各直线的旋转角速度不相等而产生角变形运动，使矩形微团变为菱形，最后到达 $A''B''C''D''$ 的位置（图 7-2c）。

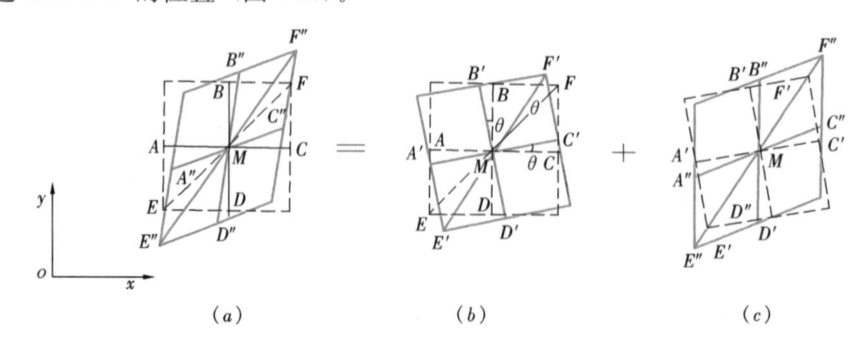

图 7-2　流体微团的旋转运动和角变形运动

设沿逆时针方向旋转为正，则 AMC 线的旋转角速度为

$$\frac{\frac{\partial u_y}{\partial x} \cdot \frac{dx}{2}}{\frac{dx}{2}} = \frac{\partial u_y}{\partial x}$$

BMD 线的旋转角速度为 $-\frac{\partial u_x}{\partial y}$。对角线 EMF 的旋转角速度可看成是这两条直角边的旋转角速度的平均，记为 ω_z，即

$$\omega_z = \frac{1}{2}\left(\frac{\partial u_y}{\partial x} - \frac{\partial u_x}{\partial y}\right)$$

我们把对角线 EMF 的旋转角速度定义为整个流体微团在 oxy 平面上的旋转角速度。推广到三元流动的情况，可得流体微团的旋转角速度分量为

$$\left.\begin{aligned} \omega_x &= \frac{1}{2}\left(\frac{\partial u_z}{\partial y} - \frac{\partial u_y}{\partial z}\right) \\ \omega_y &= \frac{1}{2}\left(\frac{\partial u_x}{\partial z} - \frac{\partial u_z}{\partial x}\right) \\ \omega_z &= \frac{1}{2}\left(\frac{\partial u_y}{\partial x} - \frac{\partial u_x}{\partial y}\right) \end{aligned}\right\} \tag{7-2}$$

因而，角速度矢量为

$$\vec{\omega} = \omega_x \vec{i} + \omega_y \vec{j} + \omega_z \vec{k}$$

角速度的大小为

$$\omega = \sqrt{\omega_x^2 + \omega_y^2 + \omega_z^2}$$

角速度矢量的方向规定为沿微团的旋转方向按右手定则确定。

我们把直角边 AMC（或 BMD 边）与对角线 EMF 的夹角的变形速度定义为流体微团的角变形速度，并记为 ε_{xy}，因而有

$$\begin{aligned} \varepsilon_{xy} &= \frac{\partial u_y}{\partial x} - \omega_z = \frac{\partial u_y}{\partial x} - \frac{1}{2}\left(\frac{\partial u_y}{\partial x} - \frac{\partial u_x}{\partial y}\right) \\ &= \frac{1}{2}\left(\frac{\partial u_y}{\partial x} + \frac{\partial u_x}{\partial y}\right) = \varepsilon_{yx} \end{aligned}$$

对于三元流动，流体微团的角变形速度为

$$\left.\begin{aligned} \varepsilon_{xy} &= \varepsilon_{yx} = \frac{1}{2}\left(\frac{\partial u_y}{\partial x} + \frac{\partial u_x}{\partial y}\right) \\ \varepsilon_{xz} &= \varepsilon_{zx} = \frac{1}{2}\left(\frac{\partial u_x}{\partial z} + \frac{\partial u_z}{\partial x}\right) \\ \varepsilon_{yz} &= \varepsilon_{zy} = \frac{1}{2}\left(\frac{\partial u_z}{\partial y} + \frac{\partial u_y}{\partial z}\right) \end{aligned}\right\} \tag{7-3}$$

式中，ε 的下标表示发生角变形所在的平面。

在一般情况下，流体微团的运动由上述四种基本运动形式复合而成。设流体微团内某点 M_0（x，y，z）的流速分量为 u_{x0}、u_{y0}、u_{z0}（见图 7-3），邻近于 M_0 点的另一点 M（$x+dx$，$y+dy$，$z+dz$）的流速分量为

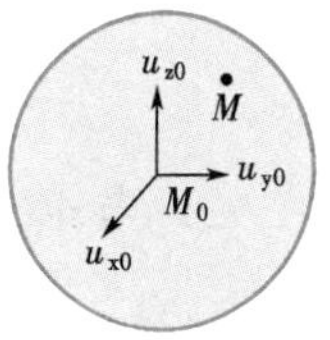

$$u_x = u_{x0} + du_x$$

图 7-3 质点流速的分解

$$u_y = u_{y0} + \mathrm{d}u_y$$
$$u_z = u_{z0} + \mathrm{d}u_z$$

将速度增量 $\mathrm{d}u_x$ 按泰勒级数展开，得

$$\mathrm{d}u_x = \left(\frac{\partial u_x}{\partial x}\right)_{M_0}\mathrm{d}x + \left(\frac{\partial u_x}{\partial y}\right)_{M_0}\mathrm{d}y + \left(\frac{\partial u_x}{\partial z}\right)_{M_0}\mathrm{d}z$$

于是，M 点的流速分量 u_x 又可写为

$$u_x = u_{x0} + \left(\frac{\partial u_x}{\partial x}\right)_{M_0}\mathrm{d}x + \frac{1}{2}\left(\frac{\partial u_x}{\partial y} - \frac{\partial u_y}{\partial x}\right)_{M_0}\mathrm{d}y + \frac{1}{2}\left(\frac{\partial u_x}{\partial y} + \frac{\partial u_y}{\partial x}\right)_{M_0}\mathrm{d}y$$
$$+ \frac{1}{2}\left(\frac{\partial u_x}{\partial z} - \frac{\partial u_z}{\partial x}\right)_{M_0}\mathrm{d}z + \frac{1}{2}\left(\frac{\partial u_x}{\partial z} + \frac{\partial u_z}{\partial x}\right)_{M_0}\mathrm{d}z$$

将式（7-1）、式（7-2）和式（7-3）代入上式中得

$$u_x = u_{x0} + \varepsilon_{xx}\mathrm{d}x - \omega_z\mathrm{d}y + \varepsilon_{xy}\mathrm{d}y + \omega_y\mathrm{d}z + \varepsilon_{xz}\mathrm{d}z$$

同理可写出其余两个速度分量的表达式。因此，M 点的速度可以表达为

$$\left.\begin{aligned} u_x &= u_{x0} - \omega_z\mathrm{d}y + \omega_y\mathrm{d}z + \varepsilon_{xx}\mathrm{d}x + \varepsilon_{xy}\mathrm{d}y + \varepsilon_{xz}\mathrm{d}z \\ u_y &= u_{y0} - \omega_x\mathrm{d}z + \omega_z\mathrm{d}x + \varepsilon_{yy}\mathrm{d}y + \varepsilon_{yz}\mathrm{d}z + \varepsilon_{yx}\mathrm{d}x \\ u_z &= u_{z0} - \omega_y\mathrm{d}x + \omega_x\mathrm{d}y + \varepsilon_{zz}\mathrm{d}z + \varepsilon_{zx}\mathrm{d}x + \varepsilon_{zy}\mathrm{d}y \end{aligned}\right\} \tag{7-4}$$

上列三式中，右边第一项为平移速度，第二、三项是微团的旋转运动所产生的速度增量，第四项和第五、六项分别为线变形运动和角变形运动所引起的速度增量。可见，流体微团的运动可以分解为平移运动、旋转运动、线变形运动和角变形运动之和。这就是亥姆霍兹速度分解定理。

亥姆霍兹速度分解定理对于分析流体运动具有重要意义。正是由于将旋转运动从复杂的流体运动中分离出来，才使我们有可能将流体的运动划分成有旋流动和无旋流动，从而对它们分别进行研究。而将变形运动从复杂的流体运动中分离出来，则使我们有可能将流体的变形速度与流体的应力联系起来，为黏性流体运动规律的研究奠定了基础。

【例 7-1】已知流速分布（1）$u_x = -ky$，$u_y = kx$，$u_z = 0$；（2）$u_x = -\dfrac{y}{x^2+y^2}$，$u_y = \dfrac{x}{x^2+y^2}$，$u_z = 0$。求旋转角速度、线变形速度和角变形速度。

【解】（1）当 $u_x = -ky$，$u_y = kx$，$u_z = 0$ 时，有

$$\frac{\partial u_x}{\partial y} = -k,\quad \frac{\partial u_y}{\partial x} = k$$
$$\omega_z = \frac{1}{2}(k+k) = k \quad \omega_y = \omega_x = 0$$
$$\varepsilon_{xy} = \frac{1}{2}(k-k) = 0 \quad \varepsilon_{zx} = \varepsilon_{yz} = 0$$
$$\varepsilon_{xx} = \varepsilon_{yy} = \varepsilon_{zz} = 0$$

（2）当 $u_x = -\dfrac{y}{x^2+y^2}, u_y = \dfrac{x}{x^2+y^2}, u_z = 0$ 时，有

$$\frac{\partial u_x}{\partial y} = \frac{y^2-x^2}{(x^2+y^2)^2}, \frac{\partial u_y}{\partial x} = \frac{y^2-x^2}{(x^2+y^2)^2}$$
$$\omega_z = 0, \omega_y = \omega_x = 0$$

$$\varepsilon_{xy}=\frac{y^2-x^2}{(x^2+y^2)^2}\quad \varepsilon_{zy}=\varepsilon_{zx}=0$$

$$\varepsilon_{xx}=\frac{2xy}{(x^2+y^2)^2}\quad \varepsilon_{yy}=-\frac{2xy}{(x^2+y^2)^2}\quad \varepsilon_{zz}=0$$

根据流体微团是否旋转，流体运动分为有旋流动和无旋流动，这一划分很重要，因为有旋流动和无旋流动的流动规律和处理方法有显著的不同。

判断流体是否有旋的充分必要条件是流场中各点的流体的旋转角速度是否为零。把 $\vec{\omega}=0$ 的流动称为无旋流动，反之，称为有旋流动。

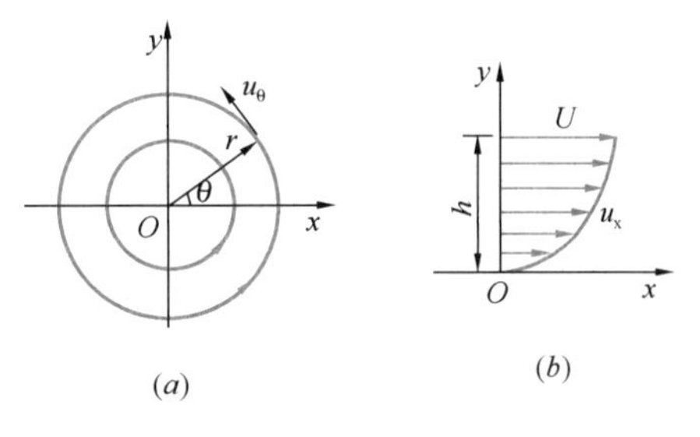

图 7-4 两种平面流动

需要强调的是，有旋流动和无旋流动的判别仅在于旋转角速度是否为零，不涉及流动是恒定还是非恒定，是均匀流还是非均匀流，也不涉及流线是直线还是曲线。事实上，通过下面的例题可知流线是圆周的平面流动：$u_r=0, u_\theta=k/r$，是无旋的；而流线是直线的平面流动：$u_x=\frac{U}{h}\left(2y-\frac{y^2}{h}\right), u_y=0$，是有旋的（见图 7-4）。

【例 7-2】已知平面流动的流速分布（1）$u_r=0$、$u_\theta=k/r$；（2）$u_x=\frac{U}{h}\left(2y-\frac{y^2}{h}\right)$，$u_y=0$。判断流动是否有旋。

【解】 xy 平面上的平面流动，必有 $\omega_x=0, \omega_y=0$

（1）流速分布 $u_r=0$、$u_\theta=k/r$ 在直角坐标系中的表达为

$$u_x=\frac{-ky}{x^2+y^2}, u_y=\frac{kx}{x^2+y^2}$$

$$\frac{\partial u_x}{\partial y}=\frac{\partial u_y}{\partial x}=\frac{k(y^2-x^2)}{(y^2+x^2)^2}$$

可见 $\omega_z=0$，流动无旋。

（2）$\omega_z=\frac{1}{2}\left(\frac{\partial u_y}{\partial x}-\frac{\partial u_x}{\partial y}\right)=0-\frac{2U}{h}\left(1-\frac{y}{h}\right)\neq 0$

表明流动有旋。

7.2 应力和变形速度的关系

黏性流体在运动时，表面力不仅有法向应力，还有切向应力，黏性流体的表面力不垂直于作用面。黏性流体任意一点处应力的大小和方向与作用面的方位有关。我们把外法线方向为 $\vec{n}$ 的作用面上的应力在三个正交方向上投影，其分量表示为（$\tau_{nx}, \tau_{ny}, \tau_{nz}$）。应力符号的第一个脚标表示作用面的外法线方向，第二个脚标表示应力方向。因此，如图 7-5 所示，外法线方向 $\vec{n}$ 沿 x 轴正方向的微元面上的表面力对应的应力分量表示为（$p_{xx}, \tau_{xy}, \tau_{xz}$）。可以证明，流场内任一点的应力状况（如图

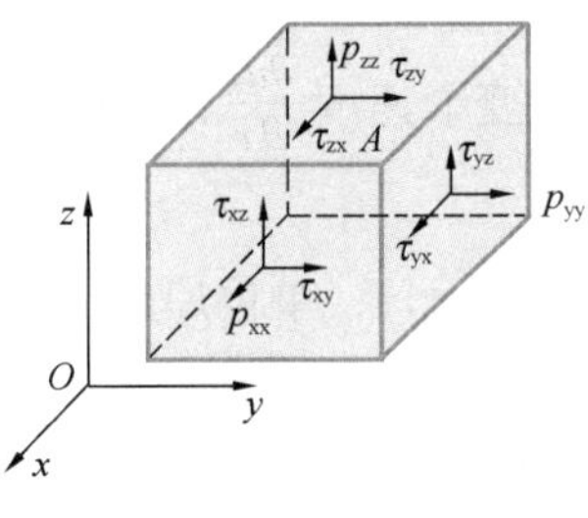

图 7-5 流体中一点的应力

7-5 中的 A 点）在任一方向上的应力，都可用通过该点在三个正交方向上，即作用在该点的三个相互垂直的微元面上的九个应力分量来表示。

$$
\begin{matrix}
p_{xx} & \tau_{xy} & \tau_{xz} \\
\tau_{yx} & p_{yy} & \tau_{yz} \\
\tau_{zx} & \tau_{zy} & p_{zz}
\end{matrix}
$$

在第 1 章已介绍了牛顿内摩擦定律，即

$$\tau=\mu\frac{\mathrm{d}u}{\mathrm{d}y}$$

式中，$\frac{\mathrm{d}u}{\mathrm{d}y}$为流速梯度，第 1 章中已讨论，流速梯度就是直角变形速度，即

$$\frac{\mathrm{d}u}{\mathrm{d}y}=\frac{\mathrm{d}\theta}{\mathrm{d}t}$$

所以牛顿内摩擦定律也可写为

$$\tau=\mu\frac{\mathrm{d}\theta}{\mathrm{d}t}$$

这一结论也可推广到三元流动。在讨论流体微团运动时，已经给出了角变形速度的表达式，$\frac{\mathrm{d}\theta}{\mathrm{d}t}$是直角变形速度，它是角变形速度的 2 倍，在 xoy 平面上有

$$\frac{\mathrm{d}\theta}{\mathrm{d}t}=2\varepsilon_{xy}=\frac{\partial u_x}{\partial y}+\frac{\partial u_y}{\partial x}$$

因此，对于三元流动的牛顿内摩擦定律，可以写成如下形式

$$
\left.
\begin{aligned}
\tau_{xy}=\tau_{yx}=\mu\left(\frac{\partial u_x}{\partial y}+\frac{\partial u_y}{\partial x}\right)\\
\tau_{zx}=\tau_{xz}=\mu\left(\frac{\partial u_z}{\partial x}+\frac{\partial u_x}{\partial z}\right)\\
\tau_{zy}=\tau_{yz}=\mu\left(\frac{\partial u_z}{\partial y}+\frac{\partial u_y}{\partial z}\right)
\end{aligned}
\right\} \tag{7-5}
$$

这里两个相互垂直面上的切应力互等很自然，因为它们的角变形速度相同。

在理想流体中，同一点各方向的法向应力相等，即 $p_{xx}=p_{yy}=p_{zz}=-p$，$p\geqslant0$。在黏性流体中，黏性不仅产生与切应力有关的角变形速度，而且使线变形速度$\frac{\partial u_x}{\partial x}$、$\frac{\partial u_y}{\partial y}$、$\frac{\partial u_z}{\partial z}$产生附加的法向应力，使一点的法向应力与作用面方位有关。

为什么线变形速度能产生附加的法向应力呢？可以取边长 $\mathrm{d}x=\mathrm{d}y$、单位厚度的方形流体微团来加以论证。为了简化论证步骤，可以对每一个线变形速度单独考虑，然后叠加。设微团只有沿 x、y 方向的线变形，因而在 AB 和 AD 面上只有法向应力作用。现在先考虑方块微团只有 x 方向的伸长变形。

微团在 x 方向做伸长变形时，BC 伸长为 BC'，而对角线 AC 旋转至 AC'，使 θ（$=45°$）产生角变形 $\mathrm{d}\theta$，黏性流体角变形与切应力相联系，因而必然在 AC 面上产生切应力 τ_n，如图 7-6 所示。这样线变形速度 $\frac{\partial u_x}{\partial x}$ 产生的 τ_n 必然由其他附加力加以平衡（图中的 τ_{xx} 和 p_n。在 AB 面上不会有附加切应力，否则 AB 就要旋转），这就是 AB 面上产生附加法向应力 τ_{xx} 的由来。

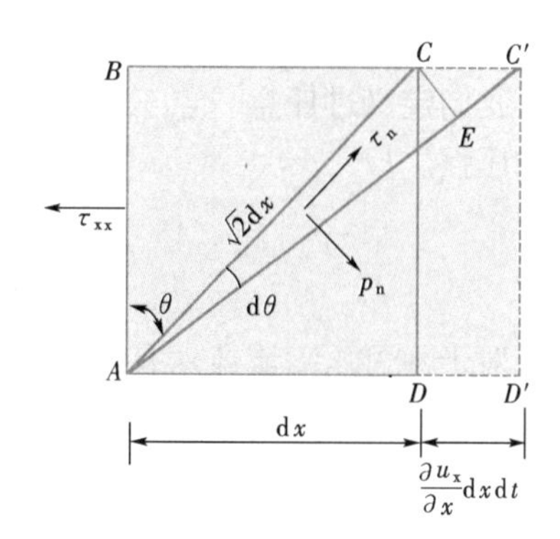

图 7-6 线变形速度产生附加法向应力

列 τ_n 方向力的平衡方程，得

$$\tau_{xx}\mathrm{d}x\cos45°=\tau_n\sqrt{2}\mathrm{d}x$$

因此

$$\tau_{xx}=2\tau_n \tag{7-6}$$

现在分析 τ_n 的大小。作 CE 垂直于 AC'，因为 $\mathrm{d}\theta$ 很小，可认为$\angle AC'B\approx45°$，则

$$\mathrm{d}\theta\approx\sin\mathrm{d}\theta=\frac{\overline{CE}}{\overline{AC}}=\frac{\overline{CC'}\sin45°}{\sqrt{2}\mathrm{d}x}$$

式中，$\overline{CC'}=\frac{\partial u_x}{\partial x}\mathrm{d}x\mathrm{d}t$，代入并化简后可得

$$\frac{\mathrm{d}\theta}{\mathrm{d}t}=\frac{1}{2}\frac{\partial u_x}{\partial x}$$

由于 $\mathrm{d}\theta$ 是 45°角的角变形速度，直角变形速度应是它的两倍，因此，有

$$\tau_n=2\mu\frac{\mathrm{d}\theta}{\mathrm{d}t}=\mu\frac{\partial u_x}{\partial x}$$

代入式（7-6），则可得附加法向应力和线变形速度的关系为

同理

$$\left.\begin{aligned}\tau_{xx}&=2\mu\frac{\partial u_x}{\partial x}\\\tau_{yy}&=2\mu\frac{\partial u_y}{\partial y}\\\tau_{zz}&=2\mu\frac{\partial u_z}{\partial z}\end{aligned}\right\} \tag{7-7}$$

线变形运动使法向应力随伸长变形而减小。于是

$$\left.\begin{aligned}p_{xx}&=-p_t+2\mu\frac{\partial u_x}{\partial x}\\p_{yy}&=-p_t+2\mu\frac{\partial u_y}{\partial y}\\p_{zz}&=-p_t+2\mu\frac{\partial u_z}{\partial z}\end{aligned}\right\} \tag{7-8}$$

这就是黏性流体法向应力和线变形速度的关系。式中，p_t 为理想流体的压强，$p_t\geqslant0$，它

的大小与作用面方位无关。在黏性流体中，任意一点三个相互垂直方向的法向应力一般不等，我们定义过任意一点三个互相垂直方向上的法向应力的平均值的负值为黏性流体在该点的压强。

$$p=-\frac{1}{3}(p_{xx}+p_{yy}+p_{zz})=p_t-\frac{2}{3}\mu\left(\frac{\partial u_x}{\partial x}+\frac{\partial u_y}{\partial y}+\frac{\partial u_z}{\partial z}\right) \tag{7-9}$$

对于不可压缩流体，有

$$\frac{\partial u_x}{\partial x}+\frac{\partial u_y}{\partial y}+\frac{\partial u_z}{\partial z}=0$$

因此 $p=p_t$

对于可压缩流体来说，$\left(\frac{\partial u_x}{\partial x}+\frac{\partial u_y}{\partial y}+\frac{\partial u_z}{\partial z}\right)$是表征质点的体积膨胀率，显然，它与坐标选择无关，因而压强 p 是空间坐标的函数，与方向无关。

将式（7-9）代入式（7-8），消去 p_t 即可得

$$\left.\begin{aligned}p_{xx}&=-p+2\mu\frac{\partial u_x}{\partial x}-\frac{2}{3}\mu\left(\frac{\partial u_x}{\partial x}+\frac{\partial u_y}{\partial y}+\frac{\partial u_z}{\partial z}\right)\\p_{yy}&=-p+2\mu\frac{\partial u_y}{\partial y}-\frac{2}{3}\mu\left(\frac{\partial u_x}{\partial x}+\frac{\partial u_y}{\partial y}+\frac{\partial u_z}{\partial z}\right)\\p_{zz}&=-p+2\mu\frac{\partial u_z}{\partial z}-\frac{2}{3}\mu\left(\frac{\partial u_x}{\partial x}+\frac{\partial u_y}{\partial y}+\frac{\partial u_z}{\partial z}\right)\end{aligned}\right\} \tag{7-10}$$

式（7-5）和式（7-10）统称为广义牛顿内摩擦定律。

对于均匀流，设 $u_x=u(y, z)$，$u_y=u_z=0$，流速沿流线是常数，故

$$\frac{\partial u_x}{\partial x}=\frac{\partial u_y}{\partial y}=\frac{\partial u_z}{\partial z}=0$$

则由式（7-8）可得

$$p_{xx}=p_{yy}=p_{zz}=-p_t$$

这说明黏性流体均匀流动时，任意一点平行于水流方向的法向应力 p_{xx} 与垂直于水流方向的法向应力 p_{yy} 和 p_{zz} 相等。但这里 x、y、z 方向不是任意选取，所以不能说法向应力与作用面的方向无关。

了解以上这些结论，对于压强的量测和流体力学问题的分析是有益的。

7.3　不可压缩流体连续性微分方程

采用和一元流连续性方程类似的推导方法，三元流连续性微分方程的推导，是在流场中选取边长为 dx、dy、dz 的正六面体微元控制体，写出流出和流入该空间的质量流量平衡条件（图 7-7）。由于流体不可压缩，质量流量平衡条件可用体积流量平衡条件来代替，即在 dt 时间内流出和流入微元控制体的净流体体积为零。

设控制体中心点的坐标为 x、y、z，中心点的速度为 u_x、u_y、u_z，则控制体左侧面中心点沿 x 方向的流速为 $u_x-\frac{\partial u_x}{\partial x}\cdot\frac{dx}{2}$，右侧面中心点沿 x 方向的流速为 $u_x+\frac{\partial u_x}{\partial x}\cdot\frac{dx}{2}$。因而，在 dt 时间内，沿 x 方向流出和流入微元控制体的净流体体积为

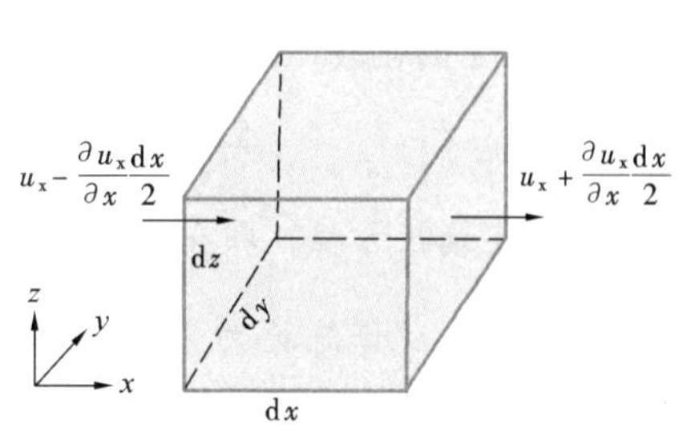

图 7-7 微元控制体的流量平衡

$$\left(u_x+\frac{\partial u_x}{\partial x}\cdot\frac{dx}{2}\right)dydzdt-\left(u_x-\frac{\partial u_x}{\partial x}\cdot\frac{dx}{2}\right)dydzdt$$

$$=\frac{\partial u_x}{\partial x}dxdydzdt$$

同理，在 dt 时间内沿 y、z 方向流出和流入微元控制体的净流体体积分别为

$$\frac{\partial u_y}{\partial y}dxdydzdt$$

$$\frac{\partial u_z}{\partial z}dxdydzdt$$

根据不可压缩流体连续性条件，dt 时间内沿 x、y、z 方向流出和流入微元控制体的净流体体积之和应为零，即

$$\left(\frac{\partial u_x}{\partial x}+\frac{\partial u_y}{\partial y}+\frac{\partial u_z}{\partial z}\right)dxdydzdt=0$$

因而

$$\frac{\partial u_x}{\partial x}+\frac{\partial u_y}{\partial y}+\frac{\partial u_z}{\partial z}=0 \tag{7-11}$$

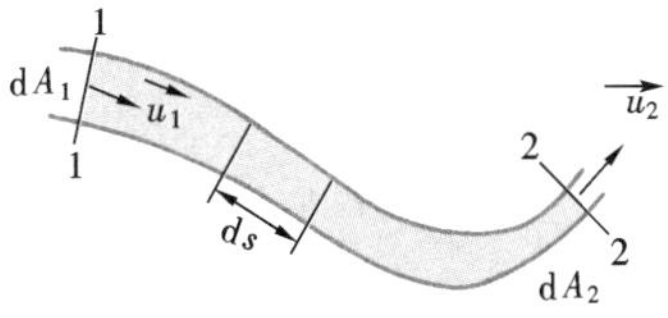

这就是不可压缩流体的连续性微分方程。这个方程对恒定流和非恒定流都适用。

图 7-8 微小流束的流量平衡

对于如图 7-8 所示的一元流动，单位时间内流进和流出微小段 ds 内的流体体积之和为

$$udA-\left(u+\frac{\partial u}{\partial s}\cdot ds\right)\cdot\left(dA+\frac{\partial(dA)}{\partial s}\cdot ds\right)=0$$

略去高阶微项后，上式简化为

$$\frac{\partial(udA)}{\partial s}=0$$

因此得

$$udA=\text{常量} \tag{7-12}$$

或写为

$$u_1dA_1=u_2dA_2$$

上式即为一元流动的连续性方程式（3-15）。

【例 7-3】 管中流体做均匀流动，是否满足连续性方程。

【解】 管中流体做均匀流动，$u_y=u_z=0$，沿 x 方向流速不变，说明 u_x 与 x 无关，它

只能是 y、z 的函数，$u_x=f(y,z)$，则

$$\frac{\partial u_x}{\partial x}+\frac{\partial u_y}{\partial y}+\frac{\partial u_z}{\partial z}=\frac{\partial f(y,z)}{\partial x}+0+0=0$$

因此满足连续性方程。即在均匀流条件下，不管断面流速如何分布，均满足连续性条件。

【例 7-4】试证流速为（1）$u_x=-ky$，$u_y=kx$，$u_z=0$；（2）$u_x=-\frac{y}{x^2+y^2}$，$u_y=\frac{x}{x^2+y^2}$，$u_z=0$ 的流动满足连续性条件。

【解】

（1）$u_x=-ky, u_y=kx, u_z=0$

因

$$\frac{\partial u_x}{\partial x}=0,\frac{\partial u_y}{\partial y}=0,\frac{\partial u_z}{\partial z}=0$$

则

$$\frac{\partial u_x}{\partial x}+\frac{\partial u_y}{\partial y}+\frac{\partial u_z}{\partial z}=0$$

（2）$u_x=-\frac{y}{x^2+y^2}, u_y=\frac{x}{x^2+y^2}, u_z=0$

$$\frac{\partial u_x}{\partial x}=\frac{2xy}{(x^2+y^2)^2},\frac{\partial u_y}{\partial y}=\frac{-2xy}{(x^2+y^2)^2}$$

则

$$\frac{\partial u_x}{\partial x}+\frac{\partial u_y}{\partial y}+\frac{\partial u_z}{\partial z}=0$$

两种流动均满足连续性条件。

在某些流体力学问题中，主要是旋转运动的分析中，采用圆柱坐标的形式更为方便。用相似于直角坐标系下的推导方法，可得不可压缩流体圆柱坐标形式下的连续性方程，其方程为

$$\frac{u_r}{r}+\frac{\partial u_r}{\partial r}+\frac{1}{r}\frac{\partial u_\theta}{\partial \theta}+\frac{\partial u_z}{\partial z}=0 \tag{7-13}$$

【例 7-5】将例 7-4 中的流速函数（1）$u_x=-ky$，$u_y=kx$，$u_z=0$；（2）$u_x=-\frac{y}{x^2+y^2}$，$u_y=\frac{x}{x^2+y^2}$，$u_z=0$ 写为圆柱坐标的形式，并检查是否满足连续性条件。

【解】直角坐标和圆柱坐标的相互换算关系，参见图 7-9，以下列诸式表达为

$$x=r\cos\theta, y=r\sin\theta$$

$$u_x=u_r\cos\theta-u_\theta\sin\theta$$

$$u_y=u_r\sin\theta+u_\theta\cos\theta$$

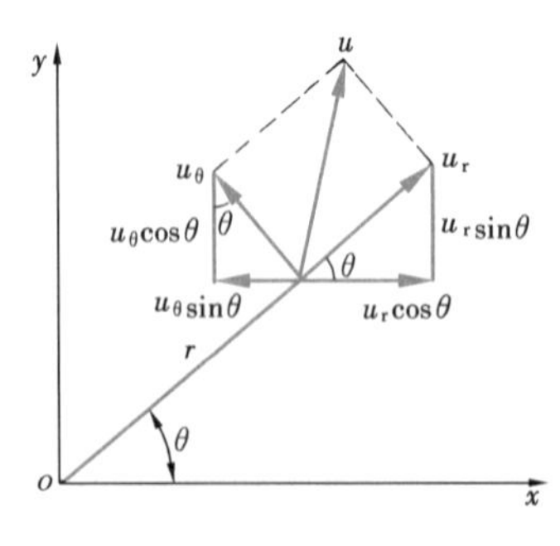

图 7-9 直角坐标和柱面坐标关系式

（1）代入 $u_x=-ky$，$u_y=kx$，$u_z=0$，有

$$u_r\cos\theta-u_\theta\sin\theta=-kr\sin\theta$$

$$u_r\sin\theta+u_\theta\cos\theta=kr\cos\theta$$

简化得出

$$u_\theta=kr, u_r=0$$

代入连续性方程（7-13），得

$$\frac{1}{r}\frac{\partial u_\theta}{\partial \theta}=\frac{1}{r}\frac{\partial u(kr)}{\partial \theta}=0$$

满足连续性方程。

（2）代入 $u_x=-\dfrac{y}{x^2+y^2}$，$u_y=\dfrac{x}{x^2+y^2}$，$u_z=0$，有

$$u_r\cos\theta-u_\theta\sin\theta=-\frac{\sin\theta}{r}$$

$$u_r\sin\theta+u_\theta\cos\theta=\frac{\cos\theta}{r}$$

简化得出

$$u_\theta=\frac{1}{r},\ u_r=0,\ u_z=0$$

代入连续性方程（7-13），得

$$\frac{1}{r}\frac{\partial u_\theta}{\partial \theta}=\frac{1}{r}\frac{\partial}{\partial \theta}\left(\frac{1}{r}\right)=0$$

同样满足连续性方程。

7.4　不可压缩流体运动微分方程

在黏性流体中取一边长为 dx、dy、dz 的微元长方体为控制体，见图 7-10。各表面应力的方向如图所示。为清晰起见，其中两个面上的应力符号未标，读者可自行写出。应注意的是各应力的值均为代数值，正值表示应力沿相应坐标轴的正向，反之亦然。由于流体不能承受拉力，因此 p_{xx}、p_{yy}、p_{zz}必为负值。由牛顿第二定律，x 方向的运动微分方程为

$$\rho X\mathrm{d}x\mathrm{d}y\mathrm{d}z+p_{xx}\mathrm{d}y\mathrm{d}z+\left[-\left(p_{xx}-\frac{\partial p_{xx}}{\partial x}\mathrm{d}x\right)\mathrm{d}y\mathrm{d}z\right]+\tau_{yx}\mathrm{d}x\mathrm{d}z+\left[-\left(\tau_{yx}-\frac{\partial \tau_{yx}}{\partial y}\mathrm{d}y\right)\mathrm{d}x\mathrm{d}z\right]$$
$$+\tau_{zx}\mathrm{d}x\mathrm{d}y+\left[-\left(\tau_{zx}-\frac{\partial \tau_{zx}}{\partial z}\mathrm{d}z\right)\mathrm{d}x\mathrm{d}y\right]=\rho\mathrm{d}x\mathrm{d}y\mathrm{d}z\frac{\mathrm{d}u_x}{\mathrm{d}t}$$

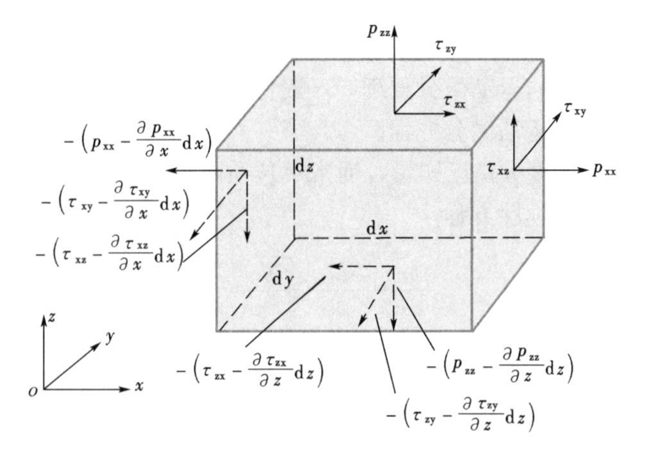

图 7-10　表面应力示意

化简后，得

$$X+\frac{1}{\rho}\frac{\partial p_{xx}}{\partial x}+\frac{1}{\rho}\left(\frac{\partial \tau_{yx}}{\partial y}+\frac{\partial \tau_{zx}}{\partial z}\right)=\frac{du_x}{dt}$$

同理可得

$$\left.\begin{aligned}&Y+\frac{1}{\rho}\frac{\partial p_{yy}}{\partial y}+\frac{1}{\rho}\left(\frac{\partial \tau_{zy}}{\partial z}+\frac{\partial \tau_{xy}}{\partial x}\right)=\frac{du_y}{dt}\\&Z+\frac{1}{\rho}\frac{\partial p_{zz}}{\partial z}+\frac{1}{\rho}\left(\frac{\partial \tau_{xz}}{\partial x}+\frac{\partial \tau_{yz}}{\partial y}\right)=\frac{du_z}{dt}\end{aligned}\right\}\tag{7-14}$$

这就是以应力表示的黏性流体运动微分方程式。

将式（7-5）和式（7-10）代入式（7-14），就可将式（7-14）中的应力消去。以其第一式为例得

$$X+\frac{1}{\rho}\frac{\partial}{\partial x}\left[-p+2\mu\frac{\partial u_x}{\partial x}-\frac{2}{3}\mu\left(\frac{\partial u_x}{\partial x}+\frac{\partial u_y}{\partial y}+\frac{\partial u_z}{\partial z}\right)\right]+\frac{\mu}{\rho}\frac{\partial}{\partial y}\left(\frac{\partial u_x}{\partial y}+\frac{\partial u_y}{\partial x}\right)$$

$$+\frac{\mu}{\rho}\frac{\partial}{\partial z}\left(\frac{\partial u_z}{\partial x}+\frac{\partial u_x}{\partial z}\right)=\frac{du_x}{dt}$$

整理得

$$X-\frac{1}{\rho}\frac{\partial p}{\partial x}+\frac{\mu}{\rho}\left(\frac{\partial^2 u_x}{\partial x^2}+\frac{\partial^2 u_x}{\partial y^2}+\frac{\partial^2 u_x}{\partial z^2}\right)+\frac{1}{3}\frac{\mu}{\rho}\frac{\partial}{\partial x}\left(\frac{\partial u_x}{\partial x}+\frac{\partial u_y}{\partial y}+\frac{\partial u_z}{\partial z}\right)=\frac{du_x}{dt}$$

对于不可压缩流体$\frac{\partial u_x}{\partial x}+\frac{\partial u_y}{\partial y}+\frac{\partial u_z}{\partial z}=0$，代入得

同理可得

$$\left.\begin{aligned}&X-\frac{1}{\rho}\frac{\partial p}{\partial x}+\nu\left(\frac{\partial^2 u_x}{\partial x^2}+\frac{\partial^2 u_x}{\partial y^2}+\frac{\partial^2 u_x}{\partial z^2}\right)=\frac{du_x}{dt}\\&Y-\frac{1}{\rho}\frac{\partial p}{\partial y}+\nu\left(\frac{\partial^2 u_y}{\partial x^2}+\frac{\partial^2 u_y}{\partial y^2}+\frac{\partial^2 u_y}{\partial z^2}\right)=\frac{du_y}{dt}\\&Z-\frac{1}{\rho}\frac{\partial p}{\partial z}+\nu\left(\frac{\partial^2 u_z}{\partial x^2}+\frac{\partial^2 u_z}{\partial y^2}+\frac{\partial^2 u_z}{\partial z^2}\right)=\frac{du_z}{dt}\end{aligned}\right\}\tag{7-15}$$

这就是不可压缩黏性流体的运动微分方程，一般称为纳维-斯托克斯方程，简称 N-S 方程，是不可压缩流体最普遍的运动微分方程。

对于不可压缩流体密度 ρ 是已知量，通常单位质量力 X 、Y、Z 也是已知量，以上三式加上不可压缩流体的连续性方程

$$\frac{\partial u_x}{\partial x}+\frac{\partial u_y}{\partial y}+\frac{\partial u_z}{\partial z}=0$$

共四个方程，原则上可以求解方程组中的四个未知量：流速分量 u_x、u_y、u_z 和压强 p。求解速度分量和压强只需从连续性方程和运动方程出发，而不必与能量方程联立，这是不可压缩流体流动求解的一大特点。

由于速度是空间坐标 x、y、z 和时间 t 的函数，式（7-15）中的加速度项可以展开为

四项，例如

$$\frac{\mathrm{d}u_x}{\mathrm{d}t}=\frac{\partial u_x}{\partial t}+\frac{\partial u_x}{\partial x}\frac{\mathrm{d}x}{\mathrm{d}t}+\frac{\partial u_x}{\partial y}\frac{\mathrm{d}y}{\mathrm{d}t}+\frac{\partial u_x}{\partial z}\frac{\mathrm{d}z}{\mathrm{d}t}=\frac{\partial u_x}{\partial t}+u_x\frac{\partial u_x}{\partial x}+u_y\frac{\partial u_x}{\partial y}+u_z\frac{\partial u_x}{\partial z} \tag{7-16}$$

要注意的是在流速分量 u_x 对时间 t 求全微分时，指的是某一任取的流体质点的速度对时间的微分，因此就是加速度，此时 $u_x=u_x(x,y,z,t)=u_x[x(t),y(t),z(t),t]$。这种描述方法是拉格朗日法，故函数中的变量 x、y 和 z 指的是该质点在运动过程中的位置坐标，因此是时间 t 的函数，并非独立变量。而式（7-16）右端的四项中的各量又是独立变量 x、y、z 和 t 的函数，是欧拉描述方法。这样，式（7-16）就完成了对加速度分量 $\mathrm{d}u_x/\mathrm{d}t$ 的描述由拉格朗日法到欧拉法的转换。

式中右边第一项表示空间固定点的流速随时间的变化（对时间的偏导数），称为时变加速度或当地加速度，后三项表示固定质点的流速由于位置的变化而引起的速度变化，称为位变加速度。例如第二项 $u_x\frac{\partial u_x}{\partial x}$ 中，$\frac{\partial u_x}{\partial x}$ 表示在同一时刻由于在 x 方向上位置不同引起的单位长度上速度的变化，u_x 是流体质点在单位时间内 x 方向上的位置变化，因此两者乘积 $u_x\frac{\partial u_x}{\partial x}$ 表示流体质点的流速分量 u_x 在单位时间内单纯由于在 x 方向上的位移所产生的速度变化。

时变加速度和位变加速度之和又称为流速的随体导数。这种将随体导数（物理量对时间的全微商）分解成时变导数和位变导数的方法对流体质点所具有的物理量（矢量或标量）均适用。

这样，纳维-斯托克斯方程又可写成

$$\left.\begin{aligned}
&X-\frac{1}{\rho}\frac{\partial p}{\partial x}+\nu\left(\frac{\partial^2 u_x}{\partial x^2}+\frac{\partial^2 u_x}{\partial y^2}+\frac{\partial^2 u_x}{\partial z^2}\right)\\
&\quad=\frac{\partial u_x}{\partial t}+u_x\frac{\partial u_x}{\partial x}+u_y\frac{\partial u_x}{\partial y}+u_z\frac{\partial u_x}{\partial z}\\
&Y-\frac{1}{\rho}\frac{\partial p}{\partial y}+\nu\left(\frac{\partial^2 u_y}{\partial x^2}+\frac{\partial^2 u_y}{\partial y^2}+\frac{\partial^2 u_y}{\partial z^2}\right)\\
&\quad=\frac{\partial u_y}{\partial t}+u_x\frac{\partial u_y}{\partial x}+u_y\frac{\partial u_y}{\partial y}+u_z\frac{\partial u_y}{\partial z}\\
&Z-\frac{1}{\rho}\frac{\partial p}{\partial z}+\nu\left(\frac{\partial^2 u_z}{\partial x^2}+\frac{\partial^2 u_z}{\partial y^2}+\frac{\partial^2 u_z}{\partial z^2}\right)\\
&\quad=\frac{\partial u_z}{\partial t}+u_x\frac{\partial u_z}{\partial x}+u_y\frac{\partial u_z}{\partial y}+u_z\frac{\partial u_z}{\partial z}
\end{aligned}\right\} \tag{7-17}$$

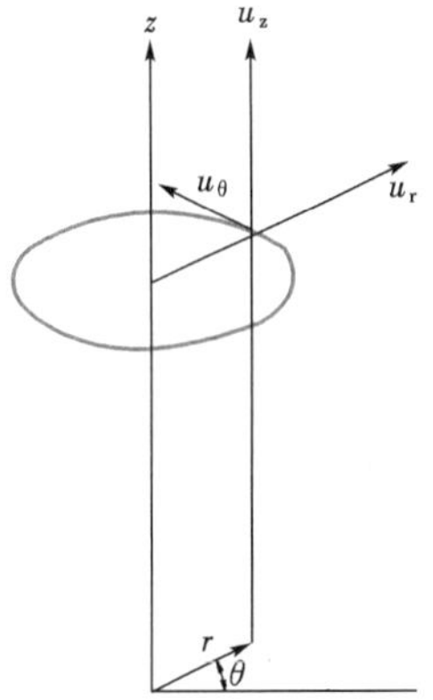

在求解许多实际问题时，用圆柱坐标系（r，θ，z）更为方便，现将圆柱坐标系（图 7-11）的纳维-斯托克斯方程列出如下，

图 7-11　圆柱坐标系

以便于应用。

$$
\left.\begin{aligned}
&F_{\mathrm{r}}-\frac{1}{\rho}\frac{\partial p}{\partial r}+\nu\left(\frac{\partial^2 u_{\mathrm{r}}}{\partial r^2}+\frac{1}{r}\frac{\partial u_{\mathrm{r}}}{\partial r}+\frac{u_{\mathrm{r}}}{r^2}+\frac{1}{r^2}\frac{\partial^2 u_{\mathrm{r}}}{\partial\theta^2}-\frac{2}{r^2}\frac{\partial u_\theta}{\partial\theta}+\frac{\partial^2 u_{\mathrm{r}}}{\partial z^2}\right)\\
&=\frac{\partial u_{\mathrm{r}}}{\partial t}+u_{\mathrm{r}}\frac{\partial u_{\mathrm{r}}}{\partial r}+\frac{u_\theta}{r}\frac{\partial u_{\mathrm{r}}}{\partial\theta}-\frac{u_\theta^2}{r}+u_{\mathrm{z}}\frac{\partial u_{\mathrm{r}}}{\partial z}\\
&F_\theta-\frac{1}{\rho r}\frac{\partial p}{\partial\theta}+\nu\left(\frac{\partial^2 u_\theta}{\partial r^2}+\frac{1}{r}\frac{\partial u_\theta}{\partial r}-\frac{u_\theta}{r^2}+\frac{1}{r^2}\frac{\partial^2 u_\theta}{\partial\theta^2}+\frac{2}{r^2}\frac{\partial u_{\mathrm{r}}}{\partial\theta}+\frac{\partial u_\theta}{\partial z^2}\right)\\
&=\frac{\partial u_\theta}{\partial t}+u_{\mathrm{r}}\frac{\partial u_\theta}{\partial r}+\frac{u_\theta}{r}\frac{\partial u_\theta}{\partial\theta}+\frac{u_{\mathrm{z}}u_\theta}{r}+u_{\mathrm{z}}\frac{\partial u_\theta}{\partial z}\\
&F_{\mathrm{z}}-\frac{1}{\rho}\frac{\partial p}{\partial z}+\nu\left(\frac{\partial^2 u_{\mathrm{z}}}{\partial r^2}+\frac{1}{r}\frac{\partial u_{\mathrm{z}}}{\partial r}+\frac{1}{r^2}\frac{\partial^2 u_{\mathrm{z}}}{\partial\theta^2}+\frac{\partial^2 u_{\mathrm{z}}}{\partial z^2}\right)\\
&=\frac{\partial u_{\mathrm{z}}}{\partial t}+u_{\mathrm{r}}\frac{\partial u_{\mathrm{z}}}{\partial r}+\frac{u_\theta}{r}\frac{\partial u_{\mathrm{z}}}{\partial\theta}+u_{\mathrm{z}}\frac{\partial u_{\mathrm{z}}}{\partial z}
\end{aligned}\right\}\qquad(7\text{-}18)
$$

式中，F_{r}、F_θ、F_{z} 为单位质量力在三个坐标轴（r、θ、z）的分量。不可压缩流体的连续性方程为式（7-13），即

$$\frac{\partial u_{\mathrm{r}}}{\partial r}+\frac{u_{\mathrm{r}}}{r}+\frac{1}{r}\frac{\partial u_\theta}{\partial\theta}+\frac{\partial u_{\mathrm{z}}}{\partial z}=0$$

圆柱坐标系下应力和变形速度的关系为

$$
\left.\begin{aligned}
&p_{\mathrm{rr}}=-p+2\mu\frac{\partial u_{\mathrm{r}}}{\partial r}\\
&p_{\theta\theta}=-p+2\mu\left(\frac{1}{r}\frac{\partial u_\theta}{\partial\theta}+\frac{u_{\mathrm{r}}}{r}\right)\\
&p_{\mathrm{zz}}=-p+2\mu\frac{\partial u_{\mathrm{z}}}{\partial z}\\
&\tau_{\mathrm{r}\theta}=\tau_{\theta\mathrm{r}}=\mu\left[r\frac{\partial}{\partial r}\left(\frac{u_\theta}{r}\right)+\frac{1}{r}\frac{\partial u_{\mathrm{r}}}{\partial\theta}\right]\\
&\tau_{\theta\mathrm{z}}=\tau_{\mathrm{z}\theta}=\mu\left(\frac{\partial u_\theta}{\partial z}+\frac{1}{r}\frac{\partial u_{\mathrm{z}}}{\partial\theta}\right)\\
&\tau_{\mathrm{zr}}=\tau_{\mathrm{rz}}=\mu\left(\frac{\partial u_{\mathrm{r}}}{\partial z}+\frac{\partial u_{\mathrm{z}}}{\partial r}\right)
\end{aligned}\right\}\qquad(7\text{-}19)
$$

7.5　流体流动的初始条件和边界条件

连续性方程和运动方程组成的流体运动基本方程还要加上初始条件和边界条件才能形成流体动力学定解问题。流体运动所遵循的基本方程是普遍的，因此流动的个性就体现在初始条件和边界条件上。

如何正确合理地给出初始条件和边界条件对于解的正确性和唯一性等尤为重要。但是初始条件和边界条件有赖于具体的流动，因此，我们仅介绍一般情况下，涉及较多的初始条件和边界条件。我们以黏性不可压缩流体流动为例。

初始条件是指方程组的解在初始时刻应满足的条件。在初始时刻 $t=t_0$，给出

$$\left.\begin{aligned}u_x(x, y, z, t_0)&=u_{x0}(x, y, z)\\u_y(x, y, z, t_0)&=u_{y0}(x, y, z)\\u_z(x, y, z, t_0)&=u_{z0}(x, y, z)\\p(x, y, z, t_0)&=p_0(x, y, z)\end{aligned}\right\} \tag{7-20}$$

式中，u_{x0}、u_{y0}、u_{z0}、p_0 均为已知函数，也就是给出初始时刻各物理量在流场内的分布。如果是恒定流动，就不必给出初始条件。

所谓边界条件是指在流场的边界上，方程组的解应满足的条件。边界主要包括固体壁面，两种流体介质的分界面（气—气，气—液，液—液）和出入口等。

在流动介质与固体接触面上，由于黏性，流体粘附在固壁上，因此，在固壁上流体的速度 $(u_x, u_y, u_z)_f$ 与固壁的运动速度 $(u_x, u_y, u_z)_w$ 应相等，即

$$(u_x, u_y, u_z)_f=(u_x, u_y, u_z)_w \tag{7-21}$$

若固壁静止，则

$$(u_x, u_y, u_z)_f=0$$

式（7-21）就是所谓的黏性流体的固壁无滑移条件，或称粘附条件。

实际的流体都具有黏性，但在研究某些流动时，可忽略黏性，将流体看成为无黏性的理想流体，此时固壁的边界条件则是

$$(u_x, u_y, u_z)_{fn}=(u_x, u_y, u_z)_{wn} \tag{7-22}$$

式中，下标 n 表示在固壁法向 n 上的分量。在固壁上，速度的切向分量不再相等，即允许流体与固壁间有相对滑移，无滑移条件不再满足。

如果在固壁上，流体有渗透作用，式（7-21）或式（7-22）均不成立，固壁处边界条件需重新改写。

不同液体的分界面，在一般情况下，分界面两侧液体的速度、压强保持连续，有

$$v_{f1}=v_{f2}, \quad p_{f1}=p_{f2}$$

式中，下标 1、2 分别表示分界面两侧的液体。

液体和蒸气的界面，在不考虑液面上饱和蒸气中的动量、热量和质量交换时，界面上的边界条件可写成

$$v_{n1}=-\frac{\partial \eta}{\partial t} \tag{7-23}$$

v_{n1} 是液体在平均液面垂直方向上的速度，η 是液面在垂直于平均液面方向上的高度，见图 7-12。等式表示液体在平均液面垂直方向上的速度等于液面的垂直波动速度。

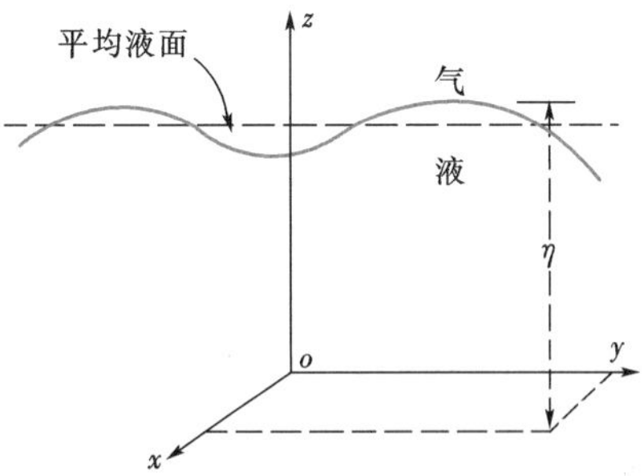

图 7-12　气液界面

自由液面，即液体与大气的分界面。如可忽略表面张力的影响，则液体在界面上的压强应与气体压强 p_0 相等，而切应力为零。即

$$p=p_0, \quad \tau=0 \tag{7-24}$$

这与理想流体的流动情况相仿。这是因为气体的密度和黏性大大地小于液体的相应值，因此由于惯性力和黏性力引起的应力变化和液体相比可忽略不计。

入口和出口的边界条件指的是入口和出口断面上的流速和压强的分布。例如管流和明渠流等的入口和出口断面上的流速和压强分布。

以上仅介绍了一般情况下，黏性不可压缩流体的部分常见的运动学和动力学边界条件。对于某些流动，尚需考虑自由面上表面张力的作用等，涉及温度场变化的，还需考虑温度的边界条件和初始条件。

7.6 不可压缩黏性流体紊流运动的基本方程及封闭条件

不可压缩黏性流体运动的基本方程式（7-11）和式（7-17）既适用于层流，也适用于紊流。对于紊流，方程中的各量应为瞬时值，用随机的瞬时值表示的基本方程来研究紊流运动非常困难，工程上常用取统计平均后得到的基本方程，来研究和解决工程紊流问题。

为简单起见，忽略质量力。将速度和压强的瞬时值分别用平均值和脉动值替代：

$$u_x=\bar{u}_x+u'_x,\quad u_y=\bar{u}_y+u'_y,\quad u_z=\bar{u}_z+u'_z,\quad p=\bar{p}+p'$$

将它们代入方程式（7-11）和式（7-17），且应用平均运算法则进行简化，就可得到忽略了质量力的不可压缩黏性流体紊流的连续性微分方程和运动微分方程。即

$$\frac{\partial \bar{u}_x}{\partial x}+\frac{\partial \bar{u}_y}{\partial y}+\frac{\partial \bar{u}_z}{\partial z}=0 \tag{7-25}$$

$$\left.\begin{aligned}
&\rho\left(\frac{\partial \bar{u}_x}{\partial t}+\bar{u}_x\frac{\partial \bar{u}_x}{\partial x}+\bar{u}_y\frac{\partial \bar{u}_x}{\partial y}+\bar{u}_z\frac{\partial \bar{u}_x}{\partial z}\right)=-\frac{\partial \bar{p}}{\partial x}+\mu\Delta\bar{u}_x\\
&\quad+\frac{\partial(-\rho\overline{u'^2_x})}{\partial x}+\frac{\partial(-\rho\overline{u'_x u'_y})}{\partial y}+\frac{\partial(-\rho\overline{u'_x u'_z})}{\partial z}\\
&\rho\left(\frac{\partial \bar{u}_y}{\partial t}+\bar{u}_x\frac{\partial \bar{u}_y}{\partial x}+\bar{u}_y\frac{\partial \bar{u}_y}{\partial y}+\bar{u}_z\frac{\partial \bar{u}_y}{\partial z}\right)=-\frac{\partial \bar{p}}{\partial y}+\mu\Delta\bar{u}_y\\
&\quad+\frac{\partial(-\rho\overline{u'_x u'_y})}{\partial x}+\frac{\partial(-\rho\overline{u'^2_y})}{\partial y}+\frac{\partial(-\rho\overline{u'_y u'_z})}{\partial z}\\
&\rho\left(\frac{\partial \bar{u}_z}{\partial t}+\bar{u}_x\frac{\partial \bar{u}_z}{\partial x}+\bar{u}_y\frac{\partial \bar{u}_z}{\partial y}+\bar{u}_z\frac{\partial \bar{u}_z}{\partial z}\right)=-\frac{\partial \bar{p}}{\partial z}+\mu\Delta\bar{u}_z\\
&\quad+\frac{\partial(-\rho\overline{u'_x u'_z})}{\partial x}+\frac{\partial(-\rho\overline{u'_y u'_z})}{\partial y}+\frac{\partial(-\rho\overline{u'^2_z})}{\partial z}
\end{aligned}\right\}\tag{7-26}$$

式中，$\Delta=\frac{\partial^2}{\partial x^2}+\frac{\partial^2}{\partial y^2}+\frac{\partial^2}{\partial z^2}$称为拉普拉斯算子。详细的推导可在相关的《流体力学》教材中找到。方程式（7-26）称为雷诺方程或紊流运动基本方程。

将式（7-26）与N-S方程式（7-17）相比较，前者除平均运动的黏性应力外，还多了由于紊流脉动所引起的应力。九个应力分量

$$\begin{matrix}
-\rho\overline{u'_x u'_x} & -\rho\overline{u'_x u'_y} & -\rho\overline{u'_x u'_z}\\
-\rho\overline{u'_y u'_x} & -\rho\overline{u'_y u'_y} & -\rho\overline{u'_y u'_z}
\end{matrix}$$

$$-\rho\overline{u_z' u_x'} \qquad -\rho\overline{u_z' u_y'} \qquad -\rho\overline{u_z' u_z'}$$

称为雷诺应力或紊流惯性应力。

方程（7-25）、方程组（7-26）不封闭，因为方程个数为四个，而未知函数有十个，即$\overline{u}_x$、$\overline{u}_y$、$\overline{u}_z$、$\overline{p}$及六个独立的雷诺应力分量。因此首先需要解决如何使未知量个数与方程个数相等的问题，当前常用的方法是对基本方程中的未知量作出假设或近似，即进行模化处理，形成封闭方程组，称之为紊流模型。目前广泛使用的是涡黏度类模型，包含有零方程模型、单方程模型、双方程模型等。根据普朗特混合长度理论所得出的雷诺应力方程属零方程模型，它已应用于管流、明渠流、射流和边界层等紊流流动。对紊流模型感兴趣的读者可参考有关书籍。

本章小结

本章主要阐述黏性不可压缩流体三元流动的基本方程组和定解条件。

1. 流体微团的运动有三种形式：平移、转动和变形。根据旋转角速度是否为零，流动分为无旋流动和有旋流动。广义牛顿公式（7-5）和式（7-10）表示了黏性流体变形运动与应力之间的关系，这为黏性流体运动规律的研究奠定了基础。

2. 微分形式的连续性方程和纳维-斯托克斯方程组成了黏性不可压缩流体运动的基本方程组，是求解流速和压强分布的基础。

3. 流体运动基本方程组加上初始条件和边界条件形成流体动力学的定解问题。流体运动所遵循的动力学方程相同，流动的个性取决于初始条件和边界条件。初始条件是对非恒定流动给定初始时刻流场的速度和压强分布；边界条件是指方程组的解在流场的边界上必须满足的运动学和动力学条件。

习　题

7-1　已知平面流场内的速度分布为 $u_x=x^2+xy$，$u_y=2xy^2+5y$。求在点（1，−1）处流体微团的线变形速度、角变形速度和旋转角速度。

7-2　已知有旋流动的速度场为 $u_x=2y+3z$，$u_y=2z+3x$，$u_z=2x+3y$。试求旋转角速度和角变形速度。

7-3　试确定下列各流场是否满足不可压缩流体的连续性条件？

（1）$u_x=kx$，$u_y=-ky$，$u_z=0$；

（2）$u_x=y+z$，$u_y=z+x$，$u_z=x+y$；

（3）$u_x=k(x^2+xy-y^2)$，$u_y=k(x^2+y^2)$，$u_z=0$；

（4）$u_x=k\sin xy$，$u_y=-k\sin xy$，$u_z=0$；

（5）$u_r=0$，$u_\theta=kr$，$u_z=0$；

（6）$u_r=-k/r$，$u_\theta=0$，$u_z=0$；

（7）$u_r=2r\sin\theta\cos\theta$，$u_\theta=-2r\sin^2\theta$，$u_z=0$。

7-4　已知流场的速度分布为 $u_x=x^2y$，$u_y=-3y$，$u_z=2z^2$。求（3，1，2）点上流体质点的加速度。

7-5　已知平面流场的速度分布为 $u_x=4t-\dfrac{2y}{x^2+y^2}$，$u_y=\dfrac{2x}{x^2+y^2}$。求 $t=0$ 时，在（1，1）点上流体质点的加速度。

第7章扩展阅读：
纳维-斯托克斯方程

部分习题答案

第 8 章　流体运动基本方程的求解

【要点提示】只有在极少数简单流动的情况下，N-S 方程才有解析解，解决这一困难的方法之一是抓住问题的主要方面，对方程作相应的简化，进行进一步的解析处理。方法之二是借助计算机求方程的近似解。本章主要围绕基本方程的求解方法，阐述无旋流动和大雷诺数绕流下的附面层流动，介绍解析求解的实例，以及数值求解方法。

不可压缩流体运动微分方程连同连续性微分方程组成不可压缩流体运动的基本方程组，加上初始条件和边界条件形成流体动力学定解问题。理论上，应用基本方程组可以求解速度分布和压力分布。但由于 N-S 方程是二阶非线性的偏微分方程，解析求解非常困难。只有在极少数简单流动的情况下，N-S 方程才有解析解，而绝大部分流动都不能直接对 N-S 方程解析求解。

解决上述困难的方法之一是抓住问题的主要方面，对方程作相应的简化，进行进一步的解析处理。忽略黏性，作为理想流体处理，或从流动的维数上作简化，都是常见的方法。如果流动是无旋流动，解析处理就有更多的便利条件。对于大雷诺数下的绕流可分成两个不同的流动区域：固壁附近的附面层区域和附面层区以外的区域。在附面层区以外的流动，可以忽略黏性的作用而近似地按理想流体的无旋流动处理；而对于附面层内的流动则必须考虑黏性的作用，但可以根据附面层内流动的特点，将 N-S 方程简化成附面层微分方程，这有利于对实际流动问题的求解。应该强调，各种简化都是在基本方程的基础上进行的，因此深入理想方程中各项的物理意义是非常重要的。解决困难的方法之二是借助计算机求方程的近似解。近似解也称为数值解，我们既可以直接对 N-S 方程求数值解，也可对简化后但仍无法求解析解的方程求数值解。

本章将围绕基本方程的求解方法，阐述无旋流动和大雷诺数绕流下的附面层流动，介绍解析求解的实例，以及数值求解方法。

8.1　无　旋　流　动

8.1.1　速度势函数

在 7.1 节中，将流场中各点旋转角速度等于零的运动，称为无旋流动。在无旋流动中，有

$$\omega_x=\frac{1}{2}\left(\frac{\partial u_z}{\partial y}-\frac{\partial u_y}{\partial z}\right)=0$$

$$\omega_y=\frac{1}{2}\left(\frac{\partial u_x}{\partial z}-\frac{\partial u_z}{\partial x}\right)=0$$

$$\omega_z=\frac{1}{2}\left(\frac{\partial u_y}{\partial x}-\frac{\partial u_x}{\partial y}\right)=0$$

因此，无旋流动的条件是

$$\left.\begin{aligned}\frac{\partial u_z}{\partial y}=\frac{\partial u_y}{\partial z}\\ \frac{\partial u_x}{\partial z}=\frac{\partial u_z}{\partial x}\\ \frac{\partial u_y}{\partial x}=\frac{\partial u_x}{\partial y}\end{aligned}\right\} \tag{8-1}$$

根据全微分理论，上列三等式是某空间位置函数φ（x，y，z）存在的必要和充分条件。它和速度分量u_x、u_y、u_z的关系表示为下列全微分的形式：

$$\mathrm{d}\varphi\ (x,\ y,\ z)\ =u_x\mathrm{d}x+u_y\mathrm{d}y+u_z\mathrm{d}z \tag{8-2}$$

函数φ称为速度势函数。存在着速度势函数的流动，称为有势流动，简称势流。无旋流动必然是有势流动。

展开势函数的全微分，有

$$\mathrm{d}\varphi=\frac{\partial\varphi}{\partial x}\mathrm{d}x+\frac{\partial\varphi}{\partial y}\mathrm{d}y+\frac{\partial\varphi}{\partial z}\mathrm{d}z$$

比较上两式的对应系数，得出

$$\left.\begin{aligned}u_x=\frac{\partial\varphi}{\partial x}\\ u_y=\frac{\partial\varphi}{\partial y}\\ u_z=\frac{\partial\varphi}{\partial z}\end{aligned}\right\} \tag{8-3}$$

即速度在三坐标上的投影，等于速度势函数对于相应坐标的偏导数。

事实上，通过速度势这个函数，不仅可以描述x、y、z三个方向的分速度，而且可以反映任意方向的分速度。根据方向导数的定义，函数φ在任一方向$\vec{s}$上的方向导数为

$$\begin{aligned}\frac{\partial\varphi}{\partial s}&=\frac{\partial\varphi}{\partial x}\cos\ (\vec{s},\ x)\ +\frac{\partial\varphi}{\partial y}\cos\ (\vec{s},\ y)\ +\frac{\partial\varphi}{\partial z}\cos\ (\vec{s},\ z)\\ &=u_x\cos\ (\vec{s},\ x)\ +u_y\cos\ (\vec{s},\ y)\ +u_z\cos\ (\vec{s},\ z)\end{aligned}$$

上式右边是速度$\vec{u}$的三个分量在$\vec{s}$上的投影之和，应等于$\vec{u}$在$\vec{s}$上的投影u_s，即

$$\frac{\partial\varphi}{\partial s}=u\cos\ (\vec{u},\ \vec{s})\ =u_s \tag{8-4}$$

即速度在某一方向的分量等于速度势函数对该方向上的偏导数。

存在着势函数的前提是流场内部不存在旋转角速度。一般只有理想流体的流动才可能存在无旋流动。而理想流体模型在实际中要根据黏滞力是否起显著作用来决定它的采用。工程上所考虑的流体主要是水和空气，它们的黏性很小，如果在流动过程中没有受到边壁摩擦的显著作用，就可以当作理想流体来考虑。

水流和气流总是从静止状态过渡到运动状态。当静止时，显然没有旋转角速度。根据有关理论，对于可按理想流体处理的水和空气的流动，从静止到运动，也应保持无旋状态。

例如，通风车间用抽风的方法使工作区出现风速，工作区的空气即从原有静止状态过

渡到运动状态，流动无旋。所以，一切吸风装置所形成的气流，可以按无旋流动处理。

相反，利用风管通过送风口向通风地区送风，空气受风道壁面的摩擦作用，流动在风道内有旋，流入通风地区后，又以较高的速度和静止空气发生摩擦，所以只能维持有旋，而不能按无旋处理。

飞机在静止空气中飞行时，静止空气原来无旋。飞机飞过时，空气受扰动而运动，仍应保持无旋。只有在紧靠机翼的近距离内，流体受固体壁面的阻碍作用，流动才有旋。

把式（8-3）代入不可压缩流体的连续性方程：

$$\frac{\partial u_x}{\partial x}+\frac{\partial u_y}{\partial y}+\frac{\partial u_z}{\partial z}=0$$

得

$$\frac{\partial^2 \varphi}{\partial x^2}+\frac{\partial^2 \varphi}{\partial y^2}+\frac{\partial^2 \varphi}{\partial z^2}=0 \tag{8-5}$$

上述方程称为拉普拉斯方程。满足拉普拉斯方程的函数称为调和函数。因此，不可压缩流体势流的速度势函数，是坐标（x，y，z）的调和函数，而拉普拉斯方程本身，就是不可压缩流体无旋流动的连续性方程。

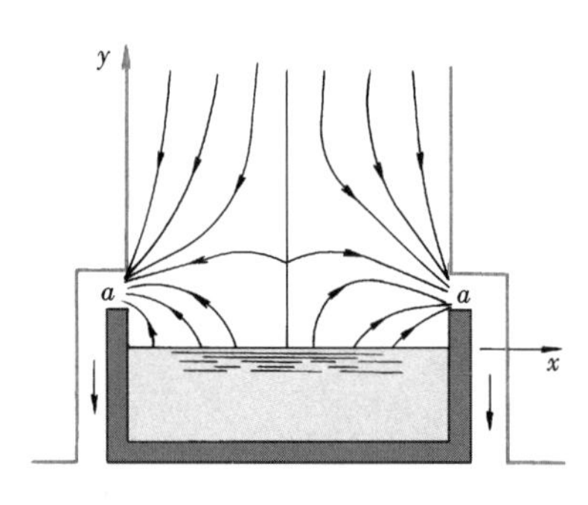

图 8-1　工业液槽边侧吸气

在流场中，某一方向（取作 z 轴方向）流速为零，$u_z=0$，而另两方向的流速 u_x、u_y 与上述坐标 z 无关的流动，称为平面流动。例如工业液槽的边侧吸气，沿长形液槽两边设置狭缝吸风口。气流由吸风口 a 吸出，在液槽上方造成 xy 平面上的速度场。沿长度方向，即垂直于纸面方向，流速为零，而且沿此方向取任一 xy 平面，它的速度场完全一致，这就是平面流动的具体例子（图 8-1）。

在不可压缩流体平面流动中，连续性方程简化为

$$\frac{\partial u_x}{\partial x}+\frac{\partial u_y}{\partial y}=0$$

而旋转角速度只有分量 ω_z，如果 ω_z 为零，则

$$\frac{\partial u_y}{\partial x}=\frac{\partial u_x}{\partial y} \tag{8-6}$$

为平面无旋流动。平面无旋流动的速度势函数为

$$\mathrm{d}\varphi=u_x\mathrm{d}x+u_y\mathrm{d}y \tag{8-7}$$

并满足拉普拉斯方程：

$$\frac{\partial^2 \varphi}{\partial x^2}+\frac{\partial^2 \varphi}{\partial y^2}=0 \tag{8-8}$$

由于某些问题采用极坐标比较方便，现将速度势函数写为极坐标 φ（r、θ）的形式。根据势函数的特征，沿 r 和 θ 方向的分速度等于势函数对相应方向的偏导数，即

$$\left.\begin{aligned} u_r&=\frac{\partial \varphi}{\partial r}\\ u_\theta&=\frac{1}{r}\frac{\partial \varphi}{\partial \theta}\end{aligned}\right\} \tag{8-9}$$

代入连续性方程式（7-13），取$\frac{\partial u_z}{\partial z}=0$，则

$$\frac{1}{r^2}\frac{\partial^2\varphi}{\partial\theta^2}+\frac{\partial^2\varphi}{\partial r^2}+\frac{1}{r}\frac{\partial\varphi}{\partial r}=0 \tag{8-10}$$

这就是极坐标中函数 φ 的拉普拉斯方程。

8.1.2 流函数

不可压缩流体平面流动的连续性方程为

$$\frac{\partial u_x}{\partial x}+\frac{\partial u_y}{\partial y}=0 \tag{8-11}$$

由式（8-11）可以定义一个函数 ψ，令

$$\left.\begin{aligned}u_x&=\frac{\partial\psi}{\partial y}\\u_y&=-\frac{\partial\psi}{\partial x}\end{aligned}\right\} \tag{8-12}$$

满足式（8-12）的函数 ψ 称为流函数。

一切不可压缩流体的平面流动，无论是有旋流动或是无旋流动都存在流函数，但是，只有无旋流动才存在势函数。所以，对于平面流动问题，流函数具有更普遍的性质，它是研究平面流动的一个重要工具。

在平面流动中，流线微分方程为

$$\frac{dx}{u_x}=\frac{dy}{u_y}$$

或

$$u_x dy-u_y dx=0 \tag{8-13}$$

沿流线

$$d\psi=\frac{\partial\psi}{\partial x}dx+\frac{\partial\psi}{\partial y}dy=u_x dy-u_y dx=0 \tag{8-14}$$

即

$$\psi=常数$$

上式表示，等流函数线即为流线。

若流函数用极坐标（r，θ）表示，则

$$\left.\begin{aligned}u_r&=\frac{1}{r}\frac{\partial\psi}{\partial\theta}\\u_\theta&=-\frac{\partial\psi}{\partial r}\end{aligned}\right\} \tag{8-15}$$

【例 8-1】已知平面流动的速度分布 $u_x=x^2-y^2, u_y=-2xy$。试判断流动（1）是否满足不可压缩流体平面流动的连续性方程；（2）是否有旋；（3）若流动存在速度势函数和流函数，试求速度势函数和流函数。

【解】（1）$\frac{\partial u_x}{\partial x}+\frac{\partial u_y}{\partial y}=2x-2x=0$，满足不可压缩流体平面流动的连续性方程，流动存在流函数。

（2）平面流动，必有 $\omega_x=0, \omega_y=0$

$\omega_z=\frac{1}{2}\left(\frac{\partial u_y}{\partial x}-\frac{\partial u_x}{\partial y}\right)=\frac{1}{2}(-2y+2y)=0$，流动无旋，存在速度势函数。

（3）速度势函数 $\varphi=\int d\varphi=\int u_x dx+u_y dy$

流函数 $\psi=\int \mathrm{d}\psi=\int u_{\mathrm{x}}\mathrm{d}y-u_{\mathrm{y}}\mathrm{d}x$

根据高等数学的知识，速度势函数和流函数的曲线积分与路径无关，因此可采用与坐标轴平行的折线把曲线积分转换成定积分。如

$$\varphi=\int \mathrm{d}\varphi=\int u_{\mathrm{x}}\mathrm{d}x+u_{\mathrm{y}}\mathrm{d}y=\int_{x_0}^{x} u_{\mathrm{x}}(x,y_0)\mathrm{d}x+\int_{y_0}^{y} u_{\mathrm{y}}(x,y)\mathrm{d}y$$

如果被积函数在坐标原点有定义，可取 (x_0,y_0) 为 $(0,0)$，则

$$\varphi=\int_0^x x^2\mathrm{d}x+\int_0^y -2xy\mathrm{d}y=\frac{1}{3}x^3-xy^2$$

同理

$$\psi=x^2y-\frac{1}{3}y^3$$

8.1.3　流网

令

$$\varphi(x,y)=c \tag{8-16}$$

给 c 以不同值，得出不同的势函数等值线，称为等势线。

等势线和流线的关系，对比两函数和流速分量的关系得出

$$u_{\mathrm{x}}=\frac{\partial\varphi}{\partial x}=\frac{\partial\psi}{\partial y}$$

$$u_{\mathrm{y}}=\frac{\partial\varphi}{\partial y}=-\frac{\partial\psi}{\partial x}$$

上两式说明平面势流的流函数和势函数互为共轭函数。将这两式交叉相乘得

$$\frac{\partial\psi}{\partial y}\cdot\frac{\partial\varphi}{\partial y}=-\frac{\partial\psi}{\partial x}\cdot\frac{\partial\varphi}{\partial x}$$

即

$$\frac{\partial\psi}{\partial y}\cdot\frac{\partial\varphi}{\partial y}+\frac{\partial\psi}{\partial x}\cdot\frac{\partial\varphi}{\partial x}=0$$

由高等数学可知，这是 $\varphi(x,y)=c$ 和 $\psi(x,y)=c$ 相互正交的条件，说明流线和等势线相互垂直。

将流函数偏导数表示的流速分量 u_{x}、u_{y} 代入无旋流条件式（8-6），得

$$\frac{\partial u_{\mathrm{x}}}{\partial y}=\frac{\partial u_{\mathrm{y}}}{\partial x}$$

其中

$$\frac{\partial u_{\mathrm{x}}}{\partial y}=\frac{\partial^2\psi}{\partial y^2}\qquad\frac{\partial u_{\mathrm{y}}}{\partial x}=-\frac{\partial^2\psi}{\partial x^2}$$

代入并移项，得出

$$\frac{\partial^2\psi}{\partial y^2}+\frac{\partial^2\psi}{\partial x^2}=0 \tag{8-17}$$

说明流函数满足拉普拉斯方程，也是调和函数。

由于流函数与势函数共同以流速相互联系，它们互为共轭调和函数，所以，若已知其中一个函数，即能求出另一个函数。

由于流线和等势线相互垂直，可对 $\psi(x,y)=c$ 的常数值 c 给以一系列等差数值：ψ_1，$\psi_1+\Delta\psi$，$\psi_1+2\Delta\psi$……并在流场中绘出相应的一系列流线。再对 $\varphi(x,y)=c$ 的常数值 c 给以另一系列等差数值：φ_1，$\varphi_1+\Delta\varphi$，$\varphi_1+2\Delta\varphi$……并绘入同一流场中，得出相应的一系列等

势线。由一簇等势线和一簇等流函数线构成的正交曲线网格，称之为流网。

在流网中，等势线簇的势函数值沿流线方向增大，而流线簇的流函数值则沿流线方向逆时针旋转 90°后所指的方向增加。

流网有下列性质：

（1）流线与等势线正交。

（2）相邻两流线的流函数值之差，是此两流线间的单宽流量。

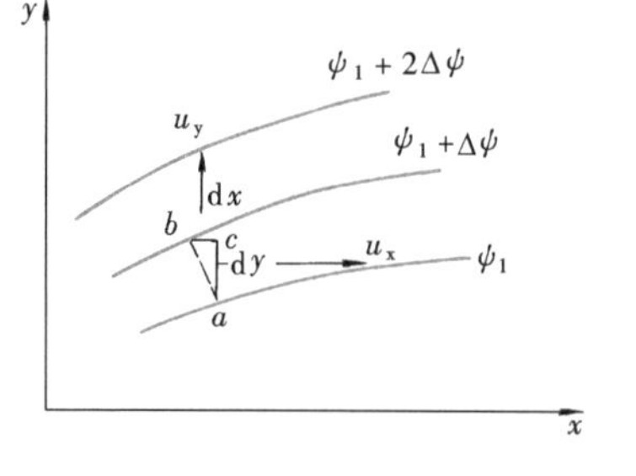

图 8-2　流函数差的流量意义

为了证明，在曲线 ψ_1 和 $\psi_1+\Delta\psi_1$ 上，沿等势线向 ψ 值增大的方向取 a、b 两点，求通过两点间的单宽流量。从图 8-2 可以看出，从 a 到 b 取 dx、dy，流速分量为 u_x、u_y，则单宽流量 dQ_V 应为通过 dx 的单宽流量 u_ydx 和通过 dy 的单宽流量 u_xdy 之和。但由 a 到 b，dx 为负值，而流量应为正值，所以，u_ydx 应冠以负号，即

$$dQ_V=u_xdy-u_ydx$$

与流函数的表达式（8-14）比较，得

$$dQ_V=d\psi$$

即两流线间的流函数差值，等于两流线间的单宽流量。流线簇既是按流函数差值相等绘出的，则任一相邻两流线间的流量相等。根据连续性方程，两流线间的流速和流线间距离成反比。流线愈密，流速愈大；流线愈疏，流速愈小。这样，流线簇不仅能表征流场的流速方向，也能表征流速的大小。

（3）流网中每一网格的相邻边长维持一定的比例。

设 dn 为两等势线间的网格边长，则它在 x、y 方向的投影为

$$dx=dn\cos\theta$$

$$dy=dn\sin\theta$$

又因为 dn 是流速的方向，所以

$$u_x=u\cos\theta$$

$$u_y=u\sin\theta$$

则 $d\varphi=u_xdx+u_ydy=udn\ (\sin^2\theta+\cos^2\theta)\ =udn$

设 dm 为两流线间的网格边长，则按图 8-3，有

$$dx=-dm\sin\theta$$

$$dy=dm\cos\theta$$

由于

$$d\psi=u_xdy-u_ydx$$

代入 u_y、u_x 式，有

$$d\psi=udm\ (\cos^2\theta+\sin^2\theta)\ =udm$$

则

$$\frac{d\varphi}{d\psi}=\frac{dn}{dm}$$

因为$\frac{d\varphi}{d\psi}$对任一网格都保持常数，所以$\frac{dn}{dm}$也保持定值。如取$\frac{d\varphi}{d\psi}=1$，则每一网格成曲线正方形。

图 8-4 为闸门下出流的流网。

对于不可压缩流体的势流问题，流体运动的基本方程组可进行重大的简化。首先，速度势函数满足拉普拉斯方程（8-5）；其次，对于理想不可压缩流体在重力作用下的恒定有势流动，通过 N-S 方程积分可得

$$Z+\frac{p}{\rho g}+\frac{u^2}{2g}=C \tag{8-18}$$

于是问题转化为：先解拉普拉斯方程求出速度势函数 φ，由此可得速度分量，再由式(8-18)求压力 p。方程和未知量的个数由四个变为两个，而且 φ 和 p 可以分别求解。平面不可压缩流体的势流问题还存在流函数 ψ，它和速度势函数组成一对共轭调和函数，问题可以得到进一步简化。

平面势流问题可以归结于求拉普拉斯方程的边值问题。在合适的边界条件下解是唯一的。

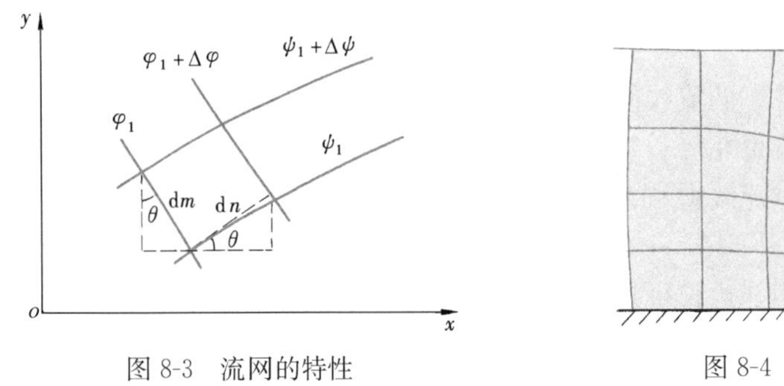

图 8-3　流网的特性

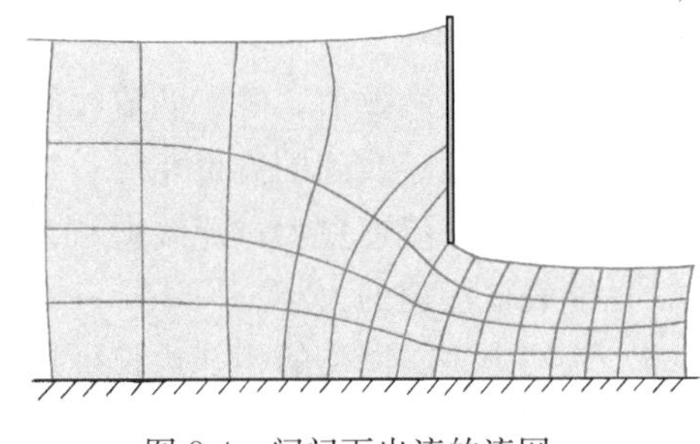

图 8-4　闸门下出流的流网

8.2　平面无旋流动

8.2.1　几种基本的平面无旋流动

（1）均匀直线流动

在均匀直线流动中，流速及其在 x、y 方向上的分速度保持为常数，即

$$u_x=a,\quad u_y=b$$

则存在着势函数 φ：

$$d\varphi=u_x dx+u_y dy=a dx+b dy$$

$$\varphi=\int a dx+b dy=ax+by \tag{8-19}$$

流函数根据

$$d\psi=u_x dy-u_y dx=a dy-b dx$$

得

$$\psi=ay-bx \tag{8-20}$$

当流动平行于 y 轴，$u_x=0$，则

$$\varphi=by,\quad \psi=-bx \tag{8-21}$$

当流动平行于 x 轴，$u_y=0$，则

$$\varphi=ax，\psi=ay \tag{8-22}$$

变为极坐标方程，代入 $x=r\cos\theta$，$y=r\sin\theta$，则式（8-22）变为

$$\left.\begin{aligned}\varphi&=ar\cos\theta\\ \psi&=ar\sin\theta\end{aligned}\right\} \tag{8-23}$$

（2）源流和汇流

设想流体从通过 O 点垂直于平面的直线，沿径向 r 均匀地四散流出，这种流动称为源流（图 8-5）。O 点为源点。垂直单位长度所流出的流量为 Q_V，Q_V 称为源流强度。连续性条件要求，流经任一半径 r 的圆周的流量 Q_V 不变，则径向流速 u_r 等于流量 Q_V 除以周长 $2\pi r$。即

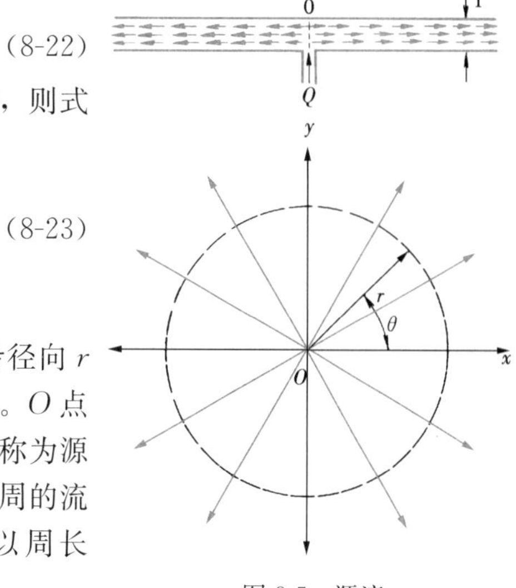

图 8-5 源流

$$u_r=\frac{Q_V}{2\pi r}，u_\theta=0$$

势函数用
$$\varphi=\int u_r\mathrm{d}r+\int u_\theta r\mathrm{d}\theta=\int\frac{Q_V}{2\pi r}\mathrm{d}r+\int 0\cdot r\mathrm{d}\theta$$

$$\varphi=\frac{Q_V}{2\pi}\ln r \tag{8-24}$$

流函数用
$$\psi=\int u_r r\mathrm{d}\theta-\int u_\theta\mathrm{d}r=\int\frac{Q_V}{2\pi r}r\mathrm{d}\theta-\int 0\mathrm{d}r$$

$$\psi=\frac{Q_V}{2\pi}\theta \tag{8-25}$$

直角坐标系下相应函数的表达式为

$$\left.\begin{aligned}\varphi&=\frac{Q_V}{2\pi}\ln\sqrt{x^2+y^2}\\ \psi&=\frac{Q_V}{2\pi}\arctan\frac{y}{x}\end{aligned}\right\} \tag{8-26}$$

可以看出，源流流线为从源点向外射出的射线，而等势线则为同心圆周簇。

当流体反向流动，即流体沿径向向某点汇合，这种流动称为汇流。汇流的流量称为汇流强度，它的 φ 和 ψ 函数，是源流相应的函数的负值。

$$\left.\begin{aligned}\varphi&=-\frac{Q_V}{2\pi}\ln r\\ \psi&=-\frac{Q_V}{2\pi}\theta\end{aligned}\right\} \tag{8-27}$$

直角坐标系下相应函数的表达式为

$$\left.\begin{aligned}\varphi&=-\frac{Q_V}{2\pi}\ln\sqrt{x^2+y^2}\\ \psi&=-\frac{Q_V}{2\pi}\arctan\frac{y}{x}\end{aligned}\right\} \tag{8-28}$$

(3) 环流

流场中各流体质点均绕某点 O（图 8-6）以周向流速 $u_\theta=\dfrac{c}{r}$（c 为常数）做圆周运动，因而流线为同心圆簇，而等势线则为自圆心 O 发出的射线簇，这种流动称为环流。环流的流函数和势函数分别是

$$\left.\begin{aligned}\psi&=-\frac{\Gamma}{2\pi}\ln r\\ \varphi&=\frac{\Gamma}{2\pi}\theta\end{aligned}\right\}\tag{8-29}$$

将源流的流函数和势函数互换，把式（8-24）和式（8-25）中的 Q_V 换为环流强度 Γ，若考虑到流动方向，就得式（8-29）。对于环流，环流强度为

$$\Gamma=\int_0^{2\pi}u_\theta r\mathrm{d}\theta=2\pi r u_\theta=\text{常量}$$

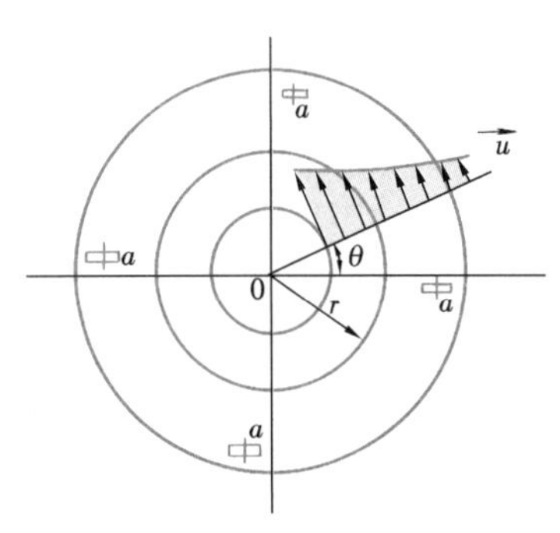

图 8-6　环流

因此，环流速度为

$$u_r=0$$

$$u_\theta=\frac{1}{r}\frac{\partial\varphi}{\partial\theta}=\frac{\Gamma}{2\pi r}$$

上式说明：环流流速与矢径的大小成反比，而原点 O 为奇点。

应当注意，环流是圆周流动，但却不是有旋流动。因为，除了原点这个特殊的奇点之外，各流体质点均无旋转角速度。如果把一个固体质点漂浮在环流中（图 8-6 中 a），则该质点本身将不旋转地沿圆周流动。

(4) 直角内的流动

假设无旋流动的速度势为

$$\varphi=a\left(x^2-y^2\right)\tag{8-30}$$

则
$$u_x=\frac{\partial\varphi}{\partial x}=2ax,\quad u_y=-2ay$$

流函数全微分为

$$\mathrm{d}\psi=u_x\mathrm{d}y-u_x\mathrm{d}x=2ax\mathrm{d}y+2ay\mathrm{d}x=2a\mathrm{d}\left(xy\right)$$

积分得
$$\psi=2axy\tag{8-31}$$

流线是双曲线簇。当 $\psi>0$ 时，x、y 值的符号相同，流线在一、三象限内；当 $\psi<0$ 时，x、y 值的符号相反，流线在二、四象限内。

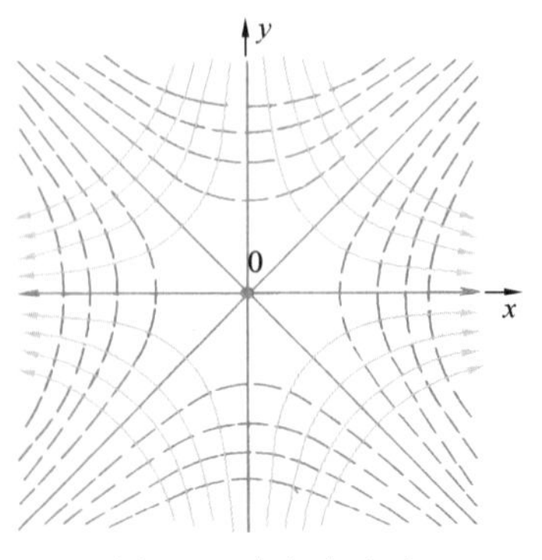

图 8-7　直角内流动

当 $\psi=0$ 时，$x=0$，或 $y=0$，说明坐标轴就是流线。这个 $\psi=0$ 的流线，称为零流线。原点是速度为零的点，称为驻点。

根据 $\varphi=a\left(x^2-y^2\right)$ 可以看出，在 $y=0$ 的轴上，随着 x 绝对值的增大，φ 也增加，说明流动方向是沿 x 轴向外，如图 8-7 所示。

在理想流体中，由于忽略黏性的影响，流体可沿固体

边界滑移，不渗透固体边界上流体沿法向上的速度为零，固体边界线可以看作一条流线，因此，若把流场中某一流线换为固体边界线，并不破坏原有流场。把图 8-7 中的零流线 x、y 轴的正值部分用固体壁面来代替，就得到直角内的流动，其势函数就是原有流场的势函数。如果把 x 轴的全部，用固体壁面代替，则原来的势函数就代表垂直流向固体壁面的流动。

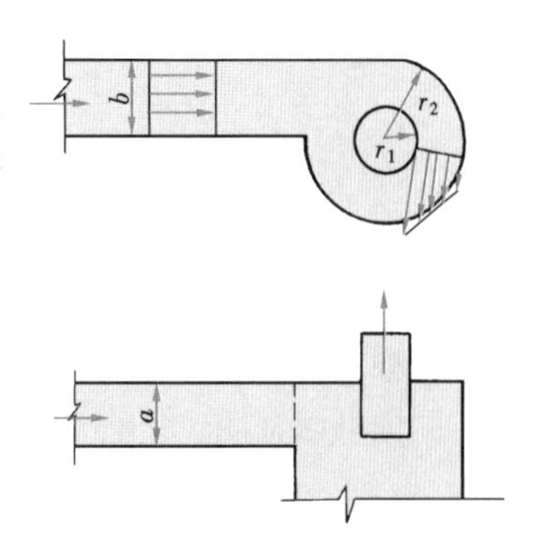

图 8-8 旋风除尘器的气流流动

【例 8-2】旋风除尘器上部的流动如图 8-8 所示，图中 $r_1=0.4\text{m}$，$r_2=1\text{m}$，$a=1\text{m}$，$b=0.6\text{m}$。气流沿管道从左流入，在内部旋转后，从上部流出。试估计旋转流动中，断面的流速分布。管中平均流速 $v=10\text{m/s}$。

【解】流体在管中流动时，流速均匀分布，可以按无旋流动处理。但受除尘器边壁作用，被迫做旋转流动，按环流做流速分配。

$$u_\theta=\frac{\Gamma}{2\pi r}=\frac{k}{r}$$

为确定 k 值，用连续性原理，流量保持不变。

$$vb=\int_{r_1}^{r_2}u_\theta \mathrm{d}r=\int_{r_1}^{r_2}k\frac{\mathrm{d}r}{r}=\ln\frac{r_2}{r_1}\cdot k$$

$$k=\frac{vb}{\ln\dfrac{r_2}{r_1}}=\frac{10\text{m/s}\times0.6\text{m}}{\ln\dfrac{1\text{m}}{0.4\text{m}}}=6.56\text{m}^2/\text{s}$$

由此知道，断面流速分布是

$$u_\theta=\frac{6.56\text{m}^2/\text{s}}{r}$$

内壁
$$u_{\theta1}=\frac{6.56\text{m}^2/\text{s}}{0.4\text{m}}=16.4\text{m/s}$$

外壁
$$u_{\theta2}=\frac{6.56\text{m}^2/\text{s}}{1\text{m}}=6.56\text{m/s}$$

8.2.2 势流叠加

势流在数学上的一个非常有意义的性质，是势流的可叠加性。

设有两势流 φ_1 和 φ_2，它们的连续性条件由满足拉普拉斯方程来表征：

$$\frac{\partial^2\varphi_1}{\partial x^2}+\frac{\partial^2\varphi_1}{\partial y^2}=0$$

$$\frac{\partial^2\varphi_2}{\partial x^2}+\frac{\partial^2\varphi_2}{\partial y^2}=0$$

而这两势函数之和，$\varphi=\varphi_1+\varphi_2$ 也将适合拉普拉斯方程。因为

$$\frac{\partial^2\varphi_1}{\partial x^2}+\frac{\partial^2\varphi_2}{\partial x^2}+\frac{\partial^2\varphi_1}{\partial y^2}+\frac{\partial^2\varphi_2}{\partial y^2}=\frac{\partial^2\varphi}{\partial x^2}+\frac{\partial^2\varphi}{\partial y^2}=0$$

这就是说，两势函数之和形成新势函数，代表新流动。新流动的流速

$$u_x = \frac{\partial \varphi}{\partial x} = \frac{\partial \varphi_1}{\partial x} + \frac{\partial \varphi_2}{\partial x} = u_{x1} + u_{x2}$$

$$u_y = \frac{\partial \varphi}{\partial y} = \frac{\partial \varphi_1}{\partial y} + \frac{\partial \varphi_2}{\partial y} = u_{y1} + u_{y2}$$

是原两势流流速的叠加，亦即在平面点上，将两流速几何相加的结果。

同样可以证明，复合流动的流函数等于原流动流函数的代数和，即

$$\psi = \psi_1 + \psi_2$$

显然以上的结论可以推广到两个以上的流动，也可以推广到三元流动。这样就可以将某些简单的有势流动，叠加为复杂的但实际上有意义的有势流动。下面给出几个平面势流叠加的典型例子。

（1）均匀直线流中的源流

将源流和水平匀速直线流相加，坐标原点选在源点，则流函数为

$$\psi = v_0 r\sin\theta + \frac{Q_V}{2\pi}\theta \tag{8-32}$$

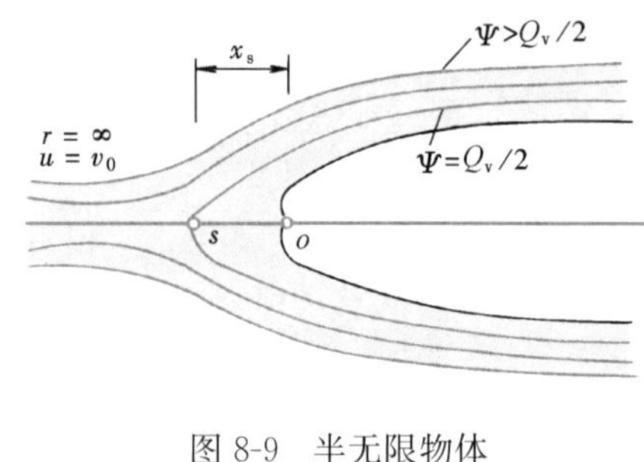

图8-9　半无限物体

由此可以用极坐标画出流速场，如图8-9所示。这是绕某特殊形状物体前部的流动。

在源点 o，流速极大，离开源点，流速迅速降低，离源点较远之处，流速几乎不受源流的影响，保持匀速 v_0。在离源点前某一距离 x_s，必然存在着某一点 s，匀速流速和源流在该点所造成的速度大小相等、方向相反，使该点流速为零，这一点称为驻点。它的位置 x_s 可以根据势流叠加原理来确定，即

$$v_0 - \frac{Q_V}{2\pi x_s} = 0$$

$$x_s = \frac{Q_V}{2\pi v_0} \tag{8-33}$$

到达驻点的质点，不能继续向前流动，被迫两路分流。这两路分流的流线，可以换为物体的轮廓线，则得流体绕此物体流动的流场。

为求此物体的轮廓线，可将驻点的极坐标 $r = \frac{Q_V}{2\pi v_0}, \theta = \pi$，代入式（8-32）。得出驻点的流函数值：

$$\psi = v_0\left(\frac{Q_V}{2\pi v_0}\right)\sin\pi + \frac{Q_V}{2\pi}\pi = \frac{Q_V}{2}$$

显然，这也是轮廓线的流函数数值。则轮廓线方程为

$$v_0 r\sin\theta + \frac{Q_V}{2\pi}\theta = \frac{Q_V}{2} \tag{8-34}$$

从方程可以看出，$\theta=0$，$r=\infty$，但 $r\sin\theta=y$，则 $v_0 y = \frac{Q_V}{2}, y = \frac{Q_V}{2v_0}$。表示物体的轮廓以

$y=\frac{Q_V}{2v_0}$ 为渐近线。

匀速直线流和源流叠加所形成的绕流物体有头无尾，因此称为半无限物体。半无限物体在对称物体头部流速和压强分布的研究上很有用。这种方法的推广，是采用很多不同强度的源流，沿 x 轴排列，使它和匀速直线流叠加，形成和实际物体轮廓线完全一致或较为吻合的边界流线。这样，就可以估计物体上游端的流速分布和压强分布。

（2）匀速直线流中的等强源汇流

为了将上述的半物体变成全物体，在匀速直线流中，沿 x 轴叠加一对强度相等的源和汇，这样叠加的势流场，可用以描述如图 8-10 所示的绕朗金椭圆的流动。

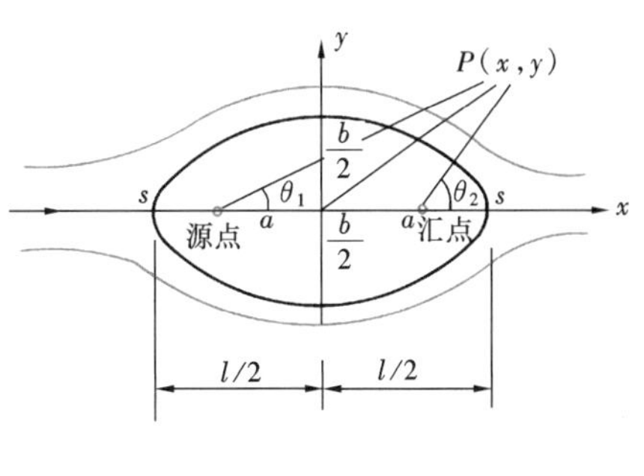

图 8-10 朗金椭圆

匀速直线流中的等强源汇流的流函数为

$$\psi=v_0y+\frac{Q_V}{2\pi}\left(\arctan\frac{y}{x+a}-\arctan\frac{y}{x-a}\right) \tag{8-35}$$

驻点在物体的前后，它流速为零的条件为

$$\frac{-Q_V}{2\pi\left(\frac{l}{2}-a\right)}+\frac{Q_V}{2\pi\left(\frac{l}{2}+a\right)}+v_0=0$$

得出

$$\frac{l}{2}=a\sqrt{1+\frac{Q_V}{a\pi v_0}} \tag{8-36}$$

驻点在 $y=0,x=\pm\frac{l}{2}$ 处。由式（8-35）可以看出，过驻点的流线的流函数之值为零。

为求宽度 b，将 $x=0,y=\frac{b}{2}$，代入 $\psi=0$，得出

$$v_0\frac{b}{2}+\frac{Q_V}{\pi}\arctan\frac{b}{2a}=0 \tag{8-37}$$

其中，$\frac{b}{2}$可以用试算法或迭代法求出。

若已知流函数，则流速场可以确定，而压强分布可以根据能量方程求出。但是，绕流物体的尾部，由于尾迹旋涡的形成，不能根据上述方法求解。但物体的前部，由于附面层很薄，而且流动处于加速区，理论推算和实测结果相符。

这种方法的发展是沿 x 轴布置源流和汇流，使强度总和为零。它们和均匀直线流叠加，使流动和实际物体更紧密相依。这种流动更有用，但数学上处理起来困难很多。

（3）偶极流绕柱体的流动

现在将上述等强度的源流和汇流分别放在 x 轴的左侧（$-a$，0）和右侧（$+a$，0），如图 8-11 所示，并互相接近，使 $a\rightarrow 0$，但保持源点汇点距离 $2a$ 和强度 Q_V 的乘积为定值 $M=2aQ_V$。这种流动称为偶极流，M 称为偶极矩。

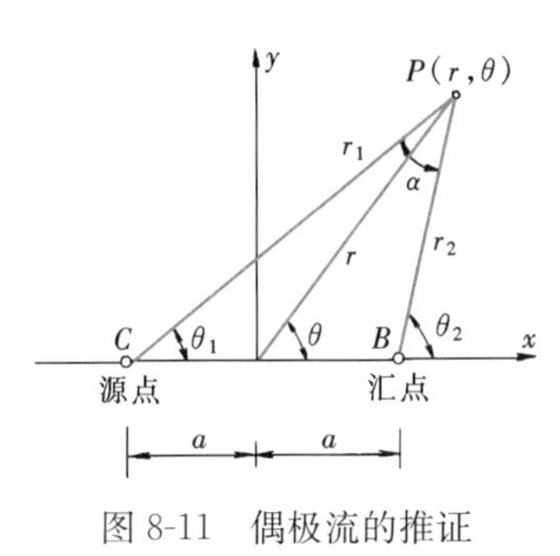

图 8-11 偶极流的推证

为求偶极流的流函数，先写等强源、汇流的流函数，即

$$\psi = \frac{Q_V}{2\pi}(\theta_1 - \theta_2) \tag{8-38a}$$

从图可以看出，设 P（r，θ）为流场中任一点，P 对源汇两点连接线 PC、PB 的夹角为 α，则 ψ 可写为

$$\psi = -\frac{Q_V}{2\pi}\alpha \tag{8-38b}$$

对△CBP 的 θ_1 和 α 角按正弦定理，则

$$2a\sin\theta_1 = r_2\sin\alpha$$

当 $a\to 0$ 时，$\alpha\to 0$，$\sin\alpha\to\alpha$，$r_2\to r$，$\sin\theta_1\to\sin\theta$，则 $\alpha r=2a\sin\theta$。代入式（8-38b），有

$$\psi = -\frac{Q_V}{2\pi}\left(\frac{2a\sin\theta}{r}\right)$$

代入 $M=2aQ_V$，得

$$\psi = -\frac{M\sin\theta}{2\pi r} \tag{8-38}$$

我们使流函数等于常数来决定流线。

$$\frac{\sin\theta}{r} = c$$

写为直角坐标系下的形式，代入

$$\sin\theta = \frac{y}{r} = \frac{y}{\sqrt{x^2+y^2}}$$

得出
$$\frac{y}{x^2+y^2} = c$$

整理得
$$x^2 + \left(y - \frac{1}{2c}\right)^2 = \frac{1}{4c^2}$$

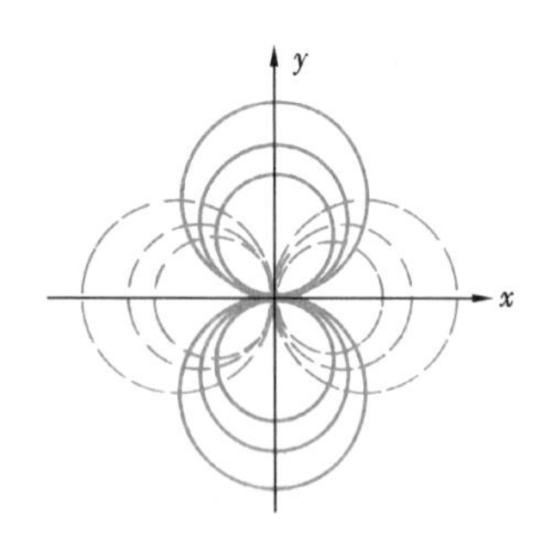

图 8-12　偶极流的流线簇

这是圆心在 y 轴的圆周簇，在原点与 x 轴相切，如图 8-12 所示。

单独的偶极流无实际意义，它和匀速直线流形成绕圆柱体的流动。此时的流函数为

$$\psi = v_0 r\sin\theta - \frac{M\sin\theta}{2\pi r} \tag{8-38c}$$

若把零流线换为物体轮廓线，并设物体轮廓线上 $r=R$，则

$$v_0 R\sin\theta - \frac{M\sin\theta}{2\pi R} = 0$$

因而
$$M = 2\pi v_0 R^2$$

代入流函数式（8-38c），有

$$\psi = v_0\left(r - \frac{R^2}{r}\right)\sin\theta \tag{8-39}$$

速度分量为

$$u_r = \frac{1}{r}\frac{\partial\psi}{\partial\theta} = v_0\left(1 - \frac{R^2}{r^2}\right)\cos\theta$$

$$u_\theta = -\frac{\partial\psi}{\partial r} = -v_0\left(1 + \frac{R^2}{r^2}\right)\sin\theta$$

在轮廓线上，$\psi=0$，即

$$v_0\left(r - \frac{R^2}{r}\right)\sin\theta = 0$$

$$r = R$$

流速分量为

$$\left.\begin{aligned} u_r &= 0 \\ u_\theta &= -2v_0\sin\theta \end{aligned}\right\} \tag{8-40}$$

最大表面速度为匀速直线流速的 2 倍。而当 $\theta = \frac{\pi}{6}$ 时，物体上流速等于匀速直线流速。

（4）源环流

源流和环流相加，使流体既做旋转运动，又做径向流动，称为源环流。这种流动的流函数为

$$\psi = \frac{Q_V\theta}{2\pi} + \frac{\Gamma}{2\pi}\ln r \tag{8-41}$$

零流线方程，$\psi=0$，得出

$$r = e^{-\frac{Q_V\theta}{\Gamma}} \tag{8-42}$$

表明流线是对数螺旋线簇，如图 8-13 所示。这种在半径为 r_1 的内圆周到半径为 r_2 的外圆周的流动，在工程上有重要意义。从内向外流速不断降低，则压强不断增大。径向流速和周向流速为

$$u_r = \frac{1}{r}\frac{\partial\psi}{\partial\theta} = \frac{Q_V}{2\pi r}$$

$$u_\theta = -\frac{\partial\psi}{\partial r} = -\frac{\Gamma}{2\pi r}$$

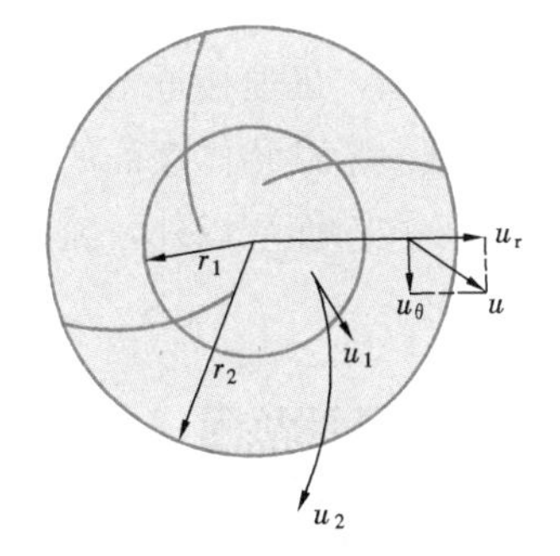

图 8-13 源环流

这样，u_r 和 u_θ 的比值 $\frac{Q_V}{\Gamma}$ 保持不变。而且由于

$$(u_\theta r)_1 = (u_\theta r)_2$$

则

$$(\rho Q_V u_\theta r)_1 = (\rho Q_V u_\theta r)_2$$

即断面 1、2 的动量矩相等，作用于流体的力矩为零，说明流体和固体没有力矩作用，不存在能量交换。这种流动不是流体机械中旋转叶轮内部的流动，而是离开叶轮后的流动。

离心水泵蜗壳内的扩压流动，就是这种流动。导轮也应当按照这种流动来设计它的叶片形状。

与源环流相对应的流动是汇环流。汇环流表征了水力涡轮机导轮叶中的流动。

8.3　绕流运动与附面层

在自然界和工程实际中，存在着大量的流体绕物体的流动问题，即绕流问题。例如，飞机在空气中的飞行，河水流过桥墩，建筑物周围的空气流动，粉尘颗粒在空气中的飞扬或沉降，水处理中固体颗粒污染物在水中的运动，晨雾中水滴在空气中的下落等。流体的绕流运动，可以有多种方式，或者流体绕静止物体运动，或者物体在静止的流体中运动，或者两者兼有之，均为物体和流体做相对运动。不管是哪一种方式，研究时都是把坐标固结于物体，将物体视为静止，而探讨流体相对于物体的运动。因此，所有的绕流运动，都可以看成是同一类型的绕流问题。

在大雷诺数的绕流中，由于流体的惯性力远远大于作用在流体上的黏性力，黏性力相对于惯性力可以忽略不计，将流体视为理想流体，按理想流体的无旋流动求解流场中的速度分布和压强分布。但是在靠近物体的一薄层内，由于存在着强烈的剪切流动，黏性力却大到约与惯性力相同的数量级，因此，在这一薄层（称为附面层）内，黏性力不能忽略。在附面层内，由于存在着强烈的剪切涡旋运动，黏性对绕流物体的阻力、能量耗损、扩散和传热等问题，起着主要的作用。

基于上述缘由，在处理大雷诺数下的绕流问题时，可以用附面层理论处理附面层内的流动，而用理想流体无旋流动的势流理论求解附面层外流场中的流动，将两者衔接起来，就可以解决整个绕流问题。

8.3.1　附面层的形成及其性质

图 8-14 所示为绕平板的绕流运动。设来流流速 u_0 均匀分布，它的方向和平板平行。当流体绕流平板时，由于黏性作用使紧靠表面的质点流速为零，在垂直于平板方向，流速急剧增加，迅速接近未受扰动时的流速 u_0。这样，流场中就出现了两个性质不相同的流动区域。紧贴物体表面的一层薄层，流速低于 u_0，流体做黏性流体的有旋流动，称为附面层。在附面层以外，流体做理想流体的无旋流动，速度保持原有的势流速度，称为势流

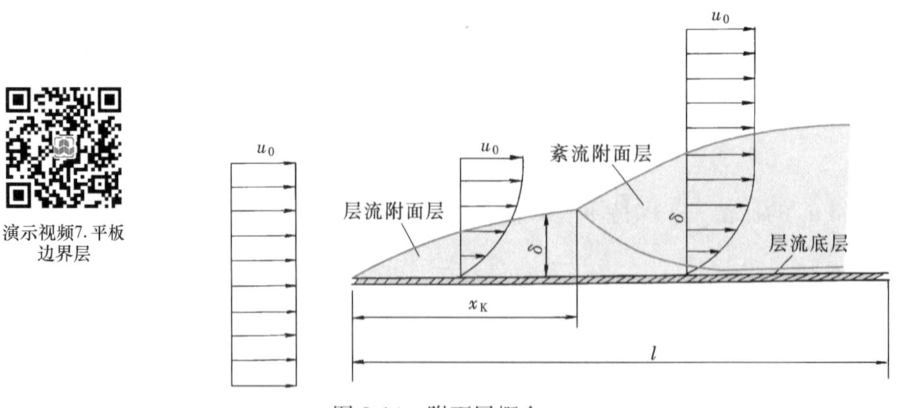

图 8-14　附面层概念

区。在实际计算中，要确定附面层和势流区之间的界限十分困难。虽然物体表面附近流速梯度很大，但离开表面稍远，流速梯度迅速变小，流速变化很慢，很难确定流速为 u_0 的附面层边界。为此，一般把速度等于 $0.99u_0$ 处作为两区间的分界，u_0 为未受黏性影响的速度，这样，就可确定边界层的厚度。

一般地对曲面物面的绕流，附面层外边界的定义为：设 u_e 为按势流理论求得的物面上的速度分布，在物面每一点的法线方向上速度恢复到 $0.99u_e$ 的点的连接面，称为附面层的外边界。速度 u_e 沿着曲面物面的切向发生变化，只有当来流方向与平板平行的平板绕流，u_e 才等于来流速度 u_0，是常数。

附面层的厚度和流态沿流向怎样变化呢？从平板迎流面的端点开始，附面层厚度 δ 从零沿流向逐渐增加。在平板前部，做层流流动。随着附面层不断加厚，到达一定距离 x_k 处，层流流动转变为紊流。在做紊流运动的附面层内，也还有一层极薄的层流底层，这和管道内流体做紊流运动的情况一致。附面层由层流转化为紊流的条件，也由某一临界雷诺数来判定。实验指出，如速度取来流速度 u_0，长度取平板前端至流态转化点的距离 x_k，则此临界雷诺数为

$$Re_{x_k}=\frac{u_0 x_k}{\nu}=(3.5\sim5.0)\times10^5 \tag{8-43}$$

如长度取流态转化点的附面层厚度 δ_k，则相应的临界雷诺数为

$$Re_{\delta_k}=3000\sim3500 \tag{8-44}$$

对于二维恒定流动，若可不考虑质量力的作用，N-S 方程以及连续性方程为

$$\left.\begin{aligned}&\frac{\partial u_x}{\partial x}+\frac{\partial u_y}{\partial y}=0\\&u_x\frac{\partial u_x}{\partial x}+u_y\frac{\partial u_x}{\partial y}=-\frac{1}{\rho}\frac{\partial p}{\partial x}+\nu\left(\frac{\partial^2 u_x}{\partial x^2}+\frac{\partial^2 u_x}{\partial y^2}\right)\\&u_x\frac{\partial u_y}{\partial x}+u_y\frac{\partial u_y}{\partial y}=-\frac{1}{\rho}\frac{\partial p}{\partial y}+\nu\left(\frac{\partial^2 u_y}{\partial x^2}+\frac{\partial^2 u_y}{\partial y^2}\right)\end{aligned}\right\} \tag{8-45}$$

对上述方程组进行无量纲化并进行数量级比较，由于限于研究附面层内的流动，附面层很薄，方程组略去高阶小量后，还原为有量纲形式，可得附面层微分方程组，即普朗特附面层方程

$$\left.\begin{aligned}&\frac{\partial u_x}{\partial x}+\frac{\partial u_y}{\partial y}=0\\&u_x\frac{\partial u_x}{\partial x}+u_y\frac{\partial u_x}{\partial y}=-\frac{1}{\rho}\frac{\partial p}{\partial x}+\nu\frac{\partial^2 u_x}{\partial y^2}\\&\frac{\partial p}{\partial y}=0\end{aligned}\right\} \tag{8-46}$$

附面层这一概念的重要意义，在于将流场划分为两个计算方法不同的区域，即势流区和附面层。由于附面层很薄，故可先假设附面层并不存在，全部流场都是势流区，用势流理论来计算物体表面速度，并用理想流体能量方程，根据势流速度求相应压强。然后把按上述势流理论计算的物体表面的流速和压强认为就是附面层外边界的流速和压强。附面层内边界就是物体表面，其流速为零。由式（8-46）可知，附面层内沿物体表面的法线 y 方向上压强不变，等于按势流理论求解得到的物体表面上的相应点压强。这就是所谓的“压

强穿过边界层不变”的边界层特性。这样确定的附面层外边界上的流速和压强分布就是附面层和外部势流区域流动的主要衔接条件。

附面层微分方程比 N-S 方程要简单得多，但由于它仍然是非线性的，求解依然十分困难。目前，对绕流外形复杂的物体和紊流附面层还不能求得其解析解。

8.3.2 管流附面层

实际上，管路内部的流动都处于受壁面影响的附面层内。附面层内的速度梯度引起管路的沿程阻力，附面层分离导致的旋涡区以及速度的变化引起管路的局部阻力。

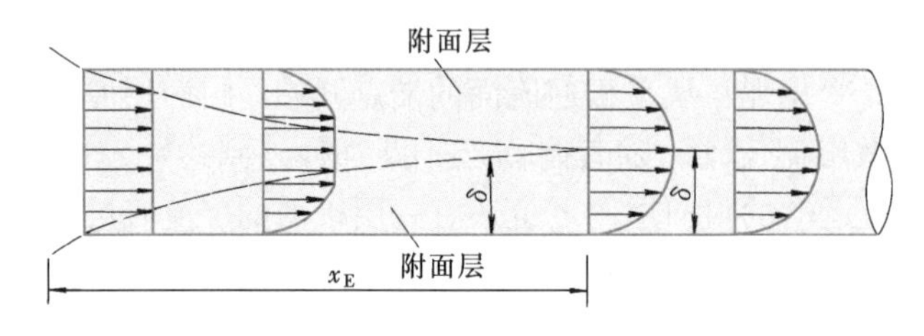

图 8-15　管流入口处的附面层

图 8-15 是管流入口段的情况，这里可清楚地看到管流的发展过程。假设速度以均匀速度流入，则在入口段的始端将保持均匀的速度分布。由于管壁的作用，靠近管壁的流体将受阻滞而形成附面层，其厚度 δ 随离管口距离的增加而增加。当附面层厚度 δ 等于管半径r_0后，则上下四周附面层相衔接，使附面层占有管流的全部断面，而形成充分发展的管流，其下游断面将保持这种状态不变。从入口到形成充分发展的管流的长度称入口段长度，以 x_E 表示。根据试验资料的分析，有

对于层流

$$\frac{x_E}{d}=0.028Re \tag{8-47}$$

对于紊流

$$\frac{x_E}{d}=50 \tag{8-48}$$

显然，入口段的流体运动情况不同于充分发展后的层流或紊流，因此进行管路阻力试验时，需避免入口段的影响。

8.3.3 曲面附面层的分离现象

当流体绕曲面体流动时，沿附面层外边界上的速度和压强都不是常数。根据理想流体势流理论的分析，在图 8-16 所示的曲面体 MM'断面以前，由于过流断面的收缩，流速沿程增加，因而压强沿程减小（即$\frac{\partial p}{\partial x}<0$）。在 MM'断面以后，由于断面不断扩大，速度不断减小，因而压强沿程增加（即$\frac{\partial p}{\partial x}>0$）。由此可见，在附面层的外边界上，$M'$必然具有速度的最大

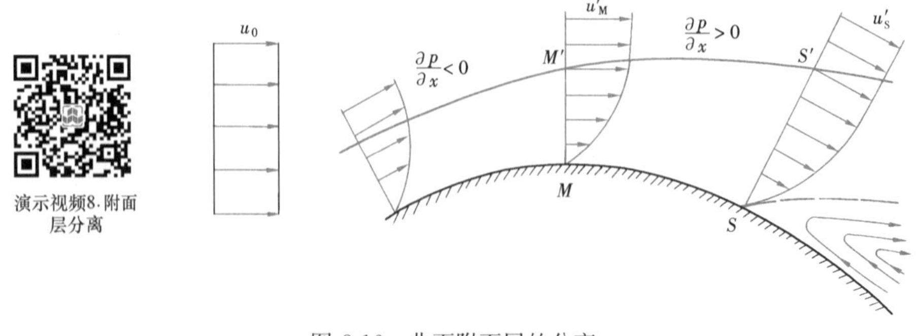

图 8-16　曲面附面层的分离

值和压强的最小值。由于在附面层内，沿壁面法线方向的压强都相等，故以上关于压强沿程的变化规律，不仅适用于附面层的外边界，也适用于附面层内。在MM'断面前，附面层为减压加速区域，流体质点一方面受到黏性力的阻滞作用，另一方面又受到压差的推动作用，即部分压力势能转为流体的动能，故附面层内的流动可以维持。当流体质点进入MM'断面后面的增压减速区，情况发生变化，流体质点不仅受到黏性力的阻滞作用，压差也阻止着流体的前进，越是靠近壁面的流体，受黏性力的阻滞作用越大。在这两个力的阻滞下，靠近壁面的流速很快减慢，至SS'处近壁流速变为零，相应的流体质点便停滞不前。与此同时，S点以后的流体质点在与主流方向相反的压差作用下，将产生反方向的回流，而离物体壁面较远的流体，由于附面层外部流体对它的带动作用，仍能保持前进的速度。这样，回流和前进这两部分运动方向相反的流体相接触，就形成旋涡。旋涡的出现势必使附面层与壁面脱离，这种现象称为附面层的分离，而S点就称为分离点。由上述分析可知，附面层的分离只能发生在断面逐渐扩大而压强沿程增加的区段内，即增压减速区。

附面层分离后，物体后部形成许多无规则的旋涡，由此产生的阻力称形状阻力。因为分离点的位置，旋涡区的大小都与物体的形状有关，故称形状阻力。对于有尖角的物体，流动在尖角处分离，愈是沿边界的压力梯度很小的流线形的物体，分离点愈靠后，只是在尾部很小的范围内产生分离。飞机、汽车、潜艇的外形尽量做成流线形，就是为了推后分离点，缩小旋涡区，从而达到减小形状阻力的目的。

8.3.4　卡门涡街

当流体绕圆柱体流动时，在圆柱体后半部分，流体处于减速增压区，附面层通常要发生分离。物体后面的流动特性取决于雷诺数，即

$$Re=\frac{u_0 d}{\nu}$$

式中　u_0——来流速度；

d——圆柱体直径；

ν——流体的运动黏度。

当$Re<40$时，附面层对称地在S处分离，形成两个旋转方向相对的对称旋涡，随着Re增大，分离点不断向前移，如图8-17（a）所示。Re再升高，则旋涡的位置已不稳定。在$Re=40\sim70$时，可观察到尾流中有周期性的振荡（图8-17b）。待Re数达到90左右，旋涡从柱体后部交替释放出来，旋涡的排列如图8-18所示。这种物体后面形成有规则的交错排列的旋涡组合，称为卡门涡街。

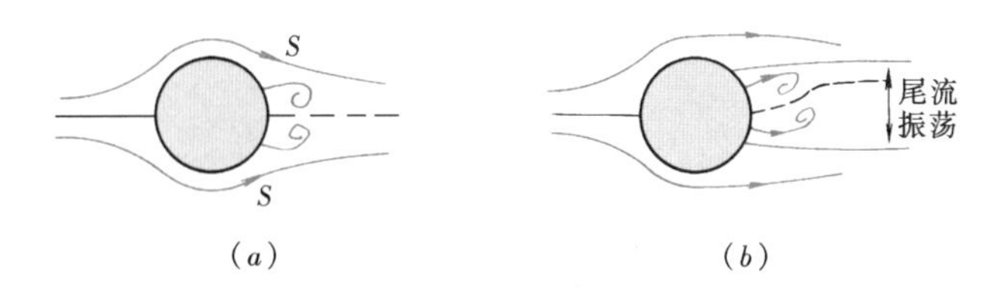

图8-17　卡门涡街的尾流振荡

由于柱体上的涡以一定频率交替释放，因而柱体表面的压强和切应力也以一定频率发生有规则的变化。这是电线在空气中发声，锅炉中烟气或空气横向流过管束时产生振动和

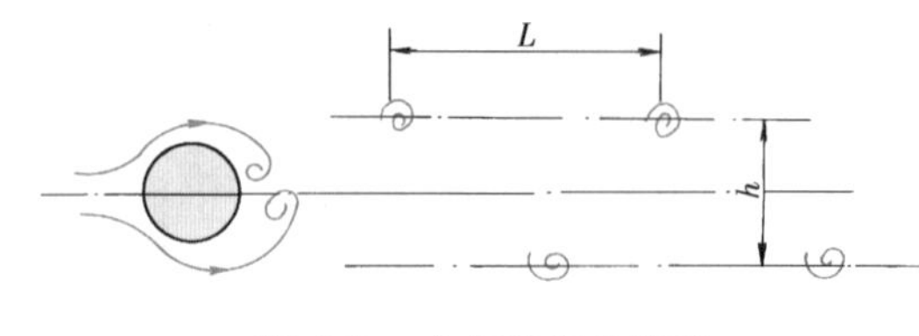

图 8-18　卡门涡街的排列

噪声的原因。工程上的许多振动现象，例如烟囱、悬桥、潜望镜在气流中的振动，均与卡门涡街有关。

关于涡街振动频率的计算，在 $Re=250\sim2\times10^5$ 的范围内，斯特洛哈尔提出的经验公式为

$$\frac{fd}{u_0}=0.198\left(1-\frac{19.7}{Re}\right) \tag{8-49}$$

式中　f——振动频率。

在高 Re 的情况下，柱体后部已不见规则性的涡街。大尺度的涡已消失在紊流中。

应当指出，卡门涡街不限于圆柱体，一切钝形物体同样会出现卡门涡街，受到涡街振动的作用。

8.4　绕流阻力和升力

绕流时，黏性流体作用在物体上的力，除法向的压力外，还有切向力。作用在物体上的合力可分为两个分量：一个平行于来流方向的作用力，称为绕流阻力；另一个垂直于来流方向的作用力，称为升力。绕流阻力由压差阻力和摩擦阻力组成。压差阻力主要取决于物体的形状，因此也称为形状阻力。

附面层理论用于求摩擦阻力，形状阻力一般依靠实验来决定。绕流阻力的计算式为

$$F_D=C_dA\frac{\rho u_0^2}{2} \tag{8-50}$$

式中　F_D——物体所受的绕流阻力；

C_d——无因次的阻力系数；

A——物体的投影面积，如主要受形状阻力时，采用垂直于来流速度方向的投影面积；

u_0——未受干扰时的来流速度；

ρ——流体的密度。

8.4.1　绕流阻力的一般分析

下面以圆球绕流为例来说明绕流阻力的变化规律。

设圆球做匀速直线运动，如果流动的雷诺数 $Re=\frac{u_0d}{\nu}$（d 为圆球直径）很小，在忽略惯性力的前提下，可以推导出

$$F_D=3\pi\mu du_0 \tag{8-51}$$

称为斯托克斯公式。

如用式（8-50）来表示，则

$$F_D=3\pi\mu du_0=\frac{24}{\frac{u_0d\rho}{\mu}}\cdot\frac{\pi d^2}{4}\cdot\frac{\rho u_0^2}{2}=\frac{24}{Re}A\cdot\frac{\rho u_0^2}{2}$$

由此得

$$C_d=\frac{24}{Re} \tag{8-52}$$

如以雷诺数为横坐标，C_d 为纵坐标，绘在对数纸上，则式（8-52）是一条直线，如图 8-19 所示。如把不同雷诺数下的实测数据，绘在同一图上，则由图中可见，在 $Re<1$ 的情况下，斯托克斯公式正确。但这样小的雷诺数只能出现在黏性很大的流体（如油类），或黏性虽不大但球体直径很小的情况。故斯托克斯公式只能用来计算空气中微小尘埃或雾珠运动时的阻力，以及静水中直径 $d<0.05$mm 的泥沙颗粒的沉降速度等。当 $Re>1$ 时，因惯性力不能完全忽略，因此斯托克斯公式偏离实验曲线。

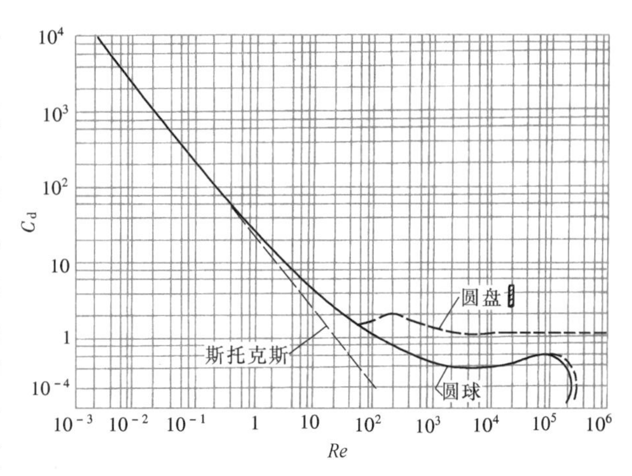

图 8-19 圆球和圆盘的阻力系数

如将圆球绕流的阻力系数曲线和垂直于流动方向的圆盘绕流进行比较，由图 8-19 可见，$Re>3\times10^3$ 以后，圆盘的 C_d 保持为常数，而圆球绕流的阻力系数 C_d 仍随 Re 变化，原因何在？这是因为圆盘绕流只有形状阻力，没有摩擦阻力，附面层的分离点将固定在圆盘的边线上。圆球则是光滑的曲面，圆球绕流既有摩擦阻力，又有形状阻力，当流体以不同的 Re 绕它流动时，附面层分离点的位置随 Re 的增大而逐渐前移，旋涡区的加大使形状阻力随之加大，而摩擦阻力则有所减小，因此，C_d 随 Re 而变。当 $Re\approx3\times10^5$ 时，C_d 值在该处突然下降，这是由于附面层内出现了紊流，而紊流的掺混作用，使附面层内的流体质点取得更多的动能补充，因而分离点的位置后移，旋涡区显著减少，从而大大降低了形状阻力。这样虽然摩擦阻力有所增加，但总的绕流阻力还是大大减小。

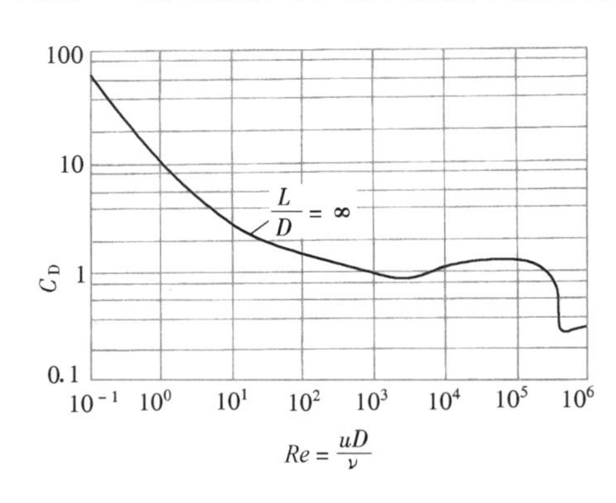

图 8-20 无限长圆柱体的阻力系数

专业中还常遇到绕圆柱体的运动，其阻力系数 C_d 的实验曲线如图 8-20 所示。

综上所述，可以根据绕流物体的形状对阻力规律作出区分：（1）细长流线形物体，以平板为典型例子。绕流阻力主要由摩擦阻力来决定，阻力系数与雷诺数有关。（2）有钝形曲面或曲率很大的曲面物体，以圆球或圆柱为典型例子。绕流阻力既与摩擦阻力有关，又与形状阻力有关。在低雷诺数时，主要为摩擦阻力，阻力系数与雷诺数有关；在高雷诺数时，主要为形状阻力，阻力系数与附面层分离点的位置有关。分离点位置不变，阻力系数不变。分离点向前移，旋涡区加大，阻力系数也增加。反之亦然。（3）有尖锐边缘的物体，以迎流方向的圆盘为典型例子。附面层分离点位置固定，旋涡区大小不变，阻力系数基本不变。

8.4.2　悬浮速度

根据作用力和反作用力关系的原理，固体对流体的阻力，也就是流体对固体的推动力，正是这个数值上等于阻力的推动力，控制着固体或液体微粒在流体中的运动。为了研究在气力输送中，固体颗粒在何种条件下才能被气体带走；在除尘室中，尘粒在何种条件下才能沉降；在燃烧技术中，无论是层燃式、沸腾燃烧式还是悬浮燃烧式都要研究固体颗粒或液体颗粒在气流中的运动条件，这就提出了悬浮速度这个概念。

设在上升的气流中，小球的密度为 ρ_m，大于气体的密度 ρ，即 $\rho_m>\rho$。小球受力情况如下。

方向向上的力有：

绕流阻力
$$F_D=C_dA\frac{\rho u_0^2}{2}=\frac{1}{8}C_d\pi d^2\rho u_0^2$$

浮力
$$F_B=\frac{1}{6}\pi d^3\rho g$$

方向向下的力有：

重力
$$G=\frac{1}{6}\pi d^3\rho_m g$$

当 $F_D+F_B>G$ 时，小球随气流上升；

$F_D+F_B<G$ 时，小球沉降；

$F_D+F_B=G$ 时，小球处于悬浮状态。

悬浮速度即颗粒所受的绕流阻力、浮力和重力平衡时的流体速度。此时，颗粒处于悬浮状态，$u_0=u$。因此

$$\frac{1}{8}C_d\pi d^2\rho u^2+\frac{1}{6}\pi d^3\rho g=\frac{1}{6}\pi d^3\rho_m g$$

故
$$u=\sqrt{\frac{4}{3C_d}\left(\frac{\rho_m-\rho}{\rho}\right)gd} \tag{8-53}$$

当 $Re<1$ 时，$C_d=\frac{24}{Re}$。代入式（8-53）可得

$$u=\frac{1}{18\mu}d^2\ (\rho_m-\rho)\ g \tag{8-54}$$

当 $Re>1$ 时，用式（8-53）来计算悬浮速度。C_d 值由图 8-19 给出。但 C_d 是一个随 Re 而变的值，而 Re 中又包含未知数 u，因此，一般要经过多次试算或迭代才能求得悬浮速度。要强调指出，式（8-53）中的 C_d 所隐含的流速 u 是指悬浮速度，而非实际的流速，除非实际流速恰好等于悬浮速度。在一般工程中，可近似用下式计算 C_d。

$$\left.\begin{aligned}&\text{当 } Re=10\sim10^3 \text{ 时} \quad C_d=\frac{13}{\sqrt{Re}}\\&\text{当 } Re=10^3\sim2\times10^5 \text{ 时} \quad C_d=0.48\end{aligned}\right\} \tag{8-55}$$

8.4.3　绕流升力的一般概念

当绕流物体为非对称形，如图 8-21（a）所示；或虽为对称形，但其对称轴与来流方

向不平行，如图 8-21（b）所示，由于绕流的物体上下侧所受的压力不相等，因此，在垂直于流动方向存在着升力 F_L。由图可见，在绕流物体的上部流线较密，而下部的流线较稀。也就是说，上部的流速大于下部的流速。根据能量方程，速度大则压强小，而流速小则压强大。因此物体下部的压强较物体上部的压强大，这就说明了升力的存在。升力对于轴流水泵和轴流风机的叶片设计有重要意义。良好的叶片形状应具有较大的升力和较小的阻力。升力的计算公式为

$$F_L = C_L A \frac{\rho u_0^2}{2} \tag{8-56}$$

式中，C_L 为升力系数，一般由实验确定。其余符号意义同前。

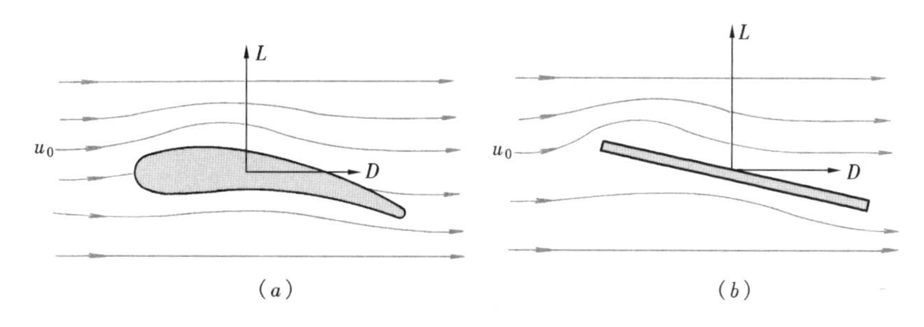

图 8-21 升力示意

【例 8-3】一圆柱烟囱，高 $l=20\text{m}$，直径 $d=0.6\text{m}$。求风速 $u_0=18\text{m/s}$ 横向吹过时，烟囱所受的总推力。已知空气密度 $\rho=1.293\text{kg/m}^3$，运动黏度 $\nu=13\times10^{-6}\text{m}^2/\text{s}$。

【解】流动的雷诺数

$$Re=\frac{u_0 d}{\nu}=\frac{18\text{m/s}\times6\text{m}}{13\times10^{-6}\text{m}^2/\text{s}}=6.8\times10^5$$

可近似由图 8-20 查得阻力系数 $C_d=0.35$。

烟囱的总推力，即绕流阻力为

$$F_D=C_d l d\frac{\rho u_0^2}{2}=0.35\times20\text{m}\times0.6\text{m}\times\frac{1.293\text{kg/m}^3\times18^2\ (\text{m/s})^2}{2}=612\text{N}$$

【例 8-4】在煤粉炉膛中，若上升气流的速度 $u_0=0.5\text{m/s}$，烟气的 $\nu=223\times10^{-6}\text{m}^2/\text{s}$，试计算在这种流速下，烟气中 $d=90\times10^{-6}\text{m}$ 的煤粉颗粒是否会沉降。烟气密度 $\rho=0.2\text{kg/m}^3$，煤的密度 $\rho_m=1.1\times10^3\text{kg/m}^3$。

【解】先求直径 $d=90\times10^{-6}\text{m}$ 的煤粉颗粒的悬浮速度，如气流速度大于悬浮速度，则煤粉不会沉降，反之，煤粉就将沉降。由于悬浮速度未知，无法求出其相应的雷诺数 Re 值，这样也就不能确定阻力系数 C_d 应采用的公式，因此要应用试算法。不妨先假设悬浮速度相应的雷诺数小于 1，用式（8-54）计算悬浮速度。

$$\begin{aligned}u&=\frac{1}{18\mu}d^2(\rho_m-\rho)g=\frac{1}{18\nu\rho}d^2(\rho_m-\rho)g\\&=\frac{1}{18\times223\times10^{-6}\text{m}^2/\text{s}\times0.2\text{kg/m}^3}\times(90\times10^{-6}\text{m})^2\times(1.1\times10^3-0.2)\text{kg/m}^3\times9.8\text{m/s}^2\\&=0.105\text{m/s}\end{aligned}$$

校核：悬浮速度相应的雷诺数

$$Re=\frac{ud}{\nu}=\frac{0.105\text{m/s}\times90\times10^{-6}\text{m}}{223\times10^{-6}\text{kg/m}^3}=0.0424<1$$

假设成立，悬浮速度 $u=0.105\text{m/s}$ 正确。如果校核计算所得 Re 值不在假设范围内，则需重新假设 Re 范围，重复上述步骤，直至 Re 值在假设范围内。

由于气流速度大于悬浮速度，所以这种尺寸的煤粉颗粒不会沉降，而是随烟气流动。

【例 8-5】一竖井式的磨煤机中，空气流速 $u_0=2\text{m/s}$，空气的运动黏度 $\nu=20\times10^{-6}\text{m}^2/\text{s}$，密度 $\rho=1\text{kg/m}^3$。煤的密度 $\rho_m=1000\text{kg/m}^3$。试求此气体能带走的最大煤粉颗粒的直径 d 为多少？

【解】 按题意，当悬浮速度即为实际空气流速时，处于悬浮状态的颗粒直径就是能被此气流带走的最大颗粒直径。因此，本题是已知悬浮速度求颗粒直径。

由于颗粒直径 d 未知，无法求得 Re 值，假设 $Re=10\sim10^3$。由式（8-55），将 $C_d=13/\sqrt{Re}$ 代入式（8-53），得

$$u=\sqrt{\frac{4}{3C_d}\frac{\rho_m-\rho}{\rho}gd}=\sqrt{\frac{4}{39}\frac{\rho_m-\rho}{\rho}gd\sqrt{Re}}$$

化简后得

$$d=u\left[\frac{39\rho}{4g(\rho_m-\rho)}\right]^{2/3}\nu^{1/3}=0.544\text{mm}$$

校核：

$$Re=\frac{u_0 d}{\nu}=\frac{2\text{m/s}\times5.4\times10^{-4}\text{m}}{20\times10^{-6}\text{m}^2/\text{s}}=54.4$$

此值在原假设范围内，故计算成立。在题中给出的条件下，直径小于 0.544mm 的颗粒能被气流带走。

8.5 层流解析解举例

8.5.1 平行平板间的二维恒定层流运动

图 8-22 所示为重力作用下的两无限宽平行平板间的二维恒定不可压缩流体的层流流动。平板间距为 a，流体的密度为 ρ，动力黏度为 μ，上板沿 x 方向移动的速度 U 为常数，求平板间流体的流速分布。

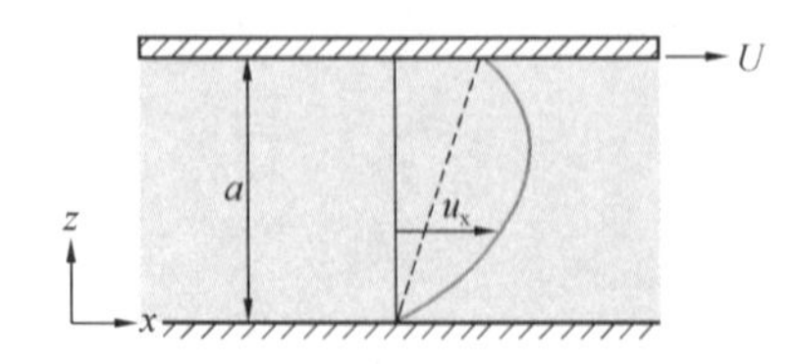

图 8-22 两平行平板间的层流

选用直角坐标系如图 8-22 所示。由层流可知，流线相互平行且平行于平板，因而可根据这种流动的特点，对流体运动基本方程组进行简化：

（1）由二维流动可知 $u_y=0$，且各量与 y 无关；

（2）由流体作平行于 x 轴的流动，可知 $u_z=0$，故三个速度分量中仅有 u_x；

（3）由恒定流可知 $\frac{\partial u_x}{\partial t}=0$；

（4）由不可压缩流体的连续性方程 $\frac{\partial u_x}{\partial x}+\frac{\partial u_y}{\partial y}+\frac{\partial u_z}{\partial z}=0$ 得 $\frac{\partial u_x}{\partial x}=0$，$u_x$ 与 x 无关，仅是 z 的函数，即 $u_x=u_x(z)$；

（5）单位质量力仅为重力，即 $X=Y=0, Z=-g$。

于是 N-S 方程（7-15）简化为

$$0=-\frac{1}{\rho}\frac{\partial p}{\partial x}+\nu\frac{\partial^2 u_x}{\partial z^2} \tag{1}$$

$$0=-g-\frac{1}{\rho}\frac{\partial p}{\partial z} \tag{2}$$

先对式（1）积分，得出

$$p=-\rho gz+f(x)$$

可见，在与流动相垂直的方向上，p 呈静压强分布。另外，求得 $\frac{\partial p}{\partial x}=\frac{\mathrm{d}f(x)}{\mathrm{d}x}$，可见 $\frac{\partial p}{\partial x}$ 与 z 无关，因此将式（2）对 z 积分时，$\frac{\partial p}{\partial x}$ 可作为常数看待。对式（1）积分两次得

$$\frac{\partial p}{\partial x}\frac{z^2}{2}=\mu u_x+C_1 z+C_2$$

用边界条件确定积分常数：

当 $z=0, u_x=0$，得 $C_2=0$；当 $z=a, u_x=U$，得 $C_1=\frac{\partial p}{\partial x}\frac{a}{2}-\frac{\mu U}{a}$。

则流速分布为

$$u_x=\frac{Uz}{a}-\frac{az}{2\mu}\frac{\partial p}{\partial x}\left(1-\frac{z}{a}\right)$$

8.5.2 圆管恒定层流运动

由于流动轴对称，采用圆柱坐标系，如图 8-23 所示。已知 $u_z=u\ (r, \theta, z)$，$u_\theta=u_r=0$。

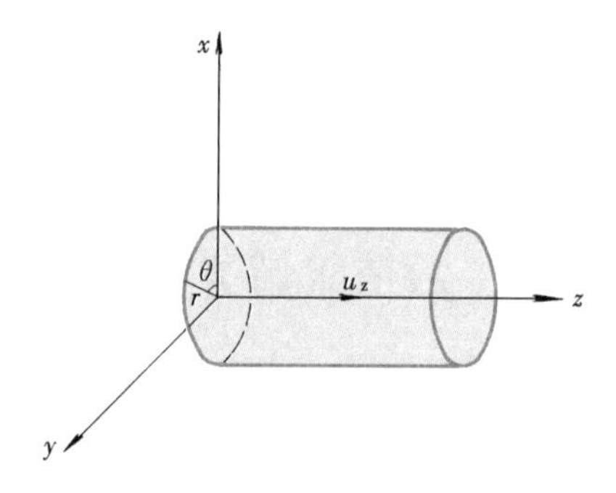

图 8-23 圆管层流

取式（7-18）中第三式

$$F_z - \frac{1}{\rho}\frac{\partial p}{\partial z} + \nu\left(\frac{\partial^2 u_z}{\partial r^2} + \frac{1}{r}\frac{\partial u_z}{\partial r} + \frac{1}{r^2}\frac{\partial^2 u_z}{\partial \theta^2} + \frac{\partial^2 u_z}{\partial z^2}\right)$$
$$= \frac{\partial u_z}{\partial t} + u_r\frac{\partial u_z}{\partial r} + \frac{u_\theta}{r}\frac{\partial u_z}{\partial \theta} + u_z\frac{\partial u_z}{\partial z}$$

由于是均匀流动，u_z 与坐标 z 无关，流动对称，故 u_z 不随 θ 而变，于是 $u_z = u(r,\theta,z) = u(r)$。质量力 $F_z=0$，流动恒定，$\partial u_z/\partial t=0$，综上条件，此式可简化为

$$\frac{\partial p}{\partial z} = \mu\left(\frac{\partial^2 u}{\partial r^2} + \frac{1}{r}\frac{\partial u}{\partial r}\right) = \frac{\mu}{r}\frac{\mathrm{d}}{\mathrm{d}r}\left(r\frac{\mathrm{d}u}{\mathrm{d}r}\right)$$

由于 u 与 z 无关，因此上式左端也将与 z 无关，即$\frac{\partial p}{\partial z}$沿 z 方向是常数，设

$$\frac{\partial p}{\partial z} = -\frac{p_1 - p_2}{L} = -\frac{\Delta p}{L} = -\rho g J$$

式中，J 为水力坡度。等式右端加负号是由于压强沿流动方向下降。这样

$$\frac{1}{r}\frac{\mathrm{d}}{\mathrm{d}r}\left(r\frac{\mathrm{d}u}{\mathrm{d}r}\right) = -\frac{gJ}{\nu}$$

对上式积分一次得

$$r\frac{\mathrm{d}u}{\mathrm{d}r} = -\frac{gJr^2}{\nu}\frac{r^2}{2} + C_1$$

再积分一次得

$$u = -\frac{gJ}{4\nu}r^2 + C_1\ln r + C_2$$

当 $r=0$ 时，$\ln r\rightarrow\infty$，而 u 为有限值，则 $C_1=0$，又由边界条件：$r=r_0$，$u=0$，可得

$$C_2 = \frac{gJ}{4\nu}r_0^2$$

于是圆管中层流流动的速度分布

$$u = \frac{gJ}{4\nu}(r_0^2 - r^2)$$

8.6 数值求解方法简介

描述流体运动的基本方程组为非线性的二阶偏微分方程组，只有在极少数情况下，方程的形式可以足够简化，从而得到解析解。随着计算机技术的快速发展，借助计算机进行近似求解即数值求解得到了长足的发展，已形成计算流体力学（Computational Fluid Dynamics，简称 CFD）学科。至今，已经有数套经过验证能进行大规模数值计算和数值试验的计算软件得到广泛应用，使得试图采用数值求解方法求解流动问题的大多数初学者可

以省去最原始的自己编程进行计算的“初级开发阶段”，直接进入应用高级软件开展流场模拟、流动组织、设计方案及工艺检验等“高级应用阶段”。但是，要用好、用活这些计算软件，掌握数值求解与数值分析的基本方法，了解软件所依据的算法及其特点，了解软件应用中各种选项的选择依据等都是软件的使用者所必需的。本节简要阐述数值分析的有关基础知识，介绍目前常用的计算软件所采用的主要算法。需要深入了解流动问题数值求解方法的读者，请参阅相关计算流体力学专著。

8.6.1 数值求解与数值分析的基本概念

数值求解是一种用空间离散点上变量的近似值替代连续变化的物理量的值的一种求解方法。对于流场的数值分析，大体可分为如下几个步骤：（1）确定计算的流场区域；（2）将划定的流场剖分为网格，定出称为节点的离散计算点；（3）按照一定规则将描述流体运动的基本方程组在网格上进行代数化处理（称为方程的离散），建立起各节点上变量值的代数方程组；（4）求解代数方程组获得所有节点的变量值；（5）利用所得离散节点的变量值通过数量分析、曲线分析和图像分析等方法分析流场特征。通常将（1）、（2）两个步骤称为准备阶段（前处理），（3）、（4）两个步骤称为计算阶段（求解），步骤（5）称为分析阶段（后处理）。

8.6.2 网格划分

将计算区域按照什么方式划分、划分成什么样的网格，对于流场离散化求解的方法、求解速度以及解的精确度都有很大的影响。网格划分一般要解决两个问题：网格形状及网格疏密。

网格形状有结构化网格与非结构化网格。一个结构化网格系统内的所有节点具有相同的连通性，与每个节点相邻的网格单元在形状与个数上都相同。结构化网格最大的优点是其数据结构简单，由于节点具有固定的相连方式，容易对其进行编号并从一个参考点出发推断其他节点的位置和相连信息，在计算时不需要储存所有节点的位置信息。结构化网格的缺点是对边界的适应性弱，不适合在不规则边界上使用。与结构化网格相反，非结构化网格在边界的适应上具有显著的优势，但在计算过程中需要储存所有节点的位置信息和相连方式，增加了储存量与计算强度。结构化网格中的六面体网格具有很好的正则性，计算精度较高，考虑到其边界适应性弱的特点，可通过坐标变换，将不规则的物理区域先变换成规则的计算区域，然后在计算域内采用结构化网格进行离散并求解，最后将结果还原到物理域。目前，这种坐标变换法已经被编入大型的计算软件中，使用者可方便地使用非结构化网格。

网格的疏密与数值解的精确度密切相关。理论上讲，网格无限密集对应于严谨的数学连续解，但网格的密集程度受到计算时间和计算机容量的限制。由于存在计算误差，过分追求网格的密集是不明智的。通常的做法是，在流场中物理量变化较大的区域或计算者比较关心的区域采用比较密集的网格，其他区域采用比较稀疏的网格。

需要强调的是，一个流场的数值解应具备“网格无关性”，即该数值解应该不受网格疏密程度的影响。这一点请读者在计算实践中认真体验。

8.6.3 基本方程的离散

所谓方程的离散，是按照一定规则将描述流场中流体运动的基本方程在网格上进行代数化处理，建立起各离散节点上变量值的代数方程组。

方程的离散方法，按其原理大致可分为有限差分法（Finite Difference Method，FDM）、有限元法（Finite Element Method，FEM）和有限体积法（Finite Volume Method，FVM）三种。

有限差分法，是在有限网格的各交点上，按网格的尺度，将网格点上变量的差值作为差分，替代微分方程在该交点处的微分，得到关于该网格点及周围相邻网格点变量值之间的代数关系，将流场所有网格点的代数关系联立，得到关于各点变量值的代数方程组；求解该代数方程组，就可得到微分方程定解问题的近似解。有限差分法是一种直接将偏微分问题变为代数问题的近似数值解法。这种方法发展较早，较多地用于求解双曲形和抛物形问题。在此基础上发展起来的方法有 PIC（Particle-inv-Cell）法、MAC（Marker-and-Cell）法，以及有限分析法（Finite Analytic Method）等。

有限元法，是将流场剖分为有限个曲线三角形单元，在每个单元内定义一个样条函数以建立单元内点与三个顶点变量值的关系，通过取极值的方法，建立起各顶点变量值的代数关系，将流场所有单元顶点的代数关系联立，得到关于各单元节点的代数方程组；求解该代数方程组，就可得到微分方程的数值近似解。在有限元法的基础上，又发展出了边界元法和混合元法等方法。有限元法主要用于固体力学，目前有关固体力学的商用软件几乎都采用有限元法。

有限体积法（又称有限容积法），是将流场用网格划分为有限个互不重叠的控制体积，将待解偏微分方程对每一个控制体积积分，积分过程中按某种方案假定流场变量在网格节点之间的变化规律，得到关于该控制体节点及其相邻节点间变量值的代数关系，将流场所有控制体节点的代数关系联立，得到关于各节点变量值的代数方程组；求解该代数方程组，就可得到微分方程定解问题的数值近似解。有限体积法的特点是导出的代数方程组（又称为离散方程）可以保证具有守恒特性。计算实践证实，有限差分法和有限单元法需要在很密集的网格条件下才能获得具有某种精度的解，有限体积法可在相对稀疏的网格条件下达到。S. V. Patanker 在其专著 *Numerical Heat Transfer and Fluid Flow* 中对有限体积法进行了全面的阐述，P. Chow 相继提出了适用于任意多边形非结构网格的扩展有限体积法，建立了正交六面体网格（结构化网格）与非等边四面体网格（非结构化网格）在有限体积法应用之间的对应关系，促使有限体积法在流场数值分析中成为应用最为广泛的方法。目前的计算流体力学商用软件大多采用有限体积法。

8.6.4 离散格式

在使用有限体积法建立离散方程时，必须假定流场中变量在网格节点间的变化规律，进而将控制体界面上的物理量及其各阶导数通过网格节点的物理量用插值的方式进行表达，不同的插值方式对应于不同的离散结果。插值方式被称为离散格式（discretization scheme）。

在 CFD 的发展过程中，人们提出了多种离散格式。评价离散格式的优劣常需要考虑四个方面的因素，即相容性、收敛性、稳定性和精度。

所谓离散格式的相容，是指偏微分方程按该格式离散得到的离散方程与原方程的解逼近，误差在某约定的范围之内。很明显，相容性需要大量的计算实践来证实。

在网格节点上离散方程的解与偏微分方程解的偏差，称为该节点的离散误差，当时间和空间的计算步长都趋于零时，若各节点的离散误差都趋于零，则称离散格式是收敛的。

离散格式的收敛性很难用数学方法证实，但对于线性初值问题，离散格式的收敛性可由其稳定性保证。

所谓离散格式的稳定性，是指在某一时刻离散方程解与偏微分方程解的偏差不会在后来的时刻被不断放大。计算实践证明，稳定性是离散格式的固有属性，与使用者的水平无关，稳定的离散格式，任何一个信息或扰动在计算过程中的放大总是有限的，而不稳定的离散格式，扰动信息会在计算中被不断放大而使计算变得毫无意义。

离散格式的精度用该格式对偏微分方程离散所获得的在空间（或时间）网格节点间的表达式与变量函数在相同网格点间的泰勒级数展开式相比，其截断误差所能包含的网格点间距的方次数来约定。如一阶精度，二阶精度等。数值计算实践证实，使用较高一阶精度的离散格式，往往需要增加成倍的计算量，由于描述流动的方程存在适定性，边界条件通常精度有限，一味追求高精度的离散格式并不一定对得到流场的高精度解有很重要的作用，因此，采用何种精度的离散格式，应根据流场的特点及计算条件综合考虑。在流场数值模拟的计算实践中，一般采用一阶精度稳定性好的离散格式，对流场的细节要求较高的情况，采用二阶精度稳定性好的格式，极少数特别复杂的流场才采用更高阶的格式。目前使用的商用软件大多只提供一阶精度、二阶精度的离散格式供使用者选用。常用的一些离散格式见表 8-1 中所示。

常用离散格式及其性能 表 8-1

离散格式	稳定性	精度
中心差分（central differencing scheme）	条件稳定	一阶
一阶迎风（first order upwind scheme）	绝对稳定	一阶
混合格式（hybrid scheme）	绝对稳定	一阶
二阶迎风（second order upwind scheme）	绝对稳定	二阶
QUICK（Quadratic Upwind Interpolation of Convective Kinematics）	绝对稳定	二阶

必须指出，离散格式是将控制体界面上的物理量及其各阶导数通过网格节点的物理量所进行的插值，不同的插值方式必然对应于不同的离散结果，这必然对流场数值分析的结果产生影响。因此，读者应在计算实践中，体会不同离散格式对流场计算的影响，同时，尽可能地借鉴别人的研究成果。

8.6.5 隐式算法与显式算法

在非恒定流动的数值模拟中，需要用到 t 和 $t+\Delta t$ 两个时刻的物理量值（数值模拟中，常将不同时刻称为不同时层，Δt 称为时间步长），如果 $t+\Delta t$ 时层某点的未知的物理量值是用 t 时层该点及其相邻点的已知的物理量值来计算的，这种计算方法称为显式算法（Explicit formulation）；如果 $t+\Delta t$ 时层某点的未知的物理量值是用同一时层相邻各点的未知的物理量值来计算，这种计算方法称为隐式算法（Implicit formulation）；如果 $t+\Delta t$ 时层某点的未知物理量值一部分用 t 时层相关点的已知物理量值，一部分用 $t+\Delta t$ 时层相关点的未知物理量值来计算，则称为半隐式算法（Semi-implicit formulation）。

在恒定流动的数值模拟中，如果采用迭代算法，也会用到类似的显式算法、隐式算法及半隐式算法。在这种情况下，时层变为步层。即若当前步层（$n+1$ 步层）某点的未知物理量值是用上一步层（n 步层）该点及其相邻点的已知物理量值来计算，称为显式算法；如果当前步层某点的未知物理量值用当前步层相邻各点的未知物理量值来计算，则称为隐式算法；如果当前步层某点的未知的物理量值部分采用上一步层相关点的已知的物理量值，部分采用相关点当前步层的未知的物理量值来计算，则称为半隐式算法。

显式算法的特点是计算相对简单，不必求解大型代数方程组，占用内存少，计算速度快，但稳定性较差，精度也比较低；隐式算法需要求解大型代数方程组，占用内存多，计算量大，但稳定性好，精度高；半隐式算法的性质介于显式和隐式之间，只需求解中型代数方程组，设计合理的半隐式算法，计算量适中，稳定性好，精度也较高。

8.6.6　耦合解法与分离解法

流体运动基本方程组由连续性方程、运动方程等多个偏微分方程构成，数值分析时，每个方程都要在流场网格中离散，构成各自的离散化代数方程组，求解这些离散方程组可以采用两种计算方法，即耦合解法（coupled method）与分离解法（segregated method）。

耦合解法是在全部或部分流场区域将各偏微分方程对应的离散方程组进行联立求解。

耦合解法可以分为所有变量全流场联立求解（隐式解法）、部分变量全流场联立求解（半隐式解法）、在部分区域上对所有变量联立求解（显式解法）三种。第三种方法之所以被称为显式解法，是因为该方法的特点是逐一在每一个单元节点上联立求解各未知变量，计算时要求相邻单元节点的变量值都是已知的。

耦合解法要求解大型方程组，占用内存多，计算速度慢。当计算中流体的密度、温度、压力、速度等参数存在相互依赖关系时，采用耦合计算具有一定优势。

分离解法不直接解联立方程组，而是顺序地、逐个地求解各变量的离散方程。

分离解法按是否直接求解速度和压力，分为非原始变量法和原始变量法两类。

非原始变量法是将运动方程使用新的变量（如流函数、涡量等）替代原始变量（指速度和压力），顺序、逐个地求解新变量对应的离散方程，最后用新变量与原始变量之间的对应关系，得到原始变量速度和压力的数值解。计算实践表明，非原始变量法存在明显的问题，如有些壁面上的边界条件很难给定，计算量及存储空间很大等，因而，其实际应用并不普遍。

原始变量法直接对原始的（即未经变换的）基本方程按分离解法求解。原始变量法包含多种具体的解法。在流场数值计算中使用最为广泛的是压力修正法，目前使用的商用软件都采用压力修正法。压力修正法采用迭代计算的思想，在每一个时间步的计算中，先假定压力场的预估分布，代入运动方程，求出相应的速度分布，根据需要，计算紊流模型方程等，再将该速度代入连续性方程，并根据其满足连续性方程的程度，对预估压力进行修正，循环往复，得到流场各原始变量的数值解。压力修正法有多种实现的方式，其中SIMPLE算法应用较广，是各种商用软件普遍采用的核心算法。

图8-24（a）为圆柱绕流（$Re=140$，网格数 $N_{\mathrm{PART}}=4.4\times10^{6}$，节点距离 $D/\Delta x=120$）的数值模拟结果，图8-24（b）为相应的实验结果。对比图8-24（a）和图8-24（b），可以发现两者吻合得很好。

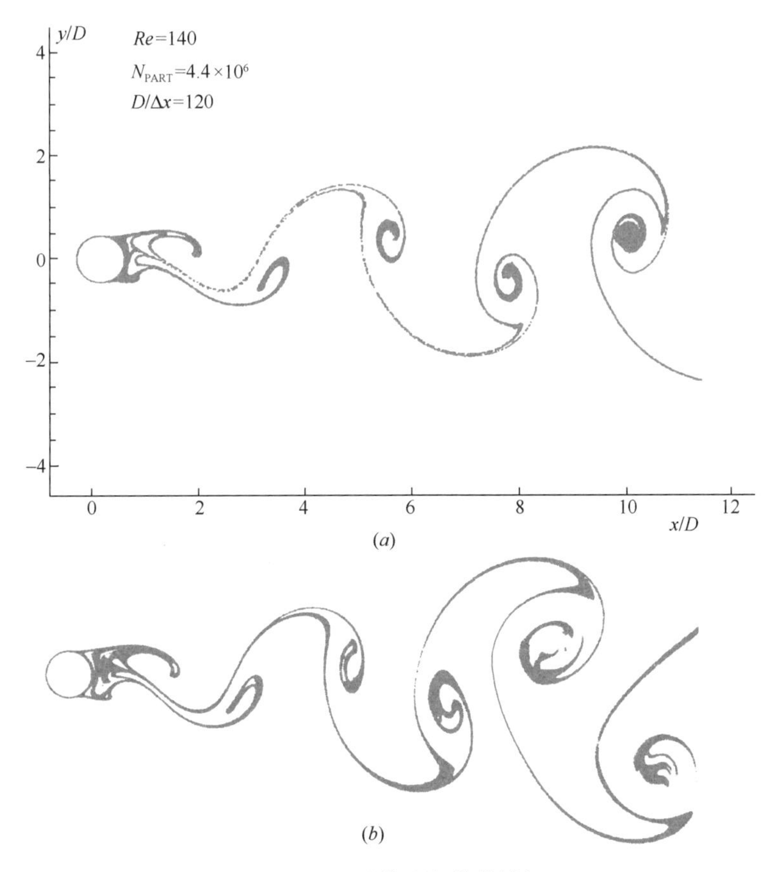

图 8-24　圆柱绕流的数值模拟

（a）数值模拟结果；（b）实验结果

本　章　小　结

本章主要围绕基本方程的求解方法，阐述理想不可压缩流体的平面无旋流动和大雷诺数绕流下的附面层流动以及绕流阻力的计算，介绍解析求解的实例，以及数值求解方法。

1. 无旋流动也就是有势流动。速度势函数 φ 满足

$$\mathrm{d}\varphi=\frac{\partial\varphi}{\partial x}\mathrm{d}x+\frac{\partial\varphi}{\partial y}\mathrm{d}y+\frac{\partial\varphi}{\partial z}\mathrm{d}z=u_{x}\mathrm{d}x+u_{y}\mathrm{d}y+u_{z}\mathrm{d}z$$

2. 不可压缩流体的平面流动存在流函数，流函数 ψ 满足

$$\mathrm{d}\psi=\frac{\partial\psi}{\partial x}\mathrm{d}x+\frac{\partial\psi}{\partial y}\mathrm{d}y=-u_{y}\mathrm{d}x+u_{x}\mathrm{d}y$$

3. 根据势流叠加原理，可适当地选择与布置不同的基本势流（如源、汇势流等），将它们叠加后形成新的势流。

4. 大雷诺数下，固壁附近存在较大流速梯度的流动薄层称为附面层。在附面层内流动为有旋流动。附面层以外的流动，可近似按势流处理。曲面附面层分离发生在减速增压段。

5. 绕流阻力包括摩擦阻力和压差阻力（形状阻力）。绕流阻力系数与雷诺数、物体的形状以及表面粗糙等有关，多由实验确定。圆球颗粒悬浮速度的计算采用式（8-53）～式（8-55）。

6. 数值求解是指通过对基本方程在时空上进行离散，将微分方程转化为代数方程，对代数方程进行求解，得到流动问题在离散节点上的数值解来逼近连续的解析解。

习　题

8-1　对下列流速场，每一流速场绘三根流线。

(*a*) $u_x=4$　　$u_y=3$　　(*b*) $u_x=4$　　$u_y=3x$

(*c*) $u_x=4y$　　$u_y=0$　　(*d*) $u_x=4y$　　$u_y=3$

(*e*) $u_x=4y$　　$u_y=-3x$　　(*f*) $u_x=4y$　　$u_y=4x$

(*g*) $u_x=4y$　　$u_y=-4x$　　(*h*) $u_x=4$　　$u_y=0$

(*i*) $u_x=4$　　$u_y=-4x$　　(*j*) $u_r=c/r$　　$u_\theta=0$

(*k*) $u_r=0$　　$u_\theta=c/r$

8-2　在上题流速场中，哪些流动是无旋流动，哪些流动是有旋流动。如果是有旋流动，求它的旋转角速度。

8-3　在上题流速场中，求出各有势流动的流函数和势函数。

8-4　流速场为（*a*）$u_r=0$，$u_\theta=c/r$；（*b*）$u_r=0$，$u_0=\omega^2 r$ 时，求半径为 r_1 和 r_2 的两流线间流量的表达式。

8-5　确定绕圆柱流场的轮廓线，主要取决于哪些量？已知 $R=2\text{m}$，求流函数和势函数。

8-6　等强度的两源流，位于距原点为 a 的 x 轴上，求流函数，并确定驻点位置。如果此流速场和流函数为 $\psi=vy$ 的流速场相叠加，绘出流线，并确定驻点位置。

8-7　强度同为 $60\text{m}^2/\text{s}$ 的源流和汇流位于 x 轴，各距原点为 $a=3\text{m}$。计算坐标原点的流速。计算通过（0，4）点的流线的流函数值，并求该点流速。

8-8　强度为 $0.2\text{m}^2/\text{s}$ 的源流和强度为 $1\text{m}^2/\text{s}$ 的环流均位于坐标原点。求流函数和势函数，求（1m，0.5m）点的速度分量。

8-9　设两平板之间的距离为 $2h$，平板长宽皆为无限大，如图所示。试用黏性流体运动微分方程，求此不可压缩流体恒定流的流速分布。

8-10　沿倾斜平面均匀地流下的薄液层，试证明：（1）流层内的速度分布为 $u=\dfrac{g}{2\nu}(2by-y^2)\sin\theta$；（2）单位宽度上的流量为 $Q_V=\dfrac{g}{3\nu}b^3\sin\theta$。

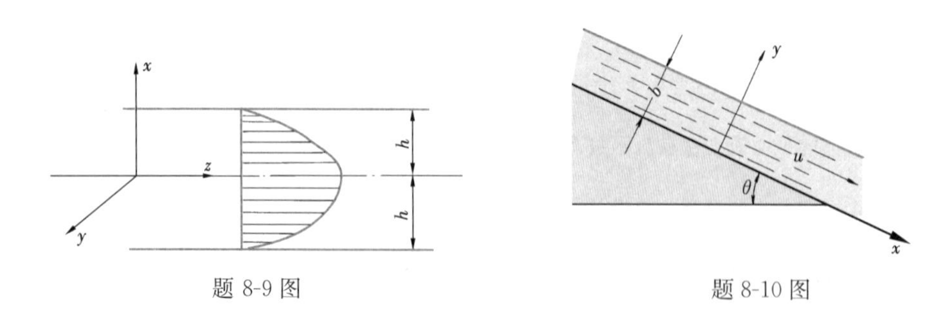

题 8-9 图　　　　题 8-10 图

8-11　在渐缩管中会不会产生附面层的分离？为什么？

8-12　若球形尘粒的密度 $\rho_m=2500\text{kg/m}^3$，空气温度为 20℃，求允许采用斯托克斯公式计算尘粒在空气中悬浮速度的最大粒径（相当于 $Re=1$）。

8-13　某气力输送管路，要求风速 u_0 为砂粒悬浮速度 u 的 5 倍，已知砂粒粒径 $d=0.3\text{mm}$，密度

$\rho_m=2650kg/m^3$，空气温度为20℃，求风速 u_0 值。

8-14　已知煤粉炉炉膛中上升烟气流的最小速度为0.5m/s，烟气的运动黏度 $\nu=230\times10^{-6}m^2/s$，问直径 $d=0.1mm$ 的煤粉颗粒是沉降下来还是被烟气带走？已知烟气的密度 $\rho=0.2kg/m^3$，煤粉的密度 $\rho_m=1.3\times10^3kg/m^3$。

第8章扩展阅读：
美国塔科玛大桥

部分习题答案

第 9 章　一元气体动力学基础

【要点提示】本章主要阐述可压缩气体在管道中做恒定流动时的一些运动规律。本章的要点是可压缩气流的基本概念，一元恒定气流的基本方程，一元恒定等熵气流的基本特性，以及有摩擦的气体在等截面管道中的流动。

气体动力学研究可压缩流体运动规律及其在工程实际中的应用。

当气体流动速度较高，压差较大时，气体的密度发生了显著变化，因此必须考虑气体的可压缩性，也就是必须考虑气体密度随压强和温度的变化。这样，研究可压缩流体的动力学不只是流速、压强问题，而且包含密度和温度问题。不仅需要流体力学的知识，还需要热力学知识。在热力学中，气体压强为绝对压强，温度为开尔文温度，因此，在进行气体动力学计算时，压强、温度只能用绝对压强及开尔文温度。在本章中用 p 表示绝对压强。

9.1　理想气体一元恒定流动的运动方程

从微元流束中沿轴线 s 任取 $\mathrm{d}s$ 段，如图 9-1 所示。应用理想流体运动微分方程，单位质量力 s 方向分力以 S 表示，可得出

$$S-\frac{1}{\rho}\frac{\partial p}{\partial s}=\frac{\mathrm{d}v_s}{\mathrm{d}t}=\frac{\partial v_s}{\partial t}+\frac{\partial v_s}{\partial s}\cdot\frac{\mathrm{d}s}{\mathrm{d}t}$$

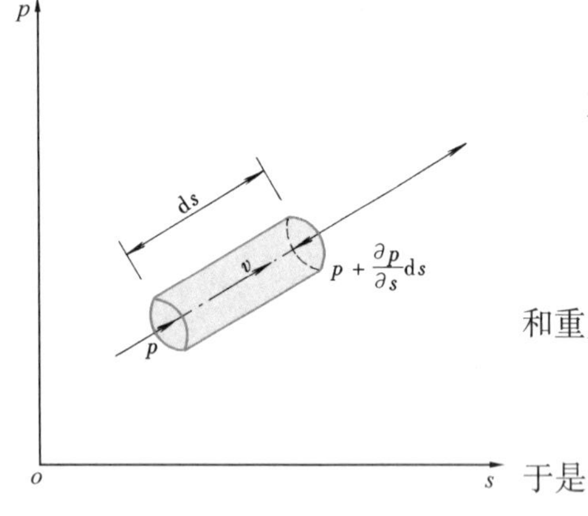

图 9-1　气体微元流动

对于恒定一元流动

$$\frac{\partial p}{\partial s}=\frac{\mathrm{d}p}{\mathrm{d}s};\quad \frac{\partial v_s}{\partial s}=\frac{\mathrm{d}v_s}{\mathrm{d}s};\quad \frac{\partial v_s}{\partial t}=0$$

当质量力仅为重力，气体在同介质中流动，浮力和重力平衡，不计质量力 S，并去掉脚标 s，则得

$$\frac{1}{\rho}\frac{\mathrm{d}p}{\mathrm{d}s}+v\frac{\mathrm{d}v}{\mathrm{d}s}=0$$

于是

$$\frac{\mathrm{d}p}{\rho}+v\mathrm{d}v=0 \tag{9-1}$$

$$\frac{\mathrm{d}p}{\rho}+\mathrm{d}\left(\frac{v^2}{2}\right)=0 \tag{9-2}$$

上两式称为欧拉运动微分方程，又称为微分形式的伯努利方程。它确定了气体一元流动的 p、ρ、v 三者之间的关系。

积分上式，必须给出气体的 p、ρ 之间的函数关系，于是须借助热力学过程方程式。

9.1.1　气体一元定容流动

热力学中定容过程系指气体在容积不变，或比容不变的条件下进行的热力过程。那么

定容流动是指气体容积不变的流动，亦即密度 ρ 不变的流动。

在 ρ=常量下，积分式（9-2），得

$$\frac{p}{\rho}+\frac{v^2}{2}=\text{常量}$$

除以 g，得

$$\frac{p}{\rho g}+\frac{v^2}{2g}=\text{常量} \tag{9-3}$$

式（9-3）就是第 3 章中不可压缩理想流体元流能量方程式，忽略质量力时的形式。其方程意义是：沿流各断面上受单位重力作用的理想气体的压能与动能之和守恒，并且两者可互相转换。

在元流任取两断面则可列出

$$\frac{p_1}{\rho}+\frac{v_1^2}{2}=\frac{p_2}{\rho}+\frac{v_2^2}{2} \tag{9-4}$$

此式则为单位质量理想气体的能量方程式。

9.1.2 气体一元等温流动

热力学中等温过程系指气体在温度 T 不变条件下所进行的热力过程。等温流动则是指气体温度 T 保持不变的流动。气体状态参数服从等温过程方程式

$$T=\text{常量}$$

$$\frac{p}{\rho}=RT=C \tag{9-5}$$

将式（9-5）代入式（9-2）中，积分得

$$C\ln p+\frac{v^2}{2}=\text{常量} \tag{9-5a}$$

又知 $C=RT$，代入式（9-5a），得

$$RT\ln p+\frac{v^2}{2}=\text{常量} \tag{9-6}$$

9.1.3 气体一元绝热流动

从热力学中得知，在无能量损失且与外界又无热量交换的情况下，为可逆的绝热过程，又称等熵过程。这样理想气体的绝热流动即为等熵流动。气体参数变化服从等熵过程方程式：

$$\frac{p}{\rho^k}=C \tag{9-7}$$

所以

$$\rho=\left(\frac{p}{C}\right)^{\frac{1}{k}}=p^{\frac{1}{k}}\cdot C^{-\frac{1}{k}} \tag{9-8}$$

式中 k——绝热指数，$k=\frac{c_{\mathrm{p}}}{c_{\mathrm{v}}}$，为定压比热与定容比热之比。

将式（9-8）代入式（9-2）中的第一项并积分

$$\int\frac{\mathrm{d}p}{\rho}=C^{\frac{1}{k}}\int p^{-\frac{1}{k}}\mathrm{d}p=\frac{k}{k-1}\cdot\frac{p}{\rho} \tag{9-9}$$

上式代入式（9-2）中，得出

$$\frac{k}{k-1}\cdot\frac{p}{\rho}+\frac{v^2}{2}=\text{常量} \tag{9-10}$$

对任意两断面有

$$\frac{k}{k-1}\cdot\frac{p_1}{\rho_1}+\frac{v_1^2}{2}=\frac{k}{k-1}\cdot\frac{p_2}{\rho_2}+\frac{v_2^2}{2} \tag{9-11}$$

将式（9-10）变化为

$$\frac{1}{k-1}\cdot\frac{p}{\rho}+\frac{p}{\rho}+\frac{v^2}{2}=常量 \tag{9-12}$$

与不可压缩理想气体方程比较，式（9-12）多出一项$\frac{1}{k-1}\cdot\frac{p}{\rho}$。从热力学可知，该多出项正是绝热过程中，单位质量气体所具有的内能 u。

证明如下：从热力学第一定律知，对完全气体有

$$u=c_{\mathrm{v}}\cdot T$$

又从完全气体状态方程中，可得

$$T=\frac{p}{R\rho}$$

气体常数 R 为

$$R=c_{\mathrm{p}}-c_{\mathrm{v}}$$

及

$$k=\frac{c_{\mathrm{p}}}{c_{\mathrm{v}}}$$

于是内能 u 为

$$u=c_{\mathrm{v}}\cdot T=c_{\mathrm{v}}\cdot\frac{p}{(c_{\mathrm{p}}-c_{\mathrm{v}})\rho}=\frac{c_{\mathrm{v}}}{c_{\mathrm{p}}-c_{\mathrm{v}}}\cdot\frac{p}{\rho}$$

$$=\frac{\frac{c_{\mathrm{v}}}{c_{\mathrm{v}}}}{\frac{c_{\mathrm{p}}}{c_{\mathrm{v}}}-\frac{c_{\mathrm{v}}}{c_{\mathrm{v}}}}\cdot\frac{p}{\rho}=\frac{1}{k-1}\cdot\frac{p}{\rho}$$

将内能 u 代入式（9-12）中，得

$$u+\frac{p}{\rho}+\frac{v^2}{2}=常量 \tag{9-13}$$

上式表明：气体等熵流动，即理想气体绝热流动，沿流任意断面上，单位质量气体所具有的内能、压能和动能三项之和均为一常数。

因包括内能项，故又称式（9-13）为绝热流动的全能方程式。

气体动力学中，常用焓 i 这个热力学参数来表示绝热流动全能方程。

热力学给出 $i=u+\frac{p}{\rho}$，代入式（9-13）便得出用焓表示的全能方程式。

$$i+\frac{v^2}{2}=常量 \tag{9-14}$$

又知 $i=c_{\mathrm{p}}T$，则式（9-14）又可写为

$$c_{\mathrm{p}}T+\frac{v^2}{2}=常量 \tag{9-15}$$

对任意两断面可列出

$$i_1+\frac{v_1^2}{2}=i_2+\frac{v_2^2}{2} \tag{9-16}$$

$$c_p T_1+\frac{v_1^2}{2}=c_p T_2+\frac{v_2^2}{2} \tag{9-17}$$

气体绝热指数 k 决定于气体分子结构，热力学中已详述。这里仅给出如下气体的 k 值，空气 $k=1.4$，干饱和蒸汽 $k=1.135$，过热蒸汽 $k=1.33$。

类似绝热运动，可得出多变流动的运动方程式

$$\frac{n}{n-1}\cdot\frac{p}{\rho}+\frac{v^2}{2}=\text{常量} \tag{9-18}$$

对任意两断面可写为

$$\frac{n}{n-1}\cdot\frac{p_1}{\rho_1}+\frac{v_1^2}{2}=\frac{n}{n-1}\cdot\frac{p_2}{\rho_2}+\frac{v_2^2}{2} \tag{9-19}$$

式中，n 为多变指数。从热力学中知下列特殊流动时：

等温　$n=1$

绝热　$n=k$

定容　$n=\pm\infty$

但实际流动中，并不存在绝对的等温流动、绝热流动或定容流动。所以 n 值是在上述所给值的左右变化。

【例 9-1】求空气等熵流动时，两断面间流速与绝对温度的关系。已知：空气的绝热指数 $k=1.4$，气体常数 $R=287\text{J/(kg}\cdot\text{K)}$。

【解】 应用 $\frac{k}{k-1}\cdot\frac{p}{\rho}+\frac{v^2}{2}=\text{常量}$，将 k 值代入，得

$$3.5\frac{p}{\rho}+\frac{v^2}{2}=\text{常量}$$

又因为 $\frac{p}{\rho}=RT$，代入上式得

$$3.5\times287\text{m}^2/(\text{s}^2\cdot\text{K})\times T+\frac{v^2}{2}=\text{常量}$$

列两断面方程为　$2010\text{m}^2/(\text{s}^2\cdot\text{K})\times T_1+v_1^2=2010\text{m}^2/(\text{s}^2\cdot\text{K})\times T_2+v_2^2$

解得　$v_2=\sqrt{2010\text{m}^2/(\text{s}^2\cdot\text{K})\times(T_1-T_2)+v_1^2}$

【例 9-2】为获得较高空气流速，使燃气与空气充分混合，使压缩空气流经如图 9-2 所示喷嘴。在 1 和 2 两断面上测得压缩空气参数为：$p_1=12\times98100\text{Pa}$，$p_2=10\times98100\text{Pa}$，$v_1=100\text{m/s}$，$t_1=27℃$。试求喷嘴出口速度 v_2 为多少？

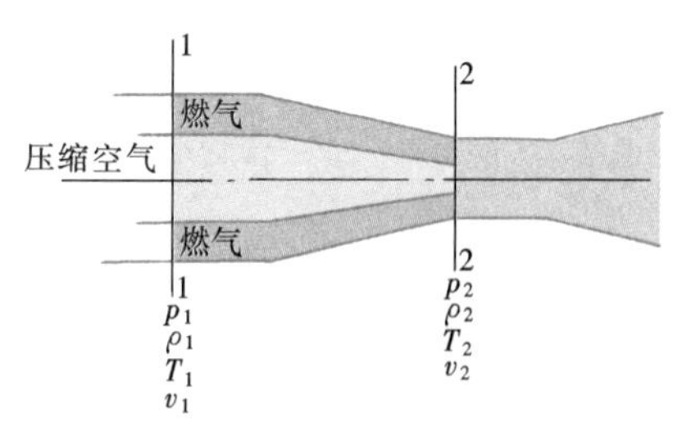

图 9-2　喷嘴计算例题

【解】 因速度较高，气流来不及与外界进行热量交换，且当忽略能量损失时，可按等熵流动处理。

应用上例所得结果，有

$$v_2=\sqrt{2010\text{m}^2/(\text{s}^2\cdot\text{K})\times(T_1-T_2)+v_1^2}$$

$$T_1=(273+27)\text{K}=300\text{K}$$

$$\rho_1=\frac{p_1}{RT_1}=\frac{12\times98100\text{Pa}}{287\text{J/(kg}\cdot\text{K)}\times300\text{K}}=13.67\text{kg/m}^3$$

$$\rho_2=\rho_1\left(\frac{p_2}{p_1}\right)^{\frac{1}{k}}=13.67\text{kg/m}^2\times\left(\frac{10\times98100\text{Pa}}{12\times98100\text{Pa}}\right)^{\frac{1}{1.4}}=12.01\text{kg/m}^3$$

$$T_2=\frac{p_2}{\rho_2R}=\frac{10\times98100\text{Pa}}{12.01\text{kg/m}^3\times287\text{J/(kg}\cdot\text{K)}}=284\text{K}$$

将各数值代入 v_2 式中，得

$$v_2=\sqrt{2010\text{m}^2/(\text{s}^2\cdot\text{K})\times(300-284)\text{K}+(100\text{m/s})^2}=210\text{m/s}$$

理想气体绝热流动的伯努利方程（9-11），不仅适用于无摩阻的绝热流，也适用于有黏性的实际气流。这是因为管流中只要管材不导热，摩擦所产生的热量将保存在管路中，所消耗的机械能转化为内能，其总和则保持不变。

这里要注意绝热流动在两种不同情况下的不同处理方法。在喷管中的流动，具有较高流速，较短行程，因而气流与壁面接触时间短，来不及进行热交换，摩擦损失亦可忽略，因此可按无摩擦绝热流动处理，此时应将绝热流动能量方程和等熵过程方程联立求解。至于有保温层的管路，一般摩擦作用不能忽略，属于有摩擦绝热流动，则应用后面介绍的绝热管路公式求流量后，再与绝热流动能量方程联立求得出口流速和密度。

9.2　声速、滞止参数、马赫数

9.2.1　声速

流体中某处受外力作用，使其压力发生变化，称为压力扰动，压力扰动就会产生压力波，向四周传播。传播速度的快慢，与流体内在性质——压缩性（或弹性）和密度有关。

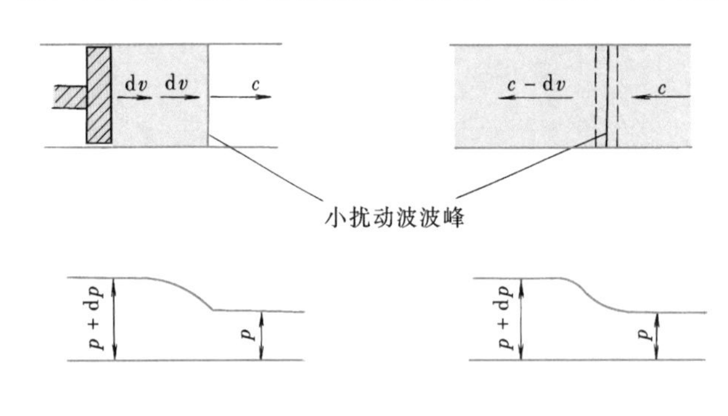

图9-3　声速传播物理过程

微小扰动在流体中的传播速度，就是声音在流体中的传播速度，以符号 c 表示声速。

c 是气体动力学重要参数，下面加以讨论。

取等断面直管（图9-3），管中充满静止的可压缩气体。活塞在力的作用下，有一微小速度 $\mathrm{d}v$ 向右移动，产生一个微小扰动的平面波。若定义扰动与未扰动的分界面为波峰，则波峰传播速度就是声音的传播速度 c。波峰所到之处，流体压强变为 $p+\mathrm{d}p$，密度变为 $\rho+\mathrm{d}\rho$。波峰未到之处，流体仍处于静止，压强、密度仍为静止时的 p、ρ。

为了分析方便起见，将坐标固定在波峰上，如图9-3所示。于是观察到波峰右侧原来静止的流体将以速度 c 向左运动，压强为 p、密度为 ρ。左侧流体将以 $c-\mathrm{d}v$ 向左运动，其压强为 $p+\mathrm{d}p$，密度为 $\rho+\mathrm{d}\rho$。取图中虚线所示区域为控制体，波峰处于控制体中，当波峰两侧的控制面无限接近时，控制体体积趋近于零。

设管道截面积为 A，对控制体写出连续性方程

$$c\rho A=(c-\mathrm{d}v)(\rho+\mathrm{d}\rho)A$$

展开略去二阶小量，得

$$\frac{\mathrm{d}\rho}{\rho}=\frac{\mathrm{d}v}{c} \tag{9-20}$$

对控制体建立动量方程，由于控制体的体积趋近于零，质量力为零，且可忽略切应力的作用，于是动量方程可写成

$$pA-(p+\mathrm{d}p)A=\rho cA[(c-\mathrm{d}v)-c]$$

整理可得

$$\mathrm{d}p=\rho\cdot c\mathrm{d}v \tag{9-21}$$

由式（9-20）及式（9-21），消去 $\mathrm{d}v$ 可得声速公式

$$c^2=\frac{\mathrm{d}p}{\mathrm{d}\rho} \tag{9-22}$$

$$c=\sqrt{\frac{\mathrm{d}p}{\mathrm{d}\rho}} \tag{9-23}$$

式（9-23）虽然是从微小扰动平面波导出，但它也同样适用于球面波。

式（9-23）对气体、液体都适用。回顾 1.2 节中关于压缩性论述中曾给出流体的弹性模量与压缩系数关系

$$E=\frac{1}{\alpha_{\mathrm{p}}}=\rho\frac{\mathrm{d}p}{\mathrm{d}\rho}$$

将式（9-23）代入，得

$$E=\frac{1}{\alpha_{\mathrm{p}}}=\rho c^2$$

所以

$$c=\sqrt{\frac{E}{\rho}} \tag{9-24}$$

上式说明声速与流体弹性模量平方根成正比，与流体密度平方根成反比。声速在一定程度上反映出压缩性的大小。

声波传播速度很快，在传播过程中与外界来不及进行热量交换，且忽略切应力作用，无能量损失，所以整个传播过程可视为等熵过程。

应用气体等熵过程方程式

$$\frac{p}{\rho^k}=C$$

微分上式，有

$$\mathrm{d}p=C\cdot k\rho^{k-1}\mathrm{d}\rho$$

则

$$\frac{\mathrm{d}p}{\mathrm{d}\rho}=C\cdot k\cdot\rho^{k-1}=\frac{p}{\rho^k}\cdot k\cdot\rho^{k-1}=k\cdot\frac{p}{\rho}$$

再将完全气体状态方程 $\frac{p}{\rho}=RT$ 代入，得

$$\frac{\mathrm{d}p}{\mathrm{d}\rho}=k\frac{p}{\rho}=kRT \tag{9-25}$$

将式（9-25）代入声速公式中，于是得到气体中声速公式

$$c=\sqrt{\frac{\mathrm{d}p}{\mathrm{d}\rho}}=\sqrt{k\frac{p}{\rho}}=\sqrt{kRT} \tag{9-26}$$

从式（9-26）中得出：

（1）不同的气体有不同的绝热指数 k 及不同的气体常数 R，所以各种气体有各自的声速值。

如常压下，15℃空气中的声速，因空气 $k=1.4$；$R=287\mathrm{J/(kg\cdot K)}=287\mathrm{N\cdot m/(kg\cdot K)}=287\mathrm{m^2/(s^2\cdot K)}$；$T=(273+15)\mathrm{K}=288\mathrm{K}$。

$$c=\sqrt{kRT}=\sqrt{1.4\times287\mathrm{m^2/(s^2\cdot K)}\times288\mathrm{K}}=340\mathrm{m/s}$$

压力及温度与空气相同时，氢气中的声速为 $c=1295\mathrm{m/s}$。

（2）同一气体中声速将随温度变化，它与气体的绝对温度平方根成正比。如常压下空气中声速

$$c=20.1\sqrt{T}\qquad(\mathrm{m/s}) \tag{9-27}$$

9.2.2　滞止参数

气流某断面的流速，设想以无摩擦绝热过程降低至零时，断面各参数所达到的值，称为气流在该断面的滞止参数。滞止参数以下标“0”表示。例如 p_0、ρ_0、T_0、i_0、c_0 等相应地称为滞止压强、滞止密度、滞止温度、滞止焓值和滞止声速。

断面滞止参数可根据能量方程及该断面参数值求出。用式（9-11）及式（9-16）可得

$$\frac{k}{k-1}\cdot\frac{p_0}{\rho_0}+0=\frac{k}{k-1}\cdot\frac{p}{\rho}+\frac{v^2}{2}$$

$$\frac{k}{k-1}RT_0=\frac{k}{k-1}RT+\frac{v^2}{2} \tag{9-28}$$

$$i_0=i+\frac{v^2}{2} \tag{9-29}$$

又因 $c=\sqrt{kRT}$ 称为当地声速，则 $c_0=\sqrt{kRT_0}$ 称为滞止声速。代入式（9-28）中得

$$\frac{c_0^2}{k-1}=\frac{c^2}{k-1}+\frac{v^2}{2} \tag{9-30}$$

式（9-28）、式（9-29）和式（9-30）表明：

（1）等熵流动中，各断面滞止参数不变，其中 T_0、i_0、c_0 反映了包括热能在内的气流全部能量。

（2）等熵流动中，气流速度若沿流增大，则气流温度 T、焓 i、声速 c 沿程降低。

（3）由于当地气流速度 v 的存在，同一气流中当地声速 c 永远小于滞止声速 c_0。气流中最大声速是滞止时的声速 c_0。

气体绕物体流动时，其驻点速度为零，驻点处的参数就是滞止参数。

在有摩阻绝热气流中，各断面上滞止温度 T_0、滞止焓 i_0 和滞止声速 c_0 值不变，表示总能量不变，但因摩阻消耗的一部分机械能量转化为热能，使滞止压强 p_0 沿程降低。

在有摩阻等温气流中，气流和外界不断交换热量，使滞止温度 T_0 沿程变化。

9.2.3　马赫数 *Ma*

如前述，声速大小在一定程度上反映气体可压缩性大小。当气流速度增大，则声速越小，压缩现象越显著。马赫首先将有关影响压缩效果的 v 与 c 两个参数联系起来，取指定

点的当地速度 v 与该点当地声速 c 的比值为马赫数 Ma。

$$Ma=\frac{v}{c} \tag{9-31}$$

$Ma>1$，$v>c$，即气流本身速度大于声速，则气流中参数的变化不能向上游传播，这就是超声速流动。

$Ma<1$，$v<c$，气流本身速度小于声速，则气流中参数的变化能够各向传播，这就是亚声速流动。

Ma 数是气体动力学中一个重要的无因次数，它反映惯性力与弹性力的相对比值。如同雷诺数一样，是确定气体流动状态的准则数。

【例 9-3】 某飞机在海平面和 11000m 高空均以速度为 1150km/h 飞行，问这架飞机在海平面和在 11000m 高空的飞行马赫数是否相同？

【解】 飞机的飞行速度

$$v=1150\text{km/h}=319\text{m/s}$$

由于海平面上的声速为 340m/s，故在海平面上的马赫数为 $Ma=\frac{319\text{m/s}}{340\text{m/s}}=0.938$，即亚声速飞行。

在 11000m 高空的声速为 295m/s，故在 11000m 高空的马赫数为 $Ma=\frac{319\text{m/s}}{295\text{m/s}}=1.08$，即超声速飞行。

现将滞止参数与断面参数比表示为马赫数的函数。利用 $\frac{k}{k-1}RT_0=\frac{k}{k-1}RT+\frac{v^2}{2}$ 求出：

$$\frac{T_0}{T}=1+\frac{k-1}{2}\cdot\frac{v^2}{kRT}=1+\frac{k-1}{2}\cdot\frac{v^2}{c^2}=1+\frac{k-1}{2}Ma^2 \tag{9-32}$$

根据等熵过程方程及气体状态方程可推出

$$\left.\begin{aligned}\frac{p_0}{p}&=\left(\frac{T_0}{T}\right)^{\frac{k}{k-1}}=\left(1+\frac{k-1}{2}Ma^2\right)^{\frac{k}{k-1}}\\ \frac{\rho_0}{\rho}&=\left(\frac{T_0}{T}\right)^{\frac{1}{k-1}}=\left(1+\frac{k-1}{2}Ma^2\right)^{\frac{1}{k-1}}\\ \frac{c_0}{c}&=\left(\frac{T_0}{T}\right)^{\frac{1}{2}}=\left(1+\frac{k-1}{2}Ma^2\right)^{\frac{1}{2}}\end{aligned}\right\} \tag{9-33}$$

显然，已知滞止参数及该断面上的 Ma，即可求出该断面上的压强、密度和温度值。

9.2.4 气流按不可压缩处理的极限

从式（9-33）看出，当 $Ma>0$ 时，气体在不同速度 v 下都具有不同程度的压缩，那么 Ma 数在什么限度以内才可以忽略压缩影响？这要根据计算要求的精度来决定。

例如，计算滞止点 0 压强 p_0（图 9-4），要求误差 $\Delta p_0/\frac{\rho v^2}{2}$ 小于 1%。求马赫数的限界范围。

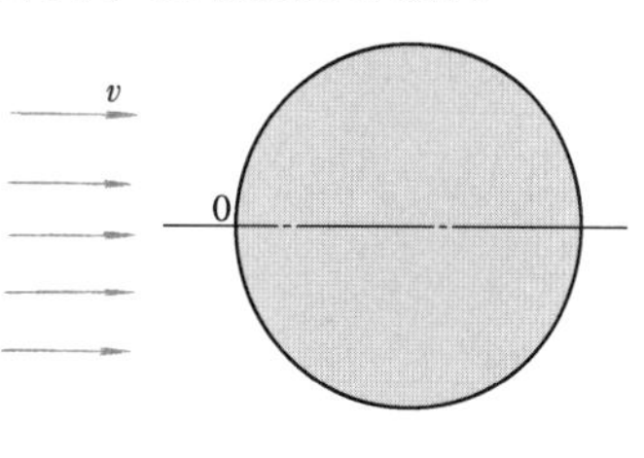

图 9-4 滞止点压强

当考虑压缩性时，计算滞止压强 p_0 用式（9-33），即

$$\frac{p_0}{p}=\left(1+\frac{k-1}{2}Ma^2\right)^{\frac{k}{k-1}} \tag{9-34}$$

不考虑压缩性时，可按不可压缩的能量方程计算，滞止压强用 p_0' 表示，有

$$p_0' = p+\frac{\rho v^2}{2} \tag{9-35}$$

将式（9-34）按二项式定理展开，取前三项，则有

$$\frac{p_0}{p}=1+\frac{k}{2}Ma^2+\frac{k}{8}Ma^4 \tag{9-36}$$

又因 $Ma=\frac{v}{c}=\sqrt{\frac{\rho v^2}{kp}}$，所以 $Ma^2=\frac{\rho v^2}{kp}$，代入上式中求出 p_0 为

$$p_0=p+\frac{\rho v^2}{2}+\frac{\rho v^2}{2}\cdot\frac{Ma^2}{4} \tag{9-37}$$

用式（9-37）减式（9-35）得出 $p_0-p_0'=\Delta p_0$，称为绝对误差。

$$\Delta p_0=\frac{\rho v^2}{2}\cdot\frac{Ma^2}{4}$$

因而

$$\frac{\Delta p_0}{\frac{\rho v^2}{2}}=\frac{Ma^2}{4} \tag{9-38}$$

称 $\Delta p_0/\frac{\rho v^2}{2}$ 为相对误差。

当要求误差小于1%时，即

$$\frac{\Delta p_0}{\frac{\rho v^2}{2}}=\frac{Ma^2}{4}<0.01$$

有

$$Ma^2<0.04,\ Ma<0.2$$

这就是说，$Ma<0.2$ 时便满足了限定的相对误差小于1%，因此 $Ma\leqslant 0.2$ 时可忽略气体的可压缩性，按不可压缩气体处理。

对于15℃的空气，$c=340\text{m/s}$，则 $Ma\leqslant 0.2$ 时，相对气流速度 $v\leqslant Ma\cdot c=0.2\times 340\text{m/s}=68\text{m/s}$，这就是在第1章中提到的当气流速度 $v<68\text{m/s}$ 时，可按不可压缩流体处理的理由。

当要求相对误差小于4%时，Ma 为0.4，其空气速度为136m/s（计算从略）。

对 $Ma=0.2$ 及 $Ma=0.4$ 的两种情况，用式（9-33）中的密度比式

$$\frac{\rho_0}{\rho}=\left(1+\frac{k-1}{2}Ma^2\right)^{\frac{1}{k-1}}$$

计算密度的相对变化 $\frac{\rho_0-\rho}{\rho}$。

当 $Ma=0.2$、空气 $k=1.4$ 时，有

$$\frac{\rho_0}{\rho}=\left(1+\frac{1.4-1}{2}\times 0.2^2\right)^{\frac{1}{1.4-1}}=(1+0.008)^{2.5}=1.021$$

则密度相对变化为

$$\frac{\rho_0-\rho}{\rho}=\frac{1.021\rho-\rho}{\rho}=1.021-1=2.1\%$$

当 $Ma=0.4$ 时，其密度相对变化为

$$\frac{\rho_0-\rho}{\rho}=\frac{\rho_0}{\rho}-1=(1+0.32)^{2.5}-1=0.082=8.2\%$$

计算结果表明，当 Ma 稍有增大，则密度相对变化就很显著，随着 Ma 的增大（即气流速度加快），则气流密度减小得越来越显著。

9.3　气体一元恒定流动的连续性方程

9.3.1　连续性微分方程

第 3 章已给出了连续性方程

$$\rho vA=\text{常量}$$

对管流任意两断面，有

$$\rho_1 v_1 A_1=\rho_2 v_2 A_2$$

为了反映流速变化和断面变化的相互关系，对上式微分

$$\mathrm{d}(\rho vA)=\rho v\mathrm{d}A+vA\mathrm{d}\rho+\rho A\mathrm{d}v=0 \tag{9-39}$$

或

$$\frac{\mathrm{d}v}{v}+\frac{\mathrm{d}\rho}{\rho}+\frac{\mathrm{d}A}{A}=0 \tag{9-40}$$

对于理想气体，根据式（9-1），有

$$\frac{\mathrm{d}p}{\rho}+v\mathrm{d}v=0$$

消去密度 ρ，并将 $c^2=\frac{\mathrm{d}p}{\mathrm{d}\rho}$、$Ma=\frac{v}{c}$ 代入，则可将式（9-40）表为断面 A 与气流速度 v 之间的关系式

$$\frac{\mathrm{d}A}{A}=(Ma^2-1)\frac{\mathrm{d}v}{v} \tag{9-41}$$

这是可压缩理想流体连续性微分方程的又一形式。

9.3.2　气流速度与断面的关系

讨论式（9-41），可得下面重要结论：

（1）$Ma<1$ 为亚声速流动，$v<c$，因此式（9-41）中 $Ma^2-1<0$ 时，$\mathrm{d}v$ 与 $\mathrm{d}A$ 正负号相反，说明速度随断面的增大而减慢，随断面的减小而加快。这与不可压缩流体运动规律相同（图 9-5*a*）。

（2）$Ma>1$ 为超声速流动，$v>c$，式中 $Ma^2-1>0$，$\mathrm{d}v$ 与 $\mathrm{d}A$ 正负号相同，说明速度随断面的增大而加快，随断面的减小而减慢（图 9-5*b*）。

为什么超声速流动和亚声速流动存在着上述截然相反的规律呢？

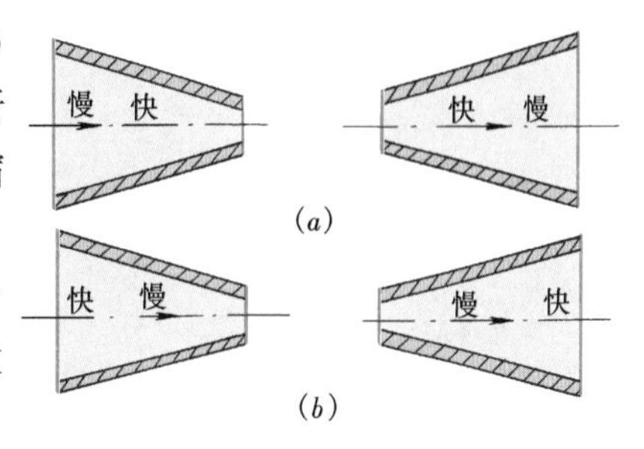

图 9-5　气流速度与断面关系
（*a*）$Ma<1$；（*b*）$Ma>1$

从可压缩流体在两种流动中，其膨胀程度与速度变化之间的关系说明，应用

$$\frac{\mathrm{d}p}{\rho}+v\mathrm{d}v=0$$

$$c^2=\frac{\mathrm{d}p}{\mathrm{d}\rho},\ \mathrm{d}p=c^2\mathrm{d}\rho$$

且
$$Ma=\frac{v}{c}$$

得
$$\frac{\mathrm{d}\rho}{\rho}=-Ma^2\frac{\mathrm{d}v}{v} \tag{9-42}$$

式（9-42）中 $\mathrm{d}\rho$ 与 $\mathrm{d}v$ 符号相反，表明速度增加，密度减小。但 $Ma<1$ 时，Ma^2 也小于1，于是$\frac{\mathrm{d}\rho}{\rho}$小于$\frac{\mathrm{d}v}{v}$。也就是说亚声速流动中，速度增加得快，而密度减小得慢，气体的膨胀程度很不显著。因此，ρv 乘积随 v 的增加而增加。若两断面上速度为 $v_1<v_2$，则 $\rho_1 v_1<\rho_2 v_2$，根据连续性方程 $\rho_1 v_1 A_1=\rho_2 v_2 A_2$，则必有 $A_1>A_2$。

反之亦然。所以亚声速流动中，存在着与不可压缩流体相同的速度与断面呈反向变化的关系。

式（9-42），当 $Ma>1$ 时，Ma^2 也大于1，于是$\frac{\mathrm{d}\rho}{\rho}$大于$\frac{\mathrm{d}v}{v}$。这说明超声速流动中，虽然速度增加得较慢，密度却减小得很快，气体的膨胀程度非常明显，这就是密度相对变化$\left(\frac{\mathrm{d}\rho}{\rho}\right)$的特性，及在亚声速与超声速流动中的根本差别。

因此，ρv 乘积随 v 的增加而减小，若两断面速度为 $v_1<v_2$，则 $\rho_1 v_1>\rho_2 v_2$，同样根据 $\rho_1 v_1 A_1=\rho_2 v_2 A_2$，则必有 $A_1<A_2$。所以，超声速流动中速度与断面呈同向变化的关系，即通常所说：速度随断面一起增大。

根据上述分析，将 A、v、p、ρ 及 ρv 等与马赫数之间的关系，用图表来说明，如表9-1所示。

超声速与亚声速各参数随马赫数的变化关系　　　表9-1

	流　向	面积 (A)	流　速 (v)	压　力 (p)	密　度 (ρ)	单位面积质量流量 (ρv)
亚声速流动 $Ma<1$		增　大	减　小	增　大	增　大	减　小
		减　小	增　大	减　小	减　小	增　大
超声速流动 $Ma>1$		增　大	增　大	减　小	减　小	减　小
		减　小	减　小	增　大	增　大	增　大

（3）$Ma=1$ 即气流速度与当地声速相等，此时称气体处于临界状态。气体达到临界

状态的断面，称为临界断面。临界断面 A_k 上的参数称为临界参数（用脚标“k”表示）。临界气流速度 v_k、临界当地声速 c_k，因 $Ma=1$，所以 $v_k=c_k$。还有 p_k、ρ_k、T_k 等临界参数。$Ma=1$ 时，式（9-41）中（Ma^2-1）$=0$，则必有 $dA=0$，联系式（9-42），当 $Ma=1$ 时，说明临界断面上，密度的相对变化 $\frac{d\rho}{\rho}$ 增或减等于速度相对变化 $\frac{dv}{v}$ 的减或增，所以断面不需要变化。

从数学概念来说，临界断面的微分 $dA=0$，可以是极小断面，也可以是极大断面。下面证明，速度等于声速不可能在最大断面上达到，即临界断面只能是最小断面。如气流以超声速 $v>c$ 流入扩张管道，见图 9-6（a），由于断面扩大，流速增大，因此速度仍为超声速，且越来越大，不会出现声速，也就不可能有最大临界断面；反之，如果气流以亚声速 $v<c$ 流入扩张管道，如图 9-6（b）所示，由于断面扩大而流速降低，因此流速仍为亚声速，永远不会达到声速。于是证明了临界断面 A_k 只能是最小断面。

根据以上所述可得结论：对于初始断面为亚声速的一般收缩形气流，见图 9-7（a），不可能得到超声速流动，最多是在收缩管出口断面上达到声速。因为在收缩管中间断面上，不可能有 $dA=0$ 的最小断面。

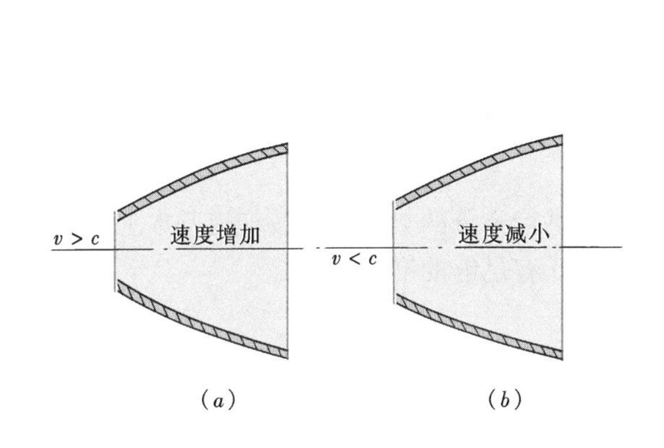

图 9-6　临界断面只能是最小断面

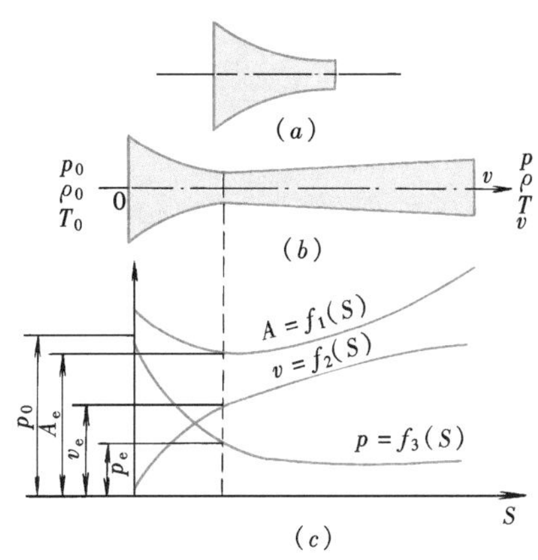

图 9-7　收缩管嘴、拉伐尔喷管

为了得到超声速气流，可使亚声速气流流经收缩管，并使其在最小断面上达到声速，然后再进入扩张管，满足气流的进一步膨胀增速，便可获得超声速气流。这就确定了从亚声速获得超声速的喷管形状，见图 9-7（b），此种喷管称为拉伐尔喷管。在图 9-7（c）上表示了沿拉伐尔喷管长度方向上，断面 A、速度 v 和压力 p 的变化特性。

关于拉伐尔喷管及渐缩喷嘴的流动，仅作如上简介，因为热力学中已有详细讨论，不再重复。

9.4　等温管路中的流动

用管道输送气体，在工程中应用极为广泛，如高压蒸汽管道、燃气管道。这类问题都涉及气流在管路中的流动。本节在前三节主要讨论理想气体流动的基础上讨论实际气体在等断面管路中的等温流动。

9.4.1　气体管路运动微分方程

气体沿等断面管道流动时，由于摩擦阻力存在，使其压强、密度沿程有所改变，因而气流速度沿程也将变化，这样使计算摩擦阻力的达西公式不能用于全长 l 上，只能适用于 $\mathrm{d}l$ 微段上，于是微段 $\mathrm{d}l$ 上的单位质量气体沿程损失为

$$\mathrm{d}h_{\mathrm{f}}=\lambda \cdot \frac{\mathrm{d}l}{D} \cdot \frac{v^2}{2} \tag{9-43}$$

将式（9-43）加到理想气体一元流动的欧拉微分方程式（9-1）中，便得到了实际气体的一元运动微分方程，即气体管路的运动微分方程式：

$$\frac{\mathrm{d}p}{\rho}+v\mathrm{d}v+\frac{\lambda}{2D} \cdot v^2\mathrm{d}l=0 \tag{9-44}$$

或写为

$$\frac{2\mathrm{d}p}{\rho v^2}+2\frac{\mathrm{d}v}{v}+\frac{\lambda}{D}\mathrm{d}l=0 \tag{9-45}$$

式中，λ 是沿程阻力系数。λ 与 $Re=\frac{\rho vD}{\mu}$ 及相对粗糙度 $\frac{K}{D}$ 有关。（1）D 是一个常数（等断面），管材一定，则 $\frac{K}{D}$ 亦一定；（2）μ 是温度的函数，那么等温流动中 μ 不变（绝热流动中 μ 随温度变化）；（3）等断面管道，A 是常数，从连续性方程知 $\rho vA=$常数，所以 $\rho v=$常数。因此，在等温流动中，$Re=\frac{\rho vD}{\mu}$ 是一个常数，管道上任何断面上的 Re 数都相等。由以上分析可知，等温流动中，沿程阻力系数 λ 恒定不变。

9.4.2　管中等温流动

工程实际中的管道很长，气体与外界有可能进行充分的热交换，使气流基本上保持着与周围环境相同的温度，此时，按等温流动处理，有足够的准确性。

根据连续性方程，质量流量 Q_{m} 为

$$Q_{\mathrm{m}}=\rho_1 v_1 A_1=\rho_2 v_2 A_2=\rho vA$$

因 $A_1=A_2=A$

得出

$$\frac{v}{v_1}=\frac{\rho_1}{\rho} \tag{9-46}$$

等温流动有

$$\frac{p}{\rho}=\frac{p_1}{\rho_1}=RT=C$$

则

$$\frac{\rho_1}{\rho}=\frac{p_1}{p} \tag{9-47}$$

代入式（9-46），于是

$$\frac{\rho_1}{\rho}=\frac{p_1}{p}=\frac{v}{v_1} \tag{9-48}$$

又可导出

$$\frac{1}{\rho v^2}=\frac{p}{\rho_1 v_1^2 p_1} \tag{9-49}$$

将式（9-49）代入式（9-45）中，并对长度为 l 的1、2两断面进行积分（见图9-8），

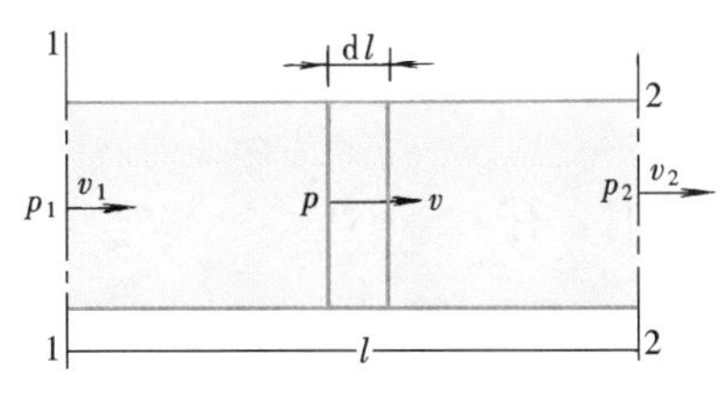

图 9-8 管流

得

$$\frac{2}{\rho_1 v_1^2 p_1}\int_1^2 p\mathrm{d}p + 2\int_1^2 \frac{\mathrm{d}v}{v} + \frac{\lambda}{D}\int_1^2 \mathrm{d}l = 0$$

得出

$$p_1^2 - p_2^2 = \rho_1 v_1^2 p_1 \left(2\ln\frac{v_2}{v_1} + \frac{\lambda l}{D}\right) \tag{9-50}$$

因管道较长，满足

$$2\ln\frac{v_2}{v_1} \ll \frac{\lambda l}{D}$$

上式可写成

$$p_1^2 - p_2^2 = \rho_1 v_1^2 p_1 \cdot \frac{\lambda l}{D} \tag{9-51}$$

$$p_2 = \sqrt{p_1^2 - \rho_1 v_1^2 p_1 \frac{\lambda l}{D}}$$

$$p_2 = p_1\sqrt{1 - \frac{\rho_1 v_1^2}{p_1} \cdot \frac{\lambda l}{D}} \tag{9-52}$$

等温时

$$\frac{p_1}{\rho_1} = RT$$

$$p_2 = p_1\sqrt{1 - \frac{v_1^2}{RT} \cdot \frac{\lambda l}{D}} \tag{9-53}$$

式（9-50）～式（9-53）就是等温管路的基本公式。

将 $\rho_1 = \dfrac{p_1}{RT}$、$v_1 = \dfrac{Q_m}{\frac{\pi}{4}\rho_1 D^2}$ 代入式（9-51）中得

$$p_1^2 - p_2^2 = \frac{16\lambda l RTQ_m^2}{\pi^2 D^5} \tag{9-54}$$

求得 Q_m 为

$$Q_m = \sqrt{\frac{\pi^2 D^5}{16\lambda l RT}(p_1^2 - p_2^2)} \tag{9-55}$$

以上各式都是在等温管流中静压差较大，考虑压缩性的情况下应用，故又称为大压差公式。式（9-55）是气体管路设计计算中常使用的公式。

9.4.3 等温管流的特征

气体管路运动微分方程

$$\frac{\mathrm{d}p}{\rho} + v\mathrm{d}v + \frac{\lambda}{2D}v^2\mathrm{d}l = 0$$

将上式各项除以 $\dfrac{p}{\rho}$ 得

$$\frac{\mathrm{d}p}{p} + \frac{v\mathrm{d}v}{p/\rho} + \frac{v^2}{p/\rho} \cdot \frac{\lambda \mathrm{d}l}{2D} = 0 \tag{9-56}$$

完全气体状态方程式的微分形式为

$$\frac{dp}{p}=\frac{d\rho}{\rho}+\frac{dT}{T}$$

等温时，有
$$dT=0,\ \frac{dp}{p}=\frac{d\rho}{\rho} \tag{9-57a}$$

连续性微分方程式当断面不变时，$dA=0$，则有

$$\frac{d\rho}{\rho}=-\frac{dv}{v} \tag{9-57b}$$

由（9-57a）、（9-57b）二式得

$$\frac{d\rho}{\rho}=\frac{dp}{p}=-\frac{dv}{v} \tag{9-57}$$

由声速公式得

$$c^2=k\cdot\frac{p}{\rho} \tag{9-57c}$$

将（9-57a）、（9-57b）、（9-57c）三式代入式（9-56）中，得

$$-\frac{dv}{v}+kMa^2\frac{dv}{v}+kMa^2\frac{\lambda dl}{2D}=0$$

$$\frac{dv}{v}=\frac{kMa^2}{(1-kMa^2)}\cdot\frac{\lambda dl}{2D} \tag{9-58}$$

又可得出

$$-\frac{dp}{p}=\frac{dv}{v}=\frac{kMa^2}{(1-kMa^2)}\cdot\frac{\lambda dl}{2D} \tag{9-59}$$

讨论上两式：

（1）当 l 增加，摩阻增加，将引起如下结果：

当 $kMa^2<1$，$1-kMa^2>0$，使 v 增加，p 减小。

当 $kMa^2>1$，$1-kMa^2<0$，使 v 减小，p 增加。

变化率随摩阻的增大而增大。

（2）虽然在 $kMa^2<1$ 时，摩阻沿流增加，使速度不断增加，但由于 $1-kMa^2$ 不能等于零，使流速无限增大，所以管路出口断面上 Ma 不可能超过$\sqrt{\frac{1}{k}}$，只能是 $Ma\leqslant\frac{1}{\sqrt{k}}$。

按照热力学第二定律，有摩擦的管道流动，沿流动熵增加，如果在某断面流动状态达到与最大熵值所对应的状态，那么，流动状态将不可能再进一步变化。当入口 $kMa^2<1$，沿着管道，马赫数和流速增加而压强减少，对于某一给定的背压强（即管道出口的外界压强），当管长增加时，出口马赫数亦增大，直到出口马赫数变为 $Ma=\sqrt{1/k}$ 为止，这时出口为最大熵值所对应的状态，管道流动出现“壅塞”。若背压强进一步减小，这时管道出口压强保持不变，管外会出现外部膨胀使其适应背压强的要求，而管内流动不变。因此，在应用流量公式（9-55）时，一定要用 Ma 是否小于$\sqrt{\frac{1}{k}}$检验计算正确与否，如出口断面上 Ma 大于$\frac{1}{\sqrt{k}}$，则实际流量只能按 $Ma=\frac{1}{\sqrt{k}}$计算。只有当出口断面 Ma 小于$\frac{1}{\sqrt{k}}$时，计算才有效。

（3）在 $Ma=\frac{1}{\sqrt{k}}$ 的 l 处求得的管长就是等温管流的最大管长，如实长超过最大管长，将使进口断面流动受阻，流速减小，使其出口 $Ma=\frac{1}{\sqrt{k}}$。

【例 9-4】 有一直径 $D=100\text{mm}$ 的输气管道，在某一断面处测得压强 $p_1=980\text{kPa}$，温度 $t_1=20℃$，速度 $v_1=30\text{m/s}$。试问气流流过距离 $l=100\text{m}$ 后，压强降为多少？

【解】（1）空气在 20℃时，查得运动黏度为 $\nu=15.7\times10^{-6}\text{m}^2/\text{s}$

计算出雷诺数

$$Re=\frac{vD}{\nu}=\frac{30\text{m/s}\times0.1\text{m}}{15.7\times10^{-6}\text{m}^2/\text{s}}=1.92\times10^5>2320$$

故为紊流，采用 $\lambda=0.0155$。

应用式（9-53），有

$$p_2=p_1\sqrt{1-\frac{\lambda l v_1^2}{DRT}}=980\text{kPa}\times\sqrt{1-\frac{0.0155\times100\text{m}\times(30\text{m/s})^2}{0.1\text{m}\times287\text{J/(kg}\cdot\text{K)}\times293\text{K}}}=890\text{kPa}$$

相应的压降 $\Delta p=p_1-p_2=980\text{kPa}-890\text{kPa}=90\text{kPa}$

（2）校核是否 $Ma\leqslant\frac{1}{\sqrt{k}}$

从式（9-48）得

$$\frac{v_2}{v_1}=\frac{p_1}{p_2}$$

所以

$$v_2=v_1\frac{p_1}{p_2}=30\text{m/s}\times\frac{980\text{kPa}}{890\text{kPa}}\approx33\text{m/s}$$

$$c=\sqrt{kRT}=\sqrt{1.4\times287\text{J/(kg}\cdot\text{K)}\times293\text{K}}=343\text{m/s}$$

$$Ma=\frac{v}{c}=\frac{33\text{m/s}}{343\text{m/s}}=0.096$$

$$\sqrt{\frac{1}{k}}=\sqrt{\frac{1}{1.4}}=0.845$$

所以

$$Ma<\frac{1}{\sqrt{k}}$$

这说明计算有效，也说明此时管路实长 $l=100\text{m}$ 小于最大管长。

9.5 绝热管路中的流动

工程中有些气体管路，往往用绝热材料包裹；有些管路压差很小，流速较高，管路又较短，这样可以认为气流对外界不发生热量交换。这些管路可近似按绝热流动处理。

9.5.1 绝热管路运动方程

有摩阻绝热流动，如前述仍可应用无摩阻绝热流动的方程式，但需加上摩阻损失项。正如第 3 章实际液体伯努利方程推导一样，是在理想伯努利方程之中加入损失项。

应用式（9-44），有

$$\frac{\mathrm{d}p}{\rho}+v\mathrm{d}v+\frac{\lambda}{2D}v^2\mathrm{d}l=0$$

式中的摩擦阻力系数 λ 在上节已论及，绝热流动时随温度变化，但可取其平均值 $\bar{\lambda}$：

$$\bar{\lambda}=\frac{\int_0^l \lambda \mathrm{d}l}{l} \tag{9-60}$$

实际应用中仍可用不可压缩流体的 λ 近似。

上式中密度 ρ，应用等熵绝热过程方程式 $p/\rho^k=C$ 求得 $\rho=C^{-\frac{1}{k}}p^{\frac{1}{k}}$，近似代替有摩阻作用的非等熵绝热过程管路中的密度。

又 $v=\frac{Q_m}{\rho A}$，代入上式，并用 v^2 除之得

$$\frac{A^2}{Q_m^2}\cdot C^{-\frac{1}{k}}\cdot p^{-\frac{1}{k}}\cdot \mathrm{d}p+\frac{\mathrm{d}v}{v}+\frac{\lambda}{2D}\mathrm{d}l=0 \tag{9-61}$$

将上式对长度 l 的 1、2 两断面进行积分得

$$\frac{A^2}{Q_m^2}\cdot C^{-\frac{1}{k}}\int_{p_1}^{p_2} p^{\frac{1}{k}}\mathrm{d}p+\int_{v_1}^{v_2}\frac{\mathrm{d}v}{v}+\frac{\lambda}{2D}\int_0^l \mathrm{d}l=0$$

$$\frac{k}{k+1}\cdot C^{-\frac{1}{k}}\left(p_1^{\frac{k+1}{k}}-p_2^{\frac{k+1}{k}}\right)=\frac{Q_m^2}{A^2}\cdot\left(\ln\frac{v_2}{v_1}+\frac{\lambda}{2D}l\right) \tag{9-62}$$

在实际应用中，认为对数项较摩擦损失项小，可忽略。上式变为

$$p_1^{\frac{k+1}{k}}-p_2^{\frac{k+1}{k}}=\frac{k+1}{k}\cdot C^{\frac{1}{k}}\cdot\frac{\lambda l Q_m{}^2}{2DA^2} \tag{9-63}$$

质量流量公式为

$$Q_m=\sqrt{\frac{2DA^2}{\lambda l}\cdot\frac{k}{k+1}\cdot\frac{\rho_1}{p_1^{\frac{1}{k}}}\left(p_1^{\frac{k+1}{k}}-p_2^{\frac{k+1}{k}}\right)} \tag{9-64}$$

上两式即为绝热管路流动基本公式，是有摩擦阻力的绝热管流近似解。

9.5.2　绝热管流的特性

如同讨论等温管流一样，应用式（9-56）及式（9-57*b*）和（9-57*c*）：

$$\frac{\mathrm{d}p}{p}+\frac{v\mathrm{d}v}{p/\rho}+\frac{v^2}{p/\rho}\cdot\frac{\lambda\mathrm{d}l}{2D}=0$$

$$\frac{\mathrm{d}\rho}{\rho}=-\frac{\mathrm{d}v}{v}$$

$$c^2=k\frac{p}{\rho}$$

再用等熵过程方程式

$$\frac{p}{\rho^k}=C;\ \ p=C\cdot\rho^k;\ \ \mathrm{d}p=C\cdot k\cdot\rho^{k-1}\mathrm{d}\rho$$

所以

$$\frac{\mathrm{d}p}{p}=k\cdot\frac{\mathrm{d}\rho}{\rho}$$

得

$$-k\frac{\mathrm{d}v}{v}+\frac{v\mathrm{d}v}{c^2/k}+\frac{\lambda\mathrm{d}l}{2D}\cdot\frac{v^2}{c^2/k}=0$$

$$-k\frac{\mathrm{d}v}{v}+kMa^2\frac{\mathrm{d}v}{v}+kMa^2\frac{\lambda\mathrm{d}l}{2D}=0$$

$$\frac{\mathrm{d}v}{v}(k-kMa^2)=kMa^2\frac{\lambda\mathrm{d}l}{2D}$$

所以

$$\frac{\mathrm{d}v}{v}=\frac{Ma^2}{1-Ma^2}\cdot\frac{\lambda\mathrm{d}l}{2D} \tag{9-65}$$

或

$$-\frac{\mathrm{d}p}{p}=\frac{kMa^2}{1-Ma^2}\cdot\frac{\lambda\mathrm{d}l}{2D} \tag{9-66}$$

讨论式（9-65）和式（9-66）：

（1）当 l 增加，摩阻增加，将引起下列结果：

$Ma<1$，$1-Ma^2>0$，v 增加，p 减小。

$Ma>1$，$1-Ma^2<0$，v 减小，p 增加。

变化率随摩阻的增加而增加。

（2）$Ma<1$ 时摩阻增加，引起速度增加。正如等温管流一样，在管路中间绝不可能出现临界断面。至出口断面上，马赫数只能是 $Ma_2\leqslant 1$。

（3）在 $Ma=1$ 的 l 处求得的管长就是绝热管流动的最大管长。如管道实长超过最大管长时与等温管流情况相似，将使进口断面流速受阻滞。

【例 9-5】 空气温度为 16℃，在 9.81×10^4Pa 压力下流出，管内径 D 为 10cm 的绝热管道，上游马赫数 $Ma=0.3$，压强比 $p_1/p_2=3$。求管长，并判断是否为可能的最大管长。

【解】（1）从马赫数 Ma_1 求 v_1

$$Ma_1=\frac{v_1}{\sqrt{kRT_1}}\quad\therefore v_1=Ma_1\sqrt{kRT_1}$$

空气 $k=1.4$，$R=287\mathrm{m^2/(s^2\cdot K)}$，$T_1=(273+16)K=289\mathrm{K}$，于是得

$$v_1=0.3\sqrt{1.4\times287\mathrm{m^2/(s^2\cdot K)}\times289\mathrm{K}}=102\mathrm{m/s}$$

（2）钢管

$$K=0.0046\mathrm{cm},\ \frac{K}{D}=0.00046$$

当空气温度为 16℃时，空气 $\nu=15.3\times10^{-6}\mathrm{m^2/s}$，有

$$Re=\frac{vD}{\nu}=\frac{102\mathrm{m/s}\times0.1\mathrm{m}}{15.3\times10^{-6}\mathrm{m^2/s}}=6.7\times10^5$$

可从第 4 章莫迪图查得 $\lambda=0.0175$

（3）应用绝热管流公式（9-64），有

$$Q_\mathrm{m}^2=\frac{2DA^2}{\lambda l}\cdot\frac{k}{k+1}\cdot\frac{\rho_1}{p_1^{\frac{1}{k}}}\left(p_1^{\frac{k+1}{k}}-p_2^{\frac{k+1}{k}}\right)$$

上式又可变为

$$Q_\mathrm{m}^2=\frac{\pi^2D^5}{8\lambda l}\cdot\frac{k}{k+1}\cdot\frac{p_1^2}{RT_1}\left[1-\left(\frac{p_2}{p_1}\right)^{\frac{k+1}{k}}\right]$$

$$\left(\rho_1v_1\frac{\pi}{4}D^2\right)^2=\frac{\pi^2D^5}{8\lambda l}\cdot\frac{k}{k+1}\cdot\frac{p_1^2}{RT_1}\left[1-\left(\frac{p_2}{p_1}\right)^{\frac{k+1}{k}}\right]$$

$$(\rho_1 v_1)^2=\frac{2D}{\lambda l}\cdot\frac{k}{k+1}\cdot\frac{p_1^2}{RT_1}\left[1-\left(\frac{p_2}{p_1}\right)^{\frac{k+1}{k}}\right]$$

$$\rho_1=\frac{p_1}{RT_1}=\frac{(10^4\times 9.81)\ \text{Pa}}{287\text{m}^2/(\text{s}^2\cdot\text{K})\ \times 289\text{K}}=1.183\text{kg/m}^3$$

于是 $$(1.183\text{kg/m}^3\times 102\text{m/s})^2=\frac{2\times 0.1\text{m}}{0.0175\times l}\times\frac{1.4}{2.4}\times\frac{(10^4\times 9.81\text{Pa})^2}{287\text{m}^2/(\text{s}^2\cdot\text{K})\ \times 289\text{K}}\times\left[1-\left(\frac{1}{3}\right)^{\frac{2.4}{1.4}}\right]$$

解得 $$l\approx 45\text{m}$$

(4) 判定是否为最大管长

因 $Ma_2=v_2/c_2$

v_2 从绝热伯努利方程及流量 $\rho_1 v_1$ 求得

$$\rho_1 v_1=1.183\text{kg/m}^3\times 102\text{m/s}=120.666\text{kg/(m}^2\cdot\text{s)}$$

$$\rho_2=\frac{120.666\text{kg/(m}^2\cdot\text{s)}}{v_2}$$

应用伯努利方程，有

$$\frac{k}{k-1}\cdot\frac{p_1}{\rho_1}+\frac{v_1^2}{2}=\frac{k}{k-1}\cdot\frac{p_2}{\rho_2}+\frac{v_2^2}{2}$$

$$3.5\times\frac{(10^4\times 9.81)\ \text{Pa}}{1.183\text{kg/m}^3}+\frac{(102\text{m/s})^2}{2}=3.5\times\frac{\frac{1}{3}\times\ (10^4\times 9.81)\ \text{Pa}}{\frac{120.666\text{kg/(m}^2\cdot\text{s)}}{v_2}}+\frac{v_2^2}{2}$$

$$295438.686=948.486v_2+\frac{v_2^2}{2}$$

求解取正值，得

$$v_2=272.4\text{m/s}$$

$$\rho_2=\frac{120.666\text{kg/(m}^2\cdot\text{s)}}{272.4\text{m/s}}\approx 0.443\text{kg/m}^3$$

$$c_2=\sqrt{1.4\times\frac{\frac{1}{3}\times\ (10^4\times 9.81)\ \text{Pa}}{0.443\text{kg/\ (m}^2\cdot\text{s)}}}=321.5\text{m/s}$$

$$Ma_2=\frac{272.4\text{m/s}}{321.5\text{m/s}}=0.847$$

$Ma_2<1$，所以此管长不是可能的最大管长。

本　章　小　结

本章主要阐述可压缩气体在管道中做恒定流动时的一些运动规律。

1. 理想气体一元恒定气流的基本方程（欧拉方程）为

$$\frac{\text{d}p}{\rho}+\text{d}\left(\frac{v^2}{2}\right)=0$$

在不同的热力过程下，积分方程可得不同热力过程下一元恒定气流的能量方程。如等熵流动：$\frac{p}{\rho^{\text{k}}}=$常数，有$\frac{k}{k-1}\frac{p}{\rho}+\frac{v^2}{2}=$常数。

等熵流动的能量方程也适用于实际流体不可逆的绝热流动。

2. 声速是微弱扰动波在流体中的传播速度。对于气体声速 $c=\sqrt{\mathrm{d}p/\mathrm{d}\rho}=\sqrt{kRT}$。气流速度与声速的比值称为马赫数，用 Ma 表示，即 $Ma=\frac{v}{c}$。根据马赫数小于或大于 1，将气体流动分为亚声速流动或超声速流动。

3. 滞止参数是指气流在某一断面的流速设想以无摩擦的绝热过程（即等熵过程）降低为零时，该断面上的其他参数所达到的数值。对于一元恒定等熵流动，滞止参数在整个流动过程中始终保持不变，因此可以作为一种参考状态参数。

4. 对于可压缩理想气体恒定一元流动，在亚声速流动时，速度随断面面积的增大而减小，随断面的减小而增大；而在超声速流动时，速度随断面面积的增大而增大，随断面的减小而减小。

5. 实际气体在等截面管路中恒定流动的运动微分方程为

$$\frac{\mathrm{d}p}{\rho}+v\mathrm{d}v+\frac{\lambda}{2D}v^2\mathrm{d}l=0$$

分别代入等温和绝热条件积分后可得等温和绝热管流的流量计算式。

习　题

9-1　分析理想气体绝热流动伯努利方程各项意义，并与不可压缩流体伯努利方程相比较。

9-2　试分析理想气体一元恒定流动的连续性方程意义，并与不可压缩流体的连续性方程比较。

9-3　当地速度 v，当地声速 c，滞止声速 c_0，临界声速 c_k，说明各自的意义，以及它们之间的关系。

9-4　为什么说亚声速气流在收缩形管路中，无论管路多长，也得不到超声速气流？

9-5　在超声速流动中，速度随断面积增大而增大的关系，其物理实质是什么？

9-6　在什么样的条件下，才可能把管流视为绝热流动？或等温流动？

9-7　试分析等断面实际气体等温流动时，沿流程速度 v、密度 ρ、压强 p、温度 T 是怎样变化的？

9-8　同上题，分析绝热管流沿程 v、ρ、p、T 如何变化？

9-9　为什么等温管流在出口断面上的马赫数 $Ma_2\leqslant\sqrt{\frac{1}{k}}$？

9-10　为什么绝热管流在出口断面上的马赫数 Ma_2 只能≤1？

9-11　若要求 $\Delta p/\frac{\rho v^2}{2}$ 小于 0.05 时，对 20℃空气按不可压缩处理的限定速度是多少？

9-12　有一收缩形喷嘴（如图 9-2 所示），已知绝对压强 $p_1=140\text{kPa}$，$p_2=100\text{kPa}$，$v_1=80\text{m/s}$，$T_1=293\text{K}$，求 2-2 断面上的速度 v_2。

9-13　某一绝热气流的马赫数 $Ma=0.8$，并已知其滞止压强 $p_0=5\times98100\text{Pa}$，温度 $t_0=20℃$，试求滞止声速 c_0、当地声速 c、气流速度 v 和气流绝对压强 p 各为多少？

9-14　有一台风机进口的空气速度为 v_1，温度为 T_1，出口空气压强为 p_2，温度为 T_2，出口断面面积为 A_2，若输入风机的轴功率为 N，试求风机质量流量 Q_m（空气定压比热为 c_p）。

9-15　空气在直径为 10.16cm 的管道中流动，其质量流量是 1kg/s，滞止温度为 38℃，在管路某断面处的静压为 41360Pa，假定为等熵流动，试求该断面处的马赫数、速度及滞止压强。

9-16　在管道中流动的空气，流量为 0.227kg/s。某处绝对压强为 137900Pa，马赫数 $Ma=0.6$，断面面积为 6.45cm^2。假定为等熵流动，试求气流的滞止温度。

9-17　毕托管测得静压为 35850Pa（表压），驻点压强与静压差为 65.861kPa，由气压计读得大气压为 100.66kPa，而空气流的滞止温度为 27℃。分别按不可压缩和可压缩等熵情况计算空气流的速度。

9-18　空气管道某一断面上 $v=106\text{m/s}$，$p=7\times98100\text{Pa}$，$t=16℃$，管径 $D=1.03\text{m}$。试计算该断面上的马赫数及雷诺数。（提示：设动力黏度 μ 在通常压强下不变）

9-19　16℃的空气在 $D=20\text{cm}$ 的钢管中做等温流动，沿管长 3600m 压降为 98kPa，假若初始绝对压强为 490kPa，设 $\lambda=0.032$，求质量流量。

9-20　已知燃气管路的直径为 20cm，长度为 3000m，气流绝对压强 $p_1=980\text{kPa}$，$T_1=300\text{K}$，沿程阻力系数 $\lambda=0.012$，燃气的气体常数 $R=490\text{J/(kg}\cdot\text{K)}$，绝热指数 $k=1.3$，当出口的外界压力为 490kPa 时，求质量流量（燃气管路不保温，流动可近似为等温流动）。

9-21　空气自 $p_0=1960\text{kPa}$，温度为 293K 的气罐中流出，沿长度为 20m，直径为 2cm 的管道流入 $p_2=392\text{kPa}$ 的介质中，设流动为等温流动，摩阻系数 $\lambda=0.015$，不计局部阻力损失，求出口质量流量。

9-22　空气在水平管中输送，管长 200m，管径 5cm，沿程阻力系数 $\lambda=0.016$，进口处绝对压强为 10^6 Pa，温度 20℃，流速 30m/s，求沿此管压降为多少？

若（1）气体作为不可压缩流体；

（2）可压缩等温流动；

（3）可压缩绝热流动；

试分别计算之。

部分习题答案

第10章　明渠流动与渗流

【要点提示】本章介绍恒定明渠流动和渗流。明渠流动以水深变化为中心，主要阐述明渠的分类及概念、明渠均匀流、非均匀急变流、棱柱形渠道非均匀渐变流水面线的定性分析。渗流以地下水流动为对象，主要阐述渗流模型、达西定律和渐变渗流的裘皮依公式。

明渠流动是水流的部分周界与大气接触，具有自由表面的流动。明渠流动由于自由表面上受大气压的作用，相对压强为零，所以又称为无压流。天然河道、人工渠道等中的水流都是明渠流动。明渠流动的水面不受固体边界的约束，若遇干扰，如渠底坡度的改变、断面形状或尺寸的改变、曲壁粗糙情况的不一致等，都将导致自由水面的升降。在一定的流量条件下，由于上下游控制条件的不同，同一明渠中的水流可以形成各种形式的水面线。明渠中的流动，重力起主导作用，流动有不同的流动状态。由此可见，解决无压的明渠流动问题比解决有压流动问题要复杂得多。

明渠的槽分棱柱形槽和非棱柱形槽两类。断面形状和尺寸保持不变的长直明槽称为棱柱形槽。棱柱形槽中过流断面面积的大小只随水深而变化。断面形状和尺寸沿程变化的明槽称为非棱柱形槽。非棱柱形槽中过流断面面积的大小既随水深变化，又随位置变化。

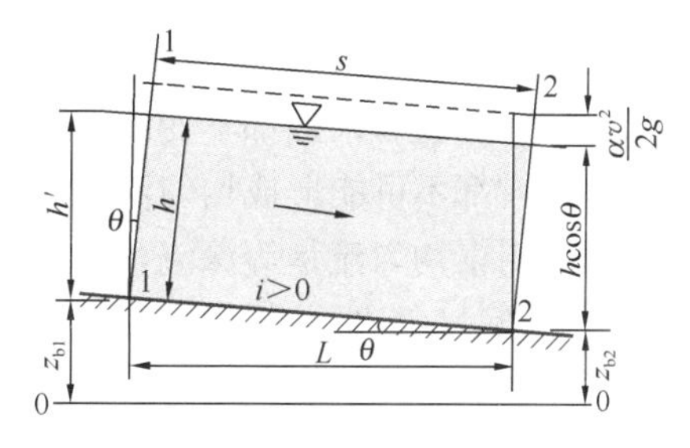

图10-1　明渠的底坡

渠底与纵剖面的交线称为渠底线。渠底线与水平线的夹角θ的正弦称为渠底纵坡或底坡，以符号i表示。如图10-1所示，如果选取的两断面的渠底高度各为z_{b1}和z_{b2}，其间流程长度为s，则

$$i=\sin\theta=\frac{z_{b1}-z_{b2}}{s} \tag{10-1}$$

通常θ角很小，$\sin\theta\approx\tan\theta$，为便于量测和计算，常以两断面之间的水平距离$L$来代替流程长度，同时以铅垂断面作为过流断面，以铅垂深度h'作为过流断面的实际水深h，则

$$i\approx\tan\theta=\frac{z_{b1}-z_{b2}}{L} \tag{10-2}$$

明渠的渠底沿程降低的渠道称为正底坡或顺坡渠道，$i>0$；渠底高程沿程不变的称为平底坡渠道，$i=0$；渠底沿程抬高的称为反底坡或逆坡渠道，$i<0$。

明渠流动同样分为恒定流和非恒定流、均匀流和非均匀流。本章将阐述恒定明渠流。

10.1　明渠均匀流

明渠均匀流是流线为平行直线的明渠流动，也就是具有自由表面的等深、等流速的流

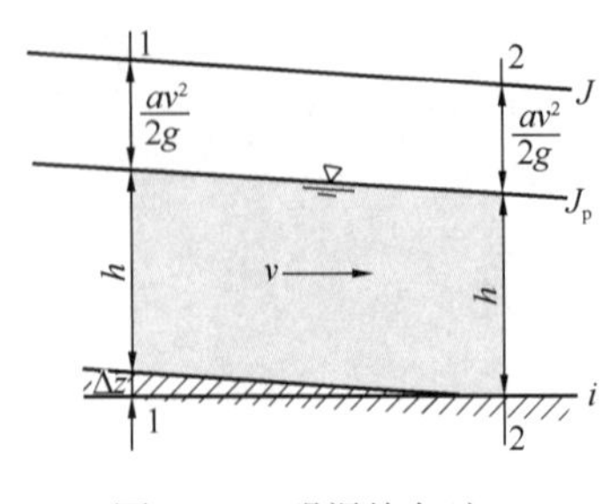

图 10-2　明渠均匀流

动，如图 10-2 所示。明渠均匀流是明渠流动最简单的形式。

10.1.1　明渠均匀流形成的条件及特征

在明渠中实现均匀流动是有条件的。在均匀流中（图 10-2）取过流断面 1-1 和 2-2 列伯努利方程

$$(h_1+\Delta z)+\frac{p_1}{\rho g}+\frac{\alpha_1 v_1^2}{2g}=h_2+\frac{p_2}{\rho g}+\frac{\alpha_2 v_2^2}{2g}+h_l$$

将计算点取在液面上，有

$$p_1=p_2=0$$

由于是均匀流，所以有

$$h_1=h_2=h_0,\ v_1=v_2,\ \alpha_1=\alpha_2,\ h_l=h_f$$

于是伯努利方程简化为

$$\Delta z=h_f$$

除以流程长度，有

$$i=J$$

上式表明，明渠均匀流形成的条件是因高程降低所提供的势能与克服沿程阻力所消耗的能量相等，而水流的动能维持不变。按照这个条件，明渠均匀流只能出现在底坡、断面形状与尺寸和粗糙系数都不变的顺坡长直渠道中。在平坡、逆坡渠道、非棱柱渠道以及天然河道中，都不可能形成均匀流。

因为明渠均匀流是等深流，水面线即测压管水头线与渠底线平行，故测压管水头线坡度 J_p 等于底坡 i，即

$$J_p=i$$

明渠均匀流又是等速流，流速水头不变，总水头线与测压管水头线平行，水力坡度 J 等于测压管水头线坡度 J_p，即

$$J=J_p$$

因此，对于明渠均匀流

$$J=J_p=i \tag{10-3}$$

10.1.2　过流断面的几何要素

明渠断面以梯形最具代表性，如图 10-3 所示。其几何要素分为基本量和导出量。

基本量为底宽 b、水深 h 和边坡系数 m。边坡系数表示渠道边坡倾斜程度，习惯上用边坡倾角的余切表示，即

$$m=\frac{a}{h}=\cot\alpha \tag{10-4}$$

边坡系数的大小取决于渠槽边壁的土壤性质或采用的护面材料。

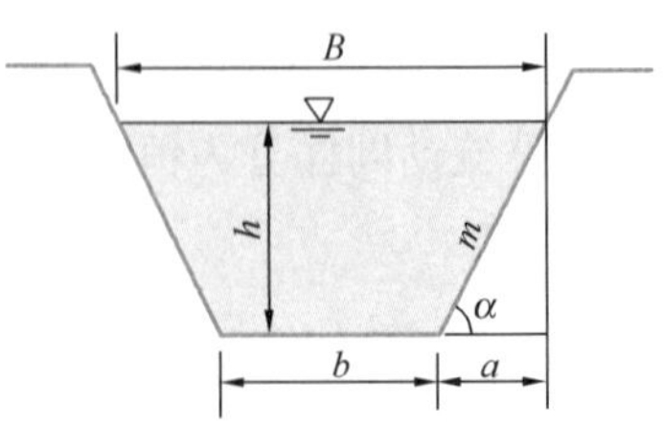

图 10-3　梯形断面

常用的导出量有水面宽 B、过流断面面积 A、湿周 χ 以及水力半径 R，可分别表示为

$$\left.\begin{aligned}B &= b + 2mh \\ A &= (b + mh)h \\ \chi &= b + 2h\sqrt{1+m^2} \\ R &= \frac{A}{\chi}\end{aligned}\right\} \tag{10-5}$$

10.1.3 明渠均匀流的基本公式

均匀流动水头损失的计算通常用谢才公式

$$v = C\sqrt{RJ} \tag{10-6}$$

式中 C——谢才系数，$m^{0.5}/s$。根据达西公式（4-1），可得谢才系数 C 和沿程阻力系数 λ 的关系为

$$C = \sqrt{8g/\lambda} \tag{10-7}$$

由于明渠均匀流水力坡度 J 与渠道底坡 i 相等，故

$$v = C\sqrt{Ri} \tag{10-8}$$

$$Q_V = Av = AC\sqrt{Ri} = K\sqrt{i} \tag{10-9}$$

式中 K——流量模数，m^3/s，$K = AC\sqrt{R}$。

计算谢才系数 C 可采用曼宁公式

$$C = \frac{1}{n}R^{1/6} \tag{10-10}$$

式中 n——粗糙系数。

对于人工渠道的粗糙系数值，多年来积累了较多的实验资料和工程经验。例如混凝土的 n 值为 0.013～0.017；浆砌石的 n 值为 0.025 左右；土渠的 n 值为 0.0225～0.0275；开挖的岩石面 n 值为 0.025～0.035。详细的资料可查阅有关水力计算手册。

谢才系数 C 是反映断面形状、尺寸和粗糙程度的一个综合系数。从计算式可以看到，它与水力半径 R 值和粗糙系数 n 有关，而 n 值的影响远比 R 值大得多。需要指出的是，就谢才公式（10-6）本身而言，可以用于有压或无压均匀流的各阻力区。但是，曼宁公式（10-10）计算的谢才系数 C 只与水力半径 R 和粗糙系数 n 有关，与雷诺数 Re 无关，因此，曼宁公式在理论上仅适用于紊流粗糙区。

式（10-8）和式（10-9）为明渠均匀流的基本公式。

10.1.4 无压圆管均匀流

无压圆管是指圆形断面非满流的长管道，主要用于排水工程中。因为排水流量经常变动，为避免在流量增大时，管道承压，污水涌出排污口，污染环境，以及为保持管道内通风，防止污水中溢出的有毒、有害气体聚集，所以排水管道内的流动通常为非满管流，需要有一定的充满度限制。

无压圆管均匀流只是明渠均匀流特定的断面形式，它的产生条件、水力特征以及基本计算公式都和前述明渠均匀流相同。

无压圆管均匀流过流断面的几何要素如图 10-4 所示。基本量有直径 d 、水深 h 、充

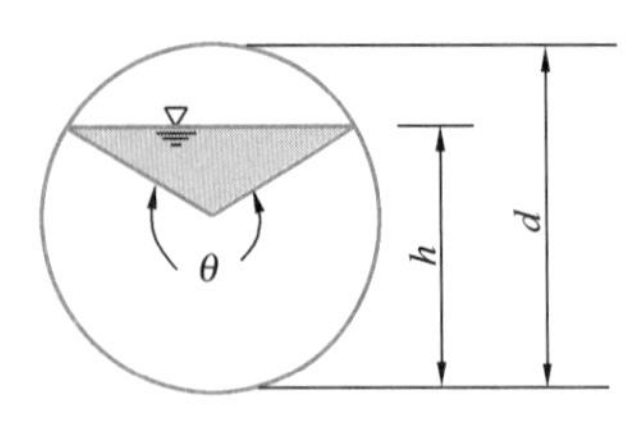

图 10-4　无压圆管

满度 α 或充满角 θ。充满度定义为

$$\alpha = \frac{h}{d} \tag{10-11}$$

充满度与充满角的关系为

$$\alpha = \sin^2 \frac{\theta}{4} \tag{10-12}$$

导出量则分别为过流断面面积 A 、湿周 χ 以及水力半径 R ，即

$$\left.\begin{aligned} A &= \frac{d^2}{8}(\theta - \sin\theta) \\ \chi &= \frac{d}{2}\theta \\ R &= \frac{A}{\chi} = \frac{d}{4}\left(1 - \frac{\sin\theta}{\theta}\right) \end{aligned}\right\} \tag{10-13}$$

10.2　明渠流动状态

观察发现，明渠水流有两种截然不同的流动状态。一种常见于底坡平缓的灌溉渠道及枯水季节的平原河道中，水流流态徐缓，遇到障碍物（如河道中的孤石）阻水，则障碍物前水面壅高，逆流动方向向上游传播，如图 10-5（a）所示。另一种多见于陡坡、瀑布、险滩中，水流流态湍急，遇到障碍物阻水，则水面隆起越过，上游水面不发生壅高，障碍物干扰对上游来流无影响，如图 10-5（b）所示。以上两种明渠流动状态，前者是缓流，后者是急流。

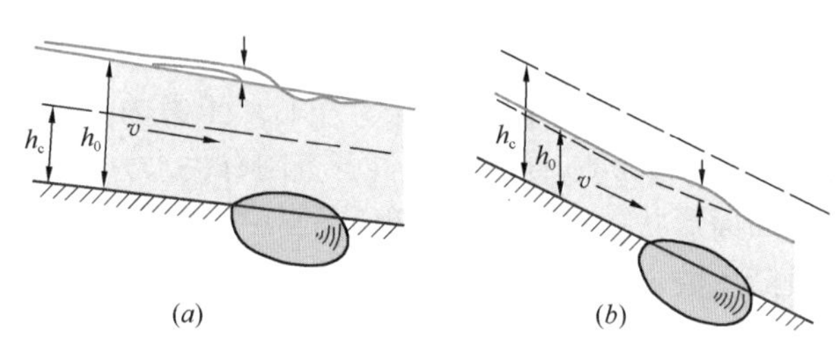

图 10-5　明渠流动状态

对于缓流和急流这两种不同状态的流动，明渠渠道的局部变化将引起明显不同的水面变化，因而在分析明渠流动时，掌握流动状态的实质，对于理解具有自由液面的明渠流动具有重要的意义。

下面从运动学的角度和能量的角度分析明渠水流的流动。

明渠流动如遇障碍物等渠道的局部变化所受到的干扰与连续不断地搅动流动所形成的干扰在性质上是相同的。在静水中垂直扔一块石头，则水面将产生微小的波动，该波动以一定的速度向四周传播。搅动一下明渠流也会形成干扰波，如果波的传播速度比流动的速度大，则干扰引起的波动就能够向上游传播，反之亦然。

10.2.1　微波波速

设平坡的棱柱形渠道，渠内水静止，水深为 h，水面宽为 B，断面积为 A，如用直立薄板 N-N 向左拨动一下，使水面产生一个波高为 Δh 的微波，以速度 c 传播，波所到之处，引起水体运动，渠内形成非恒定流，如图 10-6（a）所示。

取固结在波峰上的动坐标系，该坐标系随波峰做匀速直线运动，仍为惯性坐标系。对于该坐标系而言，水是以波速 c 由左向右运动，渠内水流转化为恒定流，如图 10-6（c）所示。

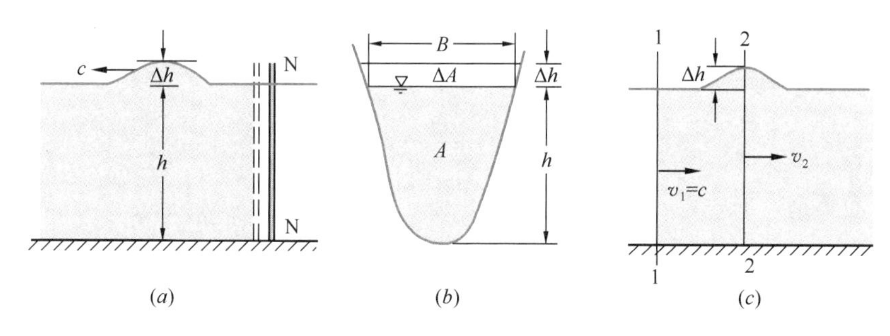

图 10-6 微波的传播

以渠底线为基准，如图 10-6（c）所示，取相距很近的 1-1 和 2-2 断面，列伯努利方程，其中 $v_1 = c$，由连续性方程得 $v_2 = \dfrac{cA}{A+\Delta A}$，则

$$h + \frac{c^2}{2g} = h + \Delta h + \frac{c^2}{2g}\left(\frac{A}{A+\Delta A}\right)^2$$

展开 $(A+\Delta A)^2$，忽略 ΔA^2，由图 10-6（b）可知 $\Delta h \approx \Delta A/B$，代入上式，整理得

$$c = \pm\sqrt{g\frac{A}{B}\left(1+\frac{2\Delta A}{A}\right)}$$

鉴于微波 $\dfrac{\Delta A}{A} \ll 1$，上式可近似简化为

$$c = \pm\sqrt{g\frac{A}{B}} \tag{10-14}$$

对于矩形断面渠道有 $A = Bh$，则

$$c = \pm\sqrt{gh} \tag{10-15}$$

在实际的明渠中，水通常是流动的，若水流流速为 v，则此时微波的绝对速度 c' 应是静水中的波速 c 与水流速度 v 之和，即

$$c' = v \pm c = v \pm \sqrt{g\frac{A}{B}} \tag{10-16}$$

式中，微波顺水流方向传播取“+”号，逆水流方向传播取“−”号。

当明渠中流速小于微波的传播速度，即 $v < c$ 时，c' 有正、负值，表明微波既能向下游传播，又能向上游传播，这种流动是缓流。

当明渠中流速大于微波的传播速度，即 $v > c$ 时，c' 只有正值，表明微波只能向下游传播，不能向上游传播，这种流动是急流。

当明渠中流速等于微波的传播速度，即 $v = c$ 时，是缓流和急流的分界，这种流动状态称为临界流，这时的明渠水流的流速称为临界流速，以 v_c 表示，即

$$v_c = \sqrt{g\frac{A}{B}} \tag{10-17}$$

对于矩形断面渠道，有

$$v_c = \sqrt{gh} \tag{10-18}$$

所以，临界流速 v_c 可用来判断明渠水流的流动状态，当明渠中平均流速 $v < v_c$ 时，为缓流；$v > v_c$ 时，为急流。

10.2.2　弗诺得数

流速与微波波速的比称为弗诺得数，用 Fr 表示。

$$Fr = v/c = v/\sqrt{g\frac{A}{B}} \tag{10-19}$$

对于矩形断面渠道，有

$$Fr = v/\sqrt{gh} \tag{10-20}$$

当 $Fr < 1$ 时，流动为缓流；$Fr > 1$ 时，流动为急流；而 $Fr = 1$ 为临界流。弗诺得数 Fr 表征流动中惯性力和重力的比（见 11.2 节），可作为判别明渠流动是缓流还是急流的标准，故弗诺得数 Fr 又称为流动状态的判别数。

10.2.3　断面单位能量与临界水深

明渠水流的流动状态，还可以从能量的角度来分析判断。

（1）断面单位能量

设明渠为非均匀渐变流，如图 10-7 所示。

某断面受单位重力作用的液体的机械能（总水头）为

$$H = z + \frac{p}{\rho g} + \frac{\alpha v^2}{2g}$$

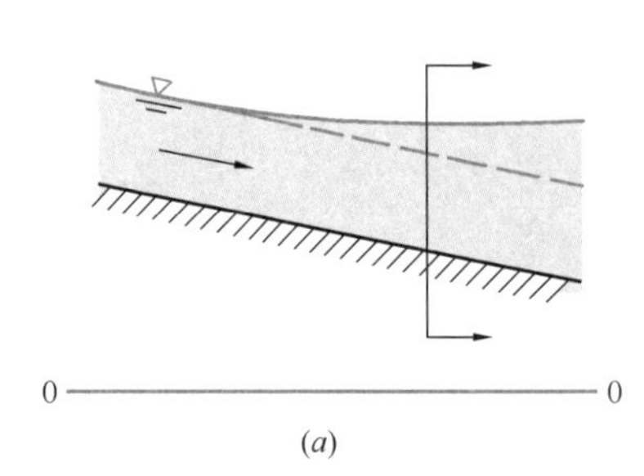

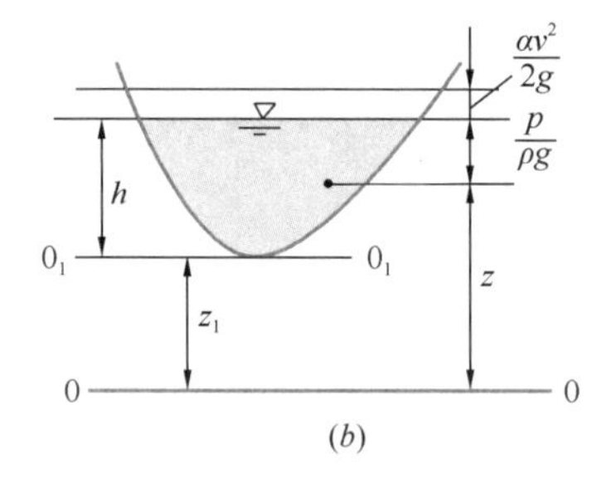

图 10-7　断面单位能量

若将该断面基准提高 z_1，使其通过该断面的最低点，受单位重力作用的液体相对于新基准面 0_1-0_1 的机械能为

$$e = H - z_1 = h + \frac{\alpha v^2}{2g} \tag{10-21}$$

式中，e 称为断面单位能量，或断面比能，是相对于通过该断面最低点的基准面、受单位重力作用的液体所具有的机械能。h 为该断面的水深，$\frac{\alpha v^2}{2g}$ 为流速水头。

断面单位能量 e 和受单位重力作用的流体的机械能 H 是两个不同的能量概念。受单位重力作用的流体的机械能 H 是全部水流相对于沿程同一基准面的机械能，其值沿程减少。而断面单位能量 e 是按通过各自断面最低点的基准面计算的机械能，其值沿程可能增加，可能减少，只有在均匀流中，沿程不变。

明渠非均匀流水深是可变的，一定的流量，可能以不同的水深通过某一过流断面而有不同的断面单位能量。对于棱柱形渠道，流量一定时，断面单位能量只随水深的变化而变化，即

$$e = h + \frac{\alpha v^2}{2g} = h + \frac{\alpha Q_V^2}{2gA^2} = f(h) \tag{10-22}$$

若以水深 h 为纵坐标轴，断面单位能量 e 为横坐标轴，作 $e = f(h)$ 曲线，如图 10-8 所示。当 $h \to 0$ 时 $A \to 0$，因此有 $e \approx \frac{\alpha Q_V^2}{2gA^2} \to \infty$，曲线以 e 轴为渐近线；当 $h \to \infty$ 时，$A \to \infty$，$\frac{\alpha Q_V^2}{2gA^2} \to 0$，$e \approx h \to \infty$，曲线以通过坐标原点与横轴成 45°的直线为渐近线，其间有极小值 $e_{\min}$。$e_{\min}$ 所对应的水深称为临界水深，以 h_c 表示。

由图 10-8 可见，$e = f(h)$ 曲线上断面单位能量最小值将曲线分为上下两支：上支曲线上，水深大于临界水深，即 $h > h_c$，断面单位能量随水深增加而增加，即 $\frac{\mathrm{d}e}{\mathrm{d}h} > 0$；下支曲线上，水深小于临界水深，即 $h < h_c$，断面单位能量随水深增加而减小，即 $\frac{\mathrm{d}e}{\mathrm{d}h} < 0$。

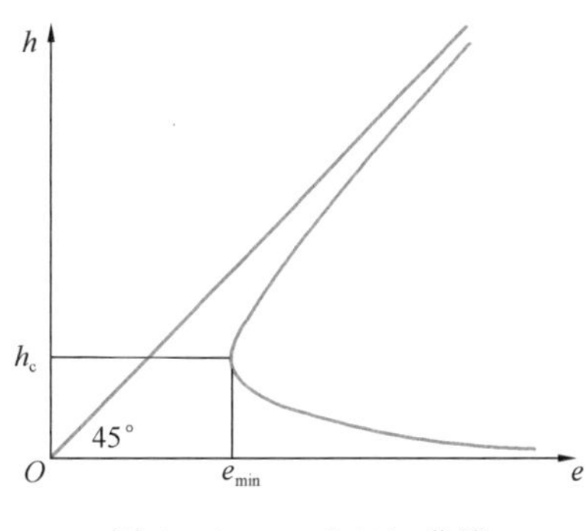

图 10-8　$e=f(h)$ 曲线

（2）临界水深

临界水深是渠道断面形状尺寸和流量一定的条件下，相应于断面单位能量最小的水深。令 $\frac{\mathrm{d}e}{\mathrm{d}h} = 0$，并考虑 $\frac{\mathrm{d}A}{\mathrm{d}h} \approx B$，有

$$\frac{\mathrm{d}e}{\mathrm{d}h} = 1 - \frac{\alpha Q_V^2}{gA^3}\frac{\mathrm{d}A}{\mathrm{d}h} = 1 - \frac{\alpha Q_V^2}{gA^3}B = 0$$

得

$$\frac{\alpha Q_V^2}{g} = \frac{A_c^3}{B_c} \tag{10-23}$$

式（10-23）是临界水深 h_c 的隐函数，A_c 和 B_c 分别表示用临界水深计算的过流断面面积和水面宽。根据不同形状的断面几何特征，可直接利用该式求解临界水深。对于梯形断面，需要用迭代法或试算法进行计算。

对于矩形断面，水面宽与底宽相等，根据式（10-23），可得

$$\frac{\alpha Q_V^2}{g} = \frac{(bh_c)^3}{b} = b^2 h_c^3$$

于是矩形断面渠道的临界水深为

$$h_c = \sqrt[3]{\frac{\alpha Q_V^2}{gb^2}} = \sqrt[3]{\frac{\alpha q_V^2}{g}} \tag{10-24}$$

式中，$q_V = \dfrac{Q_V}{b}$ 称为单宽流量，单位为 m^2/s。

在式（10-22）中，取 $\alpha \approx 1$，有

$$\frac{de}{dh} = 1 - \frac{\alpha Q_V^2}{gA^3}B = 1 - \frac{\alpha v^2}{g\dfrac{A}{B}} = 1 - Fr^2$$

当 $\dfrac{de}{dh} = 0$，$Fr = 1$，表明临界水深对应于临界流，且 $e=f(h)$ 曲线（图10-8）

上支 $\dfrac{de}{dh} > 0$，$Fr < 1$，流动为缓流。

下支 $\dfrac{de}{dh} < 0$，$Fr > 1$，流动为急流。

10.2.4 临界底坡

明渠均匀流对应的水深称为正常水深，以 h_0 表示。根据明渠均匀流的基本公式 $Q_V = AC\sqrt{Ri}$，在断面形状、尺寸和壁面粗糙一定，流量也一定的棱柱形渠道中，正常水深 h_0 的大小只取决于渠道的底坡 i。不同的底坡 i 对应不同的正常水深 h_0，i 越大，h_0 越小，反之亦然。

若正常水深正好等于该流量下的临界水深，相应的渠道底坡称为临界底坡。临界底坡用 i_c 表示，$i = i_c$ 时，$h_0 = h_c$。

按上述定义，渠道底坡为临界底坡时，明渠中的水深同时满足均匀流基本公式和临界水深公式，即

$$Q_V = A_c C_c \sqrt{R_c i_c}$$

与

$$\frac{\alpha Q_V^2}{g} = \frac{A_c^3}{B_c}$$

联立解得

$$i_c = \frac{Q_V^2}{A_c^2 C_c^2 R_c} = \frac{gA_c}{\alpha C_c^2 R_c B_c} = \frac{g}{\alpha C_c^2}\frac{\chi_c}{B_c} \tag{10-25}$$

对于宽浅渠道，湿周与水面宽可认为近似相等，即 $\chi_c \approx B_c$，于是相应的临界底坡为

$$i_c = \frac{g}{\alpha C_c^2} \tag{10-26}$$

式中，C_c、χ_c、和 B_c 分别表示临界水深 h_c 所对应的谢才系数、湿周和水面宽度。

根据临界水深计算公式，当断面形状与尺寸一定时，临界水深 h_c 只是流量的函数。即流量一定时，临界水深不变，与底坡无关。临界底坡是为便于分析明渠流动而引入的特定坡度。渠底的实际坡度 i 与临界底坡 i_c 相比较，有三种情况：$i < i_c$，为缓坡；$i > i_c$，为陡坡；$i = i_c$，为临界坡。三种底坡的渠道中，均匀流分别为三种流动状态：$i < i_c$，$h_0 > h_c$，均匀流为缓流；$i > i_c$，$h_0 < h_c$，均匀流为急流；$i = i_c$，$h_0 = h_c$，均匀流为临界流。

【例10-1】梯形断面渠道，底宽 $b = 5m$，边坡系数 $m = 1$，通过流量 $Q_V = 8m^3/s$，试求临界水深 h_c。

【解】 由式（10-23）

$$\frac{\alpha Q_V^2}{g} = \frac{A_c^3}{B_c}$$

可求得
$$\frac{\alpha Q_{\mathrm{V}}^2}{g}=6.53\mathrm{m}^5$$
代入梯形断面几何要素
$$A_{\mathrm{c}}=(b+mh_{\mathrm{c}})h_{\mathrm{c}}=5h_{\mathrm{c}}+h_{\mathrm{c}}^2$$
$$B_{\mathrm{c}}=b+2mh_{\mathrm{c}}=5+2h_{\mathrm{c}}$$
简化为
$$(5h_{\mathrm{c}}+h_{\mathrm{c}}^2)^3-13.06h_{\mathrm{c}}-32.65=0$$
试算得临界水深 $h_{\mathrm{c}}=0.61\mathrm{m}$。

【例 10-2】长直的矩形断面渠道，底宽 $b=1\mathrm{m}$，粗糙系数 $n=0.014$，底坡 $i=0.0004$，渠内均匀流正常水深 $h_0=0.6\mathrm{m}$。试判别水流的流动状态。

【解】 断面平均流速为
$$v=C\sqrt{Ri}$$
其中
$$R=\frac{bh_0}{b+2h_0}=0.273\mathrm{m}$$
$$C=\frac{1}{n}R^{1/6}=57.5\mathrm{m}^{0.5}/\mathrm{s}$$
于是得
$$v=0.6\mathrm{m/s}$$
(1) 用弗诺得数判别
$$Fr=\frac{v}{\sqrt{gh_0}}=0.25<1$$，流动为缓流。

(2) 用临界水深判别

矩形断面的临界水深为
$$h_{\mathrm{c}}=\sqrt[3]{\frac{\alpha q_{\mathrm{V}}^2}{g}}$$
其中
$$q_{\mathrm{V}}=vh_0=0.36\mathrm{m}^2/\mathrm{s}$$
所以
$$h_{\mathrm{c}}=0.24\mathrm{m}<h_0$$，流动为缓流。

(3) 用临界流速判别

用临界水深 $h_{\mathrm{c}}=0.24\mathrm{m}$，计算临界流速得
$$v_{\mathrm{c}}=\sqrt{gh_{\mathrm{c}}}=1.53\mathrm{m/s}>v$$，流动为缓流。

(4) 用临界底坡判别

由于流动是均匀流，还可以用临界底坡来判别水流状态。用临界水深 $h_{\mathrm{c}}=0.24\mathrm{m}$，计算相应量得
$$B_{\mathrm{c}}=b=1\mathrm{m}$$
$$\chi_{\mathrm{c}}=b+2h_{\mathrm{c}}=1.48\mathrm{m}$$
$$R_{\mathrm{c}}=\frac{bh_{\mathrm{c}}}{\chi_{\mathrm{c}}}=0.16\mathrm{m}$$
$$C_{\mathrm{c}}=\frac{1}{n}R_{\mathrm{c}}^{1/6}=52.7\mathrm{m}^{0.5}/\mathrm{s}$$

临界底坡由式 (10-25) 得

$i_{\mathrm{c}}=\dfrac{g}{\alpha C_{\mathrm{c}}^2}\dfrac{\chi_{\mathrm{c}}}{B_{\mathrm{c}}}=0.0052>i=0.0004$，此渠道为缓坡，均匀流为缓流。

【例 10-3】平坡棱柱形渠道中，有一高度为 a 的低坎，试证明来流为缓流时，坎上水

面降落（图 10-9a）；来流为急流时，坎上水面升高（图 10-9b）。

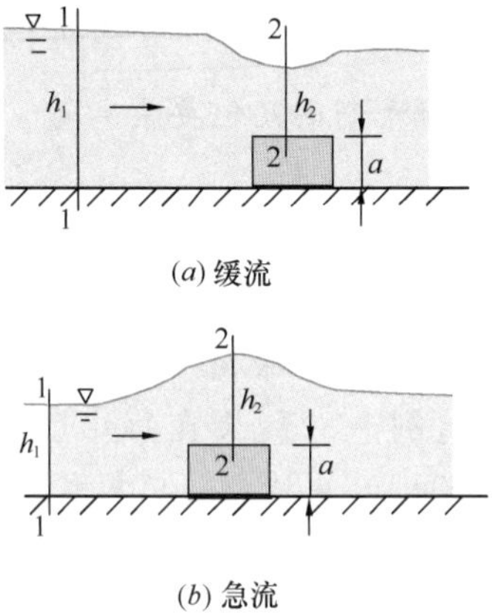

(a) 缓流

(b) 急流

图 10-9　坎上流

【证明】以渠底为基准面，列坎上游过流断面 1-1 和坎上渐变流过流断面 2-2 的总流能量方程

$$h_1+\frac{\alpha_1 v_1^2}{2g}=h_2+a+\frac{\alpha_2 v_2^2}{2g}+h_l$$

用断面单位能量表示上式

$$e_1=e_2+a+h_l$$

由于　　$a>0, h_l>0$

有　　$e_1>e_2$

$$h_1=h_2+a+\frac{\alpha_2 v_2^2}{2g}-\frac{\alpha_1 v_1^2}{2g}+h_l$$

根据断面单位能量随水深的变化（$e=f(h)$，图 10-8），来流为缓流，$e_1>e_2$，有 $h_1>h_2$，$v_1<v_2$，$\frac{\alpha_2 v_2^2}{2g}-\frac{\alpha_1 v_1^2}{2g}+h_l>0$，所以，$h_1>h_2+a$，坎上水面降落。

来流为急流时，$e_1>e_2$，有 $h_1<h_2$，当然，$h_1<h_2+a$，所以，坎上水面升高。

10.3　水跃和水跌

在明渠流动中，由于边界的变化，导致流动状态由急流向缓流或由缓流向急流过渡。例如闸下出流，水冲出闸孔后是急流，而下游渠道中是缓流，如图 10-10所示；在长直的缓坡渠道末端出现跌坎，水流将由缓流向急流过渡，如图 10-11 所示。这种水流由一种状态过渡到另一种状态的流动，是水面升、降变化经过临界水深过程的集中表现，是明渠非均匀急变流的水流衔接与流态过渡。

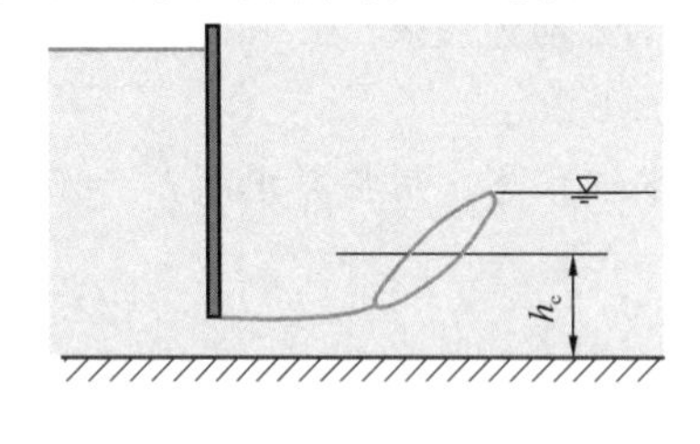

图 10-10　闸下出流

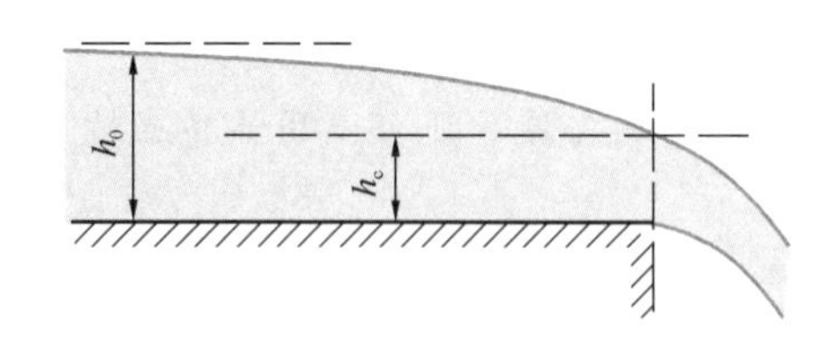

图 10-11　跌坎出流

水跃和水跌是水流由急流过渡到缓流和由缓流过渡到急流时发生的急变流现象。

10.3.1　水跃

(1) 水跃现象

水跃是明渠水流从急流状态向缓流状态过渡时，水面骤然升高的局部水力现象，如图 10-10所示。

水跃区如图 10-12 所示。上部是急流冲入缓流所激起的表面旋流，翻腾滚动，饱掺空气，称为“表面水滚”。水滚下面是断面向前扩张的主流。水跃区的几何要素包括跃前水

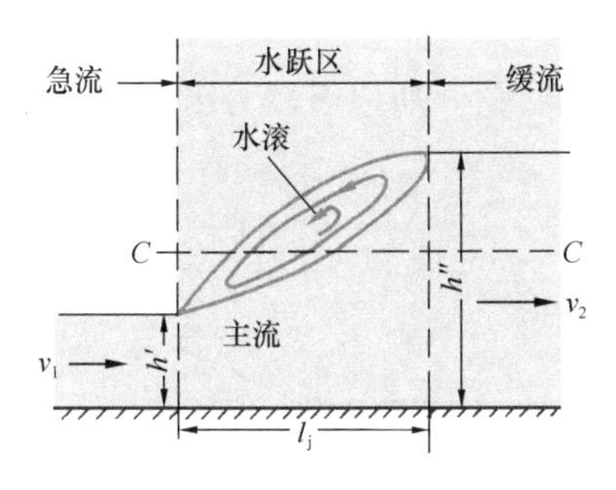

图 10-12　水跃区结构

深 h'，跃后水深 h'' 和水跃长度 l_j。

跃前水深指水跃前断面，即表面水滚起点所在过流断面的水深；跃后水深指水跃后断面，即表面水滚终点所在过流断面的水深；水跃长度则是指水跃前断面与跃后断面之间的距离。

由于表面水滚大量掺气，旋转耗能，内部具有极强的紊动掺混作用，再加上主流流速分布不断改组，集中消耗大量机械能，所耗机械能可达跃前断面急流总机械能的 60%～70%。

（2）水跃方程

为简单起见，以棱柱形平坡渠道为例推导水跃的基本方程。

设棱柱形平坡渠道，通过流量为 Q_V 时发生水跃，如图 10-13 所示。并设跃前断面水深为 h'，平均流速为 v_1；跃后断面水深为 h''，平均流速为 v_2。

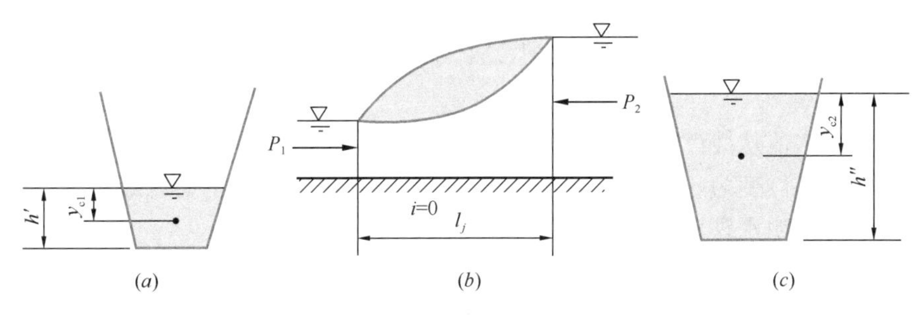

图 10-13　平坡水跃

针对水跃的实际情况假设：

1）渠道壁面摩擦阻力忽略不计；

2）跃前、跃后断面为渐变流断面，面上动压强按静压强的规律分布；

3）跃前、跃后断面的动量修正系数 $\alpha_{01}=\alpha_{02}=1$。

取跃前断面 1-1 和跃后断面 2-2 之间的水跃空间为控制体，列流动方向总流的动量方程

$$\Sigma F=\rho Q_V(\alpha_{02}v_2-\alpha_{01}v_1)$$

因平坡渠道中水体重力方向与流动方向正交，壁面摩擦阻力忽略不计，故作用在控制体上的力只有过流断面上的总压力 $P_1=\rho g h_{c1}A_1$ 和 $P_2=\rho g h_{c2}A_2$，代入上式，有

$$\rho g h_{c1}A_1-\rho g h_{c2}A_2=\rho Q_V\left(\frac{Q_V}{A_1}-\frac{Q_V}{A_2}\right)$$

$$\frac{Q_V^2}{gA_1}+h_{c1}A_1=\frac{Q_V^2}{gA_2}+h_{c2}A_2 \tag{10-27}$$

式中，h_{c1}、h_{c2} 分别为跃前、跃后断面形心点的水深；A_1、A_2 分别为跃前、跃后过流断面的面积。

式（10-27）为平坡棱柱形渠道中水跃的基本方程。该方程表明水跃区单位时间内流入跃前断面的动量与该断面总压力之和等于单位时间流出跃后断面的动量与该断面总压力

之和。

式（10-27）中，A 和 h_c 都是水深的函数，其余量均为常量，所以可以写出

$$\frac{Q_V^2}{gA}+h_cA=J(h)$$

$J(h)$ 称为水跃函数。类似断面单位能量曲线，可以画出水跃函数曲线，如图 10-14 所示。于是水跃基本方程式（10-27）可表示为

$$J(h')=J(h'')$$

可以证明，曲线上对应水跃函数最小值的水深，恰好等于该流量在已给明渠中的临界水深 h_c，即 $J_{min}=J(h_c)$。当 $h>h_c$ 时，$J(h)$ 随水深增大而增大；当 $h<h_c$ 时，$J(h)$ 则随水深增大而减小。

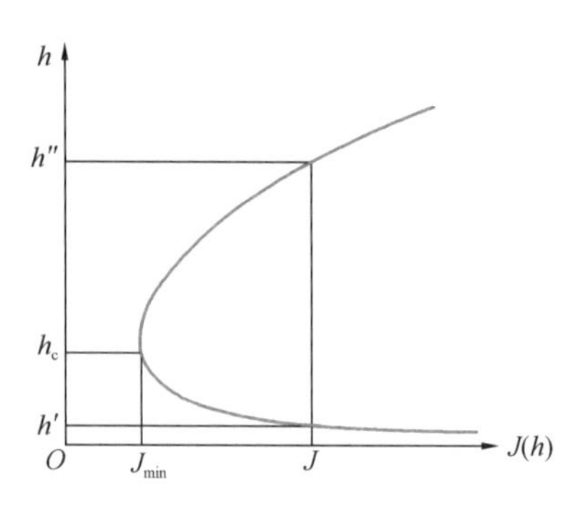

图 10-14　水跃函数曲线

可以看出，同一水跃函数值对应两个不同的水深，即跃前水深 h' 和跃后水深 h''。这一对具有相同水跃函数值的水深称为共轭水深。跃前水深愈小，对应的跃后水深愈大；反之亦然。

10.3.2　水跌

水跌是明渠水流从缓流过渡到急流，水面急剧降落的局部水力现象。这种现象常见于渠道底坡由缓坡突然变为陡坡或下游渠道断面形状突然改变处。下面以缓流渠道末端跌坎上的水流为例来说明水跌现象，如图 10-15 所示。

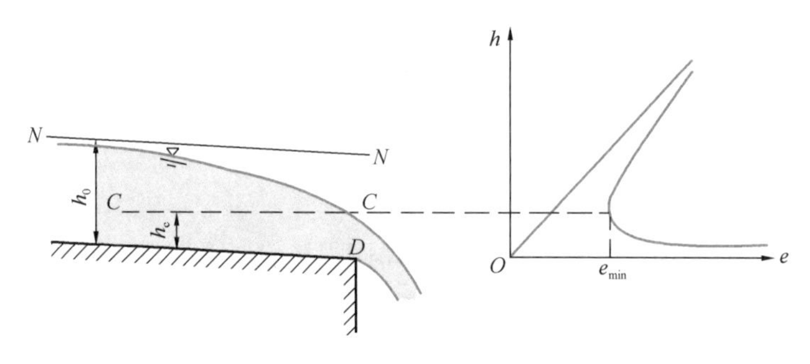

图 10-15　水跌

由于渠道末端跌坎，水流在此失去了下游水流的阻力，使得重力的分量与阻力不相平衡，造成水流加速，水面急剧降低，渠道内水流变为非均匀流。跌坎上水面沿程降落应符合总流的机械能沿程减小，至末端断面最小，$H=H_{min}$ 的规律。

在缓流状态下，水深减小，断面单位能量减小，坎端断面水深降至临界水深 h_c，断面单位能量达最小值 $e=e_{min}$。缓流以临界水深通过底坡突变的断面，过渡到急流是水跌现象的特征。

需要指出的是，在一定流量下断面单位能量随水深的变化曲线，即 $e=f(h)$（图 10-8），是在水深随断面单位能量连续变化的前提下建立的，只有在渐变流的情况下才满足该条件。跌坎处附近，水面急剧下降，流线显著弯曲，流动已不是渐变流。由实验得出，实际跌坎处过流断面的水深 h_D 略小于按渐变流计算的临界水深 h_c，$h_D\approx0.7h_c$。h_c 发生在跌坎上游，距跌坎约（3～4）h_c，但在一般的分析和计算中，仍把跌坎处过流断面

的水深取为临界水深 h_c 并作为控制水深。

10.4 堰 流

在明渠缓流中，为控制水位和流量而设置的顶部溢流的障壁称为堰。水流经堰顶部下泄，溢流上表面不受约束的开敞水流称为堰流。

堰在实际工程中应用十分广泛，在水利工程中，堰是主要的引水和泄水建筑物；在市政工程中是常用的溢流集水设备和量水设备，也是实验室常用的流量量测设备。

研究堰流的主要目的是探求流经堰的流量与其他特征量之间的关系，为堰的工程设计和过流能力的计算提供科学依据。

10.4.1 堰的分类

根据堰顶厚度 δ 与堰上水头 H 的关系，堰可分为薄壁堰、实用堰和宽顶堰三类(图 10-16)。

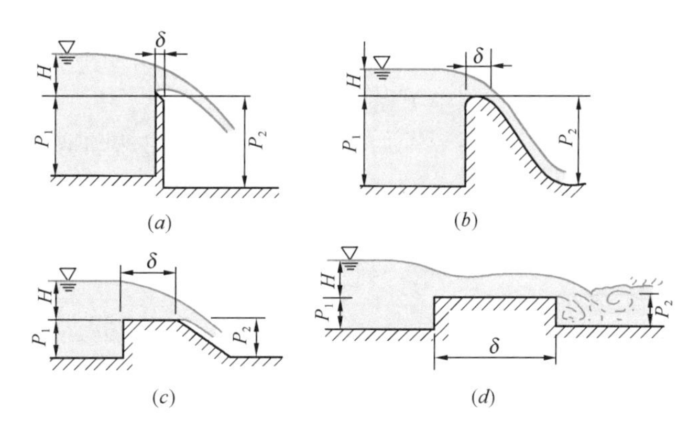

图 10-16 各种类型的堰

(*a*) 薄壁堰；(*b*) 曲线形实用堰；(*c*) 折线形实用堰；(*d*) 宽顶堰

(1) 薄壁堰，$\delta/H < 0.67$，如图 10-16 (*a*) 所示。过堰水流形成“水舌”，水舌先上弯后回落，落至堰顶高程时，距上游壁面约 $0.67H$。堰顶厚度 $\delta < 0.67H$ 时，过堰水流和堰壁为线接触，堰顶对水舌无干扰，堰顶厚度不影响水流，故称为薄壁堰。薄壁堰主要用作测量流量。

(2) 实用堰，$0.67 < \delta/H < 2.5$，如图 10-16 (*b*) 和 (*c*) 所示。堰顶厚度对水流有一定影响，但堰上水面仍一次连续跌落。实用堰的剖面有曲线形 (10-16*b*) 和折线形 (10-16*c*) 两种。实用堰主要用于水利工程。

(3) 宽顶堰，$2.5 < \delta/H < 10$，如图 10-16 (*d*) 所示。堰顶厚度对水流有显著影响，在堰坎进口水面发生跌落，堰上水流接近水平流动，至堰坎出口水面二次跌落，与下游水流衔接。闸下出流、小桥孔过流以及无压短涵管过流等流动也属于宽顶堰流。

当 $\delta/H > 10$ 时，沿程水头损失不能忽略，流动已不属于堰流。

如图 10-17 所示，按堰的宽度 b 与渠道宽度 B 是否相等，分为侧收缩堰 ($b < B$) 和无侧收缩堰 ($b = B$)。此外，根据下游水位是否影响到堰的过流能力分为自由堰流（自由出流）和淹没堰流（淹没出流），如图 10-18 所示。

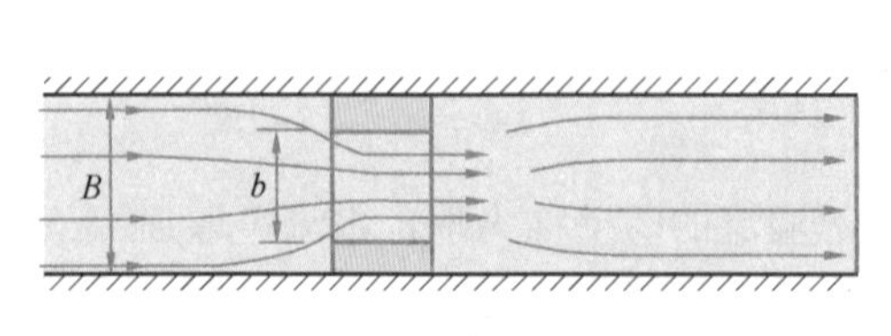

图 10-17　侧收缩堰

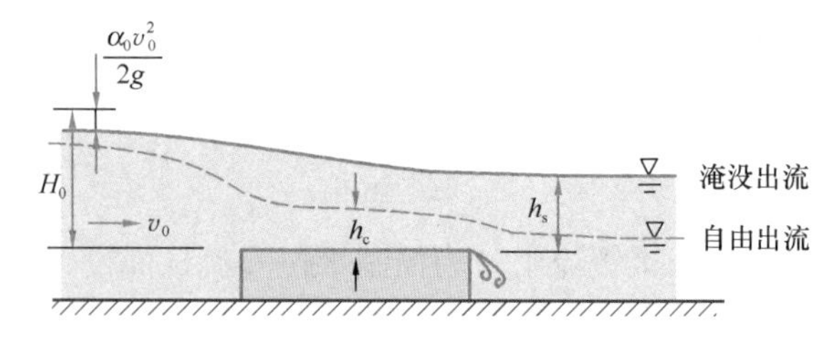

图 10-18　自由出流与淹没出流

10.4.2　堰流的基本公式

堰流虽然具有三种基本形式，但其流动却具有一些共同特性。从流动状态上看，水流趋近堰顶时，流速加大，动能增加，势能减少，故水面都有明显的跌落。从作用力来说，重力起主要作用；堰流流速变化大，流线弯曲，属急变流。在能量损失上，主要为局部损失。由于各堰具有上述共同特征，因此各类堰流的基本公式具有相同的结构形式，差别仅仅表现为各项系数数值的不同。

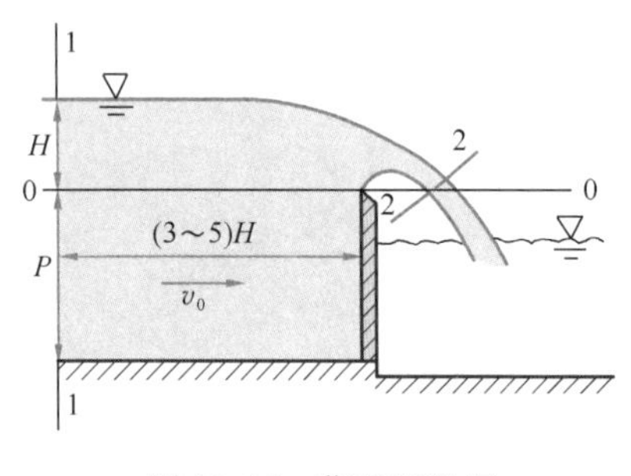

图 10-19　薄壁矩形堰

现以薄壁矩形无侧收缩堰自由出流为例，推导堰流基本公式。

如图 10-19 所示，过堰顶取基准面 0-0，距堰壁上游（3～5）H 处取水面无明显跌落的渐变流过流断面 1-1，过基准面与水舌中心线的交点取过流断面 2-2，列总流能量方程，有

$$H+\frac{\alpha_0 v_0^2}{2g}=\frac{\alpha_2 v_2^2}{2g}+\zeta\frac{v_2^2}{2g}$$

令 $H_0=H+\frac{\alpha_0 v_0^2}{2g}$，则有

$$v_2=\frac{1}{\sqrt{\alpha_2+\zeta}}\sqrt{2gH_0}=\varphi\sqrt{2gH_0}$$

故

$$Q_V=A_2 v_2=\varphi b e\sqrt{2gH_0}$$

式中，$\varphi=\frac{1}{\sqrt{\alpha_2+\zeta}}$ 为速度系数，b 为堰顶宽度，e 为断面 2-2 上水舌厚度。若令 $e=kH_0$，其中 k 为常数，则上式为

$$Q_V=\varphi k b\sqrt{2g}H_0^{3/2}=mb\sqrt{2g}H_0^{3/2} \tag{10-28}$$

式中，$m=k\varphi$，称为堰流的流量系数。上式是无侧收缩堰自由出流的基本公式。

如果将流速 v_0 的影响计入流量系数中，则式（10-28）可写成

$$Q_V=m_0 b\sqrt{2g}H^{3/2} \tag{10-29}$$

式中，m_0 是计流速的堰流流量公式。

当下游水位超过堰顶一定高度时，将发生淹没堰流，在来流量不变的情况下，上游水位受下游水位顶托而抬高，堰的泄流能力开始减小。淹没堰流的流量计算，在实际应用时，是在式（10-28）中乘以淹没系数 $\delta(\delta<1)$。

若堰顶过流的宽度小于上游来流水面宽度，或堰顶的两侧设有闸墩、边墩等结构物，

使过堰水流在侧边发生收缩，减少其有效宽度，并且增加了局部水头损失，从而降低了堰的过流能力。为计及侧向收缩对堰流量的影响，在式（10-28）中乘以侧收缩系数 $\varepsilon(\varepsilon < 1)$。

考虑侧收缩影响及淹没影响，则式（10-28）变为

$$Q_V = \delta\varepsilon mb\sqrt{2g}H_0^{3/2} \quad (10\text{-}30)$$

上式为适合各种堰形及考虑侧收缩影响及淹没影响的堰流基本公式。对于各种堰形，式（10-30）中系数 m、δ 和 ε 的具体取值请查阅有关的水力计算手册。

10.4.3　三角形薄壁堰

堰口做成三角形的薄壁堰，称为三角形堰，如图 10-20所示。它通常用于实验室作为小流量（$Q_V < 0.1\text{m}^3/\text{s}$）的量测设备。当堰口做成直角时，为直角三角形堰，它的流量计算公式常用汤普森经验公式

$$Q_V < 1.4H^{5/2} \quad (10\text{-}31)$$

式中，Q_V 的单位为 m^3/s，H 的单位为 m，适用范围 $0.05\text{m} < H < 0.25\text{m}$，$P \geqslant 2H$，$B \geqslant (3 \sim 4)H$。

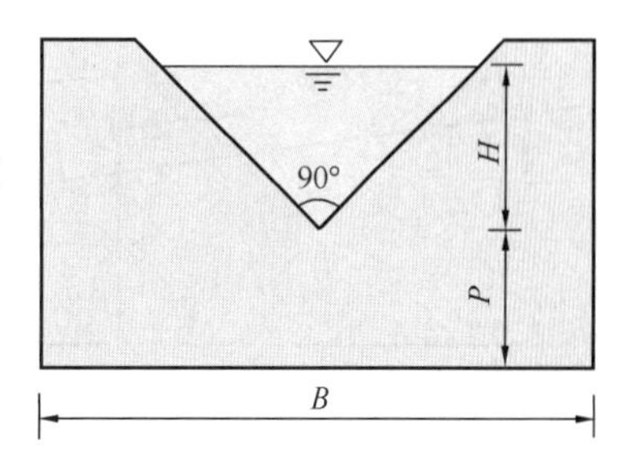

图 10-20　直角三角形堰

当下游水位超过堰顶时，成为淹没堰流，水面将发生波动，因此不宜在淹没情况下量测流量。

10.5　棱柱形渠道非均匀渐变流水面曲线的分析

明渠非均匀流是流线为非平行直线，即不等深、不等速的流动。根据流线的不平行程度，即沿程流速或水深不同程度的变化，明渠非均匀流又分为非均匀渐变流和非均匀急变流。例如，如图 10-21 所示，在缓坡明渠中，设有顶部泄流的溢流堰，渠道末端为跌坎。此时，堰的上游水位抬高，并影响一定范围，但流速或水深的变化小，为非均匀渐变流；堰的下游水流收缩断面至水跃前断面是非均匀渐变流，水跌上游流段也是非均匀渐变流，而沿溢流堰表面下泄的水流以及水跃与水跌均为非均匀急变流。

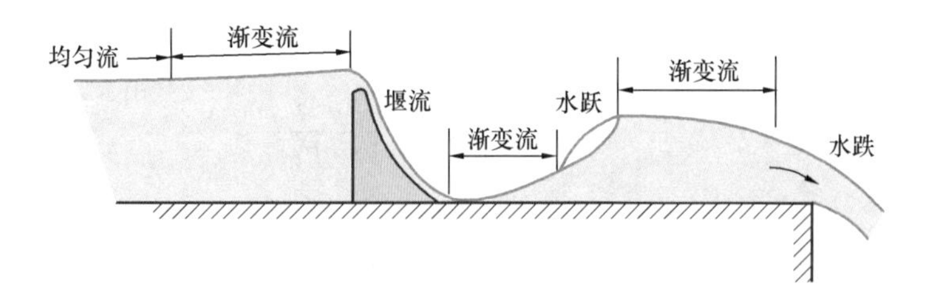

图 10-21　明渠非均匀渐变流和急变流

明渠非均匀流水深沿程变化，水面与渠底不再平行，水面与水流纵剖面相交形成的曲线称为水面曲线。水面曲线的形状，即水深沿程变化的规律，是明渠非均匀流的主要研究内容。这是因为水深沿程的变化情况，直接关系到河渠的淹没范围与堤防的高度等诸多工程问题。

10.5.1　棱柱形渠道非均匀渐变流微分方程

如图 10-22 所示，在明渠恒定非均匀渐变流中取过流断面 1-1 和 2-2，其相距 ds。列 1-1 和 2-2 断面的伯努利方程，有

$$z+h+\frac{\alpha v^2}{2g}=(z+dz+h+dh)+\frac{\alpha(v+dv)^2}{2g}+dh_l$$

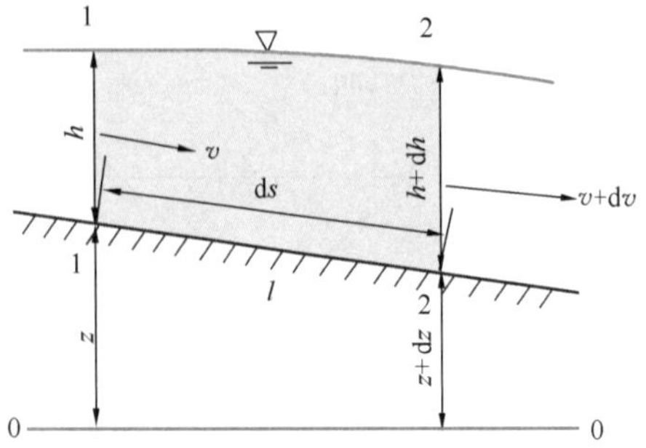

展开 $(v+dv)^2$ 并忽略 $(dv)^2$，整理得

$$dz+dh+d\left(\frac{\alpha v^2}{2g}\right)+dh_l=0$$

渐变流的流段可近似认为水头损失只有沿程损失，$dh_l=dh_f$。代入上式并各项除以 ds，得

$$\frac{dz}{ds}+\frac{dh}{ds}+\frac{d}{ds}\left(\frac{\alpha v^2}{2g}\right)+\frac{dh_f}{ds}=0$$

图 10-22　明渠非均匀渐变流

式中第 1 项 $$\frac{dz}{ds}=-i$$

式中第 3 项 $$\frac{d}{ds}\left(\frac{\alpha v^2}{2g}\right)=\frac{d}{ds}\left(\frac{\alpha Q_V^2}{2gA^2}\right)=-\frac{\alpha Q_V^2}{gA^3}\frac{dA}{ds}$$

棱柱形渠道过流断面面积只随水深变化，则

$$A=f(h)$$

有
$$\frac{dA}{ds}=\frac{dA}{dh}\frac{dh}{ds}=B\frac{dh}{ds}$$

于是
$$\frac{d}{ds}\left(\frac{\alpha v^2}{2g}\right)=-\frac{\alpha Q_V^2}{gA^3}B\frac{dh}{ds}$$

式中第 4 项
$$\frac{dh_f}{ds}=J$$

渐变流水深沿程变化缓慢，水头损失可近似按均匀流计算，有

$$J=\frac{Q_V^2}{A^2C^2R}=\frac{Q_V^2}{K^2}$$

最后得
$$-i+\frac{dh}{ds}-\frac{\alpha Q_V^2}{gA^3}B\frac{dh}{ds}+J=0$$

$$\frac{dh}{ds}=\frac{i-J}{1-\frac{\alpha Q_V^2}{gA^3}B}=\frac{i-J}{1-Fr^2} \tag{10-32}$$

式（10-32）为棱柱形渠道恒定非均匀渐变流以水深沿程变化表示的微分方程，它是水面曲线分析和计算的基础。

10.5.2　水面曲线分析

在渠道或者河流上修建挡水建筑物，会在建筑物前产生壅水现象使水面抬高，而渠道上闸门开启放水会使闸前水位降落，水流通过不同底坡的渠道时水面形状也将改变。水面升高或降低一直是人们关心的问题。明渠中非均匀流有减速流动与加速流动。减速流动的水深沿程增加，$dh/ds>0$，称为壅水曲线；加速流动的水深沿程减少，$dh/ds<0$，称为降水曲线。

棱柱形渠道非均匀渐变流水面曲线的变化，决定于式（10-32）中右边项分子、分母的正、负变化，而式（10-32）中右边项分子、分母为零的水深，就是水面曲线变化规律不同区域的分界水深。渠道中的水深等于正常水深，即 $h=h_0$ 时，$J=i$，分子等于零；水深等于临界水深，即 $h=h_c$，$Fr=1$，分母等于零。所以分析水面曲线的变化，需借助正常水深 h_0 的连线（N-N 线）和临界水深 h_c 的连线（C-C 线）将流动空间进行分区。

（1）顺坡渠道

顺坡渠道分为缓坡、陡坡和临界坡三种，均可由微分方程式（10-32）分析水面曲线。

1）缓坡渠道

缓坡渠道中正常水深 h_0 大于临界水深 h_c，由 N-N 线和 C-C 线将流动空间分为 1、2 和 3 三个区域，出现在各区的水面曲线不同，如图 10-23（a）所示。

① 1 区（$h>h_0>h_c$）

在 1 区中，水深 h 大于正常水深 h_0，也大于临界水深 h_c，流动为缓流。在式(10-32)中，分子 $h>h_0$，$J<i$，$i-J>0$；分母 $h>h_c$，$Fr<1$，$1-Fr^2>0$，所以 $\mathrm{d}h/\mathrm{d}s>0$，水深沿程增加，水面线是壅水曲线，称为 M_1 型壅水曲线。

两端的极限情况：上游 $h\to h_0$，$J\to i$，$i-J\to 0$；$h>h_c$，$Fr<1$，$1-Fr^2>0$，所以 $\mathrm{d}h/\mathrm{d}s\to 0$，水深沿程不变，水面线以 N-N 线为渐近线。下游 $h\to\infty$，$J\to 0$，$i-J\to i$；$h\to\infty$，$Fr\to 0$，$1-Fr^2\to 1$，所以 $\mathrm{d}h/\mathrm{d}s\to i$，单位距离水深的增加等于渠底高程的降低，水面线为水平线。

综合以上分析，M_1 型水面曲线是上游以 N-N 线为渐近线，下游为水平线，形状下凹的壅水曲线（见图 10-23a）。

在缓坡渠道上修建挡水建筑物，抬高控制水深 h，超过该流量的正常水深 h_0，挡水建筑物上游将出现 M_1 型水面曲线，如图 10-23（b）所示。

② 2 区（$h_0>h>h_c$）

在 2 区中，水深 h 小于正常水深 h_0，但大于临界水深 h_c，流动仍为缓流。在式（10-32）中，分子 $h<h_0$，$J>i$，$i-J<0$；分母 $h>h_c$，$Fr<1$，$1-Fr^2>0$，所以 $\mathrm{d}h/\mathrm{d}s<0$，水深沿程减少，水面线为降水曲线，称为 M_2 型降水曲线。

两端的极限情况：上游 $h\to h_0$，与分析 M_1 型水面线类似，$\mathrm{d}h/\mathrm{d}s\to 0$，水深沿程不变，水面线以 N-N 线为渐近线。下游 $h\to h_c<h_0$，$J>i$，$i-J<0$；$h\to h_c$，$Fr\to 1$，$1-Fr^2\to 0$，所以 $\mathrm{d}h/\mathrm{d}s\to -\infty$，水面曲线与 C-C 线正交，此处水深急剧降低，已不再是渐变流，而发生水跌。

综合以上分析，M_2 型水面曲线是上游以 N-N 线为渐近线，下游发生水跌，形状上凸的降水曲线（见图 10-23a）。

缓坡渠道末端为跌坎，渠道内为 M_2 型水面曲线，跌坎断面通过临界水深，形成水跌，如图 10-23（b）所示。

③ 3 区（$h<h_c<h_0$）

在 3 区中，水深 h 小于正常水深 h_0，也小于临界水深 h_c，流动为急流。在式（10-32）中，分子 $h<h_0$，$J>i$，$i-J<0$；分母 $h<h_c$，$Fr>1$，$1-Fr^2<0$，所以 $\mathrm{d}h/\mathrm{d}s>0$，水深沿程增加，水面线为壅水曲线，称为 M_3 型壅水曲线。

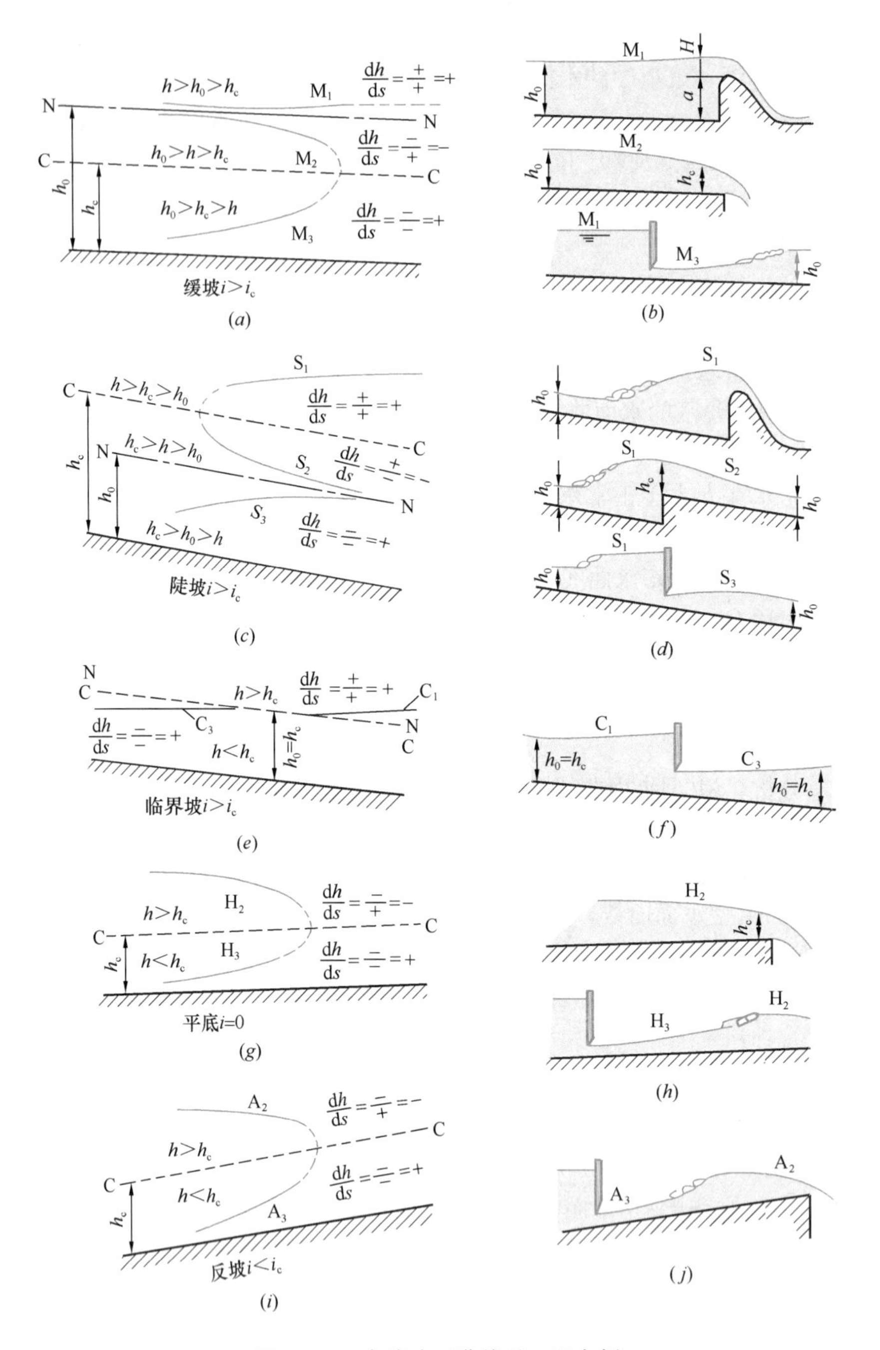

图 10-23　各类水面曲线及工程实例

两端的极限情况：上游水深由出流条件控制，下游 $h \to h_c$，$Fr \to 1$，$1-Fr^2 \to 0$，所以 $dh/ds \to \infty$，发生水跃。

综合以上分析，M_3 型水面曲线是上游由出流条件控制，下游接近临界水深处发生水跃，形状下凹的壅水曲线（见图 10-23a）。

在缓坡渠道上闸门部分开启时，门后水深小于临界水深，形成的急流，由于阻力作用，流速沿程减小，水深增加，形成 M_3 型水面曲线，如图 10-23（*b*）所示。

2）陡坡渠道

陡坡渠道中正常水深 h_0 小于临界水深 h_c，由 N-N 线和 C-C 线将流动空间分为 1、2 和 3 三个区域，出现在各区的水面曲线与缓坡不同，如图 10-23（*c*）所示。

① 1 区（$h>h_c>h_0$）

水深 h 大于正常水深 h_0，也大于临界水深 h_c。用类似前面分析缓坡渠道的方法，由式（10-32），可得 $dh/ds>0$，水深沿程增加，水面曲线为 S_1 型壅水曲线。当上游 $h\rightarrow h_c$，$dh/ds\rightarrow\infty$ 时，将发生水跃；当下游 $h\rightarrow\infty$，$dh/ds\rightarrow i$，水面曲线趋于水平。

在陡坡渠道中修建挡水建筑物，上游形成 S_1 型水面曲线，如图 10-23（*d*）所示。

② 2 区（$h_c>h>h_0$）

水深 h 大于正常水深 h_0，但小于临界水深 h_c。由式（10-32），可得 $dh/ds<0$，水深沿程减少，水面线称为 S_2 型降水曲线。当上游 $h\rightarrow h_c$，$dh/ds\rightarrow-\infty$ 时，将发生水跌。当下游 $h\rightarrow h_0$，$dh/ds\rightarrow 0$，水深沿程不变，水面线以 N-N 线为渐近线。

水流从陡坡渠道流入另一段渠底抬高的陡坡渠道时，在上游渠道中形成 S_1 型水面曲线，在下游陡坡渠道中形成 S_2 型水面曲线，而在变坡断面立坎顶上通过临界水深，形成水跌，如图 10-23（*d*）所示。

③ 3 区（$h_c>h_0>h$）

水深 h 小于正常水深 h_0，也小于临界水深 h_c。由式（10-32），可得 $dh/ds>0$，水深沿程增加，水面线称为 S_3 型壅水曲线。上游水深由出游条件控制，当下游 $h\rightarrow h_0$，$dh/ds\rightarrow 0$，水深沿程不变，水面线以 N-N 线为渐近线。

在陡坡渠道中修建挡水建筑物，下泄水流的收缩水深小于正常水深，下游形成 S_3 型水面曲线，如图 10-23（*d*）所示。

3）临界坡渠道

在临界坡渠道中，正常水深 h_0 等于临界水深 h_c。N-N 线与 C-C 线重合，流动区间分为 1、3 两个区域，不存在 2 区。水面曲线都是壅水曲线，分别称为 C_1 型壅水曲线和 C_3 型壅水曲线，且在接近 N-N（C-C）线时都近于水平，如图 10-23（*e*）所示。

在临界坡渠道中，泄水闸门上、下游将形成 C_1、C_3 型水面曲线，如图 10-23（*f*）所示。

（2）平坡渠道

在平坡渠道中，不能形成均匀流，没有 N-N 线，只有 C-C 线，流动空间分为 2、3 两个区域。2 区中 $dh/ds<0$，水面线是降水曲线，称为 H_2 型降水曲线；3 区中 $dh/ds>0$，水面线是壅水曲线，称为 H_3 型壅水曲线，如图 10-23（*g*）所示。

在平坡渠道末端跌坎上游将形成 H_2 型水面曲线，平坡渠道中泄水闸门开启高度小于临界水深，闸门下游将形成 H_3 型水面曲线，如图 10-23（*h*）所示。

（3）逆坡渠道

在逆坡渠道中，不能形成均匀流，没有 N-N 线，只有 C-C 线，流动空间分为 2、3 两个区域。与平坡渠道相类似，2 区中 $dh/ds<0$，水面线是降水曲线，称为 A_2 型降水曲线；3 区 $dh/ds>0$，水面曲线是壅水曲线，称为 A_3 型壅水曲线，如图 10-23（*i*）所示。

在逆坡渠道末端跌坎上游将形成 A_2 型水面曲线，逆坡渠道中泄水闸门开启高度小于临界水深，闸门下游将形成 A_3 型水面曲线，如图 10-23（j）所示。

10.6　渗　　流

流体在孔隙介质中的流动称为渗流。水在土孔隙中的流动，即地下水流动，是自然界中最常见的渗流现象。水在土中的存在可以分为气态水、附着水、薄膜水、毛细水和重力水等不同状态。当土中含水量很大时，除少数结合水和毛细水外，大部分水是在重力的作用下，在土孔隙中运动，这种状态的水称为重力水。重力水是渗流研究的对象。

10.6.1　渗流模型

由于土孔隙的形状、大小及分布情况极不规则，要研究渗流在各孔隙通道中的流动情况非常困难，通常实际工程中人们所关心的是渗流的宏观平均效果，而不是孔隙内的流动细节，为此引入简化的渗流模型来代替实际的渗流。

渗流模型是渗流区域（流体和土颗粒骨架所占据的空间）的边界条件保持不变，略去全部土颗粒，认为渗流区连续充满流体，而流量与实际渗流相同，压力和渗流阻力也与实际渗流相同的替代流场。

根据渗流模型的概念，设渗流模型的某一微小过流断面面积 ΔA（包括土颗粒面积和孔隙面积 $\Delta A'$）通过的实际流量为 ΔQ_{V}，则 ΔA 上的平均速度称为渗流速度

$$u=\frac{\Delta Q_{\mathrm{V}}}{\Delta A}$$

而水在土孔隙中的实际速度

$$u'=\frac{\Delta Q_{\mathrm{V}}}{\Delta A'}=\frac{u\Delta A}{\Delta A'}=\frac{1}{n}u>u$$

式中，$n=\Delta A'/\Delta A$，对于均质土，n 是土的孔隙度，$n<1$，故渗流速度小于孔隙中的实际速度。

渗流模型将渗流简化为连续空间内连续介质的运动，使得前述基于连续介质建立起来的描述流体运动的概念和方法，能直接应用于渗流，使得理论上研究渗流问题成为可能。

在渗流模型的基础上，渗流也可分为恒定流和非恒定流；一元渗流、二元渗流和三元渗流；均匀渗流和非均匀渗流，非均匀渗流又可分为渐变渗流和急变渗流等。

除上述分类外，按有无自由水面，分为无压渗流和有压渗流。无压渗流的自由水面称为浸润面，水面线称为浸润线。

渗流的速度很小，流速水头可忽略不计，过流断面的总水头等于测压管水头，测压管水头差就是水头损失，测压管水头线的坡度就是水力坡度。

10.6.2　渗流的达西定律

流体在孔隙介质中流动，存在流动阻力和能量损失。法国工程师达西在 1852—1855 年通过实验研究，总结出渗流能量与渗流速度之间的关系，称为达西定律。

达西渗流实验装置如图 10-24 所示。该装置为上端开口的直立圆筒，筒内填充均匀砂层，筒壁上、下两断面装有测压管，圆筒下部距筒底不远处装有滤板。

水由上端注入圆筒，通过溢流管使水位保持不变。渗透过砂体的水进入容器中，并由

此来计算渗流量 Q_V。

由于渗流不计流速水头，实测的测压管水头差即为两断面间的水头损失

$$h_l = H_1 - H_2$$

水力坡度 $$J = \frac{h_l}{l} = \frac{H_1 - H_2}{l}$$

达西由实验得出，渗流量 Q_V 与过流断面面积（圆筒面积）A、水力坡度 J 成正比，并与土的透水性能有关，得到关系式

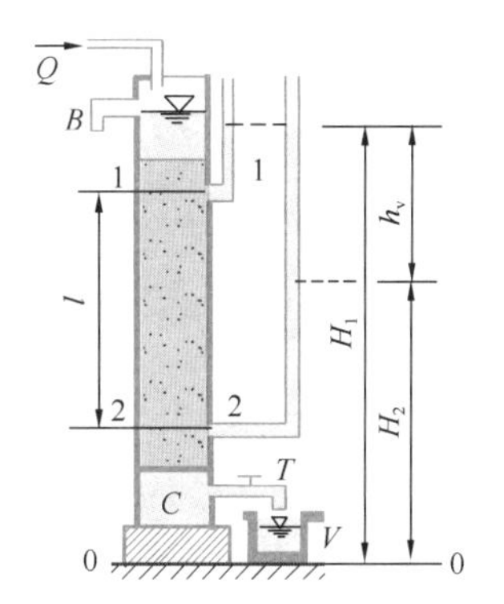

图 10-24 达西渗流实验装置

$$Q_V = kAJ \tag{10-33}$$

或 $$v = \frac{Q_V}{A} = kJ \tag{10-34}$$

式中，v 为断面平均渗流速度；k 为反映土性质和地下水性质综合影响渗流的系数，具有速度的因次，称为渗透系数。

达西实验是在圆柱状均质砂土层中进行的，属于均匀渗流。对于均匀渗流，可以认为各点的流动状态相同，任一点的渗流速度 u 均等于断面平均渗流速度，故

$$u = kJ \tag{10-35}$$

式（10-34）和式（10-35）称为达西定律。该定律表明，均匀渗流的速度与水力坡度的一次方成比例。因此，达西定律也称为渗流线性定律。

达西实验后的大量实验表明，达西定律式（10-35）可以近似推广用于其他孔隙介质的非均匀渗流和非恒定渗流，其表达式为

$$u = kJ = -k\frac{\mathrm{d}H}{\mathrm{d}s} \tag{10-36}$$

式中，u 为点速度；J 为点的水力坡度。

达西定律是渗流线性定律，它有一定的适用范围。许多实验表明，可以用雷诺数 Re 作为一个判别指标。如以 v 表示渗流断面的平均流速，d 表示土颗粒的有效直径（可用 d_{10}，即筛分时占 10%的质量的颗粒所通过的筛孔直径），ν 表示水的运动黏度，则

$$Re = \frac{vd}{\nu} \leqslant 1 \sim 10 \tag{10-37}$$

为安全起见，可把 $Re = 1$ 作为线性定律适用的上限。

渗透系数是反映土和地下水性质综合影响渗流的系数，是分析计算渗流问题的主要参数。由于该系数与土颗粒大小、形状、分布情况及地下水的物理化学性质等多种因素有关，要准确定出系数值相当困难。确定渗流系数的方法，大致分为实验室测定法、现场测定法和经验法三类。各类土壤的渗透系数的大概范围可参考有关水力手册。

10.6.3 一元渐变渗流的裘皮依公式

受自然水文地质条件的影响，无压渗流多为非均匀渐变渗流，并可按一元流动处理。过流断面可以简化为宽阔的矩形断面。

设非均匀渐变渗流，如图 10-25 所示。任取过流断面 1-1，距该断面 ds 取过流断面 2-2。根据渐变流的性质，过流断面近于平面，面上各点的测压管水头皆相等，又因为渗

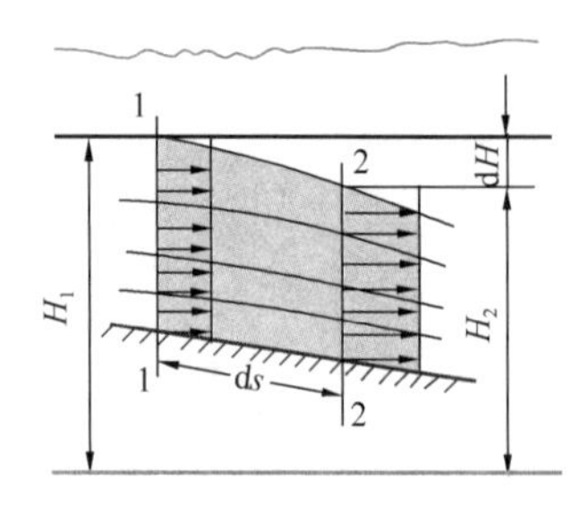

图10-25　渐变渗流

流的测压管水头等于总水头，则1-1断面与2-2断面之间任一流线上的水头损失相同。

$$H_1 - H_2 = -\mathrm{d}H$$

因为渐变流的流线近于平行直线，1-1断面与2-2断面间各流线的长度都近于 $\mathrm{d}s$，所以过流断面上各点的水力坡度相等，即

$$J = -\frac{\mathrm{d}H}{\mathrm{d}s}$$

根据公式（10-36），过流断面上各点的流速相等，也等于该断面的平均速度

$$v = u = kJ = -k\frac{\mathrm{d}H}{\mathrm{d}s} \tag{10-38}$$

式（10-38）称裘皮依公式，该公式是法国学者裘皮依在1857年首先提出的，公式形式虽然和达西定律相同，但含义已是表征渐变渗流某一过流断面上的平均速度与水力坡度的关系。

本章小结

本章介绍恒定明渠流动和渗流。主要阐述明渠的分类及概念、明渠均匀流、水跃和水跌以及堰流等非均匀急变流、棱柱形渠道非均匀渐变流水面线的定性分析；渗流模型、达西定律和渐变渗流的裘皮依公式。

1. 明渠均匀流的水深、平均流速沿程不变，总水头线、测压管水头线和渠底线相互平行。明渠均匀流的基本计算公式 $v = C\sqrt{Ri}$。

2. 明渠水流有缓流和急流两种截然不同的流动状态，判别方法有弗诺得数法、临界速度法、临界水深法等。对于均匀流，还可用临界底坡进行判别。

3. 水跃和水跌是明渠水流状态转变过程中，水深升、降变化经过临界水深时发生的急变流现象：急流→缓流，水跃；缓流→急流，水跌。

4. 在缓流中所设置的由顶部溢流的障壁称为堰。堰按堰顶宽度与堰上水头的比值范围分为薄壁堰、实用堰和宽顶堰三种类型。各类堰通过的流量计算公式形式相同，但公式中各项系数的取值不同。

5. 水面线有12种形式。棱柱形渠道非均匀渐变流微分方程

$$\frac{\mathrm{d}h}{\mathrm{d}s} = \frac{i - J}{1 - Fr^2}$$

是定性分析水面曲线变化的基础。

6. 渗流模型是渗流区域的边界条件保持不变，略去全部土颗粒，认为渗流区连续充满流体，而流量与实际渗流相同，压力和渗流阻力也与实际渗流相同的替代流场。

7. 达西定律 $u = kJ$ 表明均匀渗流各点速度与水力坡度的一次方成正比，而裘皮依公式 $v = kJ$ 表明渐变渗流某一过流断面上平均速度与水力坡度的一次方成正比。

习　题

10-1　有一矩形渠道的底宽 $b = 5\mathrm{m}$，底坡 $i = 0.00136$，当水流为均匀流时，测得正常水深 $h_0 = 3.05\mathrm{m}$，通过的流量为 $Q_V = 40\mathrm{m}^3/\mathrm{s}$，试求该渠道的粗糙系数 n。

10-2　有一梯形断面渠道，底宽 $b = 5\mathrm{m}$，边坡系数 $m = 2$，底坡 $i = 0.00025$，粗糙系数 $n = 0.0225$，计算当水流为均匀流时，正常水深为2.15m时输送的流量及平均速度。

10-3　混凝土圆管直径 $d=1\text{m}$，粗糙系数 $n=0.016$，底坡 $i=0.01$。求水深为 $\frac{d}{4}$、$\frac{d}{2}$ 及 $\frac{3d}{4}$ 时的流量。

10-4　某矩形渠道，已知单宽流量 $q_V=40\text{m}^2/\text{s}$，正常水深 $h_0=2.5\text{m}$，动能修正系数 $\alpha=1$。试用弗诺得数、临界水深和波速三种方法判别水流的流态。

10-5　某渠道长 $l=588\text{m}$，矩形钢筋混凝土渠身（$n=0.014$），通过的流量 $Q_V=25.6\text{m}^3/\text{s}$，宽 $b=5.1\text{m}$，均匀流水深 $h_0=3.08\text{m}$，试求该渠道的底坡 i，并判别渠中的流态。

10-6　变底坡浆砌石矩形渠道如题图所示，底宽 $b=6\text{m}$，底坡 $i_1=0.001$，$i_2=0.005$，粗糙系数 $n=0.017$，通过流量 $Q_V=30\text{m}^3/\text{s}$，若动能修正系数 $\alpha=1.1$，试确定两段渠道的正常水深和临界水深，并判别各段渠道中是缓流还是急流？

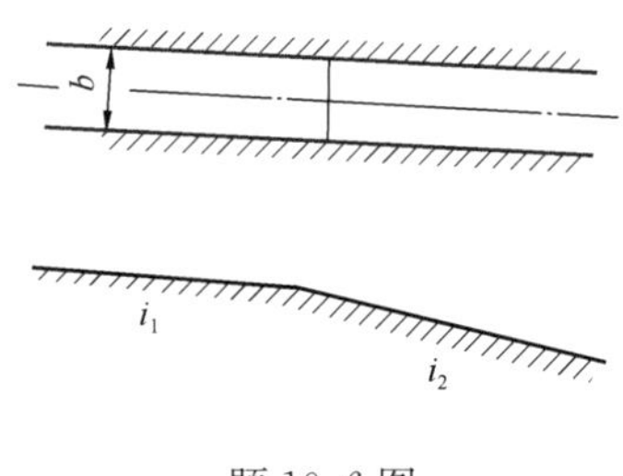

题 10-6 图

10-7　试定性分析题图中棱柱形长渠道中产生的水面曲线。假设流量、粗糙系数沿程不变。

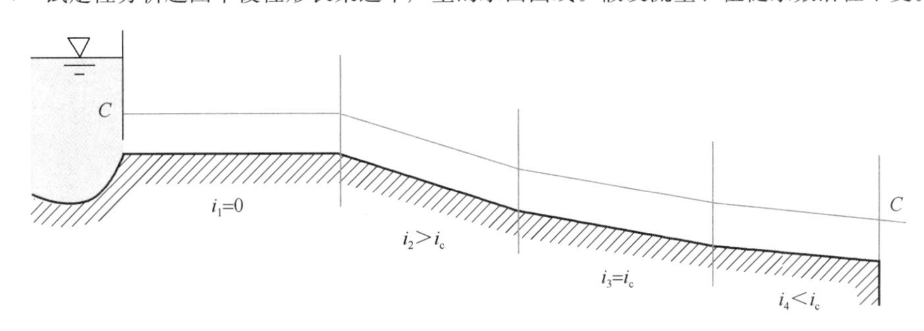

题 10-7 图

10-8　试定性绘制题图中棱柱形长渠道中可能出现的水面曲线，并注明曲线类型。假设流量、粗糙系数沿程不变。

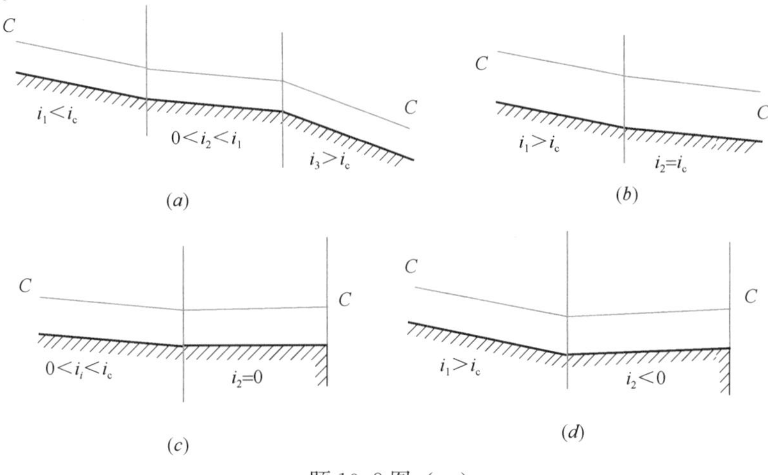

题 10-8 图（一）

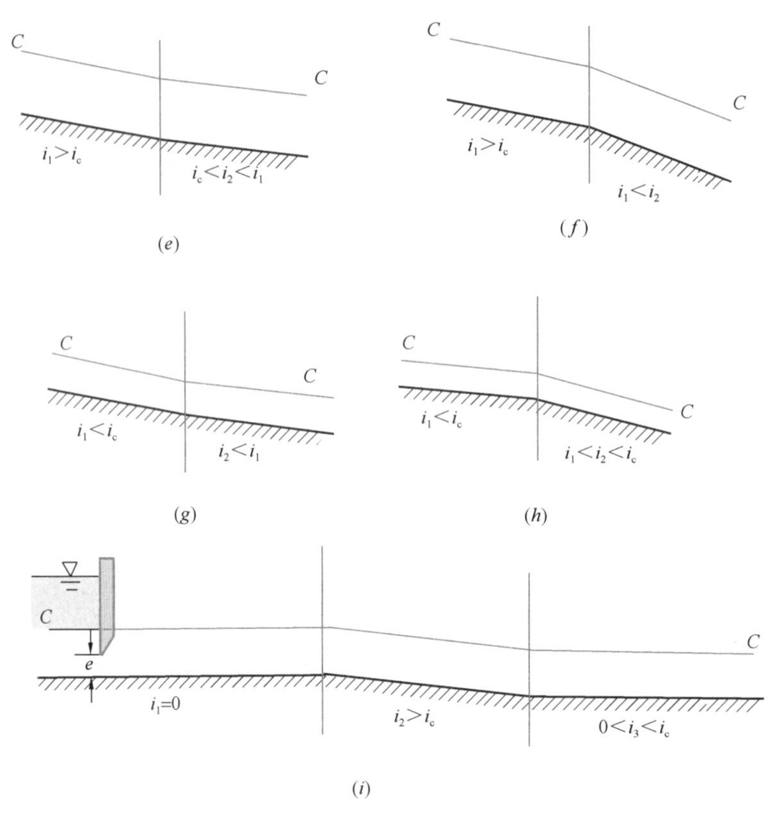

题 10-8 图（二）

10-9　在实验中用达西实验装置（见图 10-18）来测定土样的渗透系数。若圆筒直径为 20cm，土层厚度为 40cm，测得通过流量 $Q_V = 100\text{mL/min}$，两测压管的水头差为 20cm。试计算土样的渗透系数。

10-10　如题图所示，在两容器间接一正方形管，高度均为 $h = 20\text{cm}$，管长 $L = 100\text{cm}$。管中填满粗砂，其 $k = 0.05\text{cm/s}$，如容器中水深 $H_1 = 80\text{cm}$，$H_2 = 40\text{cm}$，求通过管中的流量。若管中后一半换细砂，$k = 0.002\text{cm/s}$，求通过管中的流量。

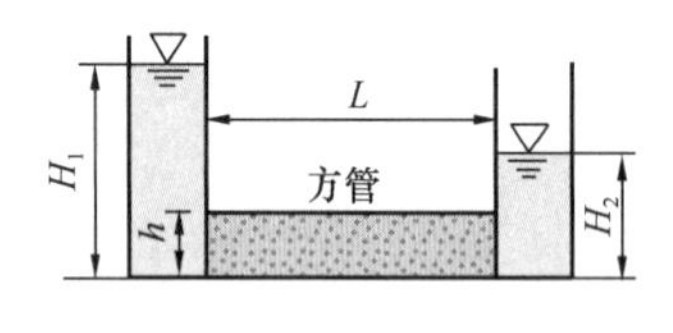

题 10-10 图

第10章扩展阅读:
科学家钱学森先生

部分习题答案

第 11 章　相似性原理和因次分析

【要点提示】本章是全书的最后一章，阐述有关实验研究的基本理论和方法。本章的要点是相似概念、相似准则及其物理意义、模型律的选择、因次和谐性原理，以及因次分析方法。

到目前为止，能完全用理论分析方法解决的实际流动问题仍然有限，大量的复杂流动问题或工程中的流动问题要靠实验或实验与理论相结合的方法来解决。流体力学实验研究的过程一般是在实验室建立模型实验装置，用流体测量技术测量模型实验中的流动参数，处理和分析实验数据并将它归纳为经验公式。借助于实验研究，我们可以探索流动特性，发现新的现象，验证理论结果，对工程设计方案进行性能预测等。

相似性原理和因次分析，为科学地组织实验及整理实验成果提供理论指导，是发展流体力学理论、解决实际工程问题的有力工具。

11.1　力学相似性原理

如果两个同一类的物理现象，在对应的时空点，各标量物理量的大小成比例，各向量物理量除大小成比例外，且方向相同，则称两个现象相似。要保证两个流动问题的力学相似，必须是两个流动几何相似、运动相似和动力相似，以及两个流动的边界条件和初始条件相似。

11.1.1　几何相似

几何相似是指流动空间几何相似，即形成此空间任意相应两线段夹角相同，任意相应线段长度保持一定的比例。

如图 11-1 所示的两管流中，用下标 n 表示原型，下标 m 表示模型，模型管流和原型管流满足几何相似，必须相应线段夹角相同，即

$$\theta_n = \theta_m$$

相应的线性长度保持一定的比例，即

$$\frac{d_n}{d_m} = \frac{l_n}{l_m} = \lambda_l \tag{11-1}$$

这个比例常数，称为长度比例常数。显然，两相应面积之比，为长度比例的平方，即

$$\frac{A_n}{A_m} = \lambda_A = \lambda_l^2$$

而相应体积之比，为长度比例的立方，即

$$\frac{V_n}{V_m} = \lambda_V = \lambda_l^3$$

几何相似，是力学相似的前提。有了几何相似，才有可能在模型流动和原型流动之间存

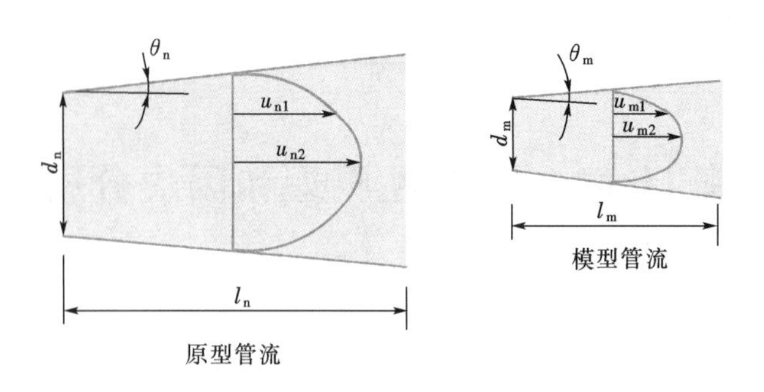

图 11-1　模型管流与原型管流

在着相应点、相应线段、相应断面和相应体积这一系列互相对应的几何要素；才有可能在两流动之间存在着相应流速、相应加速度和相应作用力等一系列互相对应的力学量；才有可能通过模型流动的相应点和相应断面的力学量测定，来预测原型流动的受力状态。

11.1.2　运动相似

两流动运动相似，要求两流动的相应流线几何相似，或者说，相应点的流速大小成比例，方向相同。参照图 11-1，有

$$\frac{u_{n1}}{u_{m1}}=\frac{u_{n2}}{u_{m2}}=\frac{v_n}{v_m}=\lambda_v \tag{11-2}$$

λ_v 称为速度比例常数（R）。

有了速度比例常数和长度比例常数，显然可以根据简单的 $t=l/v$ 的关系，得出时间比例常数

$$\lambda_t=\lambda_l/\lambda_v \tag{11-3}$$

即时间比例常数是长度比例常数和速度比例常数之比。这个比例常数表明，原型流动和模型流动实现一个特定流动过程所需时间之比。

不难证明，加速度比例常数是速度比例常数除以时间比例常数，即

$$\lambda_a=\frac{\lambda_v}{\lambda_t}=\lambda_v^2/\lambda_l \tag{11-4}$$

由此可见，只要速度相似，加速度也必然相似，反之亦然。

$$\lambda_v=\sqrt{\lambda_a\lambda_l} \tag{11-5}$$

由于流速场的研究是流体力学的首要任务，运动相似通常是模型实验的目的。

11.1.3　动力相似

流动的动力相似，要求两流动受同名力作用，与相应点上相应的同名力大小成比例，方向相同。

这里所提的同名力，指的是同一物理性质的力，例如重力、黏性力、压力、惯性力和弹性力等。所谓同名力作用，是指原型流动中，如果作用着黏性力、压力、重力、惯性力和弹性力，则模型流动中也同样作用着黏性力、压力、重力、惯性力和弹性力。相应的同名力成比例，是指原型流动和模型流动的同名力成比例，即

$$\frac{F_{\nu n}}{F_{\nu m}}=\frac{F_{Pn}}{F_{Pm}}=\frac{F_{Gn}}{F_{Gm}}=\frac{F_{In}}{F_{Im}}=\frac{F_{En}}{F_{Em}} \tag{11-6}$$

式中，下标 ν、P、G、I、E 分别表示黏性力、压力、重力、惯性力和弹性力。

动力相似在力学相似中起着什么作用呢？只有在动力相似的条件下，才可能运动相似，而两惯性力相似是其他力的合力作用相似的结果，所以动力相似是运动相似的保证。

11.1.4 初始条件和边界条件的相似

边界条件相似是指两个流动相应边界性质相同，如原型中为固体壁面，模型中相应部分也是固体壁面；原型中的自由液面上压强均等于大气压强等，对于模型来说也一样。对于非恒定流，还有满足初始条件相似。边界条件和初始条件的相似是保证两个流动相似的充分条件。

如果把边界条件相似归类于几何相似，对于恒定流动来说，又无需考虑初始条件相似问题，这样流动的力学相似就只包括几何相似、运动相似和动力相似三个方面。

11.2 相似准则数

怎样来达到流动的动力相似以保证流动相似呢？

设想在两相似流动中（图 11-2），取两个相应质点 n 和 m，研究两质点所受黏性力、压力、重力和惯性力。认为流动不可压缩，不存在弹性力相似的问题。根据动力相似条件，有

$$\frac{F_{\nu n}}{F_{\nu m}}=\frac{F_{Pn}}{F_{Pm}}=\frac{F_{Gn}}{F_{Gm}}=\frac{F_{In}}{F_{Im}}$$

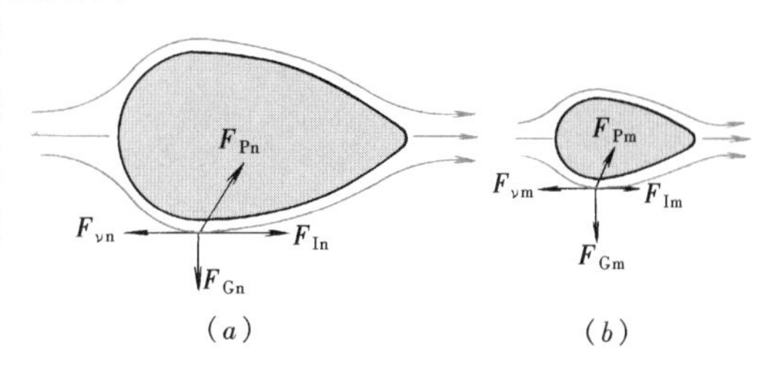

图 11-2 相似流动

（a）原型流动；（b）模型流动

由于惯性力相似与运动相似直接相关，把以上的关系分写为和惯性力相联系的下列等式：

$$\left.\begin{aligned}&\frac{F_{Pn}}{F_{Pm}}=\frac{F_{In}}{F_{Im}} \quad &(a)\\ &\frac{F_{Gn}}{F_{Gm}}=\frac{F_{In}}{F_{Im}} \quad &(b)\\ &\frac{F_{\nu n}}{F_{\nu m}}=\frac{F_{In}}{F_{Im}} \quad &(c)\end{aligned}\right\} \tag{11-7}$$

在原型流动和模型流动的相应点分别取对应的相似流体微团，其惯性力的比值

$$\frac{F_{In}}{F_{Im}}=\frac{m_n a_n}{m_m a_m}=\frac{\rho_n V_n a_n}{\rho_m V_m a_m}=\lambda_\rho\lambda_v\lambda_a=\lambda_\rho\lambda_l^2\lambda_v^2 \tag{11-8}$$

式中，λ_ρ 为密度比例常数。

式（11-7a）中压力的比值

$$\frac{F_{Pn}}{F_{Pm}}=\frac{A_n\Delta p_n}{A_m\Delta p_m}=\lambda_p\lambda_l^2$$

式中，λ_p 为压强比例常数。将上式和式（11-8）代入式（11-7a），得

$$\lambda_\rho\lambda_l^2\lambda_v^2=\lambda_p\lambda_l^2$$

整理得

$$\frac{\lambda_p}{\lambda_\rho \lambda_v^2}=1$$

即

$$\frac{\Delta p_n}{\rho v_n^2}=\frac{\Delta p_m}{\rho v_m^2}$$

以符号 Eu 表此比值，有

$$Eu=\frac{\Delta p}{\rho v^2} \tag{11-9}$$

称为流动的欧拉数。欧拉数是压差和惯性力的相对比值。

原型流动和模型流动压力与惯性力的相似关系可以写为

$$Eu_n=Eu_m \tag{11-10}$$

即原型和模型流动的欧拉数相等。这就是欧拉准则，或称压力相似准则。

同样，式（11-7b）中重力的比值

$$\frac{F_{Gn}}{F_{Gm}}=\frac{\rho_n g_n V_n}{\rho_m g_m V_m}=\lambda_\rho \lambda_g \lambda_v=\lambda_\rho \lambda_g \lambda_l^3$$

式中，λ_g 为重力加速度比例常数。将上式和式（11-8）代入式（11-7b），得

$$\lambda_\rho \lambda_l^2 \lambda_v^2=\lambda_\rho \lambda_g \lambda_l^3$$

整理得

$$\frac{\lambda_v^2}{\lambda_l \lambda_g}=1$$

即

$$\frac{v_n^2}{g l_n}=\frac{v_m^2}{g l_m}$$

以符号 Fr 表此比值，有

$$Fr=\frac{v^2}{gl} \tag{11-11}$$

称为流动的弗诺得数。弗诺得数是惯性力与重力的相对比值。这就是弗诺得数相似准则，或称重力相似准则。

原型流动和模型流动惯性力与重力的相似关系，可以写为

$$Fr_n=Fr_m \tag{11-12}$$

即原型流动和模型流动的弗诺得数相等。

式（11-7c）经过变换后成为

$$\frac{F_{In}}{F_{\nu n}}=\frac{F_{Im}}{F_{\nu m}}$$

是惯性力和黏性力的比值。这个比值已在第 4 章中讨论过，称为雷诺数。

$$Re=\frac{vl}{\nu} \tag{11-13}$$

则原型流动和模型流动黏性力与惯性力的相似关系可以写为

$$Re_n=Re_m \tag{11-14}$$

即原型流动和模型流动的雷诺数相等。这就是雷诺数相似准则，或称黏性力相似准则。

在高速气流中，弹性力起主导作用。惯性力和弹性力的比值，以 $\rho v^2 l^2/El^2$ 来表征。

式中，E 为气体的体积弹性模量。则原型和模型的弹性力相似，在消去 l^2 之后，得出

$$\frac{\rho_n v_n^2}{E_n}=\frac{\rho_m v_m^2}{E_m}$$

但根据气体动力学，我们知道

$$\sqrt{E/\rho}=c$$

则

$$E/\rho=c^2$$

相似关系简化为

$$\left(\frac{v_n}{c_n}\right)^2=\left(\frac{v_m}{c_m}\right)^2$$

即

$$\frac{v_n}{c_n}=\frac{v_m}{c_m}$$

这个速度的比值就是马赫数 Ma。

由此可见，弹性力相似，原型流动和模型流动的马赫数相等，即

$$Ma_n=Ma_m \tag{11-15}$$

以上所提出的一系列数：欧拉数、弗诺得数、雷诺数和马赫数都是反映动力相似的相似准则数。欧拉数是压力的相似准则数，弗诺得数是重力的相似准则数，雷诺数是黏性力的相似准则数，马赫数是弹性力的相似准则数。

怎样来计算相似准则数的具体数值?

这些相似准则数包含有物理常数 ρ、ν、g，流速 v 和长度 l 等。除了物理常数外，在实际计算时需要采用对整个流动有代表性的量。通常对某一流动，具有代表性的物理量称为定性量，或称为特征物理量。例如，在管流中，断面平均流速是有代表性的速度，而管径则是长度的代表性的量。平均流速就是速度的定性量，称为定性流速。管径称为定性长度。定性量可以有不同的选取，例如，定性长度可取管的直径、半径，或水力半径，所得到的相似准则数的值也因此而不同。所以，定性量一经选定（通常按惯例选择）之后，在研究同一问题时，不能中途变更。在管流计算雷诺数时，习惯上分别选平均流速 v 和管径 d 作为定性流速和定性长度。

相似性原理和方法可应用于任意的物理现象，例如传热问题。从热相似的边界条件导得努塞尔特准则数 Nu 等，就是从边界条件导得准则数的典型例子。

准则数之间是否毫无关系呢? 在考虑不可压缩流体流动的动力相似时，决定流动平衡的四种力，黏滞力、压力、重力和惯性力并非独立，它们构成封闭的多边形，在满足动力相似的条件下，原型流动和模型流动的力多边形相似，根据多边形相似法则，只要三个力分别相似，则第四个力必然相似。因此，在决定动力相似的三个准则数 Eu、Fr、Re 中，相互之间存在着依赖关系

$$Eu=f\ (Fr,\ Re) \tag{11-16}$$

在大多数流动问题中，通常欧拉数 Eu 是被动的准则数。我们将对流动起决定作用的准则数称为决定性相似准则数，或称为定型相似准则数；被动的准则数称为被决定的相似准则数，或非定型相似准则数。准则数之间的函数关系称为准则方程，例如式（11-16）。

11.3　模　型　律

在安排模型实验前进行模型设计时，怎样根据原型的定性物理量确定模型的定性量值呢？例如，确定模型管流中的平均流速，以便决定实验所需的流量。这主要是根据准则数相等来确定。但问题是在模型几何尺寸和流动介质等发生变化，不同于原型值时，事实上很难保证所有的准则数都分别相等，也就是说，模型和原型两流动很难做到完全相似。例如，不可压缩流体的恒定流，只有当弗诺得数和雷诺数相等时，才能达到动力相似。

因为对于雷诺数相等的式（11-13）：

$$Re_{\mathrm{n}}=Re_{\mathrm{m}}$$

即

$$\frac{l_{\mathrm{n}}v_{\mathrm{n}}}{\nu_{\mathrm{n}}}=\frac{l_{\mathrm{m}}v_{\mathrm{m}}}{\nu_{\mathrm{m}}}$$

则长度和速度的比例关系为

$$\frac{v_{\mathrm{n}}}{v_{\mathrm{m}}}=\frac{\nu_{\mathrm{n}}}{\nu_{\mathrm{m}}}\Big/\frac{l_{\mathrm{n}}}{l_{\mathrm{m}}}$$

即

$$\lambda_{\mathrm{v}}=\frac{\lambda_{\nu}}{\lambda_{l}} \tag{11-17}$$

在多数情况下，模型和原型采用同一种类流体，则

$$\lambda_{\mathrm{v}}=\frac{1}{\lambda_{l}} \tag{11-18}$$

另一方面，对于弗诺得数相等的式（11-11）：

$$Fr_{\mathrm{n}}=Fr_{\mathrm{m}}$$

也就是

$$\frac{v_{\mathrm{n}}^{2}}{g_{\mathrm{n}}l_{\mathrm{n}}}=\frac{v_{\mathrm{m}}^{2}}{g_{\mathrm{m}}l_{\mathrm{m}}}$$

由于

$$g_{\mathrm{n}}=g_{\mathrm{m}}$$

则长度和速度的比例关系为

$$\frac{l_{\mathrm{n}}}{l_{\mathrm{m}}}=\left(\frac{v_{\mathrm{n}}}{v_{\mathrm{m}}}\right)^{2}$$

$$\left.\begin{aligned}\lambda_{l}&=\lambda_{\mathrm{v}}^{2}\\ \lambda_{\mathrm{v}}&=\sqrt{\lambda_{l}}\end{aligned}\right\} \tag{11-19}$$

从雷诺模型律和弗诺得模型律的对比可以看出，要同时满足两模型律来设计模型基本上不可能。因为这要求流速比例尺对于长度比例尺既是倒数关系，又是平方根关系，这显然不可能。若调整运动黏度比例尺 λ_{ν}，使流速比例尺和长度比例尺同时满足式（11-17）和式（11-19），则

$$\lambda_{\nu}=\lambda_{l}^{3/2}$$

要求在模型流动中，采用一定黏度的流体，这在实际上也很不容易实现。

因此，在模型设计时，应该找出对流动起决定性作用的力，保持原型和模型的该力相应的准则数相等。这种只满足主要相似准则数相等的相似称为局部（或部分）相似。在几何相似的前提下，所有的相似准则数都相同的相似称为完全相似。我们把仅考虑某一种外力的动力相似条件称为相似准则或特种模型定律。例如，仅考虑黏滞力时，应保持 $Re_{\mathrm{n}}=$

Re_m，就称为雷诺模型律；考虑重力时，$Fr_n=Fr_m$，称为弗诺得模型律等。如果采用雷诺模型律，原型流动和模型流动为相同的流体介质，其流速比尺和长度比尺满足式（11-18），而采用弗诺得模型律，原型流动和模型流动的流速比尺和长度比尺满足式（11-19）。对局部相似的模型实验结果原则上应进行修正，但这往往较困难。

除了在研究新的流动问题时，需探求其模型律外，在学习相似理论时，也应该掌握常见流动的模型律。

水在有压管中受两端水头差的作用而流动，水流的平均流速，根据连续性方程，只受断面大小及其沿程变化的制约。断面流速分布和沿程水头损失，在同一水头差的条件下，与管道本身是否倾斜，及倾斜大小无关，这说明重力不起作用，影响流速分布的因素是黏性力，因此采用雷诺模型律。

当管流雷诺数较大、流动进入紊流粗糙区后，流动阻力与雷诺数无关，只与相对粗糙度有关，所以只要保证两流动几何相似，就能保证黏性力相似，此时流动进入雷诺数的自动模型区。所谓自动模型区（或称自模拟区），就是当某一相似准则数在一定的数值范围内，流动的相似性和该准则数无关，也就是即使原型和模型的该准则数值不相等，该准则数所表征的力仍保持相似，准则数的这一范围就称为自动模型区。管中流动，当原型流动和模型流动都处于紊流粗糙区时，考虑欧拉相似准则。

管中流动，由于管壁摩擦作用成为重要因素，在几何相似的设计中，还要注意管壁粗糙度的相似。管壁绝对粗糙度 K 也应保持同样的长度比例常数，即

$$\frac{K_n}{K_m}=\frac{d_n}{d_m}=\lambda_l$$

写成相似准则的形式

$$\frac{K_n}{d_n}=\frac{K_m}{d_m}$$

$$\left(\frac{K}{d}\right)_n=\left(\frac{K}{d}\right)_m$$

即原型相对粗糙度与模型相对粗糙度相等。

绕流运动，其绕流阻力主要由于黏性阻力和尾涡所引起，流动对雷诺数非常敏感，因此采用雷诺模型律。

具有自由面的液体急变流动，无论是流速的变化或水面的波动，都强烈地受重力的作用，一般采用弗诺得模型律。

气体从静压箱经孔口淹没出流，如果是空气流出至同温度的空气中，则重力和浮力相平衡。在静压箱压差一定的条件下，孔口朝上或朝下，不影响流速及其分布。如果流速大，黏性力的影响也可以忽略的话，则流速的比值可以任意选取，与长度比例常数无关。这时，为了计算原型孔口出流速度，可以采用欧拉数相等，即

$$\frac{\Delta p_n}{\rho v_n^2}=\frac{\Delta p_m}{\rho v_m^2}$$

$$v_n=v_m\sqrt{\frac{\Delta p_n}{\Delta p_m}}$$

式中，Δp_n 和 Δp_m 为原型和模型静压箱与外界的压差。

液体的孔口淹没出流也遵循同一规律。

紊流淹没射流，重力和浮力平衡，不显示作用。流体以较高的流速流出，摩擦力作用又处于自动模型区。这时，模型设计不受模型律制约，只要求模型流动有较高的雷诺数，就可以实现原型流动和模型流动在流速分布上的相似。正是这样，无限空间紊流射流的理论是以这个前提为基础。

但是，非等温射流，却受温度不同所产生的密度差异的影响，这种影响表现为重力和浮力的不平衡。这时，有效重力就是重力和浮力之差，所以采用阿基米德数 Ar 来代替表征重力相似的弗诺得数。比较等温和非等温情况下的受力，可知弗诺得数与阿基米德数相差一个乘数 $\frac{\Delta\rho}{\rho}$。$\Delta\rho$ 为流体密度和外界介质密度之差，ρ 为流体的密度。由于这项密度差是温度差引起的，不难根据状态方程得到

$$\frac{\Delta\rho}{\rho}=\frac{\Delta T_0}{T_u}$$

则阿基米德数

$$Ar=\frac{gd_0}{v_0^2}\cdot\frac{\Delta T_0}{T_u}$$

式中　d_0——风口直径；

v_0——风口速度；

ΔT_0——风口气流相对于室内空气的温差；

T_u——室内绝对温度。

阿基米德数对非等温射流的影响，已反映在射流轴线的理论推导公式上。

【例 11-1】为研究热风炉烟气的流动特性，采用长度比例常数为 10 的水流进行模型实验。已知热风炉烟气流速为 8m/s，烟气温度为 600℃，密度为 0.4kg/m^3，运动黏度为 0.9cm^2/s。模型中水温为 10℃，密度为 1000kg/m^3，运动黏度为 0.0131cm^2/s。实测模型的压降为 6307.5N/m^2，试确定模型中水的流速和原型中烟气的压降。

【解】对该流动起主要作用的力是黏性力，采用雷诺模型律

$$Re_n = Re_m$$

$$v_m = v_n\frac{\nu_m}{\nu_n}\frac{l_n}{l_m} = 8\text{m/s}\times\frac{0.0131\text{cm}^2/\text{s}}{0.9\text{cm}^2/\text{s}}\times 10 = 1.16\text{m/s}$$

流动的压降满足欧拉准则

$$Eu_n = Eu_m$$

$$\Delta p_m = \frac{\rho_n v_n^2}{\rho_m v_m^2}\Delta p_n = \frac{0.4\text{kg/m}^3\times(8\text{m/s})^2}{1000\text{kg/m}^3\times(1.16\text{m/s})^2}\times 6307.5\text{N/m}^2 = 120\text{N/m}^2$$

【例 11-2】某车间长 30m，宽 15m，高 10m，用直径为 0.6m 的风口送风。风口风速为 8m/s。如长度比例常数取为 5，确定模型的尺寸及出口风速。

【解】（1）模型尺寸

由于 $\lambda_l=5$，模型长为 $\frac{30\text{m}}{5}=6\text{m}$，模型宽为 $\frac{15\text{m}}{5}=3\text{m}$，模型高为 $\frac{10\text{m}}{5}=2\text{m}$，风口直径 $\frac{0.6\text{m}}{5}=0.12\text{m}$。

（2）模型出口风速

原型雷诺数，用空气 $\nu=0.0000157\text{m}^2/\text{s}$

$$Re_n=\frac{0.6m\times 8m/s}{0.0000157m^2/s}=3.06\times 10^7$$

气流处于阻力平方区，采用粗糙度较大的管子。阻力平方区的最低雷诺数 $Re=50000$，与此相应的模型气流出口流速 v_m 为

$$\frac{v_m\times 0.12m}{0.0000157m^2/s}=50000$$

$$v_m=6.5m/s$$

流速比例尺

$$\lambda_v=\frac{8m/s}{6.5m/s}=1.23$$

(3) 假定在模型空间内所测得的流速为 4m/s，则原型相应点的流速为

$$v_n=v_m\times\lambda_v=4m/s\times 1.23=4.92m/s$$

【例 11-3】数据同上例。车间温度为 15℃，射流温度为 18℃，在上例的模型尺寸和风速的基础上，模型空间温度也取 15℃，确定模型射流的温度。

【解】 由于是非等温射流，要求原型和模型阿基米德数相等。

原型阿基米德数

$$Ar_n=\left(\frac{gD_0}{v_0^2}\cdot\frac{\Delta T_0}{T_u}\right)_n=\frac{9.8m/s^2\times 0.6m}{(8m/s)^2}\times\frac{(18-15)\ K}{(273+15)\ K}=0.000956$$

应等于模型阿基米德数

$$Ar_m=\left(\frac{gD_0}{v_0^2}\cdot\frac{\Delta T_0}{T_u}\right)_m=\frac{9.8m/s^2\times 0.12m}{(6.5m/s)^2}\times\frac{\Delta T}{(273+15)\ K}=0.0000967\Delta T$$

两数相等得出 $\Delta T=10℃$

即模型射流温度应为 15℃+10℃=25℃

11.4 因次分析法

11.4.1 因次分析的概念和原理

在流体力学中，通常用长度、质量、加速度、时间和力等各种物理量来表述流体的运动。这些物理量按其性质不同可以分成各种类别，因次是各种类别物理量的标志。因次又称量纲，如 $\dim L$ 表示长度的因次，$\dim M$ 表示质量的因次。而单位是度量各种物理量大小的标准，如 cm、m、km 都是长度的不同单位。因次和单位都是关于量度的概念，因次为度量的性质，而单位则是度量的数量。

因次分析法就是通过对现象中物理量的因次以及因次之间相互联系的各种性质的分析来研究现象相似性的方法。它以方程式的因次和谐性为基础。

所谓方程式的因次和谐性是指：凡正确反映客观规律的物理方程，其各项的因次都必须一致。例如，开敞容器中静水压强分布公式 $p=\rho gh$，两边的因次均为 $\dim p=\dim(\rho gh)=ML^{-1}T^{-2}$。

在因次分析中常用到基本因次和导出因次的概念。某一类物理现象中，不存在任何联系的性质不同的因次称为基本因次；而那些可以由基本因次导出的因次称为导出因次。在流体力学中，对可压缩流体流动，常采用 $M-L-T-\Theta$ 基本因次系统，即

质量 $\dim m = M$　　长度 $\dim l = L$

时间 $\dim t = T$　　温度 $\dim T = \Theta$

基本因次的选取并非唯一。表 11-1 列出了流体力学中常用的各种物理量的因次。

常用物理量的因次　　**表 11-1**

序号	物理量名称	符号	性质	因　次	关 系 式
1	长度	l	几何学	L	l
2	面积惯性矩	J	几何学	L^4	$J=Al^2=l^4$
3	时间	t	运动学	T	t
4	速度	v	运动学	LT^{-1}	$v=\Delta l/\Delta t$
5	速度势	φ	运动学	L^2T^{-1}	$\varphi=\int\Delta\varphi\cdot d\vec{l}$
6	角速度	ω	运动学	T^{-1}	$\omega=\Delta\alpha/\Delta t$
7	流函数	ψ	运动学	L^2T^{-1}	$\psi=\int(-v dx+u dy)$
8	环量	Γ	运动学	L^2T^{-1}	$\Gamma=\oint\vec{v}\cdot d\vec{l}$
9	旋度	Ω	运动学	T^{-1}	$\Omega=\nabla\times\vec{v}$
10	运动黏度	ν	运动学	L^2T^{-1}	$\nu=\mu/\rho$
11	质量	m	动力学	M	$m=F/a$
12	密度	ρ	动力学	ML^{-3}	$\rho=\Delta m/\Delta V$
13	力	F	动力学	MLT^{-2}	$F=ma$
14	应力	$p_{i,j}$	动力学	$ML^{-1}T^{-2}$	$p_{i,j}=F_{i,j}/A$
15	动力黏度	μ	动力学	$ML^{-1}T^{-1}$	$\mu=p_{i,j}/\partial u/\partial y$
16	能、功	W	动力学	ML^2T^{-2}	$W=Fl$
17	温度	T	热力学	Θ	T

11.4.2　因次分析法

以下先介绍两种因次分析法，再总结它们在模型实验中的功用及特点。

（1）π 定理（又称巴金汉法）

对某一流动问题，设影响该流动的物理量有 n 个：x_1，x_2，…，x_n；可表示为如下关系：

$$f(x_1, x_2, \cdots, x_n) = 0 \tag{11-20}$$

其中有 m 个基本物理量（因次独立，不能相互导出的物理量），则该物理过程可由 n 个物理量所构成的（$n-m$）个无因次组合量所表达的关系式来描述，即

$$F(\pi_1, \pi_2, \cdots, \pi_{n-m}) = 0 \tag{11-21}$$

由于无因次组合用 π 表示，π 定理由此得名。定理的证明请参考有关书籍。

例如，设 $m=3$，x_1、x_2、x_3 为基本变量，于是有

$$\begin{cases} \pi_1 = x_1^{\alpha_1} x_2^{\beta_1} x_3^{\gamma_1} x_4 \\ \pi_2 = x_1^{\alpha_2} x_2^{\beta_2} x_3^{\gamma_2} x_5 \\ \cdots\cdots \\ \pi_{n-m} = x_1^{\alpha_{n-m}} x_2^{\beta_{n-m}} x_3^{\gamma_{n-m}} x_n \end{cases} \tag{11-22}$$

式（11-22）中 α_i、β_i 和 γ_i 的求法通过下例说明。

【例 11-4】求有压管流中的压强损失。

【解】根据实验，知道压强损失与管长 l、管径 d、管壁粗糙度 K、流体运动黏度 ν、密度 ρ 和平均流速 v 有关，即

$$\Delta p=f(l, d, K, \nu, \rho, v) \tag{11-23}$$

在这7个量中，基本因次数为3，因而可选择三个基本变量，取

管径 d $\quad \dim d=L$

平均流速 v $\quad \dim v=LT^{-1}$

密度 ρ $\quad \dim\rho=ML^{-3}$

用未知指数写出无因次参数 π_i $[i: 1\sim(n-m)=7-3=4]$：

$$\begin{cases}\pi_1=v^{\alpha_1}d^{\beta_1}\rho^{\gamma_1}\nu \\ \pi_2=v^{\alpha_2}d^{\beta_2}\rho^{\gamma_2}\Delta p \\ \pi_3=v^{\alpha_3}d^{\beta_3}\rho^{\gamma_3}l \\ \pi_4=v^{\alpha_4}d^{\beta_4}\rho^{\gamma_4}K\end{cases} \tag{11-24}$$

将各量的因次代入，写出因次公式

$$\begin{cases}\dim\pi_1=(LT^{-1})^{\alpha_1}(L)^{\beta_1}(ML^{-3})^{\gamma_1}(L^2T^{-1})=1 \\ \dim\pi_2=(LT^{-1})^{\alpha_2}(L)^{\beta_2}(ML^{-3})^{\gamma_2}(ML^{-1}T^{-2})=1 \\ \dim\pi_3=(LT^{-1})^{\alpha_3}(L)^{\beta_3}(ML^{-3})^{\gamma_3}(L)=1 \\ \dim\pi_4=(LT^{-1})^{\alpha_4}(L)^{\beta_4}(ML^{-3})^{\gamma_4}(L)=1\end{cases}$$

对每一个 π_i 写出因次和谐方程组

$$\pi_1\begin{cases}L: \alpha_1+\beta_1-3\gamma_1+2=0 \\ T: -\alpha_1-1=0 \\ M: \gamma_1=0\end{cases} \qquad \pi_2\begin{cases}L: \alpha_2+\beta_2-3\gamma_2-1=0 \\ T: -\alpha_2-2=0 \\ M: \gamma_2+1=0\end{cases}$$

$$\pi_3\begin{cases}L: \alpha_3+\beta_3-3\gamma_3+1=0 \\ T: -\alpha_3=0 \\ M: \gamma_3=0\end{cases} \qquad \pi_4\begin{cases}L: \alpha_4+\beta_4-3\gamma_4+1=0 \\ T: -\alpha_4=0 \\ M: \gamma_4=0\end{cases}$$

分别解得

$$\alpha_1=-1 \quad \beta_1=-1 \quad \gamma_1=0; \quad \alpha_2=-2 \quad \beta_2=0 \quad \gamma_2=-1;$$

$$\alpha_3=0 \quad \beta_3=-1 \quad \gamma_3=0; \quad \alpha_4=0 \quad \beta_4=-1 \quad \gamma_4=0$$

代入式（11-24），得

$$\begin{cases}\pi_1=v^{-1}d^{-1}\rho^0\nu=\dfrac{\nu}{vd}=\dfrac{1}{Re} \\ \pi_2=v^{-2}d^0\rho^{-1}\Delta p=\Delta p/(\rho v^2)=Eu \\ \pi_3=l/d \\ \pi_4=K/d\end{cases}$$

根据 π 定理中式（11-21），有

$$Eu=\Delta p/(\rho v^2)=F(l/d, K/d, Re)$$

式中函数的具体形式由实验确定。由实验得知，压差 Δp 与管长 l 成正比，因此

$$\Delta p=\lambda(K/d, Re)\frac{l}{d}\cdot\frac{\rho v^2}{2}$$

这样，我们运用 π 定理，结合实验，得到了大家熟知的管流沿程损失公式。

（2）瑞利法

瑞利法的基本原理是某一物理过程与 n 个物理量有关，即

$$f(x_1, x_2, \cdots, x_n) = 0 \tag{11-25}$$

其中某个物理量 x_i 可以表示为其他物理量的指数乘积形式

$$x_i = c_0 x_1^a x_2^b \cdots x_{n-1}^m \tag{11-26}$$

其因次表达式为

$$\dim x_i = c_0 \dim(x_1^a x_2^b \cdots x_{n-1}^m) \tag{11-27}$$

式中　c_0——无因次比例常数。

我们仍以例 11-4 为例说明瑞利法的应用。

根据瑞利法，单位管长上的压强降

$$\Delta p/l = c_0 K^{c_1} d^{c_2} v^{c_3} \nu^{c_4} \rho^{c_5} \tag{11-28}$$

而方程式的因次和谐性表明

$$(ML^{-1}T^{-2}) \cdot L^{-1} = L^{c_1} L^{c_2} (LT^{-1})^{c_3} (L^2T^{-1})^{c_4} (ML^{-3})^{c_5}$$

于是，有

$$\begin{cases} L: & c_1 + c_2 + c_3 + 2c_4 - 3c_5 = -2 \\ T: & -c_3 - c_4 = -2 \\ M: & c_5 = 1 \end{cases}$$

在这 3 个方程中，包含 5 个未知数，因此其中 2 个可选作待定指数。例如选 c_1、c_4 作为待定指数，则解得

$$\begin{cases} c_2 = -c_1 - c_4 - 1 \\ c_3 = -c_4 + 2 \\ c_5 = 1 \end{cases}$$

代入式（11-28），得

$$\begin{aligned} \Delta p/l &= c_0 K^{c_1} d^{-c_1-c_4-1} v^{-c_4+2} \nu^{c_4} \rho \\ &= c_0 (\nu/dv)^{c_4} (K/d)^{c_1} v^2 \rho \frac{1}{d} \end{aligned}$$

由因次分析法确定的物理方程的具体形式需要通过实验加以确定。如例 11-4 中的 $\lambda(Re, K/d)$，就需通过类似尼古拉兹实验这样的研究加以确定。

使用瑞利法，当影响流动的参数个数较多时，有较多的待定指数，要确定它们，将给实验带来较大的麻烦。

在无法获得某现象的物理规律时，要确定影响该现象的所有因素，往往存在很大的困难。研究人员在应用因次分析法时，如何正确选定所有有影响的因素是一个至关重要的问题。如果选进了不必要的因素，将人为地使研究复杂化；如果漏选了不能忽略的影响因素，无论因次分析法运用得多么正确，所得的物理规律都不正确。所以，因次分析法的有效使用尚依赖于研究人员对所研究现象透彻和全面的了解。

因次分析法不仅可导出相似准则数和结合实验得到准则方程，它同样地可用于实验方案的确定、模型的设计和实验数据的整理等。

相似理论和因次分析法在实验流体力学中得到广泛的应用，内容十分丰富。本章仅就其基本内容作了简单介绍。要真正掌握它们，最好的方法是亲自参加实验的全过程，包括

从制订实验方案、模型设计到实验数据的整理和应用，在实践中不断学习、体会和提高。

本 章 小 结

本章所述的相似原理和因次分析，是有关实验研究的基本理论。

1. 流体流动的相似包括四个方面：几何相似、运动相似、动力相似以及边界条件和初始条件相似。

2. 不可压缩流体流动的相似准则是：雷诺准则（式 11-14）、弗诺得准则（式 11-12）和欧拉准则（式 11-10）。

3. 模型和原型两流动很难做到完全相似，一般只能做到近似相似，只能保证对流动起主要作用的力相似。模型律的选择就是选择一个合适的相似准则进行模型设计。

4. 因次和谐性原理指出，凡正确反映客观规律的物理方程，其各项的因次必须一致。这个原理是因次分析的基础。

5. 因次分析法有 π 定理和瑞利法，主要用于建立物理过程相关物理量之间在因次上的内在联系，降低变量数目。

习 题

11-1 有一直径为 15cm 的输油管，管长 5m，管中通过的流量为 $0.018\text{m}^3/\text{s}$，油的运动黏度为 $0.13\text{cm}^2/\text{s}$。现用水做模型实验，当模型尺寸与原型相同，水的运动黏度为 $0.0131\text{cm}^2/\text{s}$，试确定管中水的流量。若测得 5m 长模型管两端的压强水头差为 3cm，试求 100m 长输油管两端的压强差（用油柱高表示）。

11-2 长 1.5m、宽 0.3m 的平板，在温度 20℃、密度 1000kg/m^3 和运动黏度 $1.01\times10^{-6}\text{m}^2/\text{s}$ 的水中拖曳。当速度为 3m/s 时，阻力为 14N。模型实验在温度为 15℃、密度 1.23kg/m^3 和运动黏度为 $15.2\times10^{-6}\text{m}^2/\text{s}$ 的空气中进行，试确定模型实验中平板的尺寸以及拖曳速度为 18m/s 时平板所受的阻力。

11-3 为研究输水管上直径为 600mm 阀门的阻力特性，采用长度比例尺为 2 的阀门用气流做模型实验。已知输水管的流量为 $0.283\text{m}^3/\text{s}$，水的运动黏度为 $1.01\times10^{-6}\text{m}^2/\text{s}$，空气的运动黏度为 $1.6\times10^{-5}\text{m}^2/\text{s}$，试求模型的气流量。

11-4 为研究汽车的空气动力特性，在风洞中进行模型实验。已知原型汽车高 1.5m，行车速度 108km/h，风洞风速 45m/s，测得模型汽车的阻力 14kN。试确定模型车的高度及原型车所受的阻力。

11-5 管中输送平均速度为 20m/s、密度 1.86kg/m^3 和运动黏度 $1.3\times10^{-5}\text{m}^2/\text{s}$ 的天然气，为了预测沿管道的压强降，采用水进行模型实验。取长度比例尺为 10，已知水的密度 998kg/m^3、运动黏度 $1.007\times10^{-6}\text{m}^2/\text{s}$，试确定模型中水的流速。若测得 0.1m 长模型管两端的压强降为 1000Pa，试求天然气管每米的压强降。

11-6 为了决定吸风口附近的流速分布，取比例为 10 做模型设计。模型吸风口的流速为 13m/s，距风口轴线 0.2m 处测得流速为 0.5m/s。若实际风口速度为 18m/s，怎样换算为原型流动的流速？

11-7 在风速为 8m/s 的条件下，在模型上测得建筑物模型背风面压强为－24Pa，迎风面压强为＋40Pa。试估计在实际风速为 10m/s 的条件下，原型建筑物背风面和迎风面的压强为多少？

11-8 溢水堰模型设计比例为 20。当在模型上测得模型流量为 $Q_{\text{Vm}}=300\text{L/s}$ 时，水流推力为 $p_{\text{m}}=300\text{N}$，求实际流量 Q_{Vn} 和推力 p_{n}。

11-9 两个共轴圆筒，外筒固定，内筒旋转。两筒筒壁间隙充满不可压缩的黏性流体。写出维持内筒以不变角速度旋转所需转矩的无因次方程式。假定这种转矩只与筒的长度和直径，流体的密度和黏滞性，以及内筒的旋转角速度有关。

11-10 角度为 ϕ 的三角堰的溢流流量 Q_{V} 是堰上水头 H、堰前流速 v_0 和重力加速度 g 的函数。分别以（a）H、g；（b）H、v_0 为基本物理量，写出 Q_{V} 的无因次表达式。

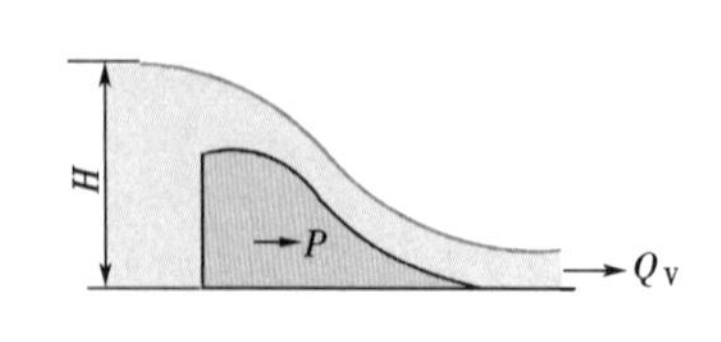

题 11-8 图

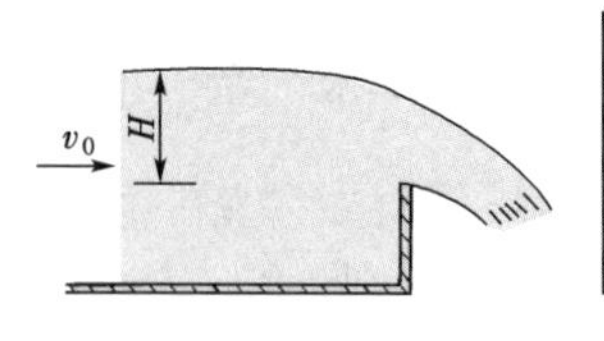

题 11-10 图

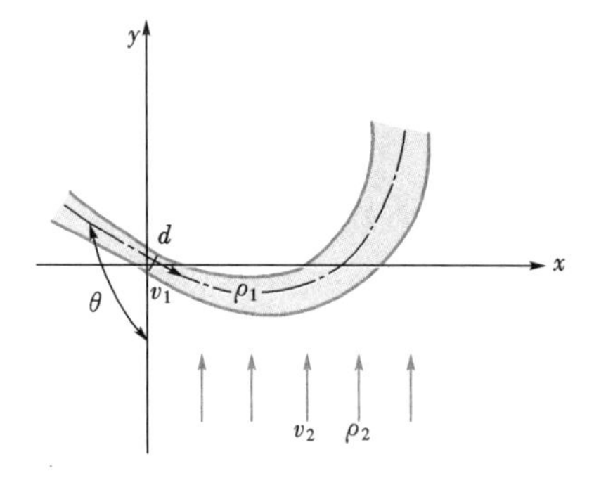

题 11-12 图

11-11　流动的压强降 Δp 是速度 v，密度 ρ，线性尺度 l、l_1、l_2，重力加速度 g，黏度 μ，表面张力 σ，体积弹性模量 E 的函数，即

$$\Delta p=F\ (v,\ \rho,\ l,\ l_1,\ l_2,\ g,\ \mu,\ \sigma,\ E)$$

取 v、ρ、l 作为基本物理量，利用因次分析法，将上述函数写为无因次式。

11-12　射流从喷嘴中射入另一均匀流动，按图取 x、y 坐标。已知射流轴线轨迹可以用下列形式的函数表征：

$$y=f\ (x,\ d,\ \theta,\ a,\ \rho_1,\ \rho_2,\ v_1,\ v_2)$$

式中，d 为喷嘴出口直径；v_1；v_2 为气流出口流速和外部均匀流速；ρ_1、ρ_2 为气流密度和外部流动介质密度；θ 为射流角度；a 为紊流系数（无因次量）。试用因次分析：（1）以 d、ρ_1、v_1 为基本物理量，将上述函数写为无因次式；（2）从几何相似和惯性力相似出发，将上述函数写为无因次式。

第11章扩展阅读：
都江堰

部分习题答案

中英文索引

T

W

主要参考文献

1. 李玉柱，贺五洲. 工程流体力学［M］. 北京：清华大学出版社，2006.
2. 毛根海. 应用流体力学［M］. 北京：高等教育出版社，2006.
3. 刘鹤年，刘京. 流体力学［M］. 3版. 北京：中国建筑工业出版社，2016.
4. 丁祖荣. 流体力学（上册，下册）［M］. 2版. 北京：高等教育出版社，2013.
5. 张维佳. 水力学［M］. 2版. 北京：中国建筑工业出版社，2015.
6. 四川大学水力学与山区河流开发保护国家重点实验室. 水力学［M］. 5版. 北京：高等教育出版社，2016.
7. 闻德荪. 工程流体力学［M］. 4版. 北京：高等教育出版社，2020.
8. 杜广生. 工程流体力学［M］. 3版. 北京：中国电力出版社，2022.
9. 王福军. 计算流体动力学分析：CFD软件原理与应用［M］. 北京：清华大学出版社，2004.
10. 赵明登. 水力学学习指导与习题解答［M］. 北京：中国水利水电出版社，2009.
11. 孔珑. 流体力学［M］. 4版. 北京：高等教育出版社，2014.
12. 陈卓如. 工程流体力学［M］. 3版. 北京：高等教育出版社，2013.
13. L. 普朗特，等. 流体力学概论［M］. 郭永怀，陆士嘉，译. 北京：科学出版社，1981.
14. 罗惕乾. 流体力学［M］. 4版. 北京：机械工业出版社，2017.
15. CENGEL Y A，CIMBALA J M. 流体力学基础及其工程应用（英文版）［M］. 北京：机械工业出版社，2013.
16. FOX R W，MCDONALD，A T，MITCHELL J W. Fox and McDonald's introduction to fluid mechanics[M]. New York：John Wiley & Sons，2019.
17. GERHART A L，MUNSON B R，OKIISHI T H，HOCHSTEIN J I，GERHART P M. Munson，Young and Okiishi's fundamentals of fluid mechanics[M]. New York：John Wiley & Sons，2021.
18. STREET R L，WATTER G Z，VENNARD J K. Elementary fluid mechanics［M］. 7th ed. New York：John Wiley &Sons，1995.
19. FINNEMORE E J，FRANZINI J R. Fluid mechanics with engineering application［M］. Tenth ed. New York：McGraw—Hill Book Company，2013.
20. POPE S B. Turbulent flow［M］. Cambrige：Cambridge University Press，2015.
21. ELGER D F，LEBRET B A，WILLAMS B C，CROWE C T，ROBERSON J A. Engineering fluid mechanics［M］. New York：John Wiley & Sons，2022.